"十三五"江苏省高等学校重点教材（编号 2018-2-080）

结 构 力 学

孙林松　主编

江苏省高校优势学科建设工程三期项目资助
扬州大学重点教材

科学出版社

北　京

内 容 简 介

本书根据教育部高等学校力学教学指导委员会非力学类专业力学基础课教学指导分委员会拟定的《结构力学课程教学基本要求（A类）》进行编写，涵盖了该要求中规定的必修部分内容。全书包括绪论、平面体系的几何组成分析、静定结构的受力分析、虚功原理与结构的位移计算、力法、位移法、力矩分配法、影响线及其应用、矩阵位移法和结构的动力计算共 10 章及拱坝结构内力计算简介和平面刚架静力分析程序 2 个附录。

本书可作为高等院校水利、土木、交通等专业的教材，也可供相关专业技术人员参考。

图书在版编目（CIP）数据

结构力学 / 孙林松主编. —北京：科学出版社，2020.1
"十三五"江苏省高等学校重点教材
ISBN 978-7-03-064009-3

Ⅰ.①结…　Ⅱ.①孙…　Ⅲ.①　结构力学-高等学校-教材
Ⅳ.① O342

中国版本图书馆 CIP 数据核字（2019）第 299779 号

责任编辑：李涪汁　张　湾 / 责任校对：杨聪敏
责任印制：张　伟 / 封面设计：许　瑞

科 学 出 版 社 出版
北京东黄城根北街 16 号
邮政编码：100717
http://www.sciencep.com
北京中石油彩色印刷有限责任公司 印刷
科学出版社发行　各地新华书店经销
*
2020 年 1 月第 一 版　开本：787×1092　1/16
2023 年 7 月第五次印刷　印张：26
字数：615 000
定价：99.00 元
（如有印装质量问题，我社负责调换）

前　　言

结构力学是水利、土木类专业的核心专业基础课程。本教材参照教育部高等学校力学教学指导委员会非力学类专业力学基础课教学指导分委员会提出的《结构力学课程教学基本要求(A 类)》(以下简称《基本要求》)，吸收现有结构力学教材的长处并融入编者多年的教学经验、教改成果进行编写。

本教材系统介绍结构力学的知识体系，主要内容包括绪论、平面体系的几何组成分析、静定结构的受力分析、虚功原理与结构的位移计算、力法、位移法、力矩分配法、影响线及其应用、矩阵位移法和结构的动力计算等，内容涵盖《基本要求》中的必修部分，在部分章节增加一些提高的内容(带*的部分)，可供不同教学要求选用。另外，为了适应工程教育专业认证的要求，提高学生解决"复杂工程问题"的能力，结合水利水电工程专业特点，专门增设附录"拱坝结构内力计算简介"。

本教材在编写过程中力求严谨准确地阐述结构力学的基本理论；在讲授结构力学基本概念、基本原理和基本方法的同时，注意理论联系实际，加强学生在实际工程中综合运用知识能力的训练；在安排各章节内容时，注意条理性与逻辑性，力求各知识点之间能平滑过渡；对基本内容的阐述，注意由浅到深，由易到难，以方便教师教学和学生自学。

本教材由孙林松主编。第 1～5 章及附录Ⅰ、Ⅱ由孙林松编写，第 6～9 章由何结兵、孙林松共同编写，第 10 章由何结兵编写。顾爱军参与了第 6～8 章的部分编写工作并执笔完成了第 6.4 节和各章的习题解答。全书由孙林松统稿。

本教材承蒙河海大学王德信教授审阅，他提出了不少宝贵意见和建议。编者在此表示衷心的感谢。

限于编者水平有限，书中难免有不足之处，敬请读者批评指正。有任何问题和建议恳请读者及时反馈(sunls@yzu.edu.cn)。

编　者

2019 年 6 月

目　　录

第1章 绪　　论

1.1　结构力学的研究对象与任务

顾名思义,结构力学是关于结构的力学。人类在认识自然、改造自然的过程中,建造了很多建筑物和构造物,如日常生活中的房屋建筑,水利工程中的水闸、水坝,交通工程中的桥梁、隧道,航空航天工程中的火箭、飞船,等等。这些建筑物或构造物在实现其预定功能时都要受到各种外部荷载的作用,其中支承荷载、传递力从而起到骨架作用的部分称为结构。在房屋建筑中,作用于屋盖和楼层的荷载通过屋面板或楼板传递到梁,再由梁传给柱,柱传给基础,并最终传递到地基。这里的"板-梁-柱-基础"体系就是一个结构。

工程中按结构基本构件的宏观尺寸,可将结构分为杆件结构、板壳结构和实体结构三类。

1) 杆件结构

这类结构是由杆件组成的,又称为杆系结构。杆件的几何特征是一个方向的尺寸(称为"长度")比另外两个方向的尺寸大很多。例如,国家体育场"鸟巢"(图1.1)的主体结构就是杆件结构。

图 1.1

2) 板壳结构

这类结构也称薄壁结构,它的基本构件是板或壳。板和壳的几何特征是一个方向的尺寸(称为"厚度")比另外两个方向的尺寸小很多。中面是平面时称为板;中面是曲面时称为壳。例如,著名的薄壳结构霍奇米洛克餐厅(图1.2),混凝土壳体厚度只有 4∼12cm。水利工程中的薄拱坝(图1.3)也是壳体结构。

图 1.2

图 1.3

3) 实体结构

这类结构长、宽、高三个方向的尺度大小相仿。水利工程中的重力坝(图 1.4)是典型的实体结构。

图 1.4

广义地说，结构力学的研究对象包含上述三类结构；但通常所说的结构力学，一般指的是以杆件结构为研究对象的杆件结构力学或杆系结构力学。

结构力学是研究结构受力、传力规律的科学，它的主要任务是研究结构在荷载等外部因素作用下的内力和变形，进而分析其强度、刚度和稳定性。具体而言，结构力学的任务主要包括以下几个方面：

(1) 讨论结构的组成规律和合理形式，以及结构计算简图的合理选择；

(2) 讨论结构内力与变形的计算方法，以便进行结构的强度和刚度的验算；

(3) 讨论结构的稳定性及结构的动力特性和动力响应。

根据具体的研究内容，结构力学可分为结构静力学、结构动力学和结构稳定学。结构静力学主要研究结构在静荷载作用下的内力和位移；结构动力学主要研究结构在动荷载作用下的响应与性能；结构稳定学主要研究结构的稳定性。其中，结构静力学是基础。

1.2　荷载的分类

荷载通常是指主动地作用在结构上的外力(区别于被动地作用在结构上的外力,如支座反力),如结构本身的自重荷载,行驶在桥梁上的车辆荷载,作用于大坝等水工结构上的水压力等。荷载的作用效果是使结构产生内力和位移。按照不同的分类方法通常可将荷载作如下分类。

1) 体积力与表面力

按照荷载作用的位置,结构所承受的荷载可分为体积力(简称体力)和表面力(简称面力)两类。体力是分布在物体体积内的作用力,如结构自重或惯性力都是体力。面力是通过物体表面接触传递来的作用力,作用在结构的表面,如土压力、水压力或车辆的轮压力均属于面力。

2) 集中荷载和分布荷载

按照荷载作用范围的大小,可将荷载分为集中荷载和分布荷载。集中荷载是作用在结构的某一点上的荷载;分布荷载是作用在物体一定范围的体积内或表面上的荷载。其实真正的集中荷载是不存在的,因为任何荷载都必须分布在一定的面积上或一定的体积内。但是,如果荷载分布的面积或体积很小,为了简化计算,可以把它的合力作为集中荷载来处理。

3) 恒荷载和活荷载

按照荷载作用时间的久暂,可将荷载分为恒荷载(永久荷载)和活荷载(临时荷载)。恒荷载指持续作用在结构上的不变荷载,如结构的自重和固定设备的重量等;活荷载指在结构上可能出现,也可能不出现的荷载,如风荷载、雪荷载、人群荷载及车辆荷载等。

4) 固定荷载和移动荷载

按荷载作用位置的移动与否,可将荷载分为固定荷载和移动荷载。恒荷载和部分活荷载(如风、雪荷载)在结构上的作用位置可以认为是不变的,称为固定荷载;而有些活荷载,如作用在吊车梁上的吊车荷载和作用在桥梁上的车辆荷载等,它们在结构上的作用位置是可以移动的,称为移动荷载。

5) 静力荷载和动力荷载

按荷载对结构所产生的动力效应大小,可将荷载分为静力荷载和动力荷载。静力荷载是指其大小、方向和位置不随时间变化或变化很缓慢的荷载,它不致使结构产生显著的加速度,因而可以略去惯性力的影响。结构的自重及其他恒荷载即属于静力荷载。动力荷载是指随时间迅速变化的荷载,它将在结构中引起显著的加速度和惯性力,如机器运转产生的振动荷载,爆炸产生的冲击荷载,风及地震产生的随机荷载等,都属于动力荷载。

应当指出,除以上直接作用的荷载外,还有很多能引起结构内力和位移的"间接因素",如温度变化、支座移动、构件制作误差及材料的收缩、徐变等,它们也属于荷载的范畴。因此,广义地说,荷载是所有能引起结构内力和位移的因素。

1.3 结构的计算简图

一个实际结构总是比较复杂的，要完全按照结构的实际情况来进行力学分析，将是很困难的，也是不必要的。因此，在对实际结构进行力学分析之前，往往要作一些假设与简化，在反映实际结构的主要受力特征的前提下，把其中的一些次要因素加以忽略，从而得到一个用于力学计算的结构图形。这种经过简化了的结构图形就称为结构的计算简图。在力学计算中，结构的计算简图就是实际结构的代表。结构计算简图的合理选择，是结构分析中的一个重要环节，也是必须首先解决的问题。

结构计算简图的选择要遵循以下原则：

(1) 从实际出发，尽可能反映结构的主要受力特征，以保证计算结果的正确与可靠。

(2) 根据需要和可能，抓住主要矛盾，忽略次要因素，以使计算简便。

此外，根据不同的要求与具体情况，对同一个实际结构可以选取不同的计算简图。例如，在初步设计阶段可以选取较粗糙的计算简图，在施工图设计阶段可以选取较精细的计算简图；手算时可以选取较简单的计算简图，电算时可以选取较精确的计算简图。

在选取计算简图时，需要对实际结构进行多方面的简化。下面对杆件结构计算简图的选取作一些具体的介绍。

1.3.1 结构体系的简化

实际结构多属于空间结构。有些空间结构可以简化为平面结构来计算。例如，图 1.5(a) 所示的地下输水涵管，它沿水流方向(即管轴线方向)很长，其横截面和荷载沿此方向基本不变，计算时就可以沿水流方向截取单位长度的一段，取如图 1.5(b)所示的平面框架进行分析。

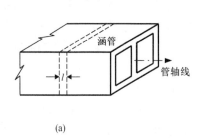
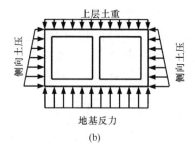

(a)   (b)

图 1.5

1.3.2 杆件的简化

杆件结构是由细而长的杆件组成的。在计算简图中，通常用杆件的轴线来代替杆件，用杆轴线所形成的几何轮廓代替原结构。图 1.6(a)为一框形结构的剖面示意图，由各杆轴线所形成的几何轮廓为该结构的计算简图，如图 1.6(b)所示。

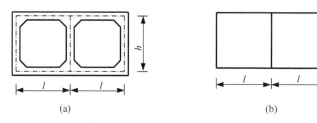

图 1.6

1.3.3　结点的简化

结构中杆件与杆件之间相互联结处称为结点。根据构造的不同，计算简图中常把结点简化为铰结点、刚结点、组合结点与定向结点等。

1) 铰结点

铰结点的特征是所联结各杆的杆端之间不能相对移动但可以相对转动，可以传递力但不能传递力矩。图 1.7(a)为一木屋架的顶结点构造。此时，各杆端虽不能任意转动，但由于联结不可能很严密牢固，杆端之间有发生微小相对转动的可能。实际上结构在荷载作用下杆件间所产生的转动也相当小，所以该结点应简化为铰结点，如图 1.7(b)所示。图 1.7(c)所示为钢桁架的结点，该处虽然是通过铆钉将各杆件铆接在结点板上使各杆端之间不能相对转动的，但由于杆件的长度相对于联结处的铆接长度要长很多，可以认为相对细长的杆件能够发生微小的相对转动，另外在桁架中各杆件主要传递轴向力，因此计算时仍常将这种结点简化为铰结点，如图 1.7(d)所示。由此所引起的误差在多数情况下是可以允许的。

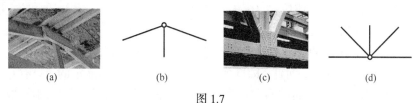

图 1.7

2) 刚结点

刚结点的特征是所联结各杆的杆端之间既不能相对移动也不能相对转动，既可以传递力也可以传递力矩。图 1.8(a)所示为一钢筋混凝土刚架边柱与横梁的结点，上、下柱和横梁在该处用混凝土浇筑成整体，钢筋的布置也足以使各杆端牢固地联结在一起，这种结点应视为刚结点，其计算简图如图 1.8(b)所示。当结构发生变形时，刚结点处各杆端的切线之间的夹角将保持不变，如图 1.8(c)中 A 结点所示。

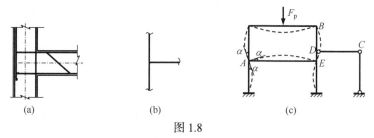

图 1.8

3) 组合结点

组合结点是由刚结点和铰结点组合在一起的结点。例如，图 1.8(c)中的 D 结点，BD、ED、CD 三杆在此结点相联，其中 BD 与 ED 两杆之间是刚性联结，CD 杆与 BD 和 ED 之间则是铰联结。

4) 定向结点

定向结点的特征是通过其联结的两个杆端之间不能发生相对转动而只能沿某一方向发生相对平移。图 1.9(a)所示为允许垂直于杆轴线方向平移的定向结点，它可以传递力矩和沿杆轴线方向的力；图 1.9(b)所示为允许轴向平移的定向结点，它可以传递力矩和垂直于杆轴线方向的力。定向结点的实例虽然少见，但在结构计算中取计算简图时却经常用到。

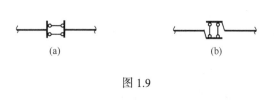

(a)   (b)

图 1.9

1.3.4 支座的简化

结构与基础相联结的装置称为支座。支座限制了结构与基础之间的相对位移。结构所受的荷载通过支座传递给基础和地基。支座对结构的反作用力称为支座反力。支座反力与支座所约束的位移之间存在着对应关系：若支座限制了结构在支承处沿某方向的移动，则支座反力为沿该方向的集中力；若支座限制了结构在支承处的转动，则支座反力为反力矩。支座的构造形式很多，计算简图中常归纳为以下几类。

1) 活动铰支座

桥梁工程中用的辊轴支座[图 1.10(a)]及摇轴支座[图 1.10(b)]，都是活动铰支座的实例。这类支座允许结构在支承处绕圆柱铰 A 转动和沿平行于支承平面 m—n 的方向移动，但 A 点不能沿垂直于支承面的方向移动。当不考虑摩擦力时，这种支座的反力 F_{RA} 将通过铰 A 中心，并与支承平面 m—n 垂直，即反力的作用点和方向都是确定的，只有它的大小是一个未知量。根据这种支座的位移和受力的特点，在计算简图中，可以用一根垂直于支承面的链杆 AB 来表示[图 1.10(c)]，所以又称为链杆支座。此时，结构可绕铰 A 转动；链杆又可绕铰 B 转动，当转动很微小时，A 点的移动方向可看成平行于支承面。显然，链杆 AB 的内力即代表支座反力 F_{RA}。

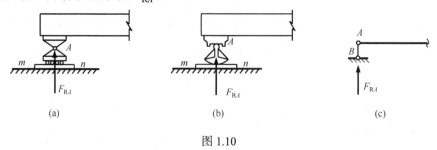

(a)   (b)   (c)

图 1.10

2) 固定铰支座

这种支座的典型构造如图 1.11(a)所示，它容许结构在支承处绕圆柱铰 A 转动，但 A

点不能做水平和竖向移动。支座反力 F_{RA} 将通过铰 A 中心但大小和方向都是未知的，通常可用沿两个确定方向的分反力，如水平分反力 F_{HA} 和竖向分反力 F_{VA} 来表示。这种支座的计算简图可用交于 A 点的两根支承链杆来表示，如图 1.11(b)或(c)所示。

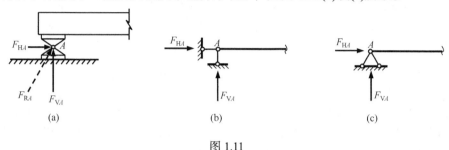

图 1.11

在实际结构中，凡属于不能移动而可做微小转动的支承情况，都可视为铰支座。例如，插入钢筋混凝土杯形基础中的柱子，当用沥青麻丝填缝时，柱的下端便可视为铰支座。

3) 滑动支座

这种支座又称定向支座。结构在支承处不能转动，不能沿垂直于支承面的方向移动，但可沿支承面方向滑动。这种支座的反力垂直于支承面，但大小和作用点都是未知的。在计算简图中可用垂直于支承面的两根平行链杆来表示，其反力为一个垂直于支承面并通过支承中心点的力和一个力偶(称为反力矩)。图 1.12(a)为一水平滑动支座，图 1.12(b)为其计算简图；图 1.12(c)为一竖向滑动支座，图 1.12(d)为其计算简图，这种支座在实际结构中不常见，但在进行结构分析时常会用到。

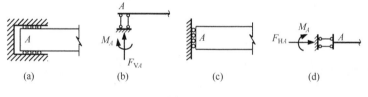

图 1.12

4) 固定支座

图 1.13(a)所示悬臂梁，当梁端插入墙体足够深时，就可以看成固定支座。这种支座使结构在支承点 A 处不能发生任何移动和转动。它的反力的大小、方向和作用点都是未知的，常用水平和竖向的分反力 F_{HA} 和 F_{VA} 及反力矩 M_A 来表示，其计算简图如图 1.13(b)所示。

在实际结构中，凡嵌入固定基础的杆件，当杆端不能有任何移动和转动时，该端就可视为固定支座。如图 1.13(c)所示插入杯形基础中的预制柱，杯口内用细石混凝土填充，当预制柱插入杯口有足够深度时，杯口面 A 处一般看作固定支座，计算简图如图 1.13(d)所示。

前面四种支座在荷载作用下本身不产生变形，计算简图中相应的支承链杆都是不能变形的刚性链杆。这类支座统称为刚性支座。

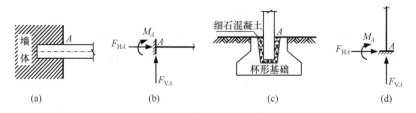

图 1.13

5) 弹性支座

弹性支座在承受荷载的同时本身会发生一定的弹性变形。例如，图 1.14(a)中梁 *ABC* 受荷载时，由于杆 *BD* 受力后产生轴向变形，*B* 点发生竖向位移，此时杆 *BD* 的作用相当于一个弹簧，可以用一根竖向的弹簧来表示梁 *ABC* 在 *B* 点受到的支座约束，计算简图如图 1.14(b)所示。与刚性支座相比，这种支座只能限制一定的移动，称为抗移弹性支座或伸缩弹性支座，其支座反力与弹簧的伸缩量有关。再如，图 1.14(c)所示的梁，在伸臂部分的荷载作用下，截面 *B* 的转角位移受左侧梁的变形限制，左侧梁的作用可用图 1.14(d)所示旋转弹簧来表示，这类支座称为抗转弹性支座或旋转弹性支座，它对转动有一定的限制作用，其反力矩与转角位移成正比。

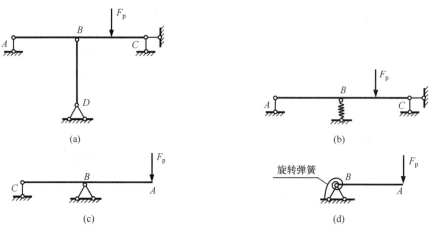

图 1.14

1.3.5 荷载的简化

在杆系结构的计算简图中，杆件是用其轴线来代表的，所以无论荷载作用在结构的什么位置，都可认为是作用在杆件的轴线上。但是，在把作用在结构上的荷载向杆轴线上简化时，必须注意简化前后荷载的等效性。例如，图 1.15(a)中悬臂梁上表面受切向均布荷载 p 作用，其计算简图中的荷载除了切向均布荷载 p 外，还有均布力偶 $m = \dfrac{ph}{2}$，如图 1.15(b)所示。

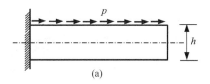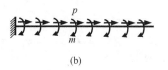

$$\text{图 1.15}$$

1.3.6 材料的简化

土木、水利工程中的结构通常所用的建筑材料有钢材、混凝土、砖、石、木材等。在结构分析中，为了简化计算，对于组成各构件的材料一般都假设其具有均匀性、连续性、各向同性、完全弹性或弹塑性。

均匀性是指组成构件的同一种材料的分布是均匀的，各部分具有相同的物理性质。连续性是指整个构件的体积都被组成该构件的材料所充满而没有空隙。各向同性是指同一种材料的物理性质沿各个方向都相同。完全弹性是指材料在外力作用下产生变形，当外力全部除去后能完全恢复原来形状，而没有残余变形。弹塑性是指材料受到超过弹性极限的外力作用后，材料将进入塑性状态，这时即使将外力全部除去，材料也不能恢复原来形状而出现残余变形。本书中假设材料是完全弹性的，而且力与变形之间满足胡克定律，即是线弹性材料。

上述假设，对于金属材料来说在一定受力范围内是符合实际情况的，而对于混凝土、钢筋混凝土、砖、石等材料来说则带有一定程度的近似性。至于木材，其顺纹与横纹方向的物理性质不同，应用这些假设时应特别注意。

1.3.7 计算简图示例

为了进一步说明计算简图的选取，下面以如图 1.16(a)所示单层工业厂房为例详细说明。

1) 结构体系的简化

厂房结构包括许多由屋架和立柱组成的横向平面单元[图 1.16(b)]，以及各单元之间的纵向联结构件，如屋面板和吊车梁等。从整体考虑，该厂房是一个空间结构。由于各横向平面单元沿纵向规则排列，荷载(自重、风、雪等)沿纵向也为均匀分布。所以，可由纵向柱距的中线取出一部分作为一个计算单元。作用在结构上各计算单元内的荷载，通过纵向构件按传力特点分配给各横向平面单元。这样，厂房空间结构就简化成了平面结构。

2) 竖向荷载作用下屋架的计算简图

屋架的各杆均用其轴线表示，各杆件之间的交点均假定为理想铰结点。屋架与柱顶之间的联结一般是通过预埋钢板，在吊装到位后再焊接，这样的联结方式可使屋架端部与柱顶之间不能发生相对移动，但不能完全阻止相对转动。因此，可将屋架与柱顶的联结视为铰结。计算屋架时，可把它单独取出，用铰支座代替其与柱顶之间的相互联结作用。屋面板传递过来的荷载通常简化为作用在结点上的集中荷载。综合起来，屋架的计算简图如图 1.16(c)所示。

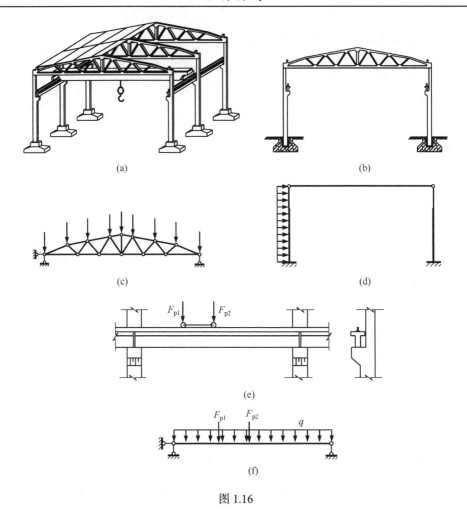

图 1.16

3) 横向荷载作用下立柱的计算简图

在分析横向荷载(如侧向风荷载)作用下立柱的内力时,用杆轴线代替立柱;屋架可视为刚度无穷大的链杆,两端与立柱的顶端用铰联结在一起;柱插入基础后用细石混凝土填充,柱基础视为固定支座。计算简图如图 1.16(d)所示。

4) 吊车梁的计算简图

如图 1.16(e)所示钢筋混凝土 T 形吊车梁搁置在立柱牛腿上,在分析时,以梁的轴线代替实际的吊车梁;计算跨度可取梁两端与牛腿接触面中心的间距。由于吊车梁两端与牛腿的接触面长度很小,梁的两端与牛腿之间虽不能发生相对移动,但是,当梁受到荷载作用时可以有微小的相对转动。因此,可将梁端与牛腿之间的联结简化为铰结。作用在吊车梁上的荷载分为恒荷载和活荷载。恒荷载是梁和钢轨的自重,沿梁长均匀分布,简化为线均布荷载 q,活荷载是轮压 F_{p1} 和 F_{p2},它们和钢轨的接触面很小,可视为集中荷载。按上述简化,吊车梁的计算简图如图 1.16(f)所示。

选择一个合适的计算简图,取决于多方面的因素。为了能够判断各个不同因素的相对重要性以决定取舍,需要一定的专业知识,有时还需要通过结构模型试验或现场实测才能确定。

1.4 杆件结构的分类

在结构分析中,往往用计算简图代替实际结构。结构分类实际上是指结构计算简图的分类。杆件结构可以有多种不同的分类方法。

按结构杆件及荷载的空间关系来分,杆件结构可以分为平面杆件结构和空间杆件结构。如果结构的所有杆轴线和荷载都在同一个平面内,则该结构为平面杆件结构;如果各杆的轴线和荷载不在同一个平面内[图 1.17(a)],或各杆轴线虽在同一平面内,但荷载不在该平面内[图 1.17(b)],则这类结构都是空间杆件结构。

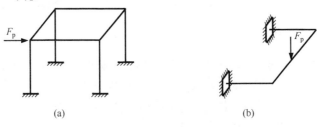

(a)   (b)

图 1.17

按结构受力特性来分,杆件结构可分为以下几类。

1) 梁

梁是一种受弯杆件,它的杆轴线通常为直线,水平梁在竖向荷载作用下无水平支座反力,内力有弯矩和剪力。单跨梁[图 1.18(a)]和多跨梁[图 1.18(b)]是梁的基本形式。

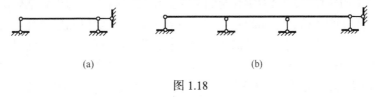

(a)   (b)

图 1.18

2) 刚架

刚架是由梁和柱组成的结构。刚架具有刚结点,也可有部分铰结点(图 1.19)。刚架的内力有弯矩、剪力和轴力。

3) 拱

拱的轴线为曲线,在竖向荷载作用下会产生水平推力,即有指向拱内侧的水平支座反力(图 1.20)。水平推力大大改变了拱的受力特性。一般情况下,拱的内力有弯矩、剪力和轴力。

图 1.19   图 1.20

4) 桁架

桁架由直杆组成，各杆件用理想铰联结(图 1.21)，荷载作用于结点，各杆的内力只有轴力。

5) 组合结构

组合结构由两类杆件组成：一类是桁架杆，另一类是梁式杆或刚架式杆，具有组合结点和铰结点(图 1.22)。桁架杆的内力只有轴力，这类杆又称拉压杆或二力杆；梁式杆或刚架式杆的内力有弯矩、剪力和轴力，这类杆又称受弯杆。

图 1.21   图 1.22

以上五类结构是杆件结构最基本的结构类型，此外还有悬索结构等其他结构类型。

按结构受力分析所要考虑的求解条件来分，杆件结构又可以分为静定结构和超静定结构两类。如果只用静力平衡条件就能唯一确定结构的全部支座反力和内力，那么这类结构称为静定结构，否则就是超静定结构。

1.5 结构力学的特点与学习方法

结构力学是水利、土木等工程专业的一门重要的技术基础课程，在各门课程的学习中起着承上启下的作用。理论力学和材料力学是学习结构力学的重要基础课程，理论力学主要研究质点和刚体机械运动的基本规律，材料力学主要研究单根杆件的强度、刚度和稳定性问题，它们为结构力学提供了力学分析的基本原理与方法。同时结构力学又为学习后继课程，如弹性力学(主要研究板壳结构和实体结构的强度、刚度和稳定性问题)、钢结构、钢筋混凝土结构及其他水利、土木工程中的专业课程，提供必要的力学基础。掌握结构力学的原理和方法，不仅可以计算结构中的内力、位移，而且可以对结构的受力性能、优缺点等问题有更深入的认识，从而能对工程中的有关问题作出正确的判断。

结构力学中介绍的计算方法是多种多样的，但它们都要考虑变形体必须满足的下列三个基本条件。

(1) 静力平衡条件：作用在结构整体及其任一部分上的力系在任一瞬间都是平衡的。

(2) 变形协调条件：结构是一个连续体，当承受外因作用产生变形时，其整体或任何一部分材料都应是连续的，不会发生裂开或材料重叠的现象；同时，这一变形还应该与结构的约束情况相适应。这就叫作变形协调或者位移协调。

(3)物理条件：结构的内力和变形并不是两组彼此独立的物理量。它们之间的关系是由材料的物理性质所决定的，称为物理关系或物理条件。对于线性弹性材料来说，其物理关系就是应力和应变成正比的关系。

在结构力学中，凡与变形有关的计算问题，都应使上述三方面条件得到满足，才能求得问题的答案。各类结构计算方法的基本不同点就在于以不同的方式、不同的次序或步骤使这些条件得到满足。因此，在学习不同的结构计算方法时，应从这一角度来认识这些方法的共同点和不同点，以加深对这些方法的理解。

结构力学具有很强的系统性，相关知识点环环相扣，各章节之间的联系特别紧密，如果有一章达不到熟练掌握的程度，势必导致后面章节学习上的困难。例如，静定结构受力分析如果达不到熟练掌握的程度，静定结构位移计算的学习就将产生困难，而结构位移计算掌握不好又会影响后面超静定结构的学习，如此恶性循环，要想学好结构力学几乎是不可能的事。另外，结构力学又具有很强的灵活性，一道题目可以有多种解法，不同解法的工作量可能相差很大。因此，在学习过程中必须多做练习，通过一定数量习题的练习，加深理解并掌握结构力学的概念、原理和方法。但是做题时也要避免盲目性，要注意思考与总结，这样才能灵活运用所学的方法。

 思考题

1.1　什么是结构的计算简图？它与实际结构有什么关系与区别？为什么要将实际结构简化为计算简图？选取计算简图时应遵循怎样的原则？

1.2　平面杆件结构的结点通常简化为哪几种形式？它们的构造情况、限制结构运动情况及受力特征是怎样的？

1.3　平面杆件结构的支座通常简化为哪几种形式？它们的构造情况、限制结构运动情况及受力特征是怎样的？

1.4　常用的杆件结构有哪几类？它们各具有什么特点？

第2章　平面体系的几何组成分析

2.1　概　述

杆件结构通常是由若干杆件相互联结而组成的体系，但并不是无论怎样联结所组成的体系都能作为工程结构使用。例如，图2.1(a)所示由两根链杆与地基组成的铰结三角形，受到任意荷载作用时，若不考虑材料的变形，则其几何形状与位置均能保持不变，可以承受荷载并将力传递给基础，这样的体系即是结构；而图2.1(b)所示铰结四边形，即使不考虑材料的变形，在很小的荷载作用下，也会发生机械运动而不能保持原有的几何形状和位置，这样的体系并不能起到承受荷载和传递力的作用，就不是结构，一般称为机构。通常把不考虑材料变形的条件下几何形状维持不变的体系称为几何不变体系；而称几何形状可以发生变化的体系为几何可变体系。故图2.1(a)所示结构是几何不变体系；图2.1(b)所示机构是几何可变体系。如果图2.1(a)中的两根链杆彼此共线，如图2.1(c)所示，这时从微小运动的角度来看，这是一个几何可变体系，A点可沿分别以B、C为圆心的圆弧a、b的公切线方向做微小的运动。当A点沿公切线发生微小位移以后，两根链杆就不再彼此共线，因而体系就不再是几何可变体系。这种本来是几何可变、经微小位移后又成为几何不变的体系称为瞬变体系。瞬变体系是几何可变体系的一种特殊情况。为了明确起见，几何可变体系还可进一步分为瞬变体系和常变体系两种情况。如果一个几何可变体系可以发生大位移，则称为常变体系，图2.1(b)为常变体系的例子。

几何组成分析就是分析一个体系的几何形状与位置是否可能发生变化，又称为几何构造分析或机动分析。其主要目的是判别一个体系能否作为结构。一般工程结构要能承受任意荷载并维持平衡，必须是几何不变体系。此外，几何组成分析还有助于进行结构的内力分析。

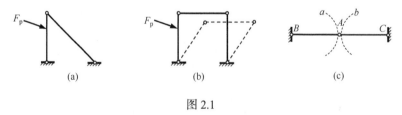

图2.1

2.2　几何组成分析的几个概念

2.2.1　刚片

在几何组成分析中，由于不考虑材料的变形，可以把一根杆件或某个几何不变部分看成刚体，在平面体系中将其称为刚片。刚片只要满足几何不变条件即可，对其形状并没有限制，可以是直杆[图 2.2(a)]、曲杆[图 2.2(b)]或若干根杆件构成的几何不变部分[图 2.2(c)、(d)]，地基通常也可以看成刚片。

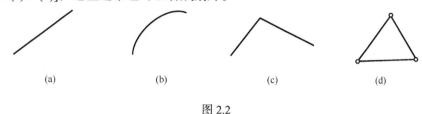

　　(a)　　　　　　　　(b)　　　　　　　　(c)　　　　　　　　(d)

图 2.2

2.2.2　自由度

　　自由度是指体系运动时所具有的独立运动方式的数目，也就是体系运动时可以独立变化的几何参数数目，或者说确定体系位置所需要的独立坐标数目。例如，平面内一个点的位置需用两个坐标 x、y 来确定[图 2.3(a)]；从运动的角度看，该点既可以沿水平方向(x 轴方向)移动，也可以沿竖直方向(y 轴方向)移动，即平面内一点有两种独立运动方式，故一个点的自由度等于 2。又如，一个刚片在平面内的位置可由其上任意一点 A 的坐标 x、y 和任意一直线 AB 的倾角 φ 来确定[图 2.3(b)]，从运动角度讲，这个刚片可以有 x 轴方向的移动、y 轴方向的移动及转动三种独立运动方式。故一个刚片的自由度等于 3。

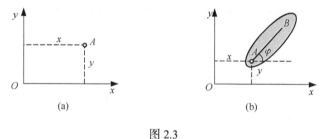

　　　　　　(a)　　　　　　　　　　　　　　(b)

图 2.3

　　机械中常用的按一种特定方式运动的机构，就是有一个自由度的几何可变体系。一般工程结构都是几何不变体系，其自由度通常都为零。

2.2.3　约束

　　平面体系各部分之间总是通过一定的方式联结在一起。这些联结对体系各部分之间的相对运动起到限制作用，能减少体系的自由度，称为约束。能减少一个自由度的联结称为一个约束。

　　体系的杆件之间及杆件与基础之间的联结方式常见的有链杆联结、铰联结和刚性联结等。

　　1) 链杆联结

　　图 2.4(a)所示 A、B 两点间由一链杆联结起来，原先 A、B 两个独立的动点有 4 个自由度，通过链杆联结后成为 AB 杆，在平面内只有图示 3 个自由度；图 2.4(b)所示刚片 Ⅰ、Ⅱ间由一链杆 BC 联结，原先两个独立刚片有 6 个自由度，通过链杆联结后可以由

图示 5 个独立坐标 x、y、φ、α、β 确定其位置,自由度减为 5 个。由此可知,一根链杆相当于 1 个约束,可以减少 1 个自由度。

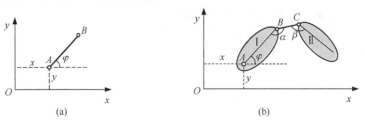

图 2.4

2) 铰联结

图 2.5(a)所示为用铰把两个刚片在 B 点联结起来,这种联结两个刚片的铰称为单铰。两个刚片在联结之前共有 6 个独立自由度,对于联结之后的体系,当刚片Ⅰ用 A 点的坐标 x、y 和倾角 φ 确定后,刚片Ⅱ只能绕 B 点转动,其位置只需一个参数 α 就能确定。这样,两个刚片用单铰联结后的自由度减为图示的 4 个。由此可知,一个单铰相当于 2 个约束,可以减少 2 个自由度。联结两个以上刚片的铰称为复铰。图 2.5(b)所示为三个刚片之间用一个铰联结的情况,联结后体系的位置可用图示 5 个独立坐标 x、y、φ、α、β 确定,即体系的自由度数为 5,共减少了 4 个自由度。可见,联结三个刚片的复铰相当于两个单铰的约束作用。由此类推,联结 n 个刚片的复铰相当于 $n-1$ 个单铰,可以减少 $2(n-1)$ 个自由度。

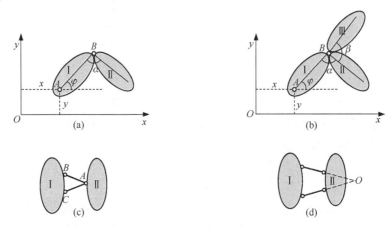

图 2.5

从减少体系自由度的观点看,两根链杆与一个单铰相当。如图 2.5(c)所示,当两个刚片之间用相交于刚片Ⅱ上 A 点的两根链杆联结时,假定刚片Ⅰ不动,则刚片Ⅱ只能绕 A 点转动,因此这两根链杆的功能相当于在 A 处的一个单铰。若两根链杆不直接相交在刚片Ⅱ上[图 2.5(d)],设其延长线的交点为 O,这时,刚片Ⅱ相对于刚片Ⅰ只能绕 O 点发生微小转动,两根链杆所起的约束作用相当于在 O 点处的一个铰的约束作用。这个铰可称为虚铰(或瞬铰)。显然,在体系运动的过程中,与两根链杆相应的虚铰位置也跟着在改变。

3) 刚性联结

图 2.6(a)所示为平面内两个刚片 I、II 在 A 点用刚结点联结成一个整体。刚结点使两个刚片合成为一个刚片，因此一个刚结点相当于 3 个约束，可以减少 3 个自由度。与铰类似，联结两个刚片的刚结点称为单刚结点；联结两个以上刚片的刚结点称为复刚结点。显然，联结 n 个刚片的复刚结点相当于 n-1 个单刚结点，可以减少 3(n-1)个自由度，如图 2.6(b)所示复刚结点就相当于 2 个单刚结点。

图 2.6

4) 多余约束与必须约束

由于一个体系中约束的作用有可能重复，并不一定所有的约束都能减少体系的自由度。如果在一个体系中增加一个约束，而体系的自由度并不因之而减少，则此约束称为多余约束；反之则称为必须约束。

例如，平面内一个自由点 A 原来有 2 个自由度。如果用两根不共线的链杆 1 和 2 把 A 点与基础相连[图 2.7(a)]，则 A 点即被固定，体系的自由度为 0，即减少了 2 个自由度，可见链杆 1 或 2 都是必须约束。

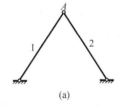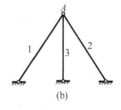

图 2.7

如果在图 2.7(a)的基础上再用第 3 根不共线的链杆把 A 点与基础相连[图 2.7(b)]，体系的自由度仍然为 0，即第 3 根链杆并没有减少体系的自由度，是多余约束。实际上，可以把这三根链杆中的任何一根视作多余约束，另外两根为必须约束。

由上述可知，一个体系中如果有多个约束存在，那么应当分清楚哪些约束是多余的，哪些约束是必需的。只有必须约束才对体系的自由度有影响，而多余约束对体系的自由度则没有影响。

2.3 平面体系的计算自由度

设体系是由若干个没有多余约束的刚片通过一定方式联结而成的，则体系的自由度

数就等于体系中各个刚片完全自由时的总自由度数减去体系中的必须约束数，即

$$N = 3m - e \qquad (2.1)$$

式中，N 为体系的自由度数目；m 为刚片数(不含地基)；e 为必须约束数。

对与地基联结在一起的体系，其自由度为零是体系几何不变的充要条件。而与地基没有联结的几何不变体系，由于本身作为一个刚片在平面内尚有 3 个自由度，这类体系的自由度数目为 3。

对于许多复杂体系来说，必须约束并非都容易直观判定，这就造成按式(2.1)计算体系自由度的困难。这里引入体系的计算自由度的概念。体系的计算自由度指体系中所有刚片的总自由度数减去体系中的总约束数，即

$$W = 3m - (e + s) \qquad (2.2)$$

式中，W 为体系的计算自由度；s 为多余约束数。

具体地说，如果体系内部及与地基之间的联结包括 b 根链杆、h 个单铰和 r 个单刚结点(复铰和复刚结点应折算为相应的单铰和单刚结点数)，则体系的计算自由度为

$$W = 3m - (b + 2h + 3r) \qquad (2.3)$$

【例 2.1】　试求图 2.8 所示平面体系的计算自由度。

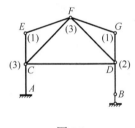

图 2.8

【解】　将除支座链杆外的每根杆件都看成刚片，则刚片总数 $m=9$，链杆数目 $b=1$，各结点处折算单铰数如图 2.8 中括号内数字所示，可见单铰总数 $h=10$，单刚结点总数 $r=2$。需要注意的是，D 结点为组合结点，BD 和 CD 在 D 结点刚结，CD、FD 和 GD 三个刚片在 D 结点铰结在一起，所以 D 处包含 1 个单刚结点和 2 个折算单铰。将相关数据代入式(2.3)，得该体系的计算自由度为

$$W = 3 \times 9 - (1 + 2 \times 10 + 3 \times 2) = 0$$

【例 2.2】　试求图 2.9 中各平面体系的计算自由度。

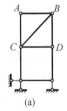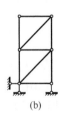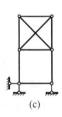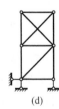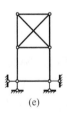

　　(a)　　　　　(b)　　　　　(c)　　　　　(d)　　　　　(e)

图 2.9

【解】　图 2.9 为完全由两端铰结的链杆所组成的体系，称为铰结链杆体系。这类体系的计算自由度，除可用式(2.3)计算外，还可以从结点运动的角度，用下面更简便的公式来计算。设 j 代表结点数，b 代表包括支座链杆在内的链杆总数。若每个结点均为自由，则有 $2j$ 个自由度，但每根链杆都起一个约束的作用，故体系的计算自由度为

$$W = 2j - b \qquad (2.4)$$

利用式(2.4)计算图 2.9(a)中体系的计算自由度，有

$$W = 2 \times 6 - 11 = 1$$

$W > 0$，表明体系缺少足够的约束，因此一定是几何可变的，简单分析就可以发现上部 $ABDC$ 部分可以发生刚体平动。

图 2.9(b)、(c)中体系的计算自由度为

$$W = 2 \times 6 - 12 = 0$$

$W = 0$，表明两个体系均具有成为几何不变体系所需要的最少约束数目，但是图 2.9(b)所示体系是几何不变的，而图 2.9(c)所示体系是几何可变的。

图 2.9(d)、(e)中体系的计算自由度为

$$W = 2 \times 6 - 13 = -1$$

$W < 0$，表明两个体系均具有多余约束。但是图 2.9(d)所示体系是几何不变的，而图 2.9(e)所示体系是几何可变的。

从以上分析可以看出，$W \leqslant 0$ 并不能判断体系是否是几何不变的，还需要看约束的布置是否得当。

实际上，由式(2.1)、式(2.2)可见

$$W = N - s \tag{2.5}$$

由于多余约束数 $s \geqslant 0$，故有 $N \geqslant W$。这说明计算自由度 $W \leqslant 0$（或只就体系本身 $W \leqslant 3$），只是体系几何不变的必要条件，还不是充分条件。一个体系尽管约束数目足够甚至还有多余，也不一定就是几何不变的。为了判别体系是否是几何不变的，还必须进一步研究体系几何不变的充分条件，即几何不变体系的组成规则。

顺便指出，一般结构都是与地基相联结的几何不变体系，其自由度数 $N = 0$，故结构的多余约束数 $s = -W$，这一结论在后面超静定结构分析中有重要作用。

2.4　几何不变体系的组成规则

本节讨论几何不变体系的组成规则，如无特别说明，本节中所说的刚片都是本身无多余约束的刚片。

2.4.1　三刚片规则

<u>三个刚片用不在同一条直线上的三个单铰两两相联，所组成的体系是几何不变而无多余约束的体系。</u>

图 2.10(a)为刚片Ⅰ、刚片Ⅱ、刚片Ⅲ用不在同一直线上的三个单铰 A、B、C 联结而成的铰结三角形，此体系本身的计算自由度 $W=3$，即只具有几何不变所必需的最少数目的约束，如果几何不变，将是没有多余约束的。无论从平面几何的观点还是从运动的观点，都可以发现图 2.10(a)所示体系的宏观外形是不会改变的。由平面几何可知，三条边长一定的三角形的形状是唯一确定的。从运动的观点看，若刚片Ⅲ保持不动，由于 A 点同时位于刚片Ⅰ和刚片Ⅱ上，而刚片Ⅰ、Ⅱ分别通过 B、C 两个铰与刚片Ⅲ相联结，故 A

点如果发生运动，则必须同时绕 B 和 C 两点转动，这样的运动显然是不可能发生的。所以图 2.10(a)中三个刚片之间是不可能发生相对运动的，该体系是几何不变的。

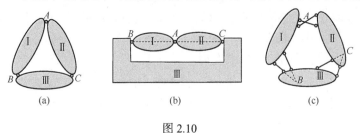

图 2.10

若连接三个刚片的三个铰 A、B、C 在同一条直线上，如图 2.10(b)所示，该体系是瞬变体系。

由于一个单铰与两根链杆相当，三刚片规则也可以叙述为：三个刚片之间用六根链杆彼此两两相联，六根链杆所组成的三个铰不在同一直线上，这样所组成的体系是几何不变而无多余约束体系。

例如，图 2.10(c)的体系，六根链杆所组成的三个虚铰 A、B、C 不在一条直线上，该体系是几何不变而无多余约束体系。

在三刚片体系的分析中，常遇到虚铰在无穷远处的情况，下面对这类情况进行讨论。为此，首先引用无穷远元素的性质：一组平行直线相交于同一个无穷远点；方向不同的两组平行直线相交于两个不同的无穷远点；平面上的所有无穷远点均在同一条直线上，这条直线称为无穷远直线。

图 2.11 给出了一个虚铰在无穷远处的几种情况。如图 2.11(a)所示，虚铰 $O_{\mathrm{I,II}}$ 在无穷远处，而另两个虚铰 $O_{\mathrm{I,III}}$ 和 $O_{\mathrm{II,III}}$ 不在无穷远处，此时，组成无穷远虚铰 $O_{\mathrm{I,II}}$ 的两根平行链杆与另两个虚铰 $O_{\mathrm{I,III}}$、$O_{\mathrm{II,III}}$ 的连线不平行，故三个铰不在同一条直线上，体系为几何不变体系；若平行，则三个虚铰在一条直线上，体系是瞬变的[图 2.11(b)]；在特殊情况下，如图 2.11(c)所示，$O_{\mathrm{I,III}}$ 和 $O_{\mathrm{II,III}}$ 为实铰，其连线和杆 1、2 平行，而且三者等长，则体系为常变体系。

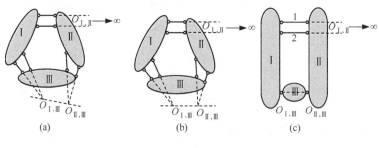

图 2.11

两个虚铰无穷远处的情况如图 2.12 所示。其中，图 2.12(a)所示体系为几何不变体系；在图 2.12(b)中，组成两个无穷远虚铰的两对平行链杆又相互平行(即四杆皆平行)，这时，虚铰 $O_{\mathrm{I,III}}$ 和 $O_{\mathrm{II,III}}$ 在同一个无穷远点，该无穷远点与虚铰 $O_{\mathrm{I,II}}$ 连成一条直线，即三个铰在一条直线上，体系为瞬变体系；如图 2.12(c)所示，此时组成两个无穷远虚铰的四根链杆均平行而且等长，则体系为常变体系。

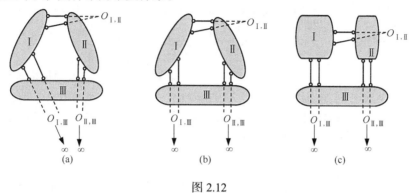

图 2.12

三虚铰均在无穷远处时，体系一般是瞬变的[图 2.13(a)]。在特殊情况下，如图 2.13(b)所示三对平行链杆各自等长，则体系是常变的，因为此时刚片间的相对平动可以持续进行下去。

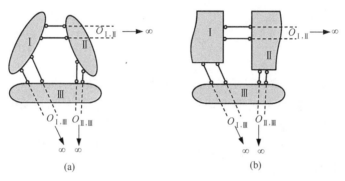

图 2.13

2.4.2　两刚片规则

两刚片之间用一个铰和一根不通过该铰的链杆联结而成的体系，是几何不变而无多余约束的体系。

如果把图 2.10(a)中的刚片Ⅲ作为一根链杆，就成为图 2.14(a)，该几何不变而无多余约束体系由刚片Ⅰ、Ⅱ通过铰 A 和链杆 BC 联结而成。当链杆 BC 的延长线通过 A 铰时[图 2.14(b)]，体系是几何瞬变的。

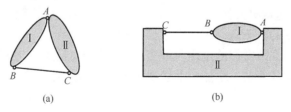

图 2.14

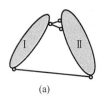

再把图 2.14(a)中的铰 A 改为两根链杆后[图 2.15(a)、(b)]，可以得到两刚片规则的另一种表述形式：两个刚片用既不全相交于一点又不完全平行的三根链杆联结而成的体系，是几何不变而无多余约束的体系。

图 2.15

三根链杆相交于一点的情形如图 2.16(a)、(b)所示，前者是几何常变体系，后者是瞬变体系；三根链杆完全平行且等长时[图 2.16(c)]，体系是几何常变体系，三根链杆完全平行但长度不等时[图 2.16(d)]，体系是瞬变体系。

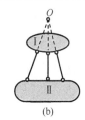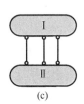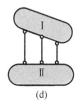

图 2.16

2.4.3　二元体规则

在一个体系上增加或减少二元体不改变体系的几何组成性质。

二元体是指从原体系上延伸出两根不共线的链杆去联结一个新结点的装置，如图 2.17(a)、(b)中的 ACB 部分。根据二元体规则，原体系是几何不变的，则增减二元体后的新体系仍是几何不变的[图 2.17(a)]；若原体系是几何可变的，则增减二元体后的新体系仍是几何可变的[图 2.17(b)]。

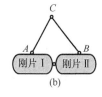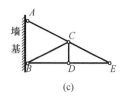

图 2.17

运用二元体规则可以简化体系的几何组成分析。图 2.17(c)所示体系，可以看成在几何不变的墙基上依次增加三个二元体 ACB、CDB、CED 而组成，则整个体系也是几何不变的。反之，可以通过依次去除二元体 CED、CDB、ACB，最后剩下墙基是几何不变的，故原体系是几何不变的。

需要说明的是，本节介绍的是几何不变体系最基本也是最常用的组成规则。但有一些体系的几何构造比较复杂，不能按上述规则进行分析。有关这类体系的几何构造分析可采用 3.7 节中的零载法。

2.5　平面体系几何组成分析举例

2.5.1　几何组成分析的一般步骤与方法

对体系进行几何组成分析，通常可遵循以下步骤：

(1) 计算体系的计算自由度。如果计算自由度 $W > 0$(或 $W > 3$)，则可判定体系为几何常变体系；若 $W \leqslant 0$(或 $W \leqslant 3$)，表明体系满足几何不变的必要条件，还需作进一步的几何组成分析。对于不太复杂的体系，通常可以略去这一步，直接进行几何组成分析。

(2) 确定刚片与约束。在不考虑材料变形的前提下，一根杆件和能直接判明的几何不变无多余约束部分(如铰结三角形、含刚性联结的杆件组合及地基等)都可以当作刚片。体系中的铰和链杆都是约束。

(3) 判定体系的组成性质。利用 2.4 节介绍的几何不变且无多余约束体系的组成规则判定体系是几何不变体系、几何常变体系还是瞬变体系。

在具体进行体系的几何组成分析时，可以根据需要，在不改变体系的几何组成性质的前提下，从以下几个方面对体系作适当的简化和改造，以便于分析。

(1) 灵活运用二元体规则。一方面，若体系中有二元体，可先去掉二元体，以简化体系；另一方面，可在已判明的一个刚片上，通过增加二元体，尽可能扩大刚片的范围，以减少体系的刚片数量。

(2) 链杆与刚片的替换。链杆是刚片的特殊形式，任何一根链杆都可以看成刚片。但是，把刚片替换成链杆却是有条件的。当一个刚片与体系的其他部分只通过两个铰联结时，可以把该刚片看成联结这两个铰的链杆；当一个刚片通过 3 个或 3 个以上的铰与其他部分联结时，一般要将其变换为联结这些铰的内部几何不变且无多余约束的链杆体系。

(3) 刚片与基础的拆除。如果基础(或一个刚片)与体系的其他部分只通过 3 根既不交于一点又不完全平行的链杆联结，则可以去掉基础(或刚片)及这 3 根链杆，只分析剩余部分的几何组成。这种简化实际上是两刚片规则的运用。

体系经过适当的简化后，就需要确定刚片与约束，运用两刚片规则和三刚片规则进行几何组成分析。这时，第一个刚片的确定是关键。如果基础与上部体系之间的约束超过三个，一般情况下基础可作为第一刚片。对于不包含基础的体系，只能采用试选的方法，一般可考虑将与其他部分的联结不超过 4 根链杆(单铰视为两根链杆)的几何不变部分作为第一刚片。第一刚片确定后，就可以根据从第一刚片上伸出去的链杆确定其他刚片。如果从第一刚片上伸出去的 3 根链杆联结到同一个几何不变部分,则该部分为第二刚片,采用两刚片规则判别；如从第一刚片上伸出去的 4 根链杆中，每两根联结到同一个几何不变部分，则可得到第二、第三刚片，采用三刚片规则判别。

另外，在几何组成分析过程中，还可以把已经判明的几何不变部分看成新的大刚片，反复运用基本规则进行分析。

2.5.2　例题

【例 2.3】　试分析图 2.18(a)所示体系的几何组成。

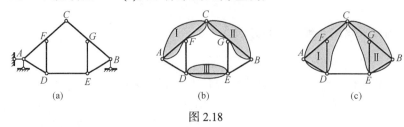

图 2.18

【解】　(1) 简化。

地基与上部体系通过 3 根既不交于一点又不完全平行的链杆联结。可拆除基础及 3 个支座链杆，只分析上部体系。

(2) 分析。

方法一(按三刚片规则)：选择杆件 AFC 和 CGB 为刚片 Ⅰ 、Ⅱ，两者用 C 铰相联结；从刚片 Ⅰ 上延伸出的链杆 AD、FD 与链杆 DE 联结于铰 D，故可选链杆 DE 为刚片Ⅲ，刚片Ⅲ与刚片Ⅱ之间通过链杆 EG、EB 联结，相应的铰在结点 E。如图 2.18(b)所示，三铰不在一条直线上，满足三刚片规则。

方法二(按两刚片规则)：在基本刚片 AFC 和 BGC 上分别增加二元体 ADF 和 BEG 得到扩大刚片Ⅰ和Ⅱ，如图 2.18(c)所示。联结Ⅰ、Ⅱ刚片的约束为铰 C 和链杆 DE。链杆 DE 不通过铰 C，符合两刚片规则。

(3) 结论。

体系几何不变，无多余约束。

【例 2.4】　试分析图 2.19(a)所示体系的几何组成。

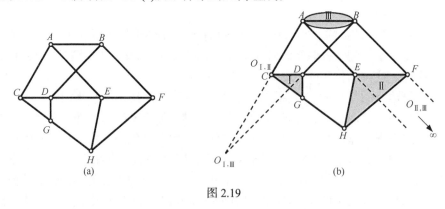

图 2.19

【解】　(1) 分析。

该体系中存在铰结三角形 CDG 和 EFH，可考虑为刚片。取 CDG 为刚片 Ⅰ，由其延伸出来了 4 根链杆，其中链杆 GH、DE 联结到铰结三角形 EFH，链杆 AC、BD 联结到链杆 AB，故可把铰结三角形 EFH 和链杆 AB 分别选作刚片 Ⅱ、Ⅲ，联结三个刚片的铰 $O_{Ⅰ,Ⅱ}$、$O_{Ⅰ,Ⅲ}$、$O_{Ⅱ,Ⅲ}$如图 2.19(b)所示，三铰不在一条直线上，满足三刚片规则。

(2) 结论。

体系几何不变，无多余约束。

【例 2.5】 试分析图 2.20(a)所示体系的几何组成。

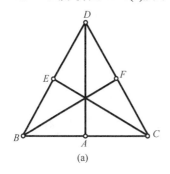 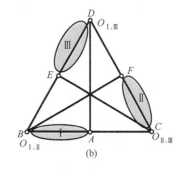

图 2.20

【解】 (1) 分析。

该体系中没有显而易见的刚片，但其中的杆件都是通过 4 根链杆与其他部分联结，可试选一根杆件为第一刚片进行分析。这里取 AB 为刚片Ⅰ，由其延伸出来的 4 根链杆中，链杆 AC、BF 联结到链杆 CF，链杆 AD、BE 联结到链杆 DE，把 CF、DE 分别选作刚片Ⅱ、Ⅲ，联结三个刚片的铰 $O_{I,II}$、$O_{I,III}$、$O_{II,III}$ 如图 2.20(b)所示，三铰不在一条直线上，满足三刚片规则。

(2) 结论。

体系几何不变，无多余约束。

本题也可以选择其他杆件作为刚片进行分析，读者可自行练习。

【例 2.6】 试分析图 2.21(a)所示体系的几何组成。

【解】 (1) 分析。

该体系中地基与上部体系通过 4 根链杆联结，地基作为刚片Ⅰ，固定铰支座 A 的两根链杆视为二元体并入刚片Ⅰ，这样由刚片Ⅰ延伸出来的 4 根链杆中，链杆 AE 和 C 支座链杆联结到杆件 CE，链杆 AD 和 B 支座链杆联结到铰结三角形 BDF，因此，可把链杆 CE 和铰结三角形 BDF 分别选作刚片Ⅱ、Ⅲ，联结三个刚片的铰 $O_{I,II}$、$O_{I,III}$、$O_{II,III}$ 如图 2.21(b)所示，三铰不在一条直线上，满足三刚片规则。

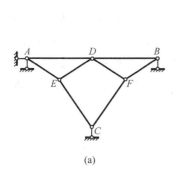 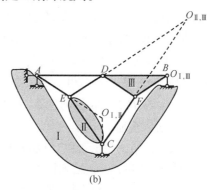

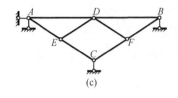

(c)

图 2.21

(2) 结论。

体系几何不变，无多余约束。

本题中若 A、E、C 和 B、F、C 分别共线[图 2.21(c)]，则三个铰将在同一条直线上，体系为瞬变体系。读者试自行分析。

【例 2.7】   试分析图 2.22(a)所示结构的几何组成。

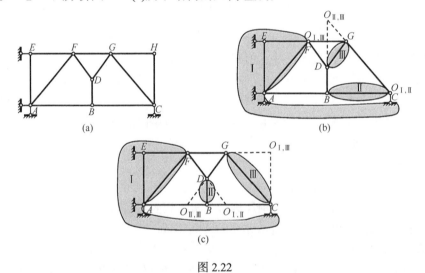

图 2.22

【解】   (1) 简化。

拆除右上角二元体 GHC，如图 2.22(b)所示。

(2) 分析。

方法一：上部体系与基础之间有 4 个约束，取基础为刚片，它与铰结三角形 AEF 通过固定铰支座 A 和链杆支座 E 相互联结，满足两刚片规则，构成几何不变无多余约束体系。将这一部分看成刚片 I，由该刚片延伸出来的链杆有 AB、FD、FG 和 C 支座链杆，其中，链杆 AB 和 C 支座链杆联结到杆件 BC，链杆 FD 和 FG 联结到链杆 DG，因此，可把链杆 BC 和 DG 分别选作刚片 II、III。联结刚片 I、II 的虚铰 $O_{I,II}$ 在 C 点，联结刚片 I、III 的虚铰 $O_{I,III}$ 在 F 点，联结刚片 II、III 的虚铰 $O_{II,III}$ 如图 2.22(b)所示，三铰不在一条直线上，满足三刚片规则。

方法二：仍以铰结三角形 AEF 与基础连成的大刚片为刚片 I，由该刚片延伸出来的 4 根链杆中，链杆 AB 和 FD 联结到杆件 BD，链杆 FG 和 C 支座链杆联结到杆件 CG，因此，也可把链杆 BD 和 CG 分别选作刚片 II、III。联结 3 个刚片的虚铰 $O_{I,II}$、$O_{I,III}$、$O_{II,III}$

如图 2.22(c)所示，三铰不在一条直线上，满足三刚片规则。

(3) 结论。

原体系为几何不变无多余约束体系。

【**例 2.8**】 试分析图 2.23(a)所示体系的几何组成。

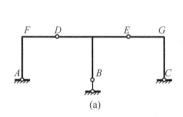
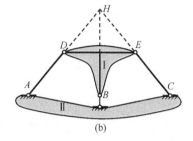

图 2.23

【**解**】 (1) 简化。

折杆 AFD 通过铰 A 和铰 D 与体系其他部分联结，可用联结 A、D 的链杆代替；同样，折杆 CGE 可用联结 C、E 的链杆代替。简化后体系如图 2.23(b)所示。

(2) 分析。

以 T 形杆 BDE 为刚片 I、地基为刚片 II，两个刚片通过链杆 AD、CE 和 B 支座链杆联结，三根链杆的延长线交于一点 H，不满足二刚片规则。

(3) 结论。

原体系为瞬变体系。

【**例 2.9**】 试分析图 2.24(a)所示结构的几何组成。

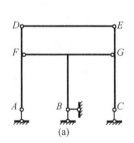
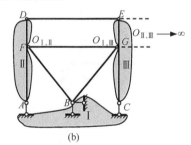

图 2.24

【**解**】 (1) 简化。

该题中基本刚片有直杆 AFD、CGE 和 T 形杆 BFG，地基通过 4 根链杆与上部体系联结，也必须作为刚片，这样就有 4 个刚片，直接分析有困难。但 T 形杆 BFG 本身是一个无多余约束的几何不变体系，且通过 B、F、G 三个铰与其他部分联结，可以将其用铰结三角形 BFG 来代替，如图 2.24(b)所示。

(2) 分析。

将地基作为刚片 I，固定铰支座 B 的两根链杆视为二元体并入刚片 I，这样由刚片 I 延伸出来的 4 根链杆中，链杆 BF 和 A 支座链杆联结到杆件 AFD，链杆 BG 和 C 支座

链杆联结到杆件 *CGE*，把 *AFD*、*CGE* 分别选作刚片 Ⅱ、Ⅲ，联结三个刚片的铰 $O_{\text{I},\text{II}}$、$O_{\text{I},\text{III}}$、$O_{\text{II},\text{III}}$ 如图 2.24(b)所示，形成无穷远处虚铰 $O_{\text{II},\text{III}}$ 的两根链杆与另两个虚铰 $O_{\text{I},\text{II}}$、$O_{\text{I},\text{III}}$ 的连线 *GF* 平行，三铰共线，不满足三刚片规则。

(3) 结论。

原体系为瞬变体系。

2.6　体系几何组成与静定性的关系

体系的静定性是指体系在任意荷载作用下的全部反力和内力可以根据静力平衡条件唯一确定。体系的静定性与几何组成之间有着必然的联系，几何组成分析除了可以判定体系是否几何不变外，还可以说明体系是否静定。为了说明这一问题，现在来讨论体系的几何组成性质与平衡方程的解答之间的关系。

图 2.25(a)所示体系是几何不变无多余约束的，三个支座反力可以由杆件 *AB* 的三个静力平衡方程(如 $\sum F_x = 0$、$\sum F_y = 0$ 和 $\sum M = 0$)联立求解确定。于是，体系的内力也就可以确定。所以，无多余约束的几何不变体系是静定的，可称为静定结构。

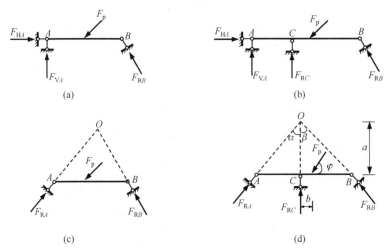

图 2.25

图 2.25(b)所示是几何不变有一个多余约束的体系，支座反力的数目(四个)多于静力平衡方程的数目(三个)，因而不能求得确定的解。实际上，只要任意设定某一支座反力后，就可以根据三个静力平衡方程求得其余三个支座反力。这说明该体系满足平衡条件的反力和内力有无穷多组，或者说是不确定的。所以，有多余约束的几何不变体系是静不定的，可称为静不定结构或超静定结构。以后将介绍，超静定结构的反力和内力必须结合体系的变形条件才能确定。

图 2.25(c)所示体系只有两根支座链杆，是有一个自由度的几何常变体系。这样，支座反力的个数就少于静力平衡方程个数。除特殊情况外，要求两个未知力同时满足三个

静力平衡方程一般来说是不可能的。如图中荷载未通过两支座链杆的延长线交点 O，体系就不可能达到平衡。可见，几何常变体系一般无静力学解答，也不可能在任意荷载作用下达到平衡，所以不能用作结构。

图 2.25(d)所示体系的三根支座链杆的延长线交于一点 O，体系是瞬变体系。将 AB 杆的 3 个平衡方程 $\sum F_x = 0$、$\sum F_y = 0$ 和 $\sum M_C = 0$ 写成矩阵形式为

$$
\begin{bmatrix}
\sin\alpha & -\sin\beta & 0 \\
\cos\alpha & \cos\beta & 1 \\
a\sin\alpha & -a\sin\beta & 0
\end{bmatrix}
\begin{Bmatrix}
F_{RA} \\
F_{RB} \\
F_{RC}
\end{Bmatrix}
=
\begin{Bmatrix}
F_p\cos\varphi \\
F_p\sin\varphi \\
-F_p b\sin\varphi
\end{Bmatrix}
\tag{2.6}
$$

显然，式(2.6)中系数矩阵的行列式为零，平衡方程没有确定解答，体系不能维持平衡。所以，瞬变体系也不能用作结构，而且设计中应避免采用接近瞬变的几何构造，以防止某些支座反力或杆件内力过大。

如果图 2.25(d)中荷载为零，式(2.6)可以有非零解，即瞬变体系在不承受荷载作用时，可以有满足所有平衡条件的非零的反力和内力。

思考题

2.1　进行几何组成分析有何目的和意义？

2.2　什么是几何不变体系、几何可变体系和瞬变体系？工程结构应采用什么体系？为什么工程中要避免采用瞬变体系和接近瞬变体系？

2.3　什么是必须约束和多余约束？几何可变体系一定没有多余约束吗？

2.4　为什么计算自由度 $W \leqslant 0$ 的体系不一定就是几何不变的？试举例说明。

2.5　什么是刚片？什么是链杆？链杆能否作为刚片？刚片能否当作链杆？

2.6　什么是单铰、复铰、虚铰？体系中的任意两根链杆是否都相当于其交点处的一个虚铰？

2.7　为什么说几何不变体系的三个基本组成规则实质是同一个规则？

2.8　试述静定结构和超静定结构的几何组成特征、静力特征。

习题

2.1　试求图示体系的计算自由度，并对体系进行几何组成分析。

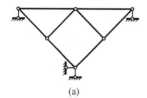

(a)

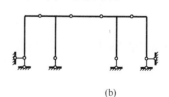

(b)

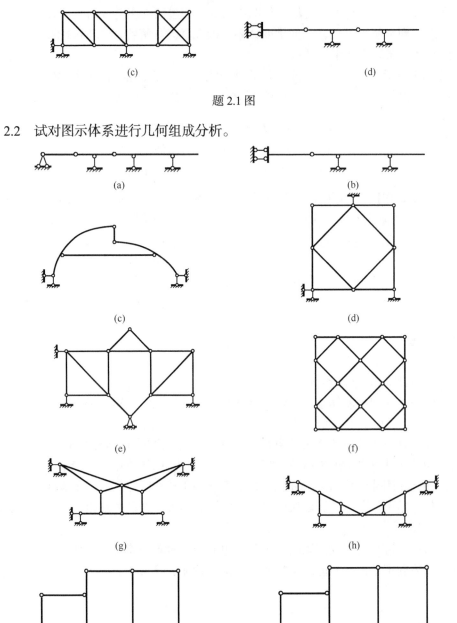

题 2.1 图

2.2 试对图示体系进行几何组成分析。

(a)

(b)

(c)

(d)

(e)

(f)

(g)

(h)

(i)

(j)

题 2.2 图

2.3 试分析图示体系的几何组成，其中 a、b、c、d 处非结点。

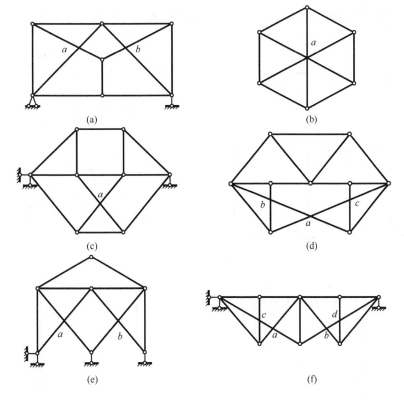

题 2.3 图

2.4 试分析图示体系的几何组成。

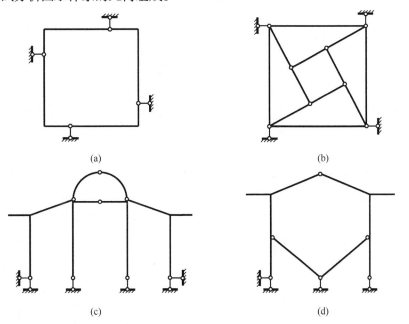

题 2.4 图

2.5　试计算图示体系的计算自由度，并通过增减约束将其改为几何不变且无多余约束体系。

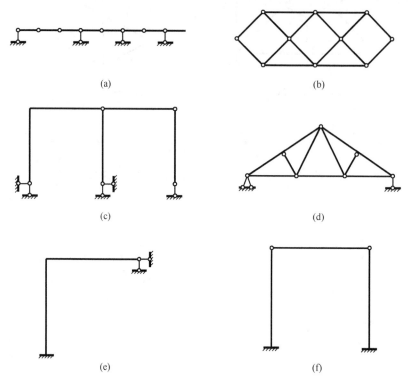

(a)　　　　　　　　　　　　　　　　　(b)

(c)　　　　　　　　　　　　　　　　　(d)

(e)　　　　　　　　　　　　　　　　　(f)

题 2.5 图

第 3 章　静定结构的受力分析

3.1　概　　述

工程结构可以分为静定结构和超静定结构。本章将依次讨论静定梁、刚架、拱、桁架及组合结构五类主要静定结构的受力分析问题。静定结构受力分析就是计算在荷载等外部因素作用下结构的反力和内力，并绘出结构的内力图。

静定结构的内力计算是结构的位移计算、超静定结构的内力计算乃至整个结构力学课程的基础，它对于学好结构力学是十分重要的。本章的基本内容，从原理到方法，在理论力学和材料力学中已不同程度地有所涉及，但决不能因此就认为本章只是理论力学和材料力学中有关内容的简单重复，从而轻视甚至忽视本章的学习。通过本章的学习，要能够对静定结构内力计算的原理有更加深入的理解，熟练地掌握各种静定结构内力计算的方法，了解静定结构的特性和各类结构的受力特点，为学习后续内容打下良好的基础。

3.1.1　结构内力表示方式及正负号规定

在平面杆件的任一截面上，一般有轴力 F_N、剪力 F_Q 和弯矩 M 三种内力。轴力是截面上应力沿杆轴切线方向的合力，以拉力为正；剪力是截面上应力沿杆轴法线方向的合力，以使杆件沿顺时针方向转动者为正；弯矩是截面上应力对截面形心的合力矩，一般不作正负号的规定，但对梁而言，工程中习惯上规定使下侧纤维受拉（即使梁上凹）者为正。图 3.1 中表示的内力都是沿着正方向。在结构计算时，为了具体表示内力所在截面，在梁中可以用一个字母下标表示截面位置；在刚架等复杂结构中，由于一个结点可能联结多根杆件，通常用由两个字母组成的下标具体表明是哪根杆件的内力，其中第一个字母表示内力作用截面所在的杆端。例如，图 3.2 中，F_{NEG} 表示作用于 EG 杆 E 端的轴力，F_{QDA} 表示作用于 AD 杆 D 端的剪力，M_{DC} 表示作用在 CD 杆 D 端的弯矩，等等。

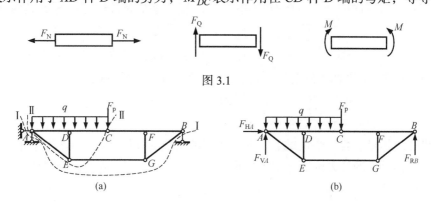

图 3.1

(a)　　　　　　　　　　　　　　　(b)

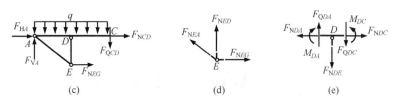

图 3.2

3.1.2 静定结构受力分析的基本方法

静定结构只用静力平衡条件就能唯一确定全部支座反力和内力。因此，静定结构受力分析的计算条件就是静力平衡条件，基本方法是隔离体平衡法。用一个截面切断结构中的若干杆件(或支座链杆)，将结构的一部分与其余部分(或地基)分开，就得到结构的一个隔离体；对隔离体应用平衡条件，列出关于未知力的方程或方程组，进而解出未知力。这个方法就称为隔离体平衡法。

隔离体的选取可以是十分灵活的。图 3.2(b)~(e)分别表示用不同的截面从图 3.2(a)所示的组合结构中得到的隔离体，其中图 3.2(b)、(c)所示的隔离体是分别在图 3.2(a)中作截面Ⅰ—Ⅰ和截面Ⅱ—Ⅱ得到的。与其余隔离体相应的截面，读者可在图中自行补充。

应用隔离体平衡法的关键，一是隔离体要"隔离"，即隔离体与其余部分之间的约束要完全解除；二是正确反映隔离体的受力状态，隔离体受力图中必须将隔离体所受到的外力全部表示出来。隔离体受到的外力包含两类，一类是外荷载，另一类是与切断杆件所解除的约束相对应的约束力，即结构内力或支座反力。结构内力与切断杆件的类型有关。杆件结构中的杆件可分为二力杆和受弯杆两类。二力杆又称为链杆或桁架式杆，其内力只有轴力；受弯杆又称梁式杆或刚架式杆，截断受弯杆相应的内力有轴力、剪力和弯矩。在作隔离体受力图时，已知力和力矩按实际方向表示，未知力和力矩则全按规定的正方向画出，它们的实际方向根据计算结果的正负号确定。

隔离体所受的全部外力构成一个平衡力系，对于平面结构，这个平衡力系通常是一个平面任意力系。对每个隔离体可写出三个相互独立的平衡条件，如

$$\sum F_x = 0, \quad \sum F_y = 0, \quad \sum M = 0 \tag{3.1}$$

其中，$\sum F_x$ 和 $\sum F_y$ 分别表示隔离体所受外力的合力(主矢)在 x 轴和 y 轴上的投影，$\sum M$ 表示这些外力对平面内任一点的合力矩(主矩)。以上平衡条件也可以写成其他形式，如

$$\sum F_x = 0, \quad \sum M_A = 0, \quad \sum M_B = 0 \tag{3.2}$$

其中，$\sum F_x$ 的意义与式(3.1)相同，$\sum M_A$、$\sum M_B$ 分别表示外力对平面内的 A、B 两点的合力矩，这里 A、B 两点的连线不得垂直于 x 轴。还可以表示为

$$\sum M_A = 0, \quad \sum M_B = 0, \quad \sum M_C = 0 \tag{3.3}$$

其中，A、B、C 是平面内任意三个不共线的点。

如果隔离体只包含一个铰结点，并且所有被切断的杆件都是二力杆，如图 3.2(d)所示，则隔离体所受的外力构成一个平面汇交力系，其平衡条件只包括两个相互独立的投影方程，如

$$\sum F_x = 0, \quad \sum F_y = 0 \tag{3.4}$$

这时的隔离体平衡法称为结点法，在桁架和组合结构的内力计算中常常要用到这个方法。与结点法对应的方法是截面法，这时隔离体所受的外力构成一般的平面任意力系而不是汇交力系，就要用平面任意力系的平衡条件[即式(3.1)或式(3.2)或式(3.3)]来求解未知力。在梁和刚架结构的分析中，隔离体平衡法都是截面法；在桁架和组合结构的分析中，当隔离体包含多个结点[图 3.2(b)、(c)]或虽然只含一个结点，但该结点不是铰结点而是刚结点或组合结点[图 3.2(e)]时，隔离体平衡法也是截面法。

3.1.3 静定结构受力分析的一般步骤

静定结构分析的关键是先求出支座反力和各部分之间的约束力，再利用平衡条件计算杆件各截面的内力。一般计算步骤如下。

1) 几何组成分析

杆件结构是由杆件加上约束按一定规律和顺序组成的；结构受力分析时，则是解除约束将结构拆成杆件，求出约束力进而计算内力的。因此几何组成分析和受力分析是两个相关的过程，应当把受力分析与几何组成分析联系起来，根据结构的组成特点确定受力分析的合理途径。从组成的角度看，静定结构有悬臂式、简支式、三铰式和复合式等形式，分别如图 3.3(a)～(d)所示。悬臂式是通过固定支座或二元体规则从基础上直接延伸出来的；简支式是通过两刚片规则构成的；三铰式是按三刚片规则构成的；复合式则是以上几种方式的组合。在复合式结构中先组成的部分称为基本部分，后组成的、以基本部分为其支承的部分称为附属部分，如图 3.3(d)中，ABC 部分是基本部分，DEF是其附属部分，另外 DEF 又与 ABC 一起成为基本部分，附属部分为 GHI。在进行静定结构的受力分析时，按照与结构组成次序相反的顺序来进行，即先分析附属部分后分析基本部分，可使分析过程得到简化。

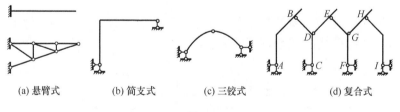

(a) 悬臂式　　(b) 简支式　　(c) 三铰式　　(d) 复合式

图 3.3

2) 求支座反力与约束力

在计算支座反力和内部约束力时，应根据几何组成和受力特征，选择适当隔离体和平衡条件建立平衡方程。

对按两刚片规则构成的静定结构[图 3.3(b)]，将基础与上部结构看成两个刚片，刚片之间通过一个铰与一根链杆联结或者通过三根链杆联结，刚片之间的三个约束力对应着支座反力。分析时，以上部结构为隔离体，利用式(3.1)～式(3.3)中的任意一组平衡方程计算支座反力。

对按三刚片规则构成的静定结构[图 3.3(c)]，上部结构包含两个刚片，基础是一个刚片，上部结构与基础之间通过两个铰联结，对应着四个支座反力，上部结构中的两个刚片通过一个铰相互联结，对应着两个内部约束力。分析时，通常分别取上部结构整体和其中的任意一个刚片为隔离体，根据两个隔离体的平衡条件计算支座反力和内部约束力。在具体选择平衡方程时应尽量使一个方程中只包含一个未知量，避免联立求解方程组。

3) 计算内力，绘内力图

计算出支座反力和约束力之后，对各根杆件就可以用截面法，根据隔离体平衡条件求出若干截面的内力，然后点绘内力图。内力图是表示结构上各截面内力数值的图形，通常用平行于杆轴线的坐标表示截面的位置(此坐标轴通常又称为基线)，而用垂直于杆轴线的坐标(又称竖标)表示内力的数值。在绘内力图时应注意：弯矩图必须绘在杆件受拉的一侧，不标注正负号；轴力图与剪力图可绘在杆件的任意一侧(对于梁结构，习惯上将正值的竖标绘在基线的上方)，同时必须注明正负号。

3.2　静定梁与静定刚架

静定梁和静定刚架是工程中常见的静定结构。这类结构中的杆件以弯曲变形为主，通常称为受弯杆件。由单根杆件构成的单跨静定梁主要有简支梁[图 3.4(a)]、外伸梁[图 3.4(b)]和悬臂梁[图 3.4(c)]；而图 3.4(d)所示的单跨静定梁在结构分析中有时也会见到。材料力学中已经介绍了单跨静定梁的内力分析方法。这里作一些必要的回顾与补充。

(a)　　　　　　(b)　　　　　　(c)　　　　　　(d)

图 3.4

3.2.1　直杆的荷载与内力的微分关系及内力图特征

在图 3.5(a)中，若规定横坐标 x 轴以向右为正，纵坐标 y 轴以向下为正，横向荷载(即垂直于杆轴线的荷载)以沿坐标正向为正。

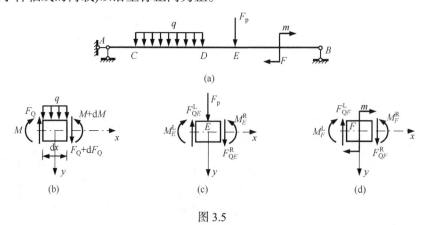

(a)

(b)　　　　　　(c)　　　　　　(d)

图 3.5

在分布荷载作用区段取如图 3.5(b)所示的微段，考虑其平衡条件，并略去高阶微量，可

导出在图示坐标下杆件内力与荷载集度之间的微分关系

$$\frac{\mathrm{d}F_Q}{\mathrm{d}x} = -q(x) \tag{3.5}$$

$$\frac{\mathrm{d}M}{\mathrm{d}x} = F_Q \tag{3.6}$$

由式(3.5)和式(3.6)可得

$$\frac{\mathrm{d}^2 M}{\mathrm{d}x^2} = -q(x) \tag{3.7}$$

在集中力 F_p 作用点 E 附近取隔离体，如图 3.5(c)所示，由平衡条件可知

$$F_{QE}^R = F_{QE}^L - F_p \tag{3.8}$$

$$M_E^R = M_E^L \tag{3.9}$$

在集中力偶 m 作用点 F 附近取隔离体，如图 3.5(d)所示，由平衡条件可知

$$F_{QF}^R = F_{QF}^L \tag{3.10}$$

$$M_F^R = M_F^L + m \tag{3.11}$$

由以上荷载与内力的关系，可以总结出受弯直杆内力分布及内力图特征如下：

(1) 无横向荷载区段，弯矩线性分布，弯矩图为直线；剪力保持为常数，对应的剪力图为一条与杆轴线平行的直线。

(2) 横向均布荷载作用区段，弯矩图为二次抛物线，曲线凸向与荷载指向相同；剪力图为斜直线，其斜率与均布荷载集度大小相等，符号相反。如正号剪力画在基线之上，负号剪力画在基线之下，则自左至右，荷载向下时，剪力图也下降，总下降值等于该段均布荷载的合力。

(3) 集中荷载作用点，弯矩图有一尖角，尖角指向与荷载方向相同。剪力图有一突变，突变值等于该集中荷载的大小。如正号剪力画在基线之上，负号剪力画在基线之下，则自左至右，剪力图突变方向与荷载指向一致。

(4) 集中力偶作用点，弯矩图有一突变，如集中力偶为顺时针方向，则自左至右向下突变，突变值等于集中力偶大小；作用点两侧剪力相等，剪力图没有变化。

(5) 弯矩图各点切线的斜率等于该点所对应截面的剪力。在剪力为零处，弯矩取得极值，弯矩图的切线与杆轴线平行；自左至右，弯矩图的切线在剪力图为正号的区段均为下降的直线，在剪力图为负号的区段均为上升的直线。

上面归纳了弯矩图和剪力图的一些基本特征。至于轴力的变化情况，它与剪力基本相似，只要注意到截面上的轴力与剪力互相垂直，结合隔离体上的荷载情况，不难得到轴力与轴向荷载的关系，再类比剪力图的特征，就可得到轴力图的特征，请读者自行总结。

3.2.2　叠加法作直杆任意区段的内力图

对小变形线弹性结构，可以根据叠加原理利用区段叠加法作直杆的内力图。叠加原

理指结构中所有荷载作用所产生的效应(反力、内力和变形等)等于每个荷载单独作用产生的效应的代数和。下面讨论怎样利用叠加原理作直杆的内力图。

1) 简支梁弯矩图的叠加法

图 3.6(a)所示的简支梁承受两组荷载：跨间均布荷载 q 和端部力偶 M_A、M_B。当端部力偶单独作用时，弯矩图($\bar{M}$ 图)为直线图形，如图 3.6(b)所示。当跨间均布荷载 q 单独作用时，弯矩图(M^0 图)为二次抛物线，如图 3.6(c)所示。根据叠加原理，在作两组荷载共同作用下的实际弯矩图时，先将两端截面 A、B 的弯矩竖标画出，得到点 A' 和 B'，用虚直线将 A' 和 B' 相连就得到 $\bar{M}$ 图，在此虚直线的基础上叠加上 M^0 图，这样就得到了简支梁的总弯矩图(M 图)，如图 3.6(d)所示。需要注意的是，这里所说的弯矩图的叠加是指对应竖标的代数相加(同号相加，异号相减)，不是弯矩图形的简单拼合，叠加的弯矩图竖标都应垂直于杆件轴线，而不能垂直于图中的虚线。图 3.6(d)所示三个竖标 $\bar{M}$、M^0 和 M 之间的叠加关系为

$$\bar{M}(x) + M^0(x) = M(x) \tag{3.12}$$

2) 直杆任意区段弯矩图的叠加法

下面将作简支梁弯矩图的叠加法推广应用到作直杆任意区段的弯矩图。以图 3.7(a)中杆段 AB 为例，其隔离体受力图如图 3.7(b)所示，隔离体上的作用力除均布荷载 q 外，还有杆端弯矩 M_{AB}、M_{BA} 和杆端剪力 F_{QAB}、F_{QBA}。为了说明杆段 AB 弯矩图的特性，把它与图 3.7(c)中的简支梁相比较。设简支梁受相同的均布荷载 q 和杆端力偶 $M_A = M_{AB}$、

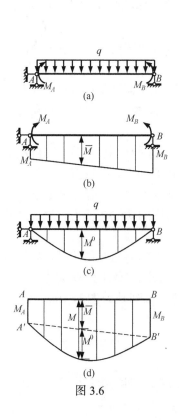

图 3.6

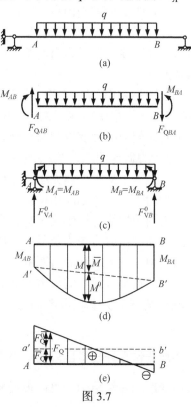

图 3.7

$M_B = M_{BA}$ 作用，竖向支座反力为 F_{VA}^0、F_{VB}^0。在图 3.7(b)、(c)中分别应用平衡条件计算 F_{QAB}、F_{QBA} 和 F_{VA}^0、F_{VB}^0，可知 $F_{VA}^0 = F_{QAB}$、$F_{VB}^0 = -F_{QBA}$。因此，图 3.7(b)所示杆段 AB 的受力状态与图 3.7(c)所示相应简支梁 AB 的受力状态是等效的，两者具有相同的弯矩图。这样就可以用绘制简支梁 AB 弯矩图的叠加法来绘制杆段 AB 的弯矩图，如图 3.7(d) 所示。

用叠加法绘制直杆的任意区段 AB 弯矩图的具体做法是：先用截面法求得区段两端控制截面的弯矩 M_{AB}、M_{BA}，将两端截面 A、B 的弯矩竖标画出，得到点 A' 和 B'，用虚直线将 A' 和 B' 相连；以此虚直线为基线，再叠加上跨度与 AB 段长度相同、跨间荷载与 AB 段荷载相同的简支梁(称为"代梁")的弯矩图。

3) 剪力图的叠加法

类似于弯矩的叠加，剪力也可以用叠加法。与图 3.7(d)所示的弯矩叠加过程相对应，可以按图 3.7(e)进行剪力的叠加，具体做法是：先计算与图 3.7(d)中虚直线 $A'B'$ 相应的剪力，此时 AB 段的剪力为常数 $\bar{F}_Q = \dfrac{M_{BA} - M_{AB}}{l}$，剪力图为与杆轴线平行的虚线 $a'b'$，再以此虚线为基线叠加上"代梁"的剪力图 F_Q^0，这样就得到了 AB 段的总剪力图。

为了能熟练地运用区段叠加法绘制复杂荷载作用下的内力图，应十分熟悉图 3.8 中简支梁在三种常见荷载作用下的弯矩图与剪力图。

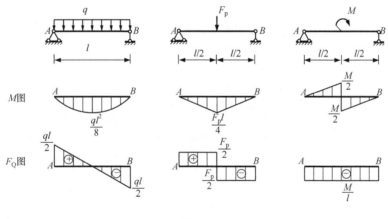

图 3.8

3.2.3　控制截面法作结构内力图

在绘制结构内力图时，可以按荷载情况在结构上划分区段，求得各分段点相应截面的内力值后，以其为控制竖标，利用荷载与内力之间的微分关系及内力图特征并结合区段叠加法绘出内力图。这就是控制截面法，其主要步骤如下。

(1) 计算支座反力，对悬臂结构可以不求支座反力。

(2) 选择控制截面，将杆件分段。这些控制截面可以是杆件的两端点、支座的约束点及荷载不连续点(如分布荷载的起点与终点、集中力作用点及集中力偶作用点)。

(3) 计算控制截面的内力。采用截面法，根据隔离体的平衡条件计算控制截面的内力：轴力等于截面一侧所有外力沿杆轴线切线方向投影的代数和；剪力等于截面一侧所有外力沿杆轴线法线方向投影的代数和；弯矩等于截面一侧所有外力对截面形心的力矩代数和。

(4) 绘内力图。以杆轴线为内力图的基线，将控制截面的内力用竖标绘出，定出内力图上的控制点；根据各段梁的内力图形状特征，将控制点以直线或曲线相连。对于控制截面之间有荷载作用的梁段，其内力图可以用区段叠加法绘制。

【例 3.1】 试作图 3.9(a)所示伸臂梁的弯矩图与剪力图。

【解】 (1) 计算支座反力。

以全梁为隔离体，受力图如图 3.9(a)所示。需要说明的是，除了作整体结构的受力图可以在原结构上直接画出支座反力外，作其他隔离体受力图时必须解除隔离体与其余部分的所有约束。考虑全梁的平衡条件计算支座反力。

$$\sum F_x = 0:$$
$$F_{HA} = 0$$
$$\sum M_A = 0:$$
$$F_{RB} \times 8 + 40 - 10 \times 4 \times 2 - 20 \times 10 = 0$$
$$F_{RB} = 30 \text{ kN}(\uparrow)$$
$$\sum M_B = 0:$$
$$F_{VA} \times 8 - 40 - 10 \times 4 \times 6 + 20 \times 2 = 0$$
$$F_{VA} = 30 \text{ kN}(\uparrow)$$

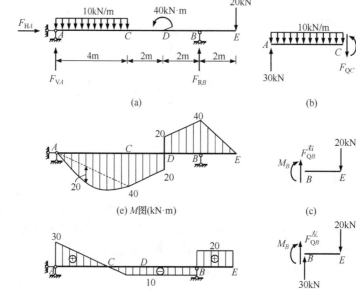

图 3.9

(2) 作弯矩图。

以结点 A、B、C、E 所对应的截面为控制截面。A 为铰结点且杆件在 A 端无集中力偶作用，故弯矩 $M_A = 0$；E 为悬臂段 BE 的自由端，无集中力偶作用，故 $M_E = 0$；为了计算 C 截面和 B 截面的弯矩，分别取杆段 AC 和 BE 为隔离体作受力图，如图 3.9(b)、(c) 所示。

对图 3.9(b)，由 $\sum M_C = 0$ 得

$$M_C = 30 \times 4 - 10 \times 4 \times 2 = 40 \text{kN} \cdot \text{m} (下侧受拉)$$

对图 3.9(c)，由 $\sum M_B = 0$ 得

$$M_B = -20 \times 2 = -40 \text{kN} \cdot \text{m} (上侧受拉)$$

上面求出的各截面的弯矩都有正负号，正号表示弯矩的实际方向与假设的方向相同，负号则相反，为清楚起见，上面各式中注明了与弯矩实际方向相应的受拉侧。

求出控制截面的弯矩后就可以绘弯矩图。对 BE 区段，将两端弯矩竖标直线相连即得其弯矩图；对 AC 区段，因有均布荷载作用，弯矩图为二次抛物线，可采用叠加法，首先用虚直线连接 A、C 截面的弯矩竖标，再在此虚直线的基础上叠加与 AC 区段相应的"代梁"的弯矩图；对 BC 区段，中点 D 处有集中力偶作用，故弯矩图在 D 点有突变，同样可以用叠加法绘出。这样最终弯矩图如图 3.9(e)所示。

(3) 作剪力图。

A 截面的剪力就是支座的竖向反力，有 $F_{QA} = 30 \text{kN}$；悬臂端 E 受 20kN 集中力作用，该截面的剪力为 $F_{QE} = 20 \text{kN}$；其余各截面的剪力同样可利用图 3.9(b)~(d)中各隔离体的平衡条件计算得到。

对图 3.9(b)，由 $\sum F_y = 0$ 得

$$F_{QC} = 30 - 10 \times 4 = -10 \text{kN}$$

对图 3.9(c)，由 $\sum F_y = 0$ 得

$$F_{QB}^{右} = 20 \text{kN}$$

对图 3.9(d)，由 $\sum F_y = 0$ 得

$$F_{QB}^{左} = 20 - 30 = -10 \text{kN}$$

将各控制截面剪力竖标用直线相连，得结构剪力图如图 3.9(f)所示。

3.2.4 多跨静定梁

多跨静定梁是由若干根梁用铰联结成整体，再通过支座与基础联结而形成的静定结构，用于跨越几个相邻的跨度。在桥梁和房屋建筑工程中经常采用这种结构形式。图 3.10(a)为一公路桥梁，是由伸臂梁 AB 和 CD 与支承在两伸臂上的短梁 BC(称为挂梁)组成的多跨静定梁，联结处以企口结合，这种结点可视为铰结点。该桥梁的计算简图如图 3.10(b)所示。

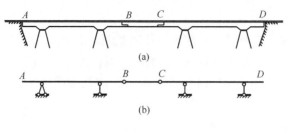

图 3.10

多跨静定梁的基本组成形式有两类。一类如图 3.11(a)所示,左边伸臂梁 I 为基本部分,其余各段梁 II、III 则依次分别为其左边部分的附属部分,其层叠图如图 3.11(b)所示。分析时应从最上层的附属部分开始,依次计算下来,最后才计算基本部分。另一类如图 3.11(c)所示,除了左边的伸臂梁 I 为基本部分外,伸臂梁 II 虽只有两根竖向支座链杆直接与地基相连,但在竖向荷载作用下能独立维持平衡,因此在竖向荷载作用下伸臂梁 II 也是基本部分,挂梁 III 则为附属部分,通过两个铰分别与左右基本部分相联。该多跨静定梁的层叠图如图 3.11(d)所示。分析时应先计算挂梁,再计算伸臂梁。

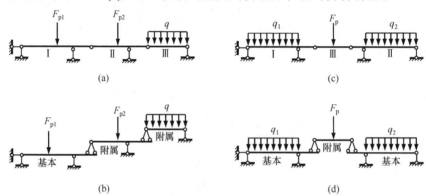

图 3.11

无论哪类多跨静定梁,计算的顺序都应该是先附属部分,后基本部分;也就是说,与几何组成的顺序相反,这样才可顺利地求出各铰结处的约束力和各支座反力,而避免求解联立方程。当每取一部分为隔离体进行分析时,都与单跨梁的情况无异,故其反力计算与内力图的绘制均无困难。

【例 3.2】 试作图 3.12(a)所示多跨静定梁的内力图。

【解】 (1) 几何组成分析。

AB 梁为基本部分,CF 梁有两根竖向支座链杆与地基相连,在竖向荷载作用下也是基本部分,BC 梁为附属部分,层叠图如图 3.12(b)所示。

(2) 求支座反力与约束力。

各段梁的隔离体受力图如图 3.12(c)所示。因梁上只承受竖向荷载,由整体平衡条件可知水平反力 $F_{HA} = 0$,从而可推知各铰结处的水平约束力都为零,全梁均不产生轴力。

先求得附属部分 BC 梁在铰 B、C 处的竖向反力 $F_{VB} = F_{VC} = \dfrac{10}{2} = 5\text{kN}$ 后,将其反向,
即作用于基本部分的荷载。再考虑基本部分的平衡条件计算支座反力,其中,AB 梁在 B 端除承受梁 BC 传来的反力 5kN 外,还承受原作用在铰 B 处的集中荷载 4kN;CF 梁除承受原有均布荷载外,在 C 端还有梁 BC 传来的反力 5kN。各约束力和支座反力的数值均标明在图 3.12(c)中,读者可自行验证。

(3) 作弯矩图。

在计算梁的弯矩时,通常按工程习惯以使梁下侧受拉时为正。这里,附属部分 BC 梁为简支梁,跨中弯矩 $M_G = \dfrac{10 \times 4}{4} = 10\text{kN·m}$(下侧受拉);基本部分 AB 梁为悬臂梁,A 端弯矩 $M_A = -(5+4) \times 2 = -18\text{kN·m}$(上侧受拉),$B$ 端弯矩 $M_B = 0$,梁上弯矩图为斜直线;CF 梁为带有双悬臂的简支梁,两个悬臂端的弯矩 $M_C = M_F = 0$,CD 段弯矩图为斜直线,

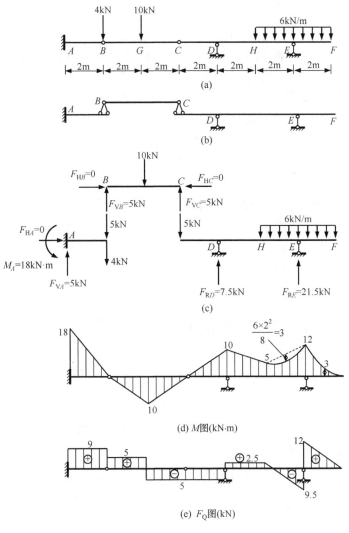

图 3.12

D 截面弯矩 $M_D = -5 \times 2 = -10 \text{kN} \cdot \text{m}$（上侧受拉）；$EF$ 段弯矩图为二次抛物线，可按悬臂梁弯矩图绘制，E 截面弯矩 $M_E = -\dfrac{1}{2} \times 6 \times 2^2 = -12 \text{kN} \cdot \text{m}$（上侧受拉）；为了计算 H 截面的弯矩，可考虑隔离体 CH 的平衡条件，得 $M_H = 7.5 \times 2 - 5 \times 4 = -5 \text{kN} \cdot \text{m}$（上侧受拉），$DH$ 段弯矩图为斜直线，HE 段弯矩图为二次抛物线，可用叠加法绘出，如图 3.12(d)所示。

(4) 作剪力图。

为了作剪力图，可以与例 3.1 类似，采用截面法计算得到控制截面剪力后，再将各截面的剪力竖标以直线相连。实际上，根据剪力与弯矩之间的微分关系，有时利用弯矩图可以很快地绘制剪力图。对弯矩图为直线的区段，剪力是常数，剪力图是杆轴线的平行线。剪力大小是直线弯矩图的斜率，正负可根据以下原则确定：若直线弯矩图逆时针旋转到与杆轴线平行时所转过的角度小于 90°，则相应的剪力为正，否则为负。在本例中，根据弯矩图，不难得出 AB、BG、GD 和 DH 段的剪力图都是杆轴线的平行线，剪力数值分别为 9kN、5kN、−5kN 和 2.5kN；EF 段受方向向下的 6kN/m 均布荷载作用，其剪力图为从左至右向下倾斜的斜直线，斜率为 6kN/m，而 F 端自由且无集中力作用，故 F 截面剪力为 0，这样不难得出 E 点右侧截面剪力为 12kN；HE 段受到与 EF 段相同的均布荷载作用，故其剪力图为与 EF 段剪力图平行的斜直线，据此可绘出该段的剪力图，并得到 E 点左侧截面的剪力为−9.5kN。梁的总剪力图如图 3.12(e)所示。

在结构力学中，读者应该熟练掌握这种利用弯矩图作剪力图的方法。

【例 3.3】 图 3.13(a)所示多跨静定梁，全长承受均布荷载 q，各跨长度均为 l。今欲使梁上最大正、负弯矩的绝对值相等，试确定铰 B 的位置。

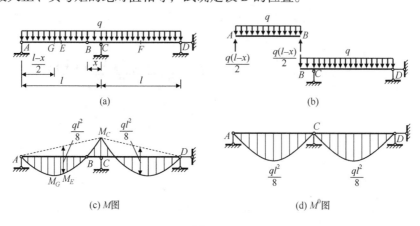

图 3.13

【解】 (1) 设铰 B 离支座 C 的距离为 x，如图 3.13(a)所示。

(2) 求梁的最大负弯矩。

层叠图见图 3.13(b)，先分析附属部分，得铰 B 的竖向约束力为 $\dfrac{q(l-x)}{2}$，再分析基本部分，可知 C 截面弯矩的绝对值为

$$M_C = \frac{q(l-x)}{2}x + \frac{qx^2}{2} = \frac{qlx}{2}$$

由区段叠加法及对称性可绘出弯矩图如图 3.13(c)所示。显然,全梁的最大负弯矩发生在支座 C 处。

(3) 求梁的最大正弯矩。

由图 3.13(c)可见弯矩图是对称的,全梁的最大正弯矩是 AB 段中点处的弯矩 M_G,其值为

$$M_G = \frac{q(l-x)^2}{8}$$

(4) 确定铰 B 的位置。

根据题意要求,应使 $M_C = M_G$,即

$$\frac{qlx}{2} = \frac{q(l-x)^2}{8}$$

整理后有

$$x^2 - 6lx + l^2 = 0$$

解上式,得符合题意的解答为

$$x = (3 - 2\sqrt{2})l = 0.1716l$$

进而可求得

$$M_G = M_C = \frac{qlx}{2} = 0.0858ql^2$$

若将此多跨静定梁的 M 图与相应多跨简支梁的 M^0 图[图 3.13(d)]比较,可知前者的最大弯矩值要比后者的小 31.3%。这是在多跨静定梁中布置了伸臂梁的缘故,它一方面减小了附属部分的跨度,另一方面又使伸臂上的荷载对基本部分产生负弯矩,从而部分抵消了跨中荷载所产生的正弯矩。因此,多跨静定梁比相应多跨简支梁在材料用量上较省,但构造上要复杂一些。

计算多跨静定梁的一般步骤是先求出各支座反力及铰结处的约束力,然后作梁的弯矩图和剪力图。但是,如果读者能熟练地应用内力图的形状特征及叠加法,则在某些情况下也可以不计算反力而直接绘制内力图。

【例 3.4】　试作图 3.14(a)所示多跨静定梁的内力图,并求出各支座的反力。

【解】　(1) 作弯矩图。

从附属部分开始。GH 段的弯矩图与悬臂梁的相同,可直接绘出,有 $M_G = -4\text{kN}\cdot\text{m}$(上侧受拉)。$G$、$E$ 间并无外力作用,故其弯矩图必为一段直线,而 F 处为铰,其弯矩应等于零,即 $M_F = 0$。因此,将以上两点连以直线并延长至 E 点之下,即得该段梁的弯矩图,并可定出 $M_E = 4\text{kN}\cdot\text{m}$(下侧受拉)。用同样的方法可绘出 CE 段梁的弯矩图,得 $M_C = -4\text{kN}\cdot\text{m}$(上侧受拉)。伸臂部分 AB 的弯矩图也按悬臂梁绘出,得 $M_B = -2\text{kN}\cdot\text{m}$(上侧受拉)。$BC$ 段梁的弯矩图便可用叠加法绘出。这样,就未经计算反力而绘出了全梁的弯矩图,如图 3.14(b)所示。

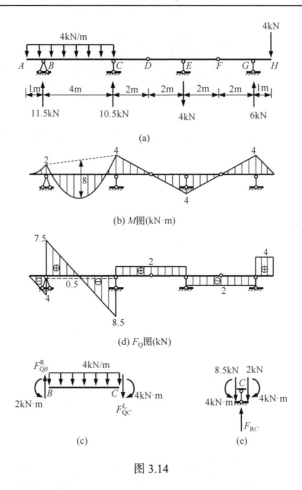

图 3.14

(2) 作剪力图。

有了弯矩图，剪力图也可利用微分关系和叠加法作出。在直线弯矩图区段 CE、EG 和 GH，梁的剪力为常数，数值即弯矩图的斜率，有 $F_{QCE}=2\text{kN}$、$F_{QEG}=-2\text{kN}$、$F_{QGH}=4\text{kN}$。AB 段受向下的均布荷载 4kN/m 作用，剪力图为斜直线，斜率为 -4kN/m，再利用悬臂端 A 的剪力为零可作出 AB 段的剪力图，并求出 $F_{QB}^{L}=-4\text{kN}$。BC 段的剪力图同样是斜直线，可以取该梁段为隔离体[图 3.14(c)]，利用力矩平衡条件计算出杆端剪力后再连以直线，也可以利用剪力叠加法直接作出该段的剪力图，具体说明如下：先作出与弯矩图中虚线所对应的剪力图，即图 3.14(d)中虚线，再以此虚线为基线叠加上跨度与 BC 长度相同并受同样均布荷载作用的简支梁的剪力图，这样就绘出了 BC 段的剪力图，并得到 $F_{QB}^{R}=7.5\text{kN}$、$F_{QC}^{L}=-8.5\text{kN}$。全梁剪力图如图 3.14(d)所示。

(3) 计算支座反力。

剪力图作出后，就可以利用结点的平衡条件计算支座反力。例如，欲求 C 支座的支座反力，可以取 C 结点为隔离体[图 3.14(e)]，利用平衡条件 $\sum F_{y}=0$，得

$$F_{RC} = 8.5 + 2 = 10.5 \text{kN} \quad (\uparrow)$$

当然，支座反力值也可以直接根据剪力图上竖标的突变值得到，从左到右的突变方向就是反力的方向。各支座反力已标注在图 3.14(a)中，读者可自行验证。

3.2.5　静定平面刚架

刚架是由直杆组成的具有刚结点的结构。刚结点具有约束杆端相对转动的作用，结构变形时，用刚结点联结的杆端具有相同的转角。刚架结构的几何不变性一般靠结点的刚性联结来维持，具有杆件数量小、内部可利用空间大的优点。此外，由于刚结点可以承受并传递力和弯矩，有助于减小内力峰值，刚架结构的内力分布比较均匀。实际工程中使用的刚架既有静定的，也有超静定的，但超静定刚架的求解是建立在静定刚架受力分析的基础上的。静定平面刚架常见的形式有简支刚架、悬臂刚架、三铰刚架及复合刚架等，图 3.15(a)～(e)给出了这几类刚架的示例。

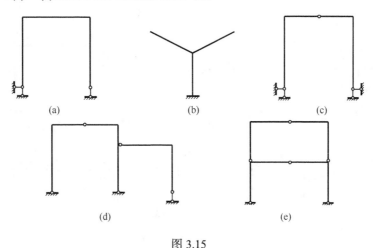

图 3.15

静定刚架的内力通常有弯矩、剪力和轴力，其计算方法原则上与静定梁相同。通常需先求出支座反力,然后用截面法计算各杆杆端截面及荷载不连续点等控制截面的内力，最后再逐杆绘制内力图。

【例 3.5】　试作图 3.16(a)所示悬臂刚架的内力图。

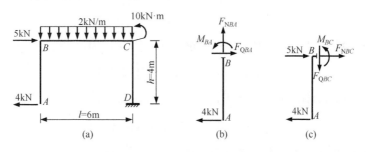

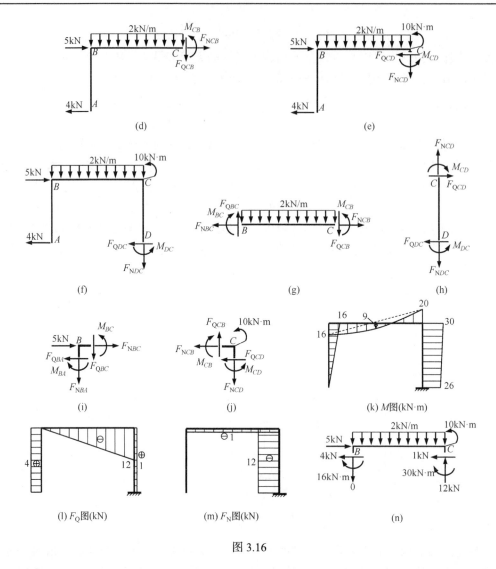

图 3.16

【解】　对悬臂刚架，可以不求支座反力，直接计算控制截面的内力，作内力图。

(1) 作弯矩图。

控制截面为结点 A、B、C、D 处的各杆端截面。A 为悬臂端且无集中力偶作用，故

$$M_{AB} = 0$$

取杆件 AB 为隔离体，受力图如图 3.16(b)所示，由 $\sum M_B = 0$，得

$$M_{BA} = 4 \times 4 = 16 \text{kN} \cdot \text{m}(内侧受拉)$$

取杆件 AB 为隔离体，受力图如图 3.16(c)所示，由 $\sum M_B = 0$，得

$$M_{BC} = 4 \times 4 = 16 \text{kN} \cdot \text{m}(内侧受拉)$$

取 ABC 为隔离体，受力图如图 3.16(d)所示，由 $\sum M_C = 0$，得

$$M_{CB} = 4 \times 4 - 2 \times 6 \times 3 = -20 \text{kN} \cdot \text{m}(外侧受拉)$$

取 ABC 为隔离体，受力图如图 3.16(e)所示，由 $\sum M_C = 0$，得

$$M_{CD} = 4 \times 4 - 2 \times 6 \times 3 - 10 = -30 \text{kN} \cdot \text{m} (外侧受拉)$$

取 $ABCD$ 为隔离体，受力图如图 3.16(f)所示，由 $\sum M_D = 0$，得

$$M_{DC} = 5 \times 4 - 2 \times 6 \times 3 - 10 = -26 \text{kN} \cdot \text{m} (外侧受拉)$$

求得各控制截面弯矩值后，即可绘各杆的弯矩图。杆 AB、CD 中间没有荷载作用，将两杆杆端弯矩连以直线，为其弯矩图；杆 BC 受均布荷载作用，采用叠加法作其弯矩图。整个刚架的弯矩图如图 3.16(k)所示。

(2) 作剪力图。

各控制截面的剪力可以与例 3.1 一样，根据截面一侧的荷载与支座反力计算。这里介绍另外一种计算控制截面剪力的方法，即取单根杆件为隔离体，利用力矩平衡条件，由杆端截面弯矩和杆上荷载求杆端剪力。这种方法更适用于结构与荷载比较复杂的情况，是结构力学中的常用方法，应该熟练掌握。下面结合本例具体说明。

悬臂端 A 受垂直于杆轴的 4kN 集中荷载作用，有 $F_{Q AB} = 4 \text{kN}$，再考虑 AB 杆[图 3.16(b)]的平衡条件 $\sum M_A = 0$，得

$$F_{Q BA} = \frac{M_{BA}}{h} = \frac{16}{4} = 4 \text{kN}$$

对 BC 杆，隔离体受力如图 3.16(g)所示，考虑 BC 杆的平衡条件，由 $\sum M_C = 0$，得

$$F_{Q BC} = \frac{1}{l}\left(M_{CB} - M_{BC} + \frac{ql^2}{2}\right) = \frac{1}{6} \times \left(-20 - 16 + \frac{2 \times 6^2}{2}\right) = 0$$

由 $\sum M_B = 0$，得

$$F_{Q CB} = \frac{1}{l}\left(M_{CB} - M_{BC} - \frac{ql^2}{2}\right) = \frac{1}{6} \times \left(-20 - 16 - \frac{2 \times 6^2}{2}\right) = -12 \text{kN}$$

对 CD 杆，隔离体受力如图 3.16(h)所示，考虑 CD 杆的力矩平衡条件，得

$$F_{Q CD} = F_{Q DC} = \frac{M_{DC} - M_{CD}}{h} = \frac{-26 - (-30)}{4} = 1 \text{kN}$$

杆 AB、CD 上无荷载，杆 BC 受均布荷载作用，它们的剪力图都是直线，故只要把各杆端的剪力连以直线，即得刚架的剪力图如图 3.16(l)所示。

(3) 作轴力图。

算出各杆端的剪力 F_Q 后，可以取结点为隔离体作受力图，由结点的平衡条件，用投影平衡方程求各杆端轴力。例如，由 A 结点平衡条件，得 $F_{N AB} = 0$；考虑 B 结点[图 3.16(i)]和 C 结点[图 3.16(j)]的平衡，得

$$F_{N BA} = -F_{Q BC} = 0, \qquad F_{N BC} = F_{Q BA} - 5 = 4 - 5 = -1 \text{kN}$$

$$F_{N CB} = -F_{Q CD} = -1 \text{kN}, \qquad F_{N CD} = F_{Q CB} = -12 \text{kN}$$

再考虑 CD 杆的轴向投影平衡条件，得

$$F_{NDC} = F_{NCD} = -12\text{kN}$$

由于各杆中间均无轴向荷载，故将各杆杆端轴力连以直线，即得刚架的轴力图，如图 3.16(m)所示。

(4) 校核。

首先逐杆校核内力图的特征。AB 杆和 DC 杆中间无垂直于杆轴线的荷载作用，故它们的弯矩图均为斜直线，剪力是常数；BC 杆受垂直于杆轴线且方向向下的均布荷载作用，该杆的弯矩图为二次抛物线，且凸向与荷载方向一致，剪力图为斜直线；所有杆件均无沿杆轴线方向的分布荷载，故轴力都是常数。各杆内力图的特征与实际荷载情况都是相符的。

其次进行平衡条件校核。取前面计算过程中未用过的平衡条件进行校核。例如，取图 3.16(n)所示隔离体，检验平衡条件，有

$$\sum F_x = 5 - 4 - 1 = 0$$

$$\sum F_y = 2 \times 6 - 12 = 0$$

$$\sum M_C = \frac{2 \times 6^2}{2} + 10 - 16 - 30 = 0$$

满足，计算无误。

应该注意当刚结点上只有两杆相连且无外力偶作用时，由结点隔离体的力矩平衡条件可知，刚结点的两个相邻杆端截面的弯矩必须大小相等方向相反(即使杆端在同侧受拉)，如图 3.16(i)中的 $M_{BA} = M_{BC}$。但当刚结点上有外力偶作用时，则应同时考虑杆端截面弯矩和结点外力偶的力矩平衡，如图 3.16(j)所示的 C 结点的力矩平衡。

【例 3.6】 试作图 3.17(a)所示简支刚架的内力图。

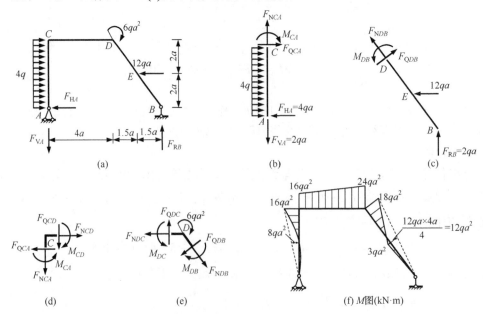

(a)   (b)   (c)

(d)   (e)   (f) M图(kN·m)

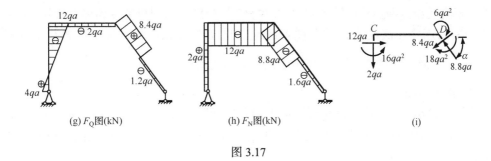

(g) F_Q图(kN)　　　　　(h) F_N图(kN)　　　　　(i)

图 3.17

【解】　(1) 计算支座反力。

设支座反力 F_{HA}、F_{VA}、F_{RB} 方向如图 3.17(a)所示，考虑刚架的整体平衡条件，由 $\sum F_x = 0$ 得

$$4q \times 4a - 12qa - F_{HA} = 0$$

$$F_{HA} = 4qa \ (\leftarrow)$$

由 $\sum M_A = 0$ 得

$$F_{RB} \times 7a + 12qa \times 2a - 6qa^2 - 4q \times 4a \times 2a = 0$$

$$F_{RB} = 2qa \ (\uparrow)$$

由 $\sum F_y = 0$ 得

$$F_{RB} - F_{VA} = 0$$

$$F_{VA} = 2qa \ (\downarrow)$$

(2) 作弯矩图。

控制截面为结点 A、B、C、D 处的各杆端截面。A、B 均为铰结点且无集中力偶作用，故

$$M_{AC} = M_{BD} = 0$$

以 AC 杆为隔离体，受力图如图 3.17(b)所示，考虑平衡条件 $\sum M_C = 0$，可得

$$M_{CA} = 4q \times 4a \times 2a - 4qa \times 4a = 16qa^2 \ (外侧受拉)$$

以 BD 杆为隔离体，受力图如图 3.17(c)所示，考虑平衡条件 $\sum M_D = 0$，可得

$$M_{DB} = 12qa \times 2a - 2qa \times 3a = 18qa^2 \ (外侧受拉)$$

CD 杆两端的弯矩 M_{CD} 和 M_{DC} 分别由 C 结点[图 3.17(d)]和 D 结点[图 3.17(e)]的力矩平衡条件求得

$$M_{CD} = M_{CA} = 16qa^2 \ (外侧受拉)$$

$$M_{DC} = M_{DB} + 6qa^2 = 24qa^2 \ (外侧受拉)$$

求得各杆端弯矩后，就可以根据杆上荷载情况绘出弯矩图。CD 杆上无荷载作用，将

两端弯矩直线相连即得其弯矩图；AC 杆和 BD 杆分别受到均布荷载和集中荷载作用，它们的弯矩图用叠加法绘出，需要注意的是，与 BD 杆相应的"代梁"的跨中弯矩为 $\dfrac{12qa \times 4a}{4} = 12qa^2$。整个刚架的弯矩图如图 3.17(f)所示。

(3) 作剪力图。

弯矩图绘出后，就可以利用杆件的平衡条件计算杆端剪力，进而绘出剪力图。以 AC 杆为例，A 端剪力就是水平支座反力，即 $F_{Q\,AC} = 4qa$，C 端的剪力根据图 3.17(b)隔离体的力矩平衡条件 $\sum M_A = 0$ 可得

$$F_{Q\,CA} = \frac{-1}{4a} \times \left[16qa^2 + \frac{4q \times (4a)^2}{2} \right] = -12qa$$

将两个杆端剪力竖标连以直线，即得 AC 杆的剪力图。

对其他杆段的剪力图也可用类似的方法绘出。当然，由于其他杆段的弯矩图都是直线图形，相应的剪力图是杆轴线的平行线，也可以利用弯矩与剪力之间的微分关系直接绘出。图 3.17(g)给出了刚架的剪力图，读者可自行验证。

(4) 作轴力图。

分别以结点 A、B、C、D 为隔离体，利用力的投影平衡方程，可以得到杆端轴力

$$F_{N\,AC} = 2qa，\quad F_{N\,BE} = -1.6qa，\quad F_{N\,CD} = -12qa，\quad F_{N\,DE} = -8.8qa$$

由于杆段 AC、CD、DE、BE 上均无轴向荷载作用，故其轴力是常数，轴力图是杆轴线的平行线。刚架的轴力图如图 3.17(h)所示。

(5) 校核。

首先，图 3.17(f)～(h)所示内力图特征与杆上荷载情况相符，读者可自行校核。这里只强调两点，一是由于 D 结点有集中力偶作用，其两侧截面的弯矩有突变；二是 E 结点处的集中力存在沿杆轴线的法向和切向的分量，故在 E 结点两侧截面的剪力和轴力均有突变。

其次，任取结构的某一局部校核平衡条件。如图 3.17(i)所示隔离体，检验平衡条件，有

$$\sum F_x = 12qa - 8.4qa \sin \alpha - 8.8qa \cos \alpha = 0$$
$$\sum F_y = -2qa - 8.4qa \cos \alpha + 8.8qa \sin \alpha = 0$$
$$\sum M_D = 4qa^2 + 4qa^2 - 4qa^2 - qa \times 4a = 0$$

满足，计算无误。

【例 3.7】 试作图 3.18(a)所示对称三铰刚架在对称荷载作用下的内力图。

【解】 (1) 计算支座反力。

设支座反力方向如图 3.18(a)所示，考虑刚架的整体平衡条件，由 $\sum M_A = 0$ 得

$$F_{VB} = \frac{1 \times 12 \times 6}{12} = 6\text{kN} (\uparrow)$$

由 $\sum M_B = 0$ 得

$$F_{VA} = \frac{1 \times 12 \times 6}{12} = 6kN\ (\uparrow)$$

由 $\sum F_x = 0$ 得

$$F_{HA} = F_{HB}$$

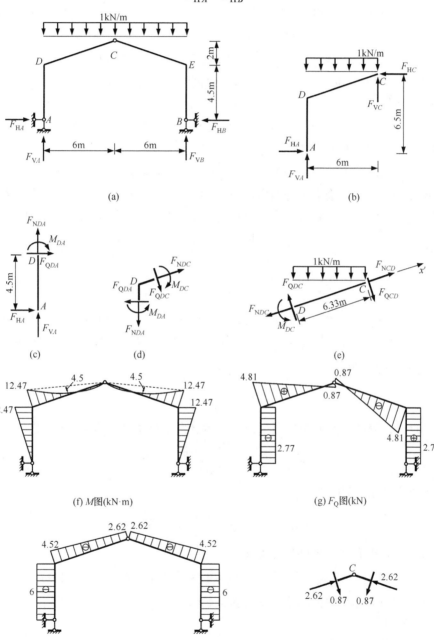

图 3.18

再以左半刚架 ADC 为隔离体[图 3.18(b)]，考虑平衡条件 $\sum M_C = 0$，得

$$F_{HA} = F_{HB} = \frac{6\times6 - 1\times6\times3}{6.5} = 2.77\text{kN}$$

(2) 作弯矩图。

用控制截面法，AD 杆的 A 端为铰且无集中力偶作用，故 $M_{AD} = 0$，作隔离体受力图如图 3.18(c)所示，考虑平衡条件 $\sum M_D = 0$，得

$$M_{DA} = F_{HA} \times 4.5 = 12.47\text{kN} \cdot \text{m}\,(外侧受拉)$$

CD 杆的 C 端为铰，故 $M_{CD} = 0$，为了求 D 端的弯矩，可以 D 结点为隔离体[图 3.18(d)]，由力矩平衡条件，得

$$M_{DC} = M_{DA} = 12.47\text{kN} \cdot \text{m}\,(外侧受拉)$$

类似地，可求得右半边各杆端弯矩为

$$M_{BE} = 0, \quad M_{CE} = 0, \quad M_{EC} = M_{EB} = 12.47\text{kN} \cdot \text{m}\,(外侧受拉)$$

根据杆端弯矩即可绘出各杆的弯矩图，其中 CD、CE 杆受竖直向下的均布荷载作用，弯矩图采用叠加法绘出，需要注意的是与它们相应的"代梁"的跨中弯矩为

$$M^0 = \frac{1}{8}\times1\times6^2 = 4.5\text{kN}\cdot\text{m}$$

刚架的弯矩图如图 3.18(f)所示。

(3) 作剪力图。

杆端剪力，可取各杆件为隔离体，利用力矩平衡条件，由杆上荷载和杆端弯矩求得。例如，对 AD 杆，A 端剪力 $F_{QAD} = -2.77\text{kN}$，D 端的剪力可由图 3.18(c)所示隔离体的平衡条件 $\sum M_A = 0$ 求得

$$F_{QDA} = -\frac{M_{DA}}{4.5} = -2.77\text{kN}$$

对 CD 杆，隔离体受力图如图 3.18(e)所示，由平衡条件 $\sum M_C = 0$ 可得

$$F_{QDC} = \frac{M_{DC} + 1\times6\times3}{6.33} = 4.81\text{kN}$$

由平衡条件 $\sum M_D = 0$ 可得

$$F_{QCD} = \frac{M_{DC} - 1\times6\times3}{6.33} = -0.87\text{kN}$$

同理，可求得右半边各杆的杆端剪力为

$$F_{QBE} = F_{QEB} = 2.77\text{kN}, \quad F_{QEC} = -4.81\text{kN}, \quad F_{QCE} = 0.87\text{kN}$$

将各杆端剪力连线即得刚架的剪力图，如图 3.18(g)所示。

(4) 作轴力图。

AD、BE 杆的轴力等于竖向支座反力，即

$$F_{NBE} = F_{NEB} = -F_{VB} = -6\text{kN}$$

$$F_{NAD} = F_{NDA} = -F_{VA} = -6\text{kN}$$

考虑 D 结点[图 3.18(d)]的平衡条件 $\sum F_x = 0$，即

$$-F_{Q\,DA} + \frac{6}{6.33} \times F_{N\,DC} + \frac{2}{6.33} \times F_{Q\,DC} = 0$$

得

$$F_{N\,DC} = -\frac{2}{6} \times 4.81 + \frac{6.33}{6} \times (-2.77) = -4.52\text{kN}$$

为求 $F_{N\,CD}$，可取杆 CD 为隔离体[图 3.18(e)]，考察各力沿 x' 轴方向的投影平衡方程，即

$$-F_{N\,DC} + F_{N\,CD} - \frac{2}{6.33} \times 6q = 0$$

得

$$F_{N\,CD} = -4.52 + \frac{2}{6.33} \times 6 = -2.62\text{kN}$$

同理,考虑 E 结点和杆件 CE 的平衡条件,可以求出 $F_{N\,EC} = -4.52\text{kN}$，$F_{N\,CE} = -2.62\text{kN}$。刚架的轴力图如图 3.18(h)所示。

(5) 校核。

各杆内力图特征与杆上荷载相符，读者可自行验证。平衡条件的校核，可取 C 结点为隔离体[图 3.18(i)]，有

$$\sum F_y = \frac{2}{6.33} \times 2.62 + \frac{2}{6.33} \times 2.62 - \frac{6}{6.33} \times 0.87 - \frac{6}{6.33} \times 0.87 = 0$$

而 $\sum F_x = 0$ 显然满足，故计算无误。

由本例可以看出，对称结构在对称荷载作用下的内力是对称的，内力图中的弯矩图和轴力图是对称图形，剪力图是反对称图形，对称轴两侧对应位置的剪力大小相等、符号相反。

例 3.5～例 3.7 讨论了几种典型的静定刚架的内力计算和内力图的绘制。基本要点可归纳如下。

(1) 进行结构分析时，一般先进行几何组成分析，再求支座反力和约束力。

(2) 绘弯矩图时，先求出各杆的杆端弯矩，将竖标绘在受拉纤维一侧，连成直线，若杆上有横向荷载作用，则再叠加相应"代梁"的弯矩图，不注正负号。

(3) 绘剪力图时，先计算各杆的杆端剪力，再根据荷载与剪力的微分关系绘剪力图。杆端剪力可根据截面一侧的荷载和反力直接进行计算；更常用的是取各个杆件为隔离体，根据荷载和已求出的杆端弯矩，用力矩平衡方程进行求解。也可以利用剪力与弯矩之间的微分关系并结合剪力图的叠加法直接根据弯矩图绘制剪力图。剪力图必须注明正负号。

(4) 绘轴力图时，计算各杆的杆端轴力后直接作图。杆端轴力可根据截面一边的荷载和反力进行计算，更常用的是取结点为隔离体，根据荷载和已求出的杆端剪力，用力的投影平衡方程进行计算。轴力图必须注明正负号。

(5) 内力图的校核是必要的。校核包括两个方面：一是校核各杆的内力图特征与杆上荷载是否相符，这以定性分析为主；二是平衡条件的校核，通常截取结点或结构的一部分，通过定量计算验算其是否满足平衡条件。

应该指出，在静定刚架中，充分利用弯矩图的形状特征及结构特点并结合区段叠加法，常常可以不求或少求反力而迅速绘出弯矩图。例如，结构上若有悬臂部分或简支梁部分(即两端铰结承受横向荷载的直杆段)，则其弯矩图可先绘出；外力与杆轴线重合时不产生弯矩，外力与杆轴线平行及外力偶产生的弯矩为常数；在自由端及铰结点处，杆端无集中力偶作用时弯矩为零，有集中力偶作用时弯矩等于集中力偶；定向滑移结点不传递剪力；刚结点的力矩平衡条件和结构对称性的利用；等等。这些都将给绘制弯矩图的工作带来极大方便。

【例 3.8】 试作图 3.19(a)所示复合刚架的弯矩图。

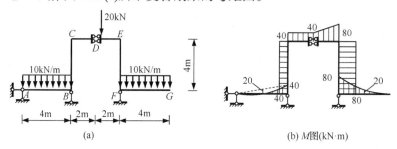

(a)   (b) M图(kN·m)

图 3.19

【解】 $ABCD$ 部分是基本部分，$DEFG$ 部分是附属部分。

由整体平衡条件易知 A 支座的水平支座反力为零,故各结点的水平方向约束力为零。绘制该刚架的弯矩图可按以下步骤进行：附属部分的悬臂部分 FG 受均布荷载作用，按悬臂梁绘出其弯矩图，得 $M_{FG}=80$kN·m(上侧受拉)；刚结点 F 仅联结两个杆端，这两个杆端的弯矩大小相等、方向相反，故 $M_{FE}=80$kN·m(右侧受拉)；F 点支座反力沿着 EF 杆轴线方向，故 EF 杆无剪力，弯矩图平行于杆轴线，从而得到 $M_{EF}=80$kN·m(右侧受拉)；同样由刚结点 E 的特点可知 $M_{ED}=80$kN·m(上侧受拉)；由于 D 处的滑移结点只传递弯矩，不传递剪力，故 DE 杆的剪力为-20kN，弯矩图为从左到右上升的斜直线，其斜率为 20kN，因而可算得 $M_{DE}=40$kN·m(上侧受拉)；CD 杆和 BC 杆均无剪力，弯矩图平行于杆轴线，有 $M_{CD}=M_{DC}=40$kN·m(上侧受拉)，$M_{BC}=M_{CB}=40$kN·m(左侧受拉)；AB 杆的 A 端为铰结且无集中力偶作用，弯矩为零，B 端弯矩 $M_{BA}=40$kN·m(上侧受拉)，该杆的弯矩用叠加法绘出。刚架的最终弯矩图如图 3.19(b)所示。

【例 3.9】 试利用对称性作图 3.20(a)所示刚架的弯矩图。

【解】 本例属于对称结构受对称荷载作用，弯矩图是对称的，有 $M_{DC}=M_{EC}$；C 为铰结点，该处的弯矩 $M_C=0$，如假设 M_{DC}、M_{EC} 使杆件外侧受拉，则根据叠加法可知 $M_C=M_{DC}-\dfrac{1\times8^2}{8}$，由此得到 $M_{DC}=M_{EC}=8$kN·m。绘出刚架的弯矩图如图 3.20(b)所示。

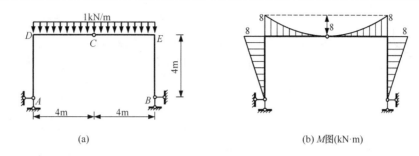

(a)   (b) M图(kN·m)

图 3.20

静定刚架的内力分析,不仅是强度计算的需要,而且是位移计算和分析超静定刚架的基础,尤其是绘制弯矩图,以后应用很广,它是本课程最重要的基本功之一,读者务必通过足够的练习熟练掌握。

3.3 静 定 拱

拱是在竖向荷载作用下会产生水平支座反力的曲线杆结构,在房屋建筑、地下结构、桥梁工程及水利工程中都常常采用。从几何组成来说,拱常用的形式有三铰拱、两铰拱和无铰拱[图 3.21(a)~(c)]等几种。其中三铰拱是静定的,后两种都是超静定的。

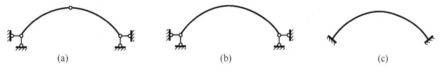

(a)   (b)   (c)

图 3.21

拱的各部位名称如图 3.22(a)所示。拱身各横截面形心的连线称为拱轴线,拱轴线的形状常用的有抛物线、圆弧线和悬链线等,视荷载情况而定。拱的两端铰支座处称为拱趾或拱脚,两拱趾在同一水平线上的拱称为平拱[图 3.22(a)],不在同一水平线上的拱称为斜拱[图 3.22(b)]。两拱趾间的水平距离 l 称为拱的跨度。两拱趾的连线称为起拱线。拱轴线上距起拱线最远的一点称为拱顶,三铰拱的中间铰通常设置在拱顶处,称为顶铰。顶铰至起拱线之间的竖直距离 f 称为拱高或矢高。拱高与跨度之比 f/l 称为高跨比(矢跨比),它是拱的重要参数,对拱的内力有较大的影响。在实际工程中,拱的高跨比通常为 1/10~1。

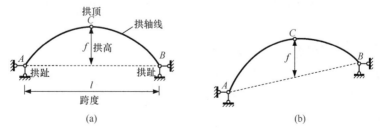

(a)   (b)

图 3.22

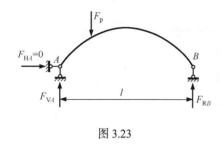

图 3.23

从静力特性来说,拱的最基本特征是在竖向荷载作用下会产生水平反力。这也是拱结构与梁结构的主要区别。如图 3.23 所示结构,虽然杆轴线也是曲线,但它在竖向荷载作用下,水平反力 $F_{HA} = 0$,该结构就不能称为拱,而是一根曲梁。

在竖向荷载作用下,拱的水平支座反力通常指向拱的内侧,故又称为推力。凡在竖向荷载作用下会产生水平推力的结构都可称为拱式结构或推力结构。例如,前面介绍的三铰刚架也属此类结构。

拱的内力一般有弯矩、剪力和轴力。由于推力的存在,拱的弯矩常比跨度、荷载相同的梁的弯矩小很多,这就使拱的截面上的应力分布较为均匀。另外,拱的轴力以压力为主,因而可利用抗拉性能较差而抗压性能较强的材料,如砖、石、混凝土等,来建造拱结构,这些都是拱的主要优点。但是,由于存在水平推力,拱结构需要有比较坚固的地基或支承结构(墙、柱、墩、台等)。有时,为了降低对地基或支承结构的要求,可以在拱的两支座间设置拉杆来代替支座承受水平推力,使其成为带拉杆的拱[图 3.24(a)]。在实际工程中,可以把拉杆提高或进行其他方式的调整,以获得更大的建筑空间,如图 3.24(b)、(c)所示。

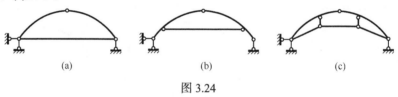

(a)　　　　　　　　(b)　　　　　　　　(c)

图 3.24

3.3.1　三铰拱的受力分析

从几何组成的角度来看,三铰拱与三铰刚架一样都是按三刚片规则构成的,所以在计算支座反力时除了取全拱为隔离体建立三个平衡方程外,还必须取左(或右)半拱为隔离体,以中间铰为矩心,建立力矩平衡方程,从而求出所有的反力。在计算内力时需要注意的是,由于拱轴线是曲线,前面介绍的区段叠加法不再适用,应该采用截面法,根据截面一侧的所有外力的合力与合力矩计算截面内力。下面结合工程中常见的竖向荷载作用下的平拱[图 3.25(a)],介绍三铰拱的受力分析方法,并与相应的简支梁[图 3.25(b)]作比较。

1) 支座反力的计算

首先考虑拱的整体平衡。

由 $\sum M_B = 0$,即

$$F_{VA}l - F_{p1}b_1 - F_{p2}b_2 = 0$$

可得 A 支座的竖向反力为

$$F_{VA} = \frac{F_{p1}b_1 + F_{p2}b_2}{l} \tag{3.13}$$

同理，由 $\sum M_A = 0$ 可得

$$F_{VB} = \frac{F_{p1}a_1 + F_{p2}a_2}{l} \tag{3.14}$$

由平衡条件 $\sum F_x = 0$ 可得

$$F_{HA} = F_{HB} = F_H$$

其中，F_H 为三铰拱在竖向荷载作用下的水平反力(推力)。

再以拱的左半部分 AC 为隔离体，考虑平衡条件 $\sum M_C = 0$，有

$$F_{VA}l_1 - F_{p1}(l_1 - a_1) - F_H f = 0$$

解得拱的水平推力为

$$F_H = \frac{F_{VA}l_1 - F_{p1}(l_1 - a_1)}{f} \tag{3.15}$$

对图 3.25(b)所示相同跨度、相同荷载的简支梁(称为"代梁")，由平衡方程 $\sum M_B = 0$、$\sum M_A = 0$ 可以求得

$$F_{VA}^0 = \frac{F_{p1}b_1 + F_{p2}b_2}{l} \tag{3.16}$$

$$F_{VB}^0 = \frac{F_{p1}a_1 + F_{p2}a_2}{l} \tag{3.17}$$

将"代梁"AB 在 C 截面截断，取 AC 段为隔离体，由截面法可得 C 截面的弯矩为

$$M_C^0 = F_{VA}^0 l_1 - F_{p1}(l_1 - a_1) \tag{3.18}$$

对比式(3.13)~式(3.15)与式(3.16)~式(3.18)可知

$$\begin{cases} F_{VA} = F_{VA}^0 \\[2mm] F_{VB} = F_{VB}^0 \\[2mm] F_H = \dfrac{M_C^0}{f} \end{cases} \tag{3.19}$$

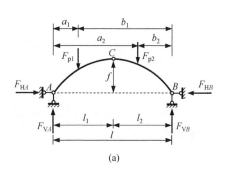

由式(3.19)可见，平拱在竖向荷载作用下的竖向支座反力与相应的"代梁"的竖向反力相同；水平推力等于"代梁"与拱的顶铰所对应截面的弯矩 M_C^0 除以拱高 f。当荷载和跨度给定时，M_C^0 为定值，若拱高 f 也给定，则 F_H 值即可确定。这表明三铰拱的反力只与荷载及三个铰的位置有关，而与各铰间的拱轴线形状无关。当荷载及拱跨不变时，推力 F_H 将与拱高 f 成反比，f 越大(即拱越高)F_H 越小，反之，f 越小(即拱越平坦)F_H

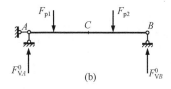

图 3.25

越大。若 $f = 0$，则 $F_H = \infty$，此时三个铰已在一条直线上，属于瞬变体系。

2) 内力的计算

反力求出后，用截面法即可求出拱上任一横截面的内力。任一横截面 K 的位置可由其形心的坐标 x、y 和该处拱轴切线的倾角 φ_K 确定[图 3.26(a)]。在拱中，通常规定弯矩以使拱内侧受拉者为正。由图 3.26(b)所示的隔离体可求得截面 K 的弯矩 M_K 为

$$M_K = F_{VA}x_K - F_{p1}(x_K - a_1) - F_H y_K \tag{3.20}$$

计算 K 截面的剪力 F_{QK} 和轴力 F_{NK} 时，可将 K 截面左侧的所有作用力向 K 点处杆轴线的法线方向和切线方向分解，再分别由这两个方向的平衡条件求得截面上的剪力 F_{QK} 和轴力 F_{NK} 为

$$F_{QK} = (F_{VA} - F_{p1})\cos\varphi_K - F_H \sin\varphi_K \tag{3.21}$$

$$F_{NK} = -[(F_{VA} - F_{p1})\sin\varphi_K + F_H \cos\varphi_K] \tag{3.22}$$

这里，φ_K 规定为锐角，以拱轴线的切线旋转到水平线的最近转向为顺时针方向时为正，即左半段拱为正，右半段拱为负。

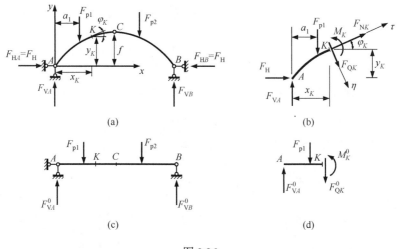

图 3.26

再从图 3.26(c)所示"代梁"中截取与图 3.26(b)所对应的隔离体如图 3.26(d)所示，考虑其平衡条件可得

$$M_K^0 = F_{VA}^0 x_K - F_{p1}(x_K - a_1) \tag{3.23}$$

$$F_{QK}^0 = F_{VA}^0 - F_{p1} \tag{3.24}$$

综合式(3.20)～式(3.24)，并考虑到 $F_{VA}^0 = F_{VA}$，可得三铰平拱的内力为

$$\begin{cases} M_K = M_K^0 - F_H y_K \\ F_{QK} = F_{QK}^0 \cos\varphi_K - F_H \sin\varphi_K \\ F_{NK} = -(F_{QK}^0 \sin\varphi_K + F_H \cos\varphi_K) \end{cases} \tag{3.25}$$

式(3.25)表明，拱任意截面的弯矩等于"代梁"相应截面的弯矩减去拱推力所产生的弯矩，因此，拱的弯矩小于相应"代梁"的弯矩。拱的内力除与三个铰的位置有关外，还与各铰之间拱轴线的形状有关。

前面讨论了标准的三铰平拱的计算，至于带拉杆的三铰拱，其支座反力只有三个，易于求得。然后截断拉杆，拆开顶铰，取左半拱(或右半拱)为隔离体，由其对顶铰的力矩平衡条件即可求出拉杆内力。拱的内力计算则与前述相同。

【例 3.10】　试作图 3.27(a)所示三铰拱的内力图。拱轴线为抛物线，轴线方程为 $y = \dfrac{4f}{l^2} x(l-x)$。

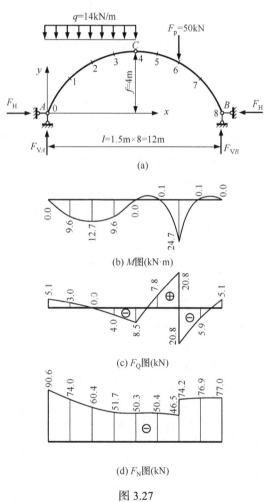

(a)

(b) M图(kN·m)

(c) F_Q图(kN)

(d) F_N图(kN)

图 3.27

【解】　求支座反力。由式(3.19)可得

$$F_{VA} = F_{VA}^0 = \frac{14 \times 6 \times 9 + 50 \times 3}{12} = 75.5\text{kN}$$

$$F_{VB} = F_{VB}^0 = \frac{14 \times 6 \times 3 + 50 \times 9}{12} = 58.5\text{kN}$$

$$F_H = \frac{M_C^0}{f} = \frac{75.5 \times 6 - 14 \times 6 \times 3}{4} = 50.25\text{kN}$$

反力求出后，即可由式(3.25)求拱的内力。为此，将拱沿水平方向 8 等分，计算各分段点截面的内力。现以距左支座1.5m 的截面 1 为例，计算其内力如下。

首先，将 $l = 12$m 及 $f = 4$m 代入拱轴线方程，有

$$y = \frac{4x}{3} - \frac{x^2}{9}$$

由此可得

$$\tan\varphi = y' = \frac{4}{3} - \frac{2x}{9}$$

将截面 1 的横坐标 $x_1 = 1.5$m 代入以上两式，可得其纵坐标 $y_1 = 1.75$m 、$\tan\varphi_1 = 1$，进而有 $\sin\varphi_1 = \cos\varphi_1 = 0.707$。于是，由式(3.25)可求得截面 1 的内力为

$$M_1 = M_1^0 - F_H y_1 = 75.5 \times 1.5 - 14 \times \frac{1.5^2}{2} - 50.25 \times 1.75 = 9.6\text{kN} \cdot \text{m}$$

$$F_{Q1} = F_{Q1}^0 \cos\varphi_1 - F_H \sin\varphi_1 = (75.5 - 14 \times 1.5) \times 0.707 - 50.25 \times 0.707 = 3.0\text{kN}$$

$$F_{N1} = -\left(F_{Q1}^0 \sin\varphi_1 + F_H \cos\varphi_1\right) = -[(75.5 - 14 \times 1.5) \times 0.707 + 50.25 \times 0.707] = -74.0\text{kN}$$

其他各截面的计算与上面相同，列表计算见表 3.1。然后，根据表中算得的结果绘出内力图。在作内力图时，为了方便起见，可取拱的水平投影为基线。最终拱的内力图如图 3.27(b)~(d)所示。

表 3.1　拱的内力计算表

截面		x/m	y/m	$\tan\varphi$	$\sin\varphi$	$\cos\varphi$	F_Q^0 /kN	M /(kN·m)			F_Q /kN			F_N /kN		
								M^0	$-F_H y$	M	$F_Q^0 \cos\varphi$	$-F_H \sin\varphi$	F_Q	$-F_Q^0 \sin\varphi$	$-F_H \cos\varphi$	F_N
0		0.0	0.00	1.333	0.800	0.600	75.5	0.0	0.0	0.0	45.3	−40.2	5.1	−60.4	−30.2	−90.6
1		1.5	1.75	1.000	0.707	0.707	54.5	97.5	−87.9	9.6	38.5	−35.5	3.0	−38.5	−35.5	−74.0
2		3.0	3.00	0.667	0.555	0.832	33.5	163.5	−150.8	12.7	27.9	−27.9	0.0	−18.6	−41.8	−60.4
3		4.5	3.75	0.333	0.316	0.949	12.5	198.0	−188.4	9.6	11.9	−15.9	−4.0	−4.0	−47.7	−51.7
4		6.0	4.00	0.000	0.000	1.000	−8.5	201.0	−201.0	0.0	−8.5	0.0	−8.5	0.0	−50.3	−50.3
5		7.5	3.75	−0.333	−0.316	0.949	−8.5	188.3	−188.4	−0.1	−8.1	15.9	7.8	−2.7	−47.7	−50.4
6	左	9.0	3.00	−0.667	−0.555	0.832	−8.5	175.5	−150.8	24.7	−7.1	27.9	20.8	−4.7	−41.8	−46.5
	右						−58.5				−48.7		−20.8	−32.4		−74.2
7		10.5	1.75	−1.000	−0.707	0.707	−58.5	87.8	−87.9	−0.1	−41.4	35.5	−5.9	−41.4	−35.5	−76.9
8		12.0	0.00	−1.333	−0.800	0.600	−58.5	0.0	0.0	0.0	−35.1	40.2	5.1	−46.8	−30.2	−77.0

3.3.2　三铰拱的合理拱轴线

对于三铰拱来说，在一般情况下，截面上有弯矩、剪力和轴力作用，因而处于偏心受压状态，其正应力分布不均匀。但是，可以选取一根适当的拱轴线，使在给定荷载的作用下，拱上各截面只承受轴力，而弯矩为零。此时，任一截面上的正应力分布都是均匀的，因而拱体材料能够得到充分的利用，这样的拱轴线叫作合理拱轴线。

合理拱轴线可根据弯矩为零的条件来确定。在竖向荷载作用下，三铰平拱任一截面的弯矩可由式(3.25)的第一式计算，故合理拱轴线方程可由下式求得

$$M(x) = M^0(x) - F_H y(x) = 0$$

式中，$M^0(x)$ 为 "代梁" 的弯矩方程，与拱轴线无关；F_H 为拱推力，前文已经说过，它只与三个铰的位置有关，而与各铰间的拱轴线形状无关。由此可得合理拱轴线方程为

$$y(x) = \frac{M^0(x)}{F_H} \tag{3.26}$$

式(3.26)表明，在竖向荷载作用下，三铰平拱合理拱轴线的纵坐标 y 与相应 "代梁" 的弯矩成正比。当荷载已知时，只需求出相应 "代梁" 的弯矩方程，然后除以拱推力 F_H，便得到合理拱轴线方程。

【例 3.11】　试求图 3.28(a)所示对称三铰拱在满跨竖向均布荷载 q 作用下的合理拱轴线。

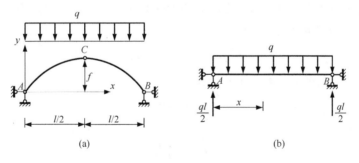

(a)　　　　　　　　　　　　　　　　(b)

图 3.28

【解】　本题为求三铰平拱在竖向荷载作用下的合理拱轴线，可采用式(3.26)计算。对应的 "代梁" 如图 3.28(b)所示，其弯矩方程为

$$M^0(x) = \frac{ql}{2}x - \frac{qx^2}{2} = \frac{1}{2}qx(l-x) \tag{3.27}$$

又由式(3.19)知拱推力为

$$F_H = \frac{M_C^0}{f} = \frac{ql^2}{8f} \tag{3.28}$$

将式(3.27)、式(3.28)代入式(3.26)得

$$y(x) = \frac{M^0(x)}{F_H} = \frac{4f}{l^2}x(l-x) \tag{3.29}$$

　可见,在满跨竖向均布荷载作用下,三铰平拱的合理拱轴线是抛物线。正因为如此,房屋建筑中拱的轴线常采用抛物线。

在合理拱轴线方程式(3.29)中,拱高 f 没有限定,具有不同高跨比的一组抛物线都是合理拱轴线。这也表明,三铰拱对应于满跨竖向均布荷载的合理拱轴线并不只限于一条特定的抛物线。

【例 3.12】　试证明在垂直于杆轴线的均布荷载(如水压力)作用下,三铰拱的合理拱轴线为圆弧线[图 3.29(a)]。

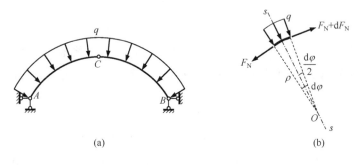

图 3.29

【解】　本题非竖向荷载作用,不能采用式(3.26)计算。可以从合理拱轴线的定义出发,假设拱处于无弯矩状态,然后根据平衡条件推求合理拱轴线的方程。为此,从拱中截取一微段为隔离体[图 3.29(b)],设微段两端横截面上弯矩、剪力均为零,而只有轴力 F_N 和 $F_N+\mathrm{d}F_N$。由平衡条件 $\sum M_O=0$ 有

$$F_N\rho-(F_N+\mathrm{d}F_N)\rho=0$$

式中, ρ 为微段的曲率半径。由上式可得

$$\mathrm{d}F_N=0$$

由此可知

$$F_N=常数$$

再沿 s—s 轴写出投影平衡方程,有

$$2F_N\sin\frac{\mathrm{d}\varphi}{2}-q\rho\mathrm{d}\varphi=0$$

因为 $\mathrm{d}\varphi$ 是微量,所以可取 $\sin\dfrac{\mathrm{d}\varphi}{2}=\dfrac{\mathrm{d}\varphi}{2}$,于是,上式成为

$$F_N-q\rho=0$$

由于 F_N 为常数,荷载 q 也是常数,故

$$\rho=\frac{F_N}{q}=常数$$

这表明合理拱轴线是圆弧线。

图 3.30 所示填土荷载作用下的三铰拱也是工程中

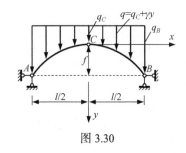

图 3.30

常见的结构。可以证明其合理拱轴线是悬链线，详见参考文献(李廉锟，2016a，2016b；龙驭球等，2012a，2012b)，这里不再赘述。

必须指出，一条合理拱轴线只对应一种荷载作用情况。实际工程中，同一结构往往要受多种不同荷载的作用，不可能存在一条拱轴线使拱在所有荷载作用下都处于无弯矩状态。设计中通常以主要荷载作用下的合理轴线作为拱的实际轴线。这样，在一般荷载作用下拱内仍会有不大的弯矩。

3.4　静定平面桁架

梁和刚架，在荷载作用下，内力以弯矩为主，截面上的应力分布是不均匀的[图 3.31(a)]。桁架是由直杆用铰结点组成的链杆体系，当荷载只作用在结点上时，各杆只有轴力，截面上的应力是均匀分布的[图 3.31(b)]，可以同时达到极限值，能充分发挥材料的作用。因此，与梁相比，桁架的用料较省，并能跨越更大的跨度，在工业与民用建筑、桥梁结构等工程中有着广泛应用。图 3.32(a)所示钢筋混凝土屋架的计算简图为图 3.32(b)所示的桁架。

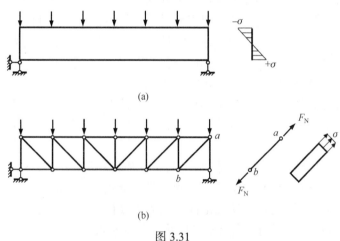

(a)

(b)

图 3.31

(a)

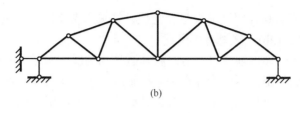

(b)

图 3.32

在平面桁架的计算简图[图 3.31(b)、图 3.32(b)]中，通常引用如下假定：

(1) 各结点都是光滑无摩擦的理想铰。

(2) 各杆轴都是同一平面内的直线，并且通过铰的中心。

(3) 荷载和支座反力都只作用在结点上并在桁架的平面内。

符合上述假定的桁架称为理想桁架，其各杆将只承受轴向力，又称为二力杆。实际的桁架常不能完全符合上述理想情况。例如，桁架的结点具有一定的刚性，各杆之间的角度几乎不可能变动。另外，各杆轴无法绝对平直，结点上各杆的轴线也不一定全交于一点，荷载不一定都作用在结点上等。因此，桁架在荷载作用下，其中的杆件必将发生弯曲而产生弯曲应力，并不能像理想情况那样只产生轴向均匀分布的应力。但是，实际工程中，桁架的杆件一般比较细长，仍以承受轴力为主，在计算杆件轴力时可以采用理想桁架的计算简图。在工程设计中，通常把按理想桁架计算出来的内力称为主内力，由于理想情况不能完全实现而产生的附加内力称为次内力，由次内力产生的应力称为次应力。本节只讨论理想桁架的主内力的计算。理论计算和实际量测结果表明，在一般情况下次应力的影响是不大的，可以忽略不计。对于必须考虑次应力的桁架，则应将其各结点视为刚结点而按刚架计算，其计算将复杂得多，宜采用矩阵位移法(见第 9 章)用电子计算机计算。

桁架的杆件，依其所在位置不同，可分为弦杆和腹杆两类(图 3.33)。弦杆是指桁架上下外围的杆件，又分为上弦杆和下弦杆。腹杆是上下弦杆之间的杆件，又分为斜杆和竖杆。弦杆上相邻两结点间的区间称为节间，其间距 d 称为节间长度。两支座间的水平距离 l 称为跨度。支座连线至桁架最高点的距离 h 称为桁架高度。

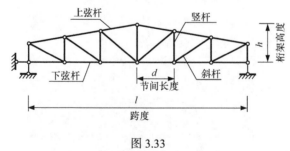

图 3.33

按照几何组成的特点，静定平面桁架可分为以下三类：

(1) 简单桁架——由基础或一个基本铰结三角形开始，依次增加二元体所构成的桁架[图 3.34(a)]。

(2) 联合桁架——由几个简单桁架按照几何不变体系的组成规则构成的桁架。如

图 3.34(b)所示桁架是两个简单桁架与地基根据三刚片规则构成的联合桁架；图 3.34(c)所示桁架则是由两个简单桁架利用两刚片规则构成的联合桁架。

(3) 复杂桁架——不是按上述两种方式构成的桁架[图 3.34(d)]。

按照竖向荷载是否引起水平支座反力(即推力)，桁架可分为有推力桁架或拱式桁架[图 3.34(b)]和无推力桁架或梁式桁架[图 3.34(c)]。对梁式桁架，还可根据其外形分为平行弦桁架[图 3.35(a)]、折弦桁架[图 3.35(b)]、三角形桁架[图 3.35(c)]和梯形桁架[图 3.35(d)]等。

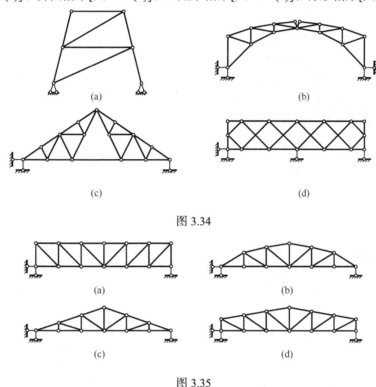

(a) (b) (c) (d)

图 3.34

(a) (b) (c) (d)

图 3.35

3.4.1 结点法计算桁架内力

结点法就是取桁架的结点为隔离体，利用各结点的静力平衡条件来计算杆件的内力。因为桁架的各杆只承受轴力，作用于任一点的各力组成一个平面汇交力系，所以可就每一结点列出两个平衡方程进行解算。

在实际计算中，为简便起见，应从未知力不超过两个的结点依次推算。简单桁架是由一个基本铰结三角形开始，依次增加二元体所组成的桁架，其最后一个结点只包含两根杆件。所以，分析这类桁架时，可先由整体平衡条件求出它的反力，然后再从最后一个结点开始，依次回溯过去，即可顺利地利用结点平衡方程依次求出各杆的内力。

在计算中，经常需要把斜杆的内力 F_N 分解为水平分力 F_x 和竖向分力 F_y(图 3.36)。设斜杆的长度为 l，其水平和竖向的

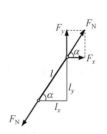

图 3.36

投影长度分别为 l_x 和 l_y ，则由比例关系可知

$$\frac{F_N}{l} = \frac{F_x}{l_x} = \frac{F_y}{l_y} \tag{3.30}$$

这样，在 F_N 、 F_x 和 F_y 三者中，任知其一便可很方便地推算其余两个。

【例 3.13】　试求图 3.37(a)所示桁架中各杆的内力。

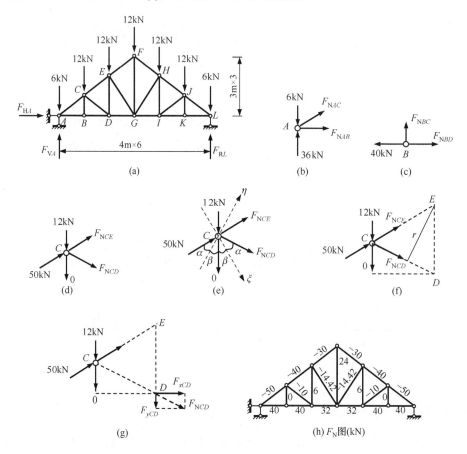

图 3.37

【解】　(1) 求支座反力。

以整个桁架为隔离体，考虑其平衡条件不难得出

$$F_{HA} = 0 , \qquad F_{VA} = F_{RL} = 36\text{kN}$$

(2) 计算杆件内力。

反力求出后，可截取结点计算各杆的内力。在计算时，通常假定杆件内力为拉力，如所得结果为负，则为压力。

这里只包含两个未知力的结点有 A 、 L 两结点，现在从结点 A 开始，然后依 A 、 B 、 C 、 D ……的次序进行计算。

对 A 结点，隔离体受力图如图 3.37(b)所示，考虑平衡条件，由 $\sum F_y = 0$ 得

$$F_{NAC} \times \frac{3}{5} + 36 - 6 = 0, \quad F_{NAC} = -50\text{kN}$$

由 $\sum F_x = 0$ 得

$$F_{NAC} \times \frac{4}{5} + F_{NAB} = 0, \quad F_{NAB} = 40\text{kN}$$

对 B 结点，隔离体受力图如图 3.37(c)所示，显然有

$$F_{NBC} = 0, \qquad F_{NBD} = 40\text{kN}$$

对 C 结点，隔离体受力图如图 3.37(d)所示，仍考虑水平和竖向的投影平衡条件，由 $\sum F_x = 0$ 得

$$F_{NCD} \times \frac{4}{5} + F_{NCE} \times \frac{4}{5} + 50 \times \frac{4}{5} = 0$$

由 $\sum F_y = 0$ 得

$$-F_{NCD} \times \frac{3}{5} + F_{NCE} \times \frac{3}{5} + 50 \times \frac{3}{5} - 12 = 0$$

联立求解以上两个方程，可得

$$F_{NCD} = -10\text{kN}, \qquad F_{NCE} = -40\text{kN}$$

如欲避免求解联立方程，可改变投影方向。如图 3.37(e)所示，分别取与 F_{NCE} 和 F_{NCD} 垂直的方向为 ξ 轴和 η 轴，则考虑平衡条件 $\sum F_\xi = 0$ 和 $\sum F_\eta = 0$ 可列出如下平衡方程：

$$F_{NCD} \times \cos\alpha + 12 \times \cos\beta = 0$$
$$F_{NCE} \times \cos\alpha + 50 \times \cos\alpha - 12 \times \cos\beta = 0$$

这样，每个方程只有一个未知量。但有时计算式中的三角函数不太方便。

另一种避免求解联立方程的方法是采用力矩平衡条件，如欲求 F_{NCD}，可考虑以 F_{NCE} 延长线上的 E 点为矩心[图 3.37(f)]，由力矩平衡条件 $\sum M_E = 0$ 可建立如下平衡方程：

$$F_{NCD} \cdot r + 12 \times 4 = 0$$

进一步，为了避免计算力臂 r，可利用力的平移定理，将 F_{NCD} 沿其作用线平移到 D 点，并用两个分量 F_{xCD} 和 F_{yCD} 代替[图 3.37(g)]。这样，可再考虑关于 E 点的力矩平衡条件，有

$$F_{xCD} \times 6 + 12 \times 4 = 0, \qquad F_{xCD} = -8\text{kN}$$

然后根据比例关系式(3.30)得到 $F_{NCD} = -10\text{kN}$。

依次考虑其余结点的平衡条件，便可求出桁架各杆的内力，具体过程不再赘述。需要说明的是，当算至最后一个结点 L 时，各杆轴力已全部求出，故可用该结点的两个平衡条件进行校核。各杆内力求得后，将它们标注在相应杆件旁边即得桁架的内力图，如图 3.37(h)所示。

这里再介绍一下结点单杆和零杆的概念。如果桁架中一个结点上的某根杆件的内力可以由该结点的平衡条件直接求出,则称该杆为此结点的单杆。关于结点单杆的两种常见情况如下。

(1) 对不共线的两杆结点[图 3.38(a)],两根杆件都是结点单杆;

(2) 对三杆结点,如有两杆共线[图 3.38(b)],则第三根杆件是结点单杆。

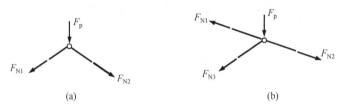

图 3.38

零杆指的是桁架中轴力为零的杆件。在桁架计算中如果能预先找出其中的零杆,将给计算带来很大的便利。在一些特殊情况下,零杆可以直接判别:

(1) 无荷载作用结点的单杆都是零杆,如在图 3.38(a)、(b)中,当 $F_p = 0$ 时,分别有 $F_{N1} = F_{N2} = 0$ 和 $F_{N3} = 0$;

(2) 不共线的两杆结点,外力沿一杆作用,则另一杆为零杆,如图 3.39(a)中,有 $F_{N1} = 0$;

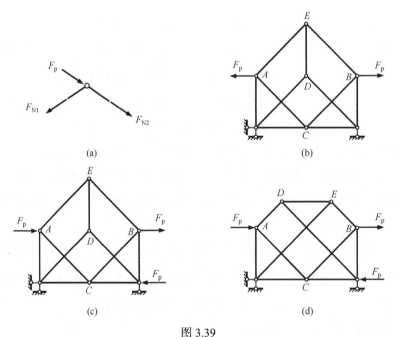

图 3.39

(3) 对称结构受对称荷载作用时,位于对称轴上的 K 形结点中的两个斜杆是零杆,如图 3.39(b)中,有 $F_{NCA} = F_{NCB} = 0$;

(4) 对称结构受反对称荷载作用时,与对称轴重合的杆件及与对称轴垂直相交的杆件都是零杆,如图 3.39(c)、(d)中,均有 $F_{NDE} = 0$ 。

以上几条结论，均可根据适当的投影平衡方程及对称结构的受力特征得出，读者可自行分析。

应用上述结论，不难判断图 3.40 所示桁架中虚线表示的杆件均为零杆。

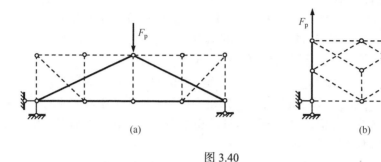

图 3.40

3.4.2 截面法计算桁架的内力

截面法用一个截面截断拟求轴力的杆件，并将桁架分为两部分，然后任取其中一部分为隔离体(隔离体包含两个或两个以上的结点)，根据平衡条件来计算所截断杆件的内力。通常作用在隔离体上的力构成平面任意力系，故可建立三个平衡方程。如果所截断各杆的未知轴力只有三个，它们既不相交于同一点，也不彼此平行，则用一个截面即可直接求出这三个轴力。

在具体计算时，为了避免求解联立方程组，应注意选择适当的平衡方程。

【例 3.14】　计算图 3.41(a)所示桁架中杆 1、2、3 的轴力。

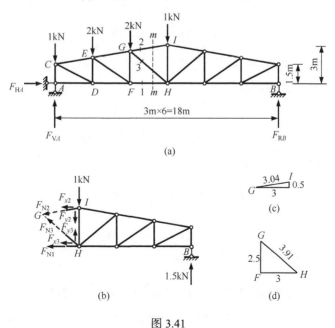

图 3.41

【解】　(1) 求支座反力。

以整个桁架为隔离体，考虑平衡条件可以求得

$$F_{HA}=0 ,\qquad F_{VA}=4.5\text{kN}(\uparrow),\qquad F_{RB}=1.5\text{kN}(\uparrow)$$

(2) 计算指定杆件轴力。

此桁架是简单桁架，虽然可以采用结点法计算，但必须从端部开始，逐步截取结点 A、C、D、E、F、G 才能求出杆 1、2、3 的轴力，计算过程冗繁。因此，对于这种只求少数杆件轴力的问题，以直接采用截面法较为方便。

作截面 m—m，截断杆 1、2、3。为计算简单，取截面右边部分为隔离体，如图 3.41(b) 所示。其中三个未知轴力 F_{N1}、F_{N2}、F_{N3} 都设为拉力，可以利用隔离体的三个平衡方程求解。为避免求解联立方程，可以先取两杆的交点为矩心，利用力矩平衡条件求出另一杆的轴力，然后列力的投影方程。

欲求 F_{N1}，以 F_{N2} 与 F_{N3} 的交点 G 为矩心，利用力矩平衡条件 $\sum M_G=0$，可得

$$F_{N1}\times2.5+1\times3-1.5\times12=0 ,\qquad F_{N1}=6\text{kN}$$

欲求 F_{N2}，以 F_{N1} 与 F_{N3} 的交点 H 为矩心，为避免计算 F_{N2} 的力臂，将 F_{N2} 分解为水平分量 F_{x2} 和垂直分量 F_{y2}，由力矩平衡方程 $\sum M_H=0$ 得

$$-F_{x2}\times3-1.5\times9=0,\qquad F_{x2}=-4.5\text{kN}$$

杆 2 的杆长及其在水平与竖直方向的投影如图 3.41(c)所示，利用式(3.30)的比例关系，可得

$$F_{N2}=-4.5\times\frac{3.04}{3}=-4.56\text{kN}$$

$$F_{y2}=-4.5\times\frac{0.5}{3}=-0.75\text{kN}$$

再利用隔离体的投影平衡方程计算 F_{N3}，F_{N3} 也可分解为水平分量 F_{x3} 和垂直分量 F_{y3}，考虑平衡条件 $\sum F_x=0$，得

$$-F_{x2}-F_{x3}-F_{N1}=0$$

$$F_{x3}=-F_{x2}-F_{N1}=4.5-6=-1.5\text{kN}$$

根据比例关系[图 3.41(d)]，可得

$$F_{N3}=-1.5\times\frac{3.91}{3}=-1.96\text{kN}$$

$$F_{y2}=-1.5\times\frac{2.5}{3}=-1.25\text{kN}$$

(3) 校核。

可对图 3.41(b)用未曾用过的投影平衡方程 $\sum F_y=0$ 进行校核，有

$$\sum F_y=1.5-1+0.75-1.25=0$$

满足。

与结点单杆类似，截面法中也有截面单杆。如果一个截面所截断的未知轴力杆件中，

某根杆件的轴力只用一个隔离体平衡方程就可以求出，则称该杆为此截面的一个单杆。常见的截面单杆主要有以下几种形式：

(1) 截面只截断三根杆件且此三杆既不交于同一点，也不彼此平行，则其中每一个杆件都是截面单杆。例如，例 3.14 中的杆 1、2、3 都是截面 m—m 的单杆。

(2) 截面虽然截断了三根以上的杆件，但在所截各杆中，除一根杆件外，其余均汇交于一点，则该杆为截面单杆。如图 3.42(a)中的杆件 a 就是Ⅰ—Ⅰ截面的单杆，其内力可由截面左侧(或右侧)的平衡条件 $\sum M_K = 0$ 求得。

(3) 截面虽然截断了三根以上的杆件，但在所截各杆中，除一根杆件外，其余均平行，则该杆为截面单杆。如图 3.42(b)中的杆件 b 就是Ⅱ—Ⅱ截面的单杆，其内力可由截面上方隔离体的平衡条件 $\sum F_x = 0$ 求得。

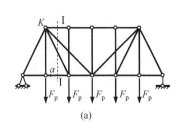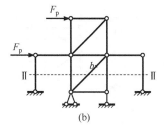

(a)　　　　　　　　　　　　　　　(b)

图 3.42

截面法特别适合于计算按两刚片规则组成的联合桁架中连接杆的轴力。如图 3.43(a)、(b)所示联合桁架，用结点法计算时会遇到困难。从几何组成看，这两个桁架都是由两个简单桁架通过三个联系杆 1、2、3 装配而成。对图中虚线所示截面，联系杆 1、2、3 都是截面单杆，很容易直接求出其轴力。

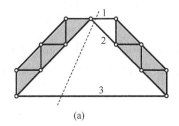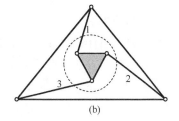

(a)　　　　　　　　　　　　　　　(b)

图 3.43

3.4.3　结点法与截面法的联合运用

前面分别介绍了结点法和截面法。对于简单桁架，当要求全部杆件内力时，用结点法是适宜的；若只求个别杆件的内力，则往往用截面法较方便。对于联合桁架，若只用结点法将会遇到未知力超过两个的结点，故宜先用截面法将联系杆的内力求出。如图 3.43 中，求出联系杆 1、2、3 的轴力后，再求其他杆件的轴力就没有任何困难了。截面法和结点法各有所长，应根据具体情况选用。在有些情况下，则将两种方法联合使用更为方便，下面举例说明。

【例 3.15】　　求图 3.44(a)所示桁架中 a、b、c 三根杆件的内力。

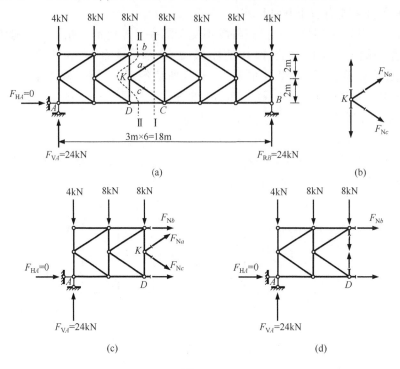

图 3.44

【解】　　(1) 求支座反力。

以整个桁架为隔离体，考虑平衡条件可以求得

$$F_{HA}=0 , \qquad F_{VA}=24\text{kN}（↑）, \qquad F_{RB}=24\text{kN}（↑）$$

(2) 计算指定杆件内力。

为求 a 杆的内力，可作截面Ⅰ—Ⅰ并取其左部为隔离体。由于截断了四根杆件，故仅由此截面尚不能求解。为此，可截取结点 K 为隔离体[图 3.44(b)]，由 K 形结点的平衡特性可得 a、c 两杆轴力之间的关系为

$$F_{Na}=-F_{Nc} , \qquad F_{ya}=-F_{yc}$$

再根据截面Ⅰ—Ⅰ左侧部分隔离体[图 3.44(c)]的平衡条件 $\sum F_y=0$，有

$$24-4-8-8+2F_{ya}=0$$

解得

$$F_{ya}=-2\text{kN}$$

由比例关系可得

$$F_{Na}=-2\times\frac{\sqrt{13}}{2}=-3.61\text{kN} , \qquad F_{Nc}=-F_{Na}=3.61\text{kN}$$

此后，就可以利用隔离体的力矩平衡条件 $\sum M_C=0$ 求得 F_{Nb}。不过，计算 F_{Nb} 更简捷

的方法是作截面Ⅱ—Ⅱ，此时虽截断了四根杆件，但除 b 杆外，其余三杆轴力都通过 D 点，即 b 杆是截面Ⅱ—Ⅱ的单杆，考虑截面左侧隔离体[图 3.44(d)]的平衡条件 $\sum M_D = 0$，有

$$24 \times 6 - 4 \times 6 - 8 \times 3 + F_{Nb} \times 4 = 0$$

解得

$$F_{Nb} = -24 \text{kN}$$

【例 3.16】　求图 3.45(a)所示桁架各杆的内力。

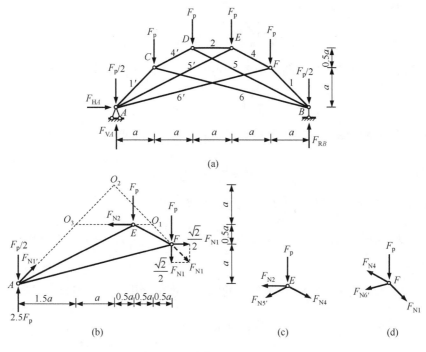

图 3.45

【解】　(1) 求支座反力。

以整个桁架为隔离体，考虑平衡条件可以求得

$$F_{HA} = 0, \qquad F_{VA} = F_{RB} = 2.5F_p \quad (\uparrow)$$

(2) 计算各杆轴力。

该结构中每一结点都有三根杆件，用结点法无法求解。但经几何组成分析可知，结构是由两个三角形 AEF 与 BCD 按两刚片规则组成的，属于联合桁架。这种桁架必须先求联系杆内力，再求其他杆内力。故采用截面法截断三个联系杆 AC、DE 和 BF，取 AEF 为隔离体，利用力矩平衡条件计算联系杆的内力。计算内力时所需的几何尺寸可由几何关系求得，如图 3.45(b)所示。为了避免力臂的计算，可将斜向的轴力在作用的结点处用两分力代替，如图 3.45(b)中将联系杆 BF 的轴力 F_{N1} 用水平分力和垂直分力 $\frac{\sqrt{2}}{2}F_{N1}$ 代替后，考虑隔离体 AEF 关于 $F_{N1'}$ 和 F_{N2} 的交点 O_3 的力矩平衡条件 $\sum M_{O_3} = 0$，有

$$\left(\frac{\sqrt{2}}{2} F_{N1} + F_p \right) \times 2.5a - \frac{\sqrt{2}}{2} F_{N1} \times 0.5a + F_p \times 1.5a + (2.5F_p - 0.5F_p) \times 1.5a = 0$$

解得

$$F_{N1} = -\frac{7\sqrt{2}}{2} F_p$$

同理，利用隔离体 AEF 关于图 3.45(b)中 O_2、O_1 的力矩平衡条件，可分别求得 DE 杆的轴力 F_{N2} 和 AC 杆的轴力 $F_{N1'}$ 为

$$F_{N2} = -7F_p, \qquad F_{N1'} = -\frac{7\sqrt{2}}{2} F_p$$

取 E 结点为隔离体，受力图如图 3.45(c)所示，考虑其投影平衡条件可以求得

$$F_{N4} = -\frac{9\sqrt{5}}{4} F_p, \qquad F_{N5'} = \frac{5\sqrt{5}}{4} F_p$$

取 F 结点作受力图 3.45(d)，由投影平衡方程 $\sum F_x = 0$ 可得

$$F_{N6'} = \frac{\sqrt{17}}{4} F_p$$

再利用 F 结点的投影平衡方程 $\sum F_y = 0$ 进行校核，有

$$F_{N4} \times \frac{1}{\sqrt{5}} - F_{N6'} \times \frac{1}{\sqrt{17}} - F_{N1} \times \frac{1}{\sqrt{2}} - F_p = -\frac{9}{4} F_p - \frac{1}{4} F_p + \frac{7}{2} F_p - F_p = 0$$

显然满足。

同理，可以求得三角形 BCD 中各杆的轴力。这里利用对称性很容易得到

$$F_{N4'} = F_{N4} = -\frac{9\sqrt{5}}{4} F_p, \qquad F_{N5} = F_{N5'} = \frac{5\sqrt{5}}{4} F_p, \qquad F_{N6} = F_{N6'} = \frac{\sqrt{17}}{4} F_p$$

3.4.4　梁式桁架的比较

不同形式的梁式桁架，其内力分布情况及适用场合也各不相同，设计时应根据具体要求选用。下面就三种常用的简支梁式桁架：平行弦桁架[图 3.46(a)]、三角形桁架[图 3.46(b)]和上弦各结点在一条抛物线上的抛物线形桁架[图 3.46(c)]进行比较。

对梁式桁架，其整体力学特性与梁相似，上、下弦杆在整体作用中起着承受弯矩的作用，上弦杆受压，下弦杆受拉。上、下弦杆的轴力采用力矩平衡法计算时有

$$F_N = \pm \frac{M_0}{r} \tag{3.31}$$

式中，M_0 为同跨度同荷载简支梁(即"代梁")与矩心相应截面的弯矩；r 为轴力对矩心的力臂。

在平行弦桁架中，弦杆的力臂是一常数，故弦杆轴力与弯矩的变化规律相同，即两端小中间大。至于腹杆轴力，由投影平衡条件可知，竖杆轴力与斜杆轴力的竖向分力分别等于"代梁"与节间对应梁段的剪力，故它们的大小均分别由两端向中间递减。

在三角形桁架中，弦杆所对应的力臂是由两端向中间按直线变化递增的，其增加速度要比弯矩的增加速度快，因而弦杆的轴力就由两端向中间递减。至于腹杆轴力，由结点法的计算不难看出，各竖杆及斜杆的轴力都是由两端向中间递增的。

在抛物线形桁架中，各下弦杆轴力及各上弦杆轴力的水平分力对其矩心的力臂，为各竖杆的长度。而竖杆的长度与弯矩一样都是按抛物线规律变化的，故可知各下弦杆轴力与各上弦杆轴力的水平分力的大小都相等，从而各上弦杆的轴力也近乎相等。根据截面法由水平方向的投影平衡条件可知各斜杆内力均为零，由图 3.46(c)所示的上弦结点承受荷载的情况可推知各竖杆轴力也都等于零。

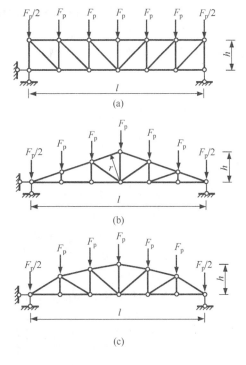

图 3.46

由上所述可得如下结论：

(1) 平行弦桁架的轴力分布不均匀，弦杆轴力向跨中递增，若每一节间改变截面，则增加拼接困难；如采用相同的截面，又浪费材料。但是，平行弦桁架在构造上有许多优点，如所有弦杆、斜杆、竖杆长度都分别相同，所有结点处相应各杆之间的夹角均相同，等等。这些优点给桁架构件制作及施工拼装都带来很多方便。平行弦桁架一般用在跨度不太大的工程中，如工厂车间的屋架梁、吊车梁、闸门主梁和跨度不大的桥梁等。平行弦桁架用于轻型桁架时，采用截面一致的弦杆也不至于有很大浪费，因而有利于工厂标准化制作。

(2) 三角形桁架的轴力分布也不均匀，弦杆轴力在两端最大，且端结点处杆件间的夹角比较小，构造布置较为困难。但是，其外形符合屋顶构造需要，故常在小型屋架中采用。

(3) 抛物线形桁架的轴力分布均匀，因而在材料使用上最为经济。但是上弦杆在每一结点处均有转折，故构造较复杂。不过在大跨度桥梁(100～150 m)及大跨度屋架(18～30 m)中，节约材料意义较大，故常采用。

3.5 静定组合结构

组合结构是由链杆和梁式杆联合组成的结构，其中链杆是只承受轴力的二力杆；梁式杆是受弯杆件，一般承受弯矩、剪力和轴力的共同作用。组合结构多应用于工业与民用建筑中的屋架结构、吊车梁及桥梁建筑中的承重结构。如图 3.47(a)所示下撑式五角形屋架和图 3.47(b)所示悬吊式桥梁都属于组合结构。根据组合结构中两类杆件受力特点的差异，工程中常采用不同材料制作以达到经济的目的。如组合屋架的上弦为梁式杆，一般采用钢筋混凝土制成；下弦和腹杆为链杆，常由型钢制成。

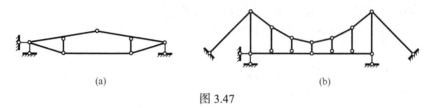

(a)　　　　　　　　　　　　　　　(b)

图 3.47

　　静定组合结构受力分析的基本原理仍与一般静定结构相同，分析步骤一般是先求出支座反力，然后计算各链杆的轴力，最后再分析梁式杆的内力。用截面法计算组合结构内力时，应注意区分被截断杆件是梁式杆还是链杆。链杆截面上只作用有轴力，而梁式杆截面上一般作用有弯矩、剪力和轴力。因此，为了减少隔离体上的未知力，作截面时，应尽量避免截断梁式杆。

【例 3.17】　　试求图 3.48(a)所示组合结构中链杆的轴力并作梁式杆的弯矩图。

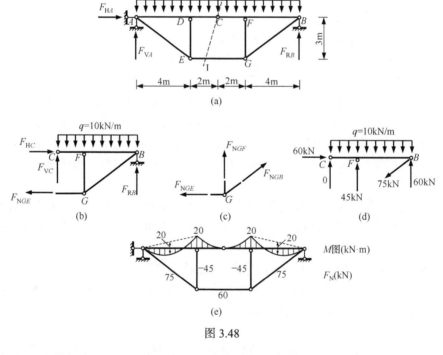

图 3.48

【解】　　该结构中的 ADC 和 CFB 两杆是梁式杆，其余 5 根杆件是链杆。

(1) 计算支座反力。

由整体平衡条件得

$$F_{HA} = 0 , \qquad F_{VA} = F_{RB} = 60\text{kN} (\uparrow)$$

(2) 求链杆的轴力。

以截面 I—I 截开中间铰 C 和链杆 GE，取右侧为隔离体，受力图如图 3.48(b)所示。考虑平衡条件 $\sum M_C = 0$，有

$$F_{N\,GE} \times 3 + 10 \times 6 \times 3 - F_{RB} \times 6 = 0 , \qquad F_{N\,GE} = 60\text{kN}$$

再考虑两个投影平衡方程 $\sum F_x = 0$、$\sum F_y = 0$，可得 $F_{HC} = 60\text{kN}$、$F_{VC} = 0$。

取 G 结点为隔离体，受力图如图 3.48(c)所示。考虑该结点的平衡条件，由 $\sum F_x = 0$ 可得 $F_{N\,GB} = 75\text{kN}$，再利用 $\sum F_y = 0$ 可得 $F_{N\,GF} = -45\text{kN}$。

根据对称性，可知另两根链杆的轴力为

$$F_{N\,EA} = F_{N\,GB} = 75\text{kN} , \qquad F_{N\,ED} = F_{N\,GF} = -45\text{kN}$$

(3) 求梁式杆的内力。

梁式杆 CFB 受力如图 3.48(d)所示，其弯矩图不难用区段叠加法作出。控制截面 F 处的弯矩可由 CF 段求出，该段相当于悬臂梁，有 $M_{FC} = \dfrac{1}{2} \times 10 \times 2^2 = 20\text{kN·m}$（上侧受拉）。梁式杆的弯矩图及各链杆的轴力如图 3.48(e)所示。

3.6　静定结构的特性

在几何组成方面，静定结构是几何不变且无多余约束的体系；在静力学方面，静定结构满足静力平衡条件的反力和内力是唯一的。以上两点是静定结构的基本特性。根据满足平衡条件解答的唯一性，还可以引申出静定结构的几个静力特性，熟练运用这些特性有助于更好地进行静定结构的分析。

3.6.1　静定结构在非荷载因素作用下的受力特性

静定结构在支座移动、温度变化、材料胀缩及制造误差等非荷载因素作用下不产生支座反力和内力。

如图 3.49(a)、(b)分别表示三铰刚架在支座移动和温度变化作用下的情况，图中虚

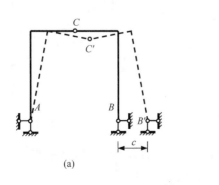

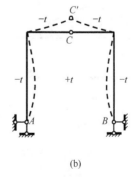

(a)　　　　　　　　　　　　　　　　(b)

图 3.49

线是刚架在上述非荷载因素作用后的位形。因为刚架上没有外荷载，支座反力和内力均为零时能满足各部分的平衡条件，所以由解答的唯一性可知，这组零解就是刚架的真实解答。

根据这一特性，在地基容易产生不均匀沉陷，或温度改变比较剧烈，或加工比较粗糙等情况下，为了避免它们的影响，可选用静定结构。

3.6.2 静定结构在平衡荷载作用下的特性

如果静定结构的某一局部在平衡力系作用下能够在原有构型下独自维持平衡，则结构其余部分的反力和内力为零。

图 3.50(a)、(b)所示的刚架中，CD 部分各有一组平衡荷载作用，由于 CD 部分是几何不变的，在不考虑变形的前提下它们的形状是不变的，故这两个刚架中除了 CD 部分有内力外，其余部分的反力和内力均为零，刚架弯矩图的形状如图 3.50 所示。

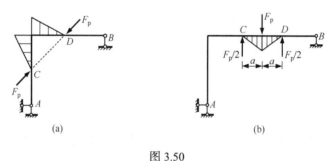

图 3.50

图 3.51(a)所示静定桁架下弦杆两端受一对轴向的平衡力系作用，虽然单独考虑下弦杆是几何可变的，但它们可以独立承受这组轴向平衡力系并保持原有直线形状不变[图 3.51(b)]，故除下弦杆承受轴向拉力 F_p 外，其余各杆的轴力均为零。图 3.52 所示桁架中，荷载与 B 支座的反力构成平衡力系且沿 BD、DF 杆的轴向作用，故桁架中只有 BD、DF 杆承受轴向压力 F_p，其余各杆的轴力均为零。

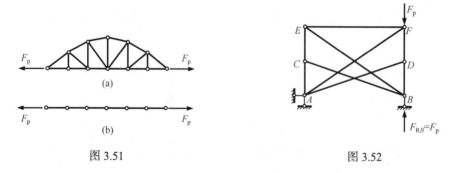

图 3.51　　　　　　　　　　　　　　　　图 3.52

以上各例中，因所作用的平衡力系与该部分的内力之间维持平衡，且其余部分的反力和内力为零可以维持整体和局部的平衡条件，根据静力解答的唯一性，这样的解答就是正确解答。

对图 3.53(a)所示刚架，虽然 DCE 部分的荷载构成平衡力系，但脱离其余部分后，DCE 部分并不能在原有直线构型下维持平衡。故该结构并非只有 DCE 部分存在内力，其弯矩图如图 3.53(b)所示，读者可自行验证。

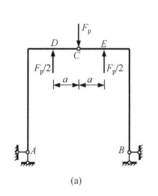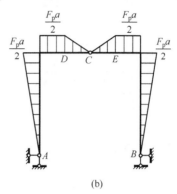

(a)　　　　　　　　　　　　　　(b)

图 3.53

在图 3.54 所示复合式静定结构中，ABC 部分为基本部分，CD 部分为附属部分。当 AB 上受荷载 F_p 时，支座反力 F_{VA}、F_{RB} 与 F_p 组成平衡力系，并维持 ABC 部分的平衡。所以，CD 部分不会产生内力。因此，在静定结构中，当基本部分受荷载时，只在基本部分上产生内力，而附属部分上内力为零。

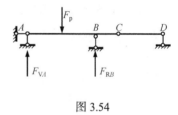

图 3.54

3.6.3　静定结构中荷载等效变换的特性

主矢及对同一点的主矩均相等的两组荷载称为静力等效荷载。荷载等效变换是指将一组荷载变换为另一组与之静力等效的荷载。当作用在静定结构的某一几何不变部分上的荷载在该部分范围内作等效变换时，只有该部分的内力发生变化，而其余部分的内力保持不变。

例如，将图 3.55(a)所示梁上的荷载在本身几何不变部分 CD 段的范围内作等效变换，而成为图 3.55(b)所示荷载时，则除 CD 段外其余部分的内力均不改变。这一结论可用平衡荷载作用下的特性来证明。设图 3.55(a)、(b)两种荷载作用下梁的内力分别用 S_1 和 S_2 表示，则在图 3.55(c)所示荷载作用下，根据叠加原理可知，梁的内力为 $S_1 - S_2$。显然图 3.55(c)中的荷载是一组平衡力系，由静定结构在平衡荷载作用下的特性可知，除本身几何不变部分 CD 段外，其余部分的内力 $S_1 - S_2 = 0$，因而有 $S_1 = S_2$。这就证明了上述结论。

根据此特性，若将图 3.56(a)所示桁架上弦杆 CD 间作用的荷载等效变换为虚线所示的等效结点荷载，或将图 3.56(b)所示桁架中作用在上弦结点 C 的荷载移到下弦结点 D，均只改变 CD 部分的内力，而其余部分内力不变。

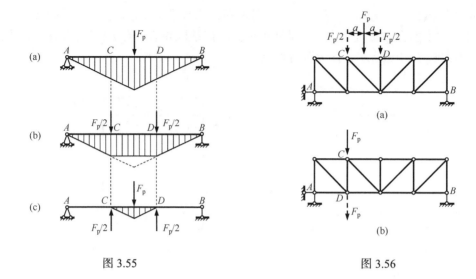

图 3.55　　　　　　　　　　　　　　　　图 3.56

3.6.4　静定结构内部组成变换的特性

静定结构中的某一几何不变部分变换成另一形状不同的几何不变部分时，其余部分的内力不变。

图 3.57(a)所示桁架中，设将杆 AB 改为一小桁架，如图 3.57(b)所示，则仅仅 AB 部分内力有改变，其余部分内力不变。假设图 3.57(b)中除 AB 部分外，其余部分的内力与图 3.57(a)相同，则 AB 部分与其余部分之间的约束力也不变，如图 3.57(c)、(d)所示。因此，小桁架 AB 及其余部分均能维持平衡。根据解答唯一性，这个满足平衡条件的内力状态就是真实的内力状态。

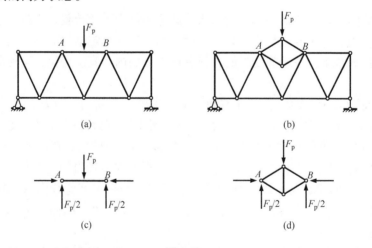

图 3.57

在一些复杂静定结构的分析中，利用上述特性可以使问题得到简化。如图 3.58(a)所示的结构，在下面四个集中力 F_p 作用下求各杆的内力是比较复杂的。可以首先利用荷载等效变换特性将作用在小桁架 A、B 部分的集中力等效变换为图 3.58(a)中虚线所示的集中力；其次利用内部组成变换特性将小桁架 A、B 变换为两根直杆，如图 3.58(b)所示。这样就可方便地求出上部左右曲杆、中间竖杆的内力，以及代替杆的内力 F_{N1} 和 F_{N2}；其中，上部曲杆和中间竖杆的内力即原结构的内力，小桁架 A、B 中杆件的内力可根据图 3.58(c)、(d)求出。

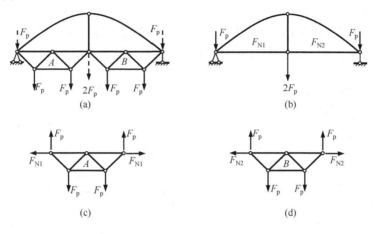

图 3.58

*3.7　零　载　法

　　利用静定结构满足平衡条件解答的唯一性，可以判别计算自由度 $W=0$ 的体系的几何组成属性。当计算自由度数 $W=0$ 时，体系只是满足了几何不变的必要条件，它可能是几何不变的，也可能是几何可变的，但如果是几何不变的，则体系一定没有多余约束，是静定结构。根据静定结构满足平衡条件解答的唯一性，对计算自由度 $W=0$ 的体系，可以通过检查其在任一荷载作用下，满足平衡条件的解答是否唯一来判定体系是否为几何不变体系。为方便起见，一般取荷载为零，因而称为零载法。即对计算自由度 $W=0$ 的体系，当荷载为零时，若体系的反力和内力一定全部为零，则体系是几何不变的；若体系的部分反力或内力可以有非零值，则体系是几何可变的。

　　对于图 3.59 中的三个体系，计算自由度都等于零，荷载也为零。图 3.59(a)体系的支座反力全都为零，故体系是几何不变的。而图 3.59(b)的体系，三根支座链杆互相平行，它们的反力可以不为零；图 3.59(c)的体系，它的水平反力可以不为零，故这两个体系是几何可变的。

　　零载法的特点是把几何组成分析问题转化为静力计算问题，为对计算自由度 $W=0$ 的复杂体系进行几何组成分析提供了一个有效途径。

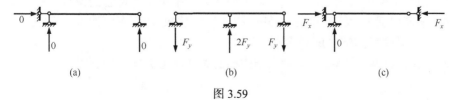

图 3.59

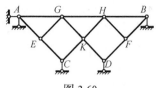

图 3.60

【例 3.18】 试用零载法判别图 3.60 所示体系的几何组成性质。

【解】 该体系的计算自由度 $W=0$，当荷载为零时，利用平面桁架中"零杆"的判别方法很容易判定包括支座链杆在内的所有杆件均为零杆，说明体系在零荷载作用下的支座反力和内力均只能等于零，故该体系是几何不变体系。

【例 3.19】 试用零载法判别图 3.61(a)所示体系的几何组成性质。

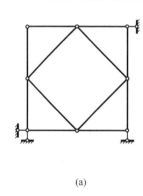

(a)

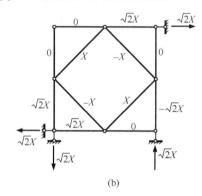

(b)

图 3.61

【解】 该体系的计算自由度 $W=0$，但当荷载为零时，只能判定其中四根杆件为零杆[图 3.61(b)]，而无法判断其余杆件的内力是否为零。现设左上斜杆受拉，轴力为 X，由各结点的平衡条件可以求得各杆件的内力及支座反力如图 3.61(b)所示。这些内力和支座反力可以满足所有的平衡条件，说明体系在零荷载作用下可以有非零的内力和反力存在，故该体系是几何可变的。

最后必须指出，零载法只能用于计算自由度 $W=0$(或只就体系本身 $W=3$)的体系。当 $W\neq0$ 时，体系满足静力平衡条件的解答不具有唯一性，零载法不再适用。

思考题

3.1 为什么直杆上任一区段的弯矩图都可以用叠加法来作出？其步骤如何？

3.2 用叠加法作弯矩图时，为什么是竖标的叠加，而不是图形的拼合？

3.3 试述静定梁、拱的受力特征及它们的区别。

3.4 拱的水平支座反力与哪些因素有关？

3.5 桁架结构中既然零杆不受力，为何在实际结构中不把它去掉？

3.6 怎样识别组合结构中的两类杆件？组合结构的计算有何特点？

3.7 什么是静定结构的基本特性？

3.8 当改变杆件的刚度时，静定结构的内力和反力会发生变化吗？

3.1 试作图示单跨静定梁的 M 图和 F_Q 图。

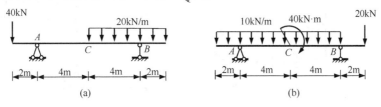

题 3.1 图

3.2 试作图示多跨静定梁的 M 图和 F_Q 图。

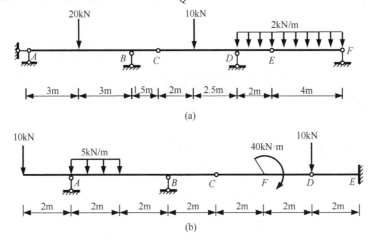

题 3.2 图

3.3 试作图示静定刚架的内力图。

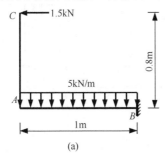 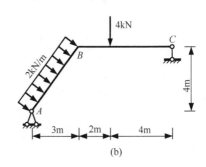

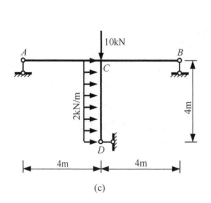

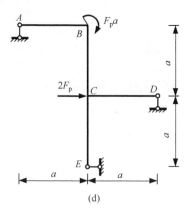

题 3.3 图

3.4 作图示静定刚架的 M 图。

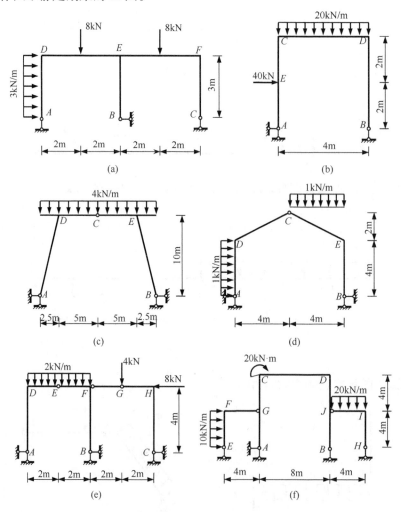

题 3.4 图

3.5　试快速作出图示结构的 M 图。

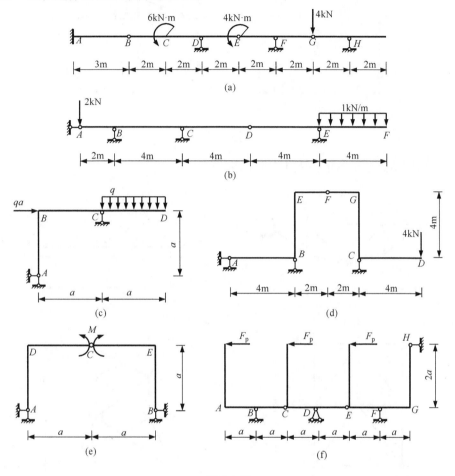

题 3.5 图

3.6　图示抛物线三铰拱,拱轴线方程为 $y = \dfrac{4f}{l^2} x(l-x)$。试计算其支座反力或拉杆内力及 K 截面的内力。

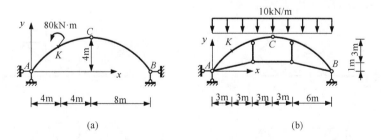

题 3.6 图

3.7　试求图示荷载作用下三铰拱的合理拱轴线。

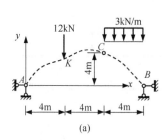 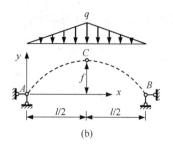

题 3.7 图

3.8 试用结点法求图示桁架中各杆的内力。

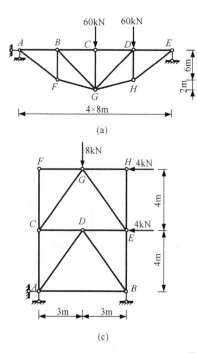 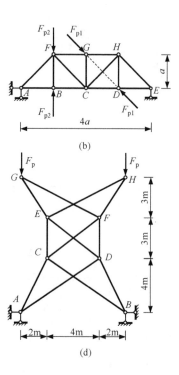

题 3.8 图

3.9 指出图示桁架中的零杆个数。

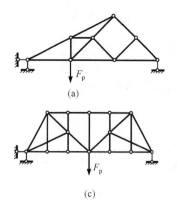 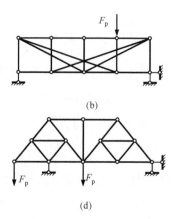

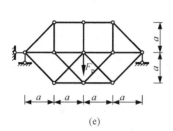 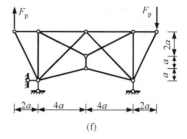

题 3.9 图

3.10　试用截面法求图示桁架中指定杆件的内力。

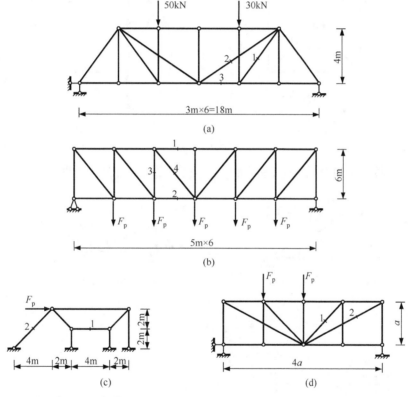

题 3.10 图

3.11　试用较简便方法求图示桁架中指定杆件的内力。

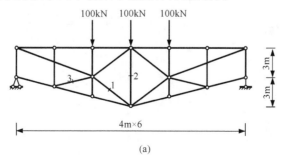

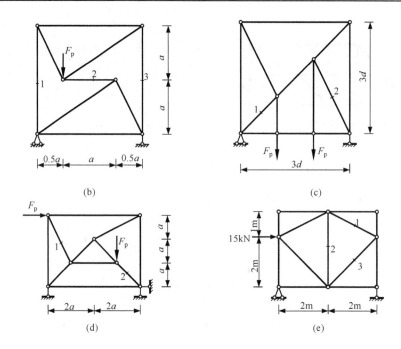

(b)

(c)

(d)

(e)

题 3.11 图

3.12　计算图示组合结构链杆的轴力，并绘制受弯杆件的内力图。

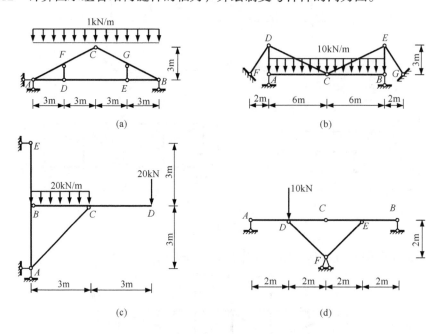

(a)

(b)

(c)

(d)

题 3.12 图

*3.13　试用零载法分析图示体系的几何构造性质。

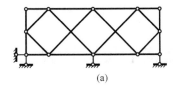

(a)

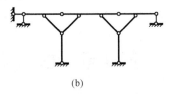

(b)

题 3.13 图

第4章 虚功原理与结构的位移计算

4.1 概　述

　　任何结构都是由可变形固体材料组成的，在荷载作用下将会产生变形和位移。这里，变形是指结构(或其中某一部分)形状的改变；位移则是指结构各处位置的移动，它通常包括两部分，一部分是由于变形而产生的，称为形变位移，另一部分是与变形无关的位移，称为刚体位移。例如，图4.1(a)所示刚架在荷载作用下，BC杆产生了弯曲变形，而AC杆没有变形仍然保持为直线，它的位移是刚体位移；刚架变形后的形状如虚线所示，截面A的形心A点移到了A'点，线段AA'称为A点的线位移，记为Δ_A，它也可以用水平线位移Δ_A^{H}和竖向线位移Δ_A^{V}两个分量来表示[图4.1(b)]。同时，截面A还转动了一个角度，称为截面A的角位移，用θ_A表示。又如，图4.2所示刚架，在荷载作用下发生变形后如虚线所示，截面A的角位移为θ_A(顺时针方向)，截面B的角位移为θ_B(逆时针方向)，这两个截面的方向相反的角位移之和，就构成截面A、B的相对角位移，即$\theta_{AB}=\theta_A+\theta_B$。同样，$C$、$D$两点的水平线位移分别为$\Delta_C^{\mathrm{H}}$(向右)和$\Delta_D^{\mathrm{H}}$(向左)，这两个指向相反的水平位移之和就称为$C$、$D$两点的水平相对线位移，即$\Delta_{CD}^{\mathrm{H}}=\Delta_C^{\mathrm{H}}+\Delta_D^{\mathrm{H}}$。以上所说的线位移、角位移、相对线位移和相对角位移统称为广义位移。

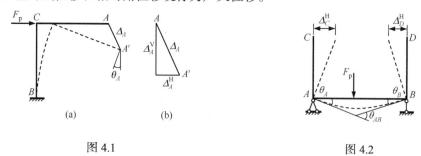

图4.1　　　　　　　　　　　　　　　　图4.2

　　结构产生位移的原因是多种多样的。除上述荷载作用外，温度改变、支座移动、材料收缩、制造误差等非荷载因素也会使结构产生位移。

　　结构位移计算的目的主要包括以下几个方面：

　　(1) 校核结构的刚度。工程结构除了要在承载力方面满足强度要求外，还要满足正常使用方面的要求，其中最主要的就是刚度要求。结构如果没有足够的刚度，在荷载作用下发生过大的位移，即使不破坏也会影响正常使用。例如，若桥梁结构的挠度(即竖向线位移)太大，会使线路不平顺，从而引起过大的冲击与振动，影响行车；高层建筑结构中，如果水平位移过大，可能导致一些次要结构及装饰构件的破坏，也会影响居住的舒适感；水闸结构中，如果闸墩或闸门的位移过大，可能会影响闸门的正常启闭与止水。因此，有关设计规范对各类结构的刚度都有具体的规定。

(2) 施工的需要。在结构施工中，有时也需要预先计算并考虑结构的位移。例如，图 4.3(a)所示屋架在荷载作用下的跨中挠度为 Δ_{max}，在制作时常如图 4.3(b)所示预先起拱，这样在正常使用时下弦杆可基本保持水平。又如，一些大跨度桥梁常采用悬臂拼装的方式施工(图 4.4)，为了保证桥段的顺利合龙和桥面的顺直，也需要计算结构在施工过程中的位移，以便施工时采取相应的措施。

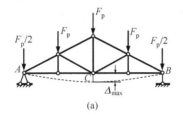 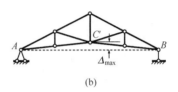

图 4.3

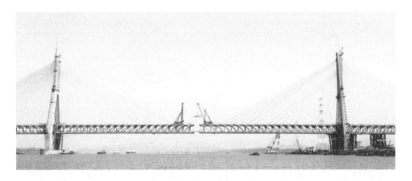

图 4.4

(3) 超静定结构分析和结构的动力分析与稳定分析的基础。因为超静定结构的内力无法由静力平衡条件唯一确定，其求解还必须同时考虑变形条件，而建立变形条件时就必须计算结构的位移。另外，在结构的动力计算和稳定计算中，也需要计算结构的位移。

结构力学中位移计算的一般方法是以虚功原理为理论基础的。本章将讨论变形体的虚功原理及结构在不同因素作用下的位移计算问题。

4.2　结构的外力虚功和虚变形功

4.2.1　实功与虚功

功是用力与力方向位移的乘积来表示的。例如，图 4.5 中常力 F_p 推动物块产生位移 Δ，则力 F_p 所做的功为 $W = F_p \Delta \cos\alpha$。

功包含力与位移两个因素，这两个因素之间的关系存在两种不同情况。一种情况下，位移是由做功的力自身所引起的，这时，力所做的功称为实功。另一种情况下，位移是

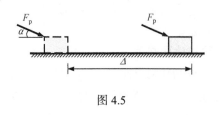

图 4.5

由与做功的力无关的其他因素引起的，这时，力所做的功称为虚功。这里"实"与"虚"只是为了区分功中的位移与力是否有关。下面以图 4.6 所示简支梁为例说明实功与虚功的计算。

如图 4.6(a)所示，简支梁在截面 1 处受荷载 F_{p1} 作用的变形曲线如图 4.6(a)中虚线所示。当荷载从零逐渐增大到 F_{p1} 时，截面 1 处的位移也随之从零逐渐增大到最终值 Δ_{11}，F_{p1} 和 Δ_{11} 之间受物理关系的约束，若此结构为线性变形体系，则有 $F_p=k\Delta$（k 为常数）。在荷载施加过程中 F_{p1} 在其自身引起的位移 Δ_{11} 上所做的功是实功，但做功的力在做功过程中是变化的，此时力所做的功应通过积分来计算：

$$W = \int_0^{\Delta_{11}} F_p \mathrm{d}\Delta = \int_0^{\Delta_{11}} k\Delta \mathrm{d}\Delta = \frac{1}{2}k\Delta_{11}^2 = \frac{1}{2k}F_{p1}^2$$

可见，实功与做功的力或位移之间不是线性关系，叠加原理并不适用。

(a)　　　　　　　　　　　　　　(b)

图 4.6

设 F_{p1} 施加后维持不变，再在截面 2 处施加荷载 F_{p2}，如图 4.6(b)所示，在截面 1 处产生的位移增量为 Δ_{12}（即 F_{p2} 单独作用时截面 1 处的位移）。在荷载 F_{p2} 的施加过程中，F_{p1} 在 Δ_{12} 上所做的功就是虚功，而且在做功的过程中 F_{p1} 维持不变，是常力做功，故 $W = F_{p1}\Delta_{12}$。可见，虚功与做功的力和位移之间是线性关系，计算时可以应用叠加原理。为清楚起见，通常把虚功中做功的力所处的状态称为静力状态[图 4.7(a)]，做功的位移所处的状态称为位移状态[图 4.7(b)]，它们是同一个结构的两个独立无关的状态。

(a) 静力状态　　　　　　　　　　(b) 位移状态

图 4.7

4.2.2　结构的外力虚功

结构的外力虚功指静力状态中结构的外力在位移状态中相应位移上所做的虚功。作用在结构上的外力可能是单个的集中力、力偶、分布力，也可能是一个复杂的力系。为了书写简便，一般用通式来表示外力系的总虚功：

$$W = F_{pk}\Delta_{km} \tag{4.1}$$

式中，F_{pk} 为做功的力或力系，是静力状态中作用在 k 处所和方向上的广义力；Δ_{km} 为做功的位移，是位移状态中与 F_{pk} 相应的广义位移，下标 m 表示位移产生的原因。

可见，广义位移必须与广义力相匹配，它们所做虚功的量纲应是 $FL = ML^2T^{-2}$。下面给出几种常见的广义力所做的虚功。

1) 集中力的虚功

图 4.8 表示一简支梁。首先设梁在 k 点的指定方向受集中力 F_{pk} 作用后处于平衡，称为静力状态 k，如图 4.8(a)所示。然后设梁因别的原因 m 发生位移，如图 4.8(b)所示，称为位移状态 m。那么，静力状态的力 F_{pk}，在位移状态中 k 点沿 F_{pk} 方向的位移分量 Δ_{km} 上所做的虚功为

$$W = F_{pk}\Delta_{km}$$

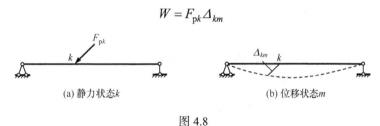

(a) 静力状态 k (b) 位移状态 m

图 4.8

广义力为集中力时，对应集中力做虚功的广义位移是力作用点沿力方向的线位移。

2) 集中力偶的虚功

仍以简支梁为例。图 4.9(a)表示集中力偶 m_k 作用在左支座 k 截面时的静力状态 k，图 4.9(b)表示其他原因 m 引起的位移状态 m，则静力状态的力 m_k，在位移状态中 k 截面的角位移 θ_{km} 上所做的虚功为

$$W = m_k\theta_{km}$$

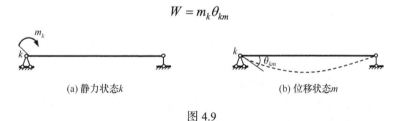

(a) 静力状态 k (b) 位移状态 m

图 4.9

广义力为集中力偶时，对应力偶做虚功的广义位移是力偶作用截面沿力偶方向的角位移。

3) 分布力的虚功

图 4.10(a)表示简支梁在 ab 区段内受分布力 q_k 作用的静力状态 k，图 4.10(b)表示 m 因素引起的位移状态 m，将静力状态的力分为无数微小的单元力 $q_k dx$，则各个单元力可视为集中力，其在位移状态中相应的线位移 y_{km} 上所做的虚功为

$$dW = q_k dx \cdot y_{km}$$

积分上式，可得分布力作用下的总虚功为

$$W = \int_a^b q_k dx \cdot y_{km} = \int_a^b q_k y_{km} dx$$

当分布力为均布荷载时，有

$$W = q_k \int_a^b y_{km} \mathrm{d}x = q_k A_{km}^{abcd}$$

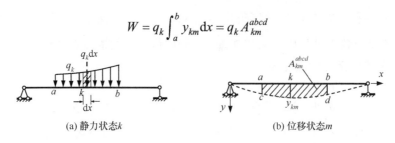

(a) 静力状态k　　　　　　　　　　　(b) 位移状态m

图 4.10

广义力为均布荷载时，对应广义力做虚功的广义位移是均布荷载作用范围内的杆轴线在位移过程中所扫掠过的面积。

4) 等量反向共线两集中力的虚功

图 4.11(a)表示等量反向共线两集中力作用的静力状态 k，图 4.11(b)为 m 因素引起的位移状态 m，则两集中力所做的虚功为

$$W = F_{pk} \Delta'_{km} + F_{pk} \Delta''_{km} = F_{pk}(\Delta'_{km} + \Delta''_{km}) = F_{pk} \Delta_{km}$$

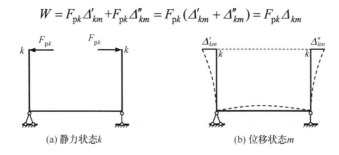

(a) 静力状态k　　　　　　　　　　　(b) 位移状态m

图 4.11

广义力为等量反向共线的两集中力时，对应广义力做虚功的广义位移是两集中力作用点沿力的作用方向的相对线位移。

5) 等量反向共面两集中力偶的虚功

图 4.12(a)表示等量反向共面两集中力偶作用的静力状态 k，图 4.12(b)为 m 因素引起的位移状态 m，则两集中力偶所做的虚功为

$$W = m_k \theta'_{km} + m_k \theta''_{km} = m_k(\theta'_{km} + \theta''_{km}) = m_k \theta_{km}$$

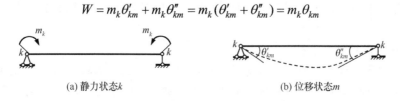

(a) 静力状态k　　　　　　　　　　　(b) 位移状态m

图 4.12

广义力为等量反向共面的两集中力偶时，对应广义力做虚功的广义位移是两集中力偶作用截面沿两力偶作用方向的相对角位移。

需要注意的是，以上五种情况，由于位移状态 m 中支座没有位移，故只有作用力(即外荷载)做虚功，否则外力虚功还应包括支座反力所做的虚功。

6) 平衡力系在刚体位移上的虚功

图 4.13(a)表示作用力 $F_{\mathrm{p}k}$ 与支座反力构成的静力状态 k，它们满足平衡条件，有

$$F_{\mathrm{H}A}=0\,, \qquad F_{\mathrm{V}A}=\frac{b}{l}F_{\mathrm{p}k}\,, \qquad F_{\mathrm{R}B}=\frac{a}{l}F_{\mathrm{p}k}$$

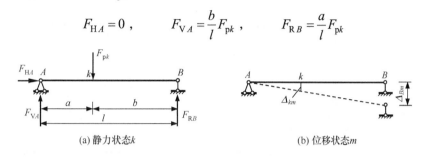

(a) 静力状态 k　　　　　　　　　　　　　　　　(b) 位移状态 m

图 4.13

图 4.13(b)表示由微小的支座移动引起的位移状态 m(刚体位移)，由图示几何关系可知

$$\varDelta_{km}=\frac{a}{l}\varDelta_{Bm}$$

则作用力与支座反力所做的虚功为

$$\begin{aligned} W &= F_{\mathrm{p}k}\varDelta_{km}-F_{\mathrm{V}B}\varDelta_{Bm} \\ &= F_{\mathrm{p}k}\frac{a}{l}\varDelta_{Bm}-\frac{a}{l}F_{\mathrm{p}k}\varDelta_{Bm} \\ &= 0 \end{aligned}$$

即平衡力系在刚体位移上所做的虚功为零。这就是理论力学中的刚体虚位移原理。

4.2.3　结构的虚变形功

图 4.14(a)表示一平面杆系结构在外力 $F_{\mathrm{p}k}$ 作用下的静力状态 k，这时杆件任意截面的内力有轴力 $F_{\mathrm{N}k}$、剪力 $F_{\mathrm{Q}k}$ 及弯矩 M_k。任取出长度为 $\mathrm{d}s$ 的微段来研究。微段左右两侧截面上所受的结构内力如图 4.14(c)所示，这些结构内力是结构对微段的作用力，因而对微段来说是外力。利用叠加原理把它们分解为弯矩、剪力和轴力单独作用下的情况。

图 4.14(b)表示结构由其他因素引起的位移状态 m，这时微段 $\mathrm{d}s$ 的变形包括线应变 ε_m、切应变 γ_m 和曲率 $\dfrac{1}{\rho_m}$。由这些变形引起的微段左、右截面的相对位移(即形变位移)包括相对轴向位移 $\varepsilon_m\mathrm{d}s$、相对剪切位移 $\gamma_m\mathrm{d}s$ 及相对转角 $\mathrm{d}\theta_m=\dfrac{\mathrm{d}s}{\rho_m}$，以左侧截面为基准表示如图 4.14(d)所示。

静力状态中微段 $\mathrm{d}s$ 两侧截面上的外力(即结构内力)在位移状态中形变位移上所做的虚功为

$$\mathrm{d}U=(F_{\mathrm{N}k}+\mathrm{d}F_{\mathrm{N}k})\varepsilon_m\mathrm{d}s+(F_{\mathrm{Q}k}+\mathrm{d}F_{\mathrm{Q}k})\gamma_m\mathrm{d}s+(M_k+\mathrm{d}M_k)\mathrm{d}\theta_m$$

将上式展开，略去二阶微量并考虑到 $\mathrm{d}\theta_m=\dfrac{1}{\rho_m}\mathrm{d}s$，有

$$dU = F_{Nk}\varepsilon_m ds + F_{Qk}\gamma_m ds + M_k \frac{1}{\rho_m}ds \tag{4.2}$$

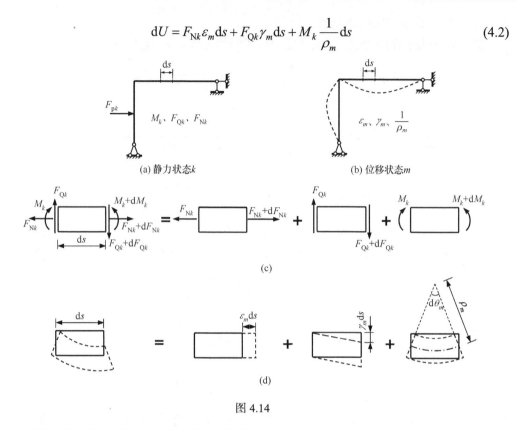

(a) 静力状态 k　　　　　　　　　(b) 位移状态 m

(c)

(d)

图 4.14

对第 i 根杆件，将式(4.2)沿杆长 S_i 积分，有

$$U_i = \int_{S_i} F_{Nk}\varepsilon_m ds + \int_{S_i} F_{Qk}\gamma_m ds + \int_{S_i} M_k \frac{1}{\rho_m}ds$$

对整个平面杆件体系，有

$$U = \sum_i U_i = \sum_i \int_{S_i} F_{Nk}\varepsilon_m ds + \sum_i \int_{S_i} F_{Qk}\gamma_m ds + \sum_i \int_{S_i} M_k \frac{1}{\rho_m}ds \tag{4.3}$$

式(4.3)表示的虚功称为结构的虚变形功，是结构各微段横截面上的结构内力在形变位移上所做的虚功总和。

4.3　虚功原理及其应用

4.3.1　变形体系的虚功原理

虚功原理是变形体结构力学中的基本原理之一。它把结构的静力平衡系与位移协调系联系起来，能解决力学分析中的许多重要问题。静力平衡系是指满足结构整体的和任何局部的平衡条件及静力边界条件，并且遵循作用和反作用定律的力系。位移协调系是指在结构内部是分段光滑连续的，在边界上满足位移边界条件的微小的位移系。

这里的静力平衡系和位移协调系分别对应着前面所说的静力状态 k 和位移状态 m。

变形体系的虚功原理可以表述如下：设一变形体系存在着两个独立无关的静力平衡系和位移协调系，当静力平衡系的力经历位移协调系的位移做虚功时，则结构的外力虚功 W 等于结构的虚变形功 U，即

$$W = U \tag{4.4}$$

式(4.4)称为变形体系的虚功方程。对平面杆系结构，有

$$F_{\mathrm{p}k}\mathit{\Delta}_{km} = \sum \int_S F_{\mathrm{N}k}\varepsilon_m \mathrm{d}s + \sum \int_S F_{\mathrm{Q}k}\gamma_m \mathrm{d}s + \sum \int_S M_k \frac{1}{\rho_m}\mathrm{d}s \tag{4.5}$$

　　上述原理的正确性，可以通过对结构总虚功的分析来说明。杆系结构是由杆件通过结点联结而成的，因此，整个结构的总虚功可以通过计算各杆件和结点上力的虚功再叠加而得。由于结点受的力是平衡力系，而结点的位移属刚体位移，故结点上力的虚功和等于零，所以只要计算各杆件上力的虚功之和。从杆件中任取一微段分析，静力状态中微段上的力包括外力及两侧截面上的结构内力，故微段的虚功可分为外力在位移状态中相应位移上所做的虚功(即外力虚功)和两侧截面上内力所做的虚功。由于每个截面两侧的微段在该截面上的结构内力互为作用力和反作用力，它们大小相等、方向相反，而位移状态中该截面上的位移相同，它们所做的虚功恒相互抵消，于是整个结构的虚功便等于外力虚功 W。另外，位移状态中微段的位移可分解为刚体位移和形变位移，因此，静力状态中微段上的力所做的虚功可分为在刚体位移所做的虚功和在形变位移所做的虚功。由于静力状态中微段上的力构成平衡力系，故它在刚体位移上所做的虚功恒等于零，即它所做的虚功就是其在形变位移上所做的虚功，容易验证，略去高阶微量后该虚功表达式即式(4.2)，于是，整个结构的虚功就是虚变形功 U。综合以上分析可知，结构的外力虚功 W 等于结构的虚变形功 U。

　　前面从物理概念上对虚功原理进行了说明。下面以单根杆件为例根据静力平衡条件和位移协调条件等来证明虚功方程式(4.5)。

　　设图 4.15(a)所示直杆 AB 在横向分布荷载 $q(x)$、轴向分布荷载 $p(x)$ 及 A、B 端的荷载 $F_{\mathrm{N}A}$、$F_{\mathrm{Q}A}$、M_A 和 $F_{\mathrm{N}B}$、$F_{\mathrm{Q}B}$、M_B 作用下构成静力平衡状态 k。在 k 截面处取微段 $\mathrm{d}x$，其受力如图 4.15(b)所示，考察其平衡条件，略去高阶微量后，得微段的平衡方程为

$$\begin{cases} \mathrm{d}F_{\mathrm{N}k} + p(x)\mathrm{d}x = 0 \\ \mathrm{d}F_{\mathrm{Q}k} + q(x)\mathrm{d}x = 0 \\ \mathrm{d}M_k - F_{\mathrm{Q}k}\mathrm{d}x = 0 \end{cases} \tag{4.6}$$

　　杆件在 A、B 两端的静力边界条件为

$$F_{\mathrm{N}k}(0) = F_{\mathrm{N}A}, \quad F_{\mathrm{Q}k}(0) = F_{\mathrm{Q}A}, \quad M_k(0) = M_A \tag{4.7}$$

$$F_{\mathrm{N}k}(l) = F_{\mathrm{N}B}, \quad F_{\mathrm{Q}k}(l) = F_{\mathrm{Q}B}, \quad M_k(l) = M_B \tag{4.8}$$

　　图 4.15(c)为 AB 杆由于其他因素产生的位移状态 m，这里位移是满足变形协调条件的，水平位移 u 以向右为正，竖向位移 v 以向下为正，转角 θ 以逆时针方向为正。A、B 两端的位移边界条件为

$$u_m(0) = u_{mA}, \quad v_m(0) = v_{mA}, \quad \theta_m(0) = \theta_{mA} \tag{4.9}$$

$$u_m(l) = u_{mB}, \quad v_m(l) = v_{mB}, \quad \theta_m(l) = \theta_{mB} \tag{4.10}$$

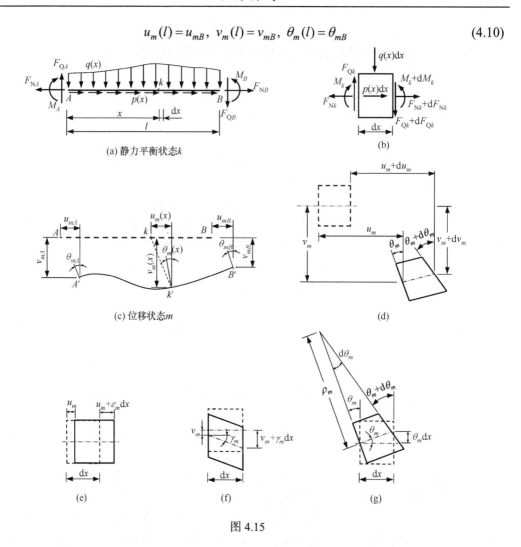

(a) 静力平衡状态k

(b)

(c) 位移状态m

(d)

(e)

(f)

(g)

图 4.15

微段 dx 的位移情况如图 4.15(d)所示，为清楚起见，根据与变形的关系分别表示为图 4.15(e)～(g)，可以得到位移与变形之间的关系(即几何方程)为

$$\begin{cases} du_m = \varepsilon_m dx \\[2mm] dv_m = (\gamma_m - \theta_m)dx \\[2mm] d\theta_m = \dfrac{1}{\rho_m}dx \end{cases} \tag{4.11}$$

根据静力平衡方程式(4.6)可知

$$\int_l (dF_{Nk} + p\,dx)u_m + \int_l (dF_{Qk} + q\,dx)v_m + \int_l (dM_k - F_{Qk}\,dx)\theta_m = 0$$

将上式展开后，重新组合得

$$\int_l \left(u_m \mathrm{d}F_{Nk} + v_m \mathrm{d}F_{Qk} + \theta_m \mathrm{d}M_k \right) + \int_l \left(pu_m + qv_m - F_{Qk}\theta_m \right)\mathrm{d}x = 0 \tag{4.12}$$

对式(4.12)中第一项利用分部积分公式，有

$$\int_l \left(u_m \mathrm{d}F_{Nk} + v_m \mathrm{d}F_{Qk} + \theta_m \mathrm{d}M_k \right) = \int_l \mathrm{d}\left(F_{Nk}u_m + F_{Qk}v_m + M_k\theta_m \right)$$
$$- \int_l \left(F_{Nk}\mathrm{d}u_m + F_{Qk}\mathrm{d}v_m + M_k\mathrm{d}\theta_m \right)$$

代入式(4.12)，得

$$\left[F_{Nk}u_m + F_{Qk}v_m + M_k\theta_m \right]_0^l - \int_l \left(F_{Nk}\mathrm{d}u_m + F_{Qk}\mathrm{d}v_m + M_k\mathrm{d}\theta_m \right)$$
$$+ \int_l \left(pu_m + qv_m \right)\mathrm{d}x - \int_l F_{Qk}\theta_m \mathrm{d}x = 0 \tag{4.13}$$

将边界条件式(4.7)～式(4.10)和几何方程式(4.11)代入式(4.13)，并作适当运算后，可得

$$\left(F_{NB}u_{mB} + F_{QB}v_{mB} + M_B\theta_{mB} \right) - \left(F_{NA}u_{mA} + F_{QA}v_{mA} + M_A\theta_{mA} \right) + \int_l \left(pu_m + qv_m \right)\mathrm{d}x$$
$$= \int_l F_{Nk}\varepsilon_m\mathrm{d}x + \int_l F_{Qk}\gamma_m\mathrm{d}x + \int_l M_k\frac{1}{\rho_m}\mathrm{d}x \tag{4.14}$$

式(4.14)中，等号左边为静力状态中的外力在位移状态中的位移上所做虚功的总和，即 AB 杆的外力虚功，等号右边为 AB 杆的虚变形功。这样，就从静力平衡方程出发，再利用边界条件与几何方程证明了虚功方程。也可以类似地从几何方程出发，再利用边界条件和静力平衡方程来证明虚功方程，读者可自行练习。

从以上证明过程可以看出，虚功原理实际上综合反映了静力平衡条件和变形协调条件。虚功原理的应用条件是：力系是平衡的，位移系是协调且微小的。只要满足这两个条件，虚功原理可以应用于任意材料组成的各类结构。虚功原理涉及的静力平衡系与位移协调系是彼此独立无关的。因此，虚功原理可以用来解决结构的平衡问题(求未知力)和几何问题(求未知位移)。

4.3.2 虚位移原理与单位位移法

虚位移原理是虚功原理的一种应用形式，可以叙述如下：变形体系在力系作用下平衡的必要与充分条件是，对任意虚拟的位移协调系，当力系中的力经位移系中的位移做虚功时，恒有结构的外力虚功等于结构的虚变形功。这时，虚功方程称为虚位移方程。

根据虚位移原理可知，虚位移方程等价于真实力系的平衡方程，可以用它代替平衡方程求未知力。于是，当要求静力平衡系在已知外来因素作用下，某些未知的约束力时，首先虚拟任意一组约束容许的完全确定的微小的位移协调系(即虚位移)，然后利用虚位移原理建立虚功方程，即可由已知的作用力求出未知的约束力。具体应用时，可采用单位位移法，其基本步骤为：①解除与所求约束力相应的约束并代以约束力，得静力状态 k；②沿所求约束力的正方向给一单位虚位移，得协调的位移状态 m；③建立虚功方程并求解，得未知约束力。

【例 4.1】　利用单位位移法，求图 4.16(a)所示两跨静定梁在荷载作用下支座 D 的反力和截面 E 的弯矩。

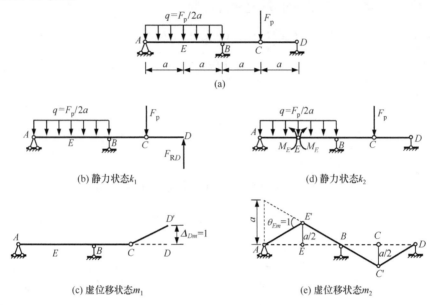

图 4.16

【解】　(1) 求支座反力 F_{RD}。

首先，解除支座 D，代之以约束力 F_{RD}，得静力状态 k_1，如图 4.16(b)所示。

然后，沿 F_{RD} 方向给一单位虚位移 $\Delta_{Dm}=1$，得虚位移状态 m_1，如图 4.16(c)所示。

最后，建立虚功方程，计算 F_{RD}。

此时只有约束力 F_{RD}，因虚位移 $\Delta_{Dm}=1$ 做虚功，其他力因其作用方向上没有虚位移不做虚功，故外力虚功 $W=F_{RD}\times1$；另外，由于虚位移状态 m_1 中体系发生的是刚体位移，故虚变形功 $U=0$。于是由虚功方程式(4.4)得

$$F_{RD}\times1=0$$

所以，$F_{RD}=0$。

(2) 求截面 E 的弯矩 M_E。

首先，将截面 E 换成铰以解除抗弯约束，代之以约束力 M_E，得静力状态 k_2，如图 4.16(d)所示。

然后，沿 M_E 正方向给一单位虚位移(相对转角) $\theta_{Em}=1$，得虚位移状态 m_2，如图 4.16(e)所示。

最后，建立虚功方程，求 M_E。

这里均布荷载在与之相应的虚位移面积上做功；大小相等方向相反的一对力偶 M_E 在与之相应的相对虚转角 $\theta_{Em}=1$ 上做功。于是有

$$M_E\times1+F_p\times\frac{a}{2}-\frac{F_p}{2a}\times\frac{1}{2}\times2a\times\frac{a}{2}=0$$

得

$$M_E = -\frac{1}{4} F_p a \,(\text{上侧纤维受拉})$$

以上结果不难直接用平衡条件证明其正确性，读者可自行验证。

从例 4.1 可以看出，虚位移方程形式上是功的方程，实际上是作用力与约束力之间的平衡方程。单位位移法的特点是采用几何方法来解决静力问题。

4.3.3 虚力原理与单位荷载法

虚力原理是虚功原理的另一种应用形式，可以叙述如下：变形体系在任意因素作用下的位移系协调的必要与充分条件是，当任意虚拟的静力平衡系的力经位移系中的位移做虚功时，恒有结构的外力虚功等于结构的虚变形功。这时，虚功方程称为虚力方程。

根据虚力原理可知，虚力方程等价于真实位移系的几何方程，可以用它代替几何方程求未知位移。于是，当要求位移协调系中某些指定的位移时，首先按需要虚拟一个完全确定的静力平衡系，然后利用虚力原理建立虚力方程，即可求出指定的位移。在实际应用中可采用单位荷载法，其解题步骤为：①沿欲求位移的方向施加对应的虚单位广义力(即单位荷载)后得平衡的静力状态 k，称为虚力状态；②以真实的位移系为位移状态 m，建立虚力方程，由此求得未知位移。

【例 4.2】 试用单位荷载法，求图 4.17(a)所示的两跨静定梁，当中间支座 B 向下移动 C_B 时，铰 C 的竖向位移 Δ_C^V。

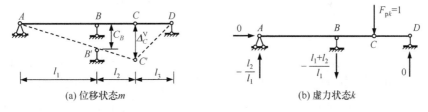

(a) 位移状态 m (b) 虚力状态 k

图 4.17

【解】 (1) 虚设一竖向单位力 $F_{pk} = 1$ 作用于铰 C，得虚力状态 k，各支座反力如图 4.17(b)所示。

(2) 以图 4.17(a)为位移状态 m，根据图 4.17(a)、(b)建立虚功方程，有

$$1 \times \Delta_C^V - \frac{l_1 + l_2}{l_1} \times C_B = 0$$

解得

$$\Delta_C^V = \frac{l_1 + l_2}{l_1} C_B$$

以上结果不难用直观的几何法验证。

从例 4.2 可以看出，虚力方程形式上是功的方程，实际上是位移协调系的几何方

程，单位荷载法的特点是采用静力方法解决几何问题。另外，例 4.2 中真实的位移状态是静定结构由支座沉降引起的刚体位移系，因而结构的虚变形功为零。当位移系包括形变位移时，虚力原理同样适用，4.4 节将具体讨论可变形杆系结构位移计算的一般公式。

4.4　结构位移计算的一般公式

设图 4.18(a)所示刚架，在荷载(F_{p1}、F_{p2})、温度变化(t_1、t_2)和支座位移(Δ_{c1}、Δ_{c2})等外部因素作用下，发生变形后的位形如图 4.18(a)中虚线所示，这是结构的实际位移状态，结构的变形为 ε_m、γ_m 和 $\dfrac{1}{\rho_m}$。现要求该状态下 K 点沿 K—K 方向的位移 Δ_{km}。

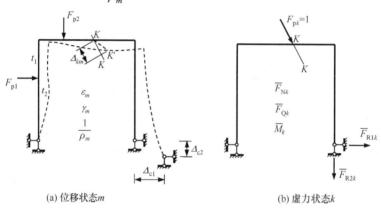

(a) 位移状态m　　　　　　　　　　　　　(b) 虚力状态k

图 4.18

根据单位荷载法，应选取一个与所求位移相应的单位虚荷载，即在 K 点沿 K—K 方向加一个虚拟单位集中力 $F_{pk}=1$，如图 4.18(b)所示。在该单位虚荷载作用下，结构将产生虚反力 $\bar{F}_{Rik}$(图中左侧支座反力未标注)和虚内力 $\bar{M}_k$、$\bar{F}_{Nk}$ 和 $\bar{F}_{Qk}$，它们构成了一个平衡力系，这就是虚拟的静力状态(虚力状态)。这里在表示反力和内力的符号上都加了一个短横线，目的是强调它们都是由单位荷载引起的量，或者说它们分别是"反力系数"和"内力系数"。

对图 4.18(a)所示的位移状态和图 4.18(b)所示的虚力状态应用虚功方程式(4.5)，得

$$F_{pk}\Delta_{km} + \bar{F}_{R1k}\Delta_{c1} + \bar{F}_{R2k}\Delta_{c2} = \sum\int \bar{F}_{Nk}\varepsilon_m \mathrm{d}s + \sum\int \bar{F}_{Qk}\gamma_m \mathrm{d}s + \sum\int \bar{M}_k \frac{1}{\rho_m}\mathrm{d}s$$

将 $F_{pk}=1$ 代入并移项后，得

$$\Delta_{km} = \sum\int \bar{F}_{Nk}\varepsilon_m \mathrm{d}s + \sum\int \bar{F}_{Qk}\gamma_m \mathrm{d}s + \sum\int \bar{M}_k \frac{1}{\rho_m}\mathrm{d}s - \sum_i \bar{F}_{Rik}\Delta_{ci} \tag{4.15}$$

这就是平面杆系结构位移计算的一般公式。它不仅适用于静定结构，也适用于超静定结构；不仅适用于弹性材料，也适用于非弹性材料；不仅适用于荷载作用下的位移计算，

也适用于温度变化、支座移动、制作误差及材料收缩等因素作用下的位移计算；不仅可用来计算结构的线位移，也可用来计算结构的任何性质的广义位移(如角位移和相对位移等)。需要指出的是，在建立虚力状态时所施加的单位虚荷载应为与拟求位移相对应的广义力。下面列举几种典型的虚力状态，如图 4.19 所示。对于求桁架杆的角位移，如求图 4.19(d)、(e)中桁架中杆件的角位移，按虚功原理，广义力应为单位力偶，但桁架只承受结点荷载，故将单位力偶替换为作用于杆两端的大小为 $\dfrac{1}{l_i}$、作用线垂直于杆轴线而方向相反的一对集中力，求出的位移就相当于杆两端线位移的连线与原杆件所夹的角 θ，如图 4.19(f)所示。

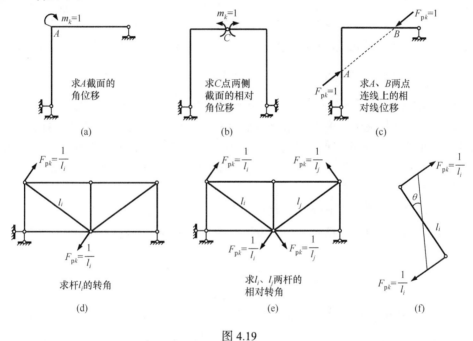

图 4.19

虚设的静力平衡状态与引起结构实际位移的因素无关。在计算过程中，单位广义力的方向可以任意假设，若计算出的位移结果为正号,表示位移方向与虚设力的方向一致，负号则相反。

4.5 荷载作用下结构位移的计算

现在讨论结构在荷载作用下的位移计算。这里仅限于线弹性结构，即位移是微小的，应力与应变的关系符合胡克定律。这类结构的位移与荷载是成正比的，因而计算位移时荷载的影响可以叠加，而且当荷载全部撤除后位移也完全消失。

由于结构的位移是由荷载引起的，位移计算的一般公式(4.15)中没有支座移动项，即

$$\Delta_{kF} = \sum \int \bar{F}_{Nk} \varepsilon_F \mathrm{d}s + \sum \int \bar{F}_{Qk} \gamma_F \mathrm{d}s + \sum \int \bar{M}_k \frac{1}{\rho_F} \mathrm{d}s \tag{4.16}$$

式中，$\bar{F}_{Nk}$、$\bar{F}_{Qk}$、$\bar{M}_k$ 为虚力状态下结构的内力；Δ_{kF} 为实际荷载作用下结构在 k 处所方向的位移；ε_F、γ_F、$\dfrac{1}{\rho_F}$ 为实际荷载作用下结构的变形。

若实际荷载作用下结构的内力为 F_{NF}、F_{QF}、M_F，由材料力学知

$$\varepsilon_F \mathrm{d}s = \frac{F_{NF}}{EA}\mathrm{d}s\ , \qquad \gamma_F \mathrm{d}s = \lambda \frac{F_{QF}}{GA}\mathrm{d}s\ , \qquad \frac{1}{\rho_F}\mathrm{d}s = \frac{M_F}{EI}\mathrm{d}s$$

代入式(4.16)得

$$\Delta_{kF} = \sum \int \frac{\bar{F}_{Nk} F_{NF}}{EA}\mathrm{d}s + \sum \int \lambda \frac{\bar{F}_{Qk} F_{QF}}{GA}\mathrm{d}s + \sum \int \frac{\bar{M}_k M_F}{EI}\mathrm{d}s \tag{4.17}$$

式中，E、G 分别为杆件的弹性模量和剪切模量；A、I 分别为杆件横截面的面积和惯性矩；λ 为截面切应力不均匀的修正系数，其值与截面形状有关，对于矩形截面 $\lambda = 1.2$，圆形截面 $\lambda = \dfrac{10}{9}$，薄壁圆环截面 $\lambda = 2$，工字形截面 $\lambda \approx \dfrac{A'}{A}$，$A'$ 为截面腹板面积。

式(4.17)就是平面杆系结构在荷载作用下的位移计算公式。式中右边三项分别代表结构的轴向变形、剪切变形和弯曲变形对所求位移的影响。需要指出，式(4.17)是针对直杆导出的，对于曲杆还需考虑曲率对变形的影响，不过在常用的曲杆结构中，其截面高度远小于曲率半径(称为小曲率杆)，曲率的影响不大，可以略去不计，其位移可近似按式(4.17)计算。

在实际计算中，根据结构的具体情况，常常可以作一些简化。

(1) 在梁和刚架中，位移主要是弯矩引起的，轴力和剪力的影响很小，一般可以略去，故式(4.17)可简化为

$$\Delta_{kF} = \sum \int \frac{\bar{M}_k M_F}{EI}\mathrm{d}s \tag{4.18}$$

(2) 在拱结构中，当不考虑曲率的影响时，通常只考虑弯曲变形一项，按式(4.18)计算已足够精确，但当计算扁平拱(即矢跨比 $\dfrac{f}{l} < \dfrac{1}{5}$ 的拱)的水平位移或当拱轴线接近于合理拱轴线时，一般还需考虑轴向变形对位移的影响，即

$$\Delta_{kF} = \sum \int \frac{\bar{F}_{Nk} F_{NF}}{EA}\mathrm{d}s + \sum \int \frac{\bar{M}_k M_F}{EI}\mathrm{d}s \tag{4.19}$$

(3) 在桁架中，只有轴向变形一项的影响，而且每一杆件的轴力 $\bar{F}_{Nk}$、F_{NF} 和刚度 EA 都沿杆长 l 不变，故其位移计算公式为

$$\Delta_{kF} = \sum \int \frac{\bar{F}_{Nk} F_{NF}}{EA}\mathrm{d}s = \sum \frac{\bar{F}_{Nk} F_{NF} l}{EA} \tag{4.20}$$

(4) 在组合结构中，既有梁、刚架的受弯杆件，又有桁架的二力杆，故其位移公式简化为

$$\Delta_{kF} = \sum \int \frac{\bar{M}_k M_F}{EI}\mathrm{d}s + \sum \frac{\bar{F}_{Nk} F_{NF} l}{EA} \tag{4.21}$$

式中，右边第一项对受弯杆件求和，第二项对二力杆求和。

【例 4.3】　试求图 4.20(a)所示刚架 A 点的竖向位移 Δ_A^V。各杆材料相同，截面的 I、A 均为常数。

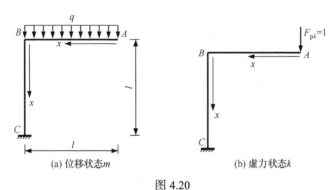

(a) 位移状态 m　　　　　　　　(b) 虚力状态 k

图 4.20

【解】　(1) 在 A 点加一竖向单位集中力建立虚力状态[图 4.20(b)]，并分别设各杆的 x 坐标如图所示，则各杆内力方程(弯矩以内侧受拉为正)如下。

AB 杆：

$$\overline{M}_k = -x, \qquad \overline{F}_{Nk} = 0, \qquad \overline{F}_{Qk} = 1$$

BC 杆：

$$\overline{M}_k = -l, \qquad \overline{F}_{Nk} = -1, \qquad \overline{F}_{Qk} = 0$$

(2) 在实际位移状态[图 4.20(a)]中，各杆内力方程如下。

AB 杆：

$$M_F = -\frac{1}{2}qx^2, \qquad F_{NF} = 0, \qquad F_{QF} = qx$$

BC 杆：

$$M_F = -\frac{1}{2}ql^2, \qquad F_{NF} = -ql, \qquad F_{QF} = 0$$

(3) 代入式(4.17)得

$$\Delta_A^V = \sum \int \frac{\overline{F}_{Nk} F_{NF}}{EA} ds + \sum \int \lambda \frac{\overline{F}_{Qk} F_{QF}}{GA} ds + \sum \int \frac{\overline{M}_k M_F}{EI} ds$$

$$= \int_0^l \frac{(-1)(-ql)}{EA} dx + \int_0^l \lambda \frac{1 \cdot qx}{GA} dx + \int_0^l (-x)\left(-\frac{qx^2}{2}\right)\frac{dx}{EI} + \int_0^l (-l)\left(-\frac{ql^2}{2}\right)\frac{dx}{EI}$$

$$= \frac{ql^2}{EA} + \frac{\lambda ql^2}{2GA} + \frac{5}{8}\frac{ql^4}{EI}$$

(4) 讨论。

上式中，第一、二项分别为轴力和剪力的影响，第三项为弯矩的影响。记 $C = \dfrac{5ql^4}{8EI}$，则弯矩、轴力、剪力的影响分别为 $(\Delta_A^V)_M = C$、$(\Delta_A^V)_{F_N} = \dfrac{8}{5}\dfrac{I}{Al^2}C$ 和 $(\Delta_A^V)_{F_Q} = \dfrac{4}{5}\dfrac{\lambda EI}{GAl^2}C$。

若设杆件的截面为矩形，其宽度为 b，高度为 h，则有 $A = bh$，$I = \dfrac{bh^3}{12}$，$\lambda = \dfrac{6}{5}$，故

$$(\Delta_A^V)_{F_N} = \frac{2}{15}\left(\frac{h}{l}\right)^2 C, \qquad (\Delta_A^V)_{F_Q} = \frac{2}{25}\frac{E}{G}\left(\frac{h}{l}\right)^2 C$$

可以看出，轴力和剪力的影响与杆件细长比 $\dfrac{h}{l}$ 的平方成正比。若 $\dfrac{h}{l} = \dfrac{1}{10}$，并取 $G = 0.4E$，可得

$$(\Delta_A^V)_{F_N} = \frac{1}{750}C, \qquad (\Delta_A^V)_{F_Q} = \frac{1}{500}C$$

即

$$\frac{(\Delta_A^V)_{F_Q}}{(\Delta_A^V)_M} = 0.2\%, \qquad \frac{(\Delta_A^V)_{F_N}}{(\Delta_A^V)_M} = 0.13\%$$

可见，此时轴力和剪力的影响远小于弯矩的影响。因此，对细长的受弯杆件，通常忽略轴力和剪力对位移的影响。

【例 4.4】 试求图 4.21(a)所示半径为 R 的等截面四分之一圆弧曲梁自由端的角位移 θ_B 和竖向线位移 Δ_B^V。设梁的截面高度远小于其半径。

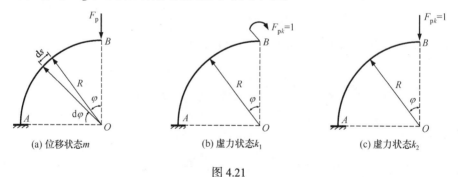

(a) 位移状态 m　　　　(b) 虚力状态 k_1　　　　(c) 虚力状态 k_2

图 4.21

【解】 此曲梁是小曲率杆，故可近似采用直杆的位移计算公式，并可略去轴力和剪力对位移的影响而只考虑弯矩一项。

(1) 计算角位移 θ_B。

对图 4.21 所示结构采用极坐标比较方便，原点设在曲杆的圆心，用 φ 表示截面位置，微段长度 $ds = Rd\varphi$。

在实际位移状态[图 4.21(a)]中，任一截面的弯矩(以外侧受拉为正)为

$$M_F = F_p R\sin\varphi$$

建立虚力状态如图 4.21(b)所示，任一截面的弯矩为

$$\overline{M}_k = 1$$

代入式(4.18)得

$$\theta_B = \int_S \frac{\overline{M}_k M_F}{EI} \mathrm{d}s = \int_0^{\frac{\pi}{2}} \frac{1 \times F_p R \sin\varphi}{EI} R \mathrm{d}\varphi = \frac{F_p R^2}{EI} \;(\;\curvearrowright\;)$$

(2) 计算竖向线位移 Δ_B^V。

建立虚力状态如图 4.21(c)所示，任一截面的弯矩为

$$\overline{M}_k = R \sin\varphi$$

代入式(4.18)得

$$\Delta_B^V = \int_S \frac{\overline{M}_k M_F}{EI} \mathrm{d}s = \int_0^{\frac{\pi}{2}} \frac{R \sin\varphi \times F_p R \sin\varphi}{EI} R \mathrm{d}\varphi = \frac{\pi F_p R^3}{4EI} \;(\downarrow)$$

【例 4.5】 求图 4.22(a)所示对称桁架在荷载作用下结点 4 的竖向位移 Δ_4^V。设 $E=2100\text{kN/cm}^2$，右半部分杆旁数值为杆的横截面积 $A(\text{cm}^2)$。

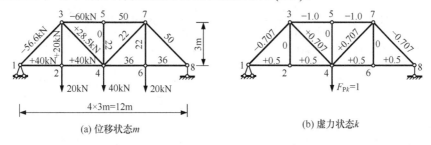

(a) 位移状态 m

(b) 虚力状态 k

图 4.22

【解】 在结点 4 作用竖直向下的单位集中力，建立虚力状态。实际位移状态和虚力状态中各杆的内力如图 4.22(a)(左半部)和(b)所示。利用式(4.20)计算所求位移，可列表计算如表 4.1 所示。

表 4.1 $\dfrac{\overline{F}_{Nk} F_{NF} l}{A}$ 计算表

杆件		l/cm	A/cm^2	$\overline{F}_{Nk}$	F_{NF}/kN	$\dfrac{\overline{F}_{Nk} F_{NF} l}{A}$ /(kN/cm)
上弦	3-5	300	50	-1.00	-60.0	360.0
	5-7	300	50	-1.00	-60.0	360.0
下弦	1-2	300	36	0.50	40.0	166.7
	2-4	300	36	0.50	40.0	166.7
	4-6	300	36	0.50	40.0	166.7
	6-8	300	36	0.50	40.0	166.7
斜杆	1-3	424	50	-0.707	-56.6	339.3
	3-4	424	22	0.707	28.3	385.6
	4-7	424	22	0.707	28.3	385.6
	7-8	424	50	-0.707	-56.6	339.3
竖杆	2-3	300	22	0	20.0	0
	4-5	300	22	0	0	0
	6-7	300	22	0	20.0	0
合 计						2 836.6

由此可得结点 4 的竖向位移为

$$\Delta_4^V = \sum \frac{\overline{F}_{Nk} F_{NF} l}{EA} = \frac{2\,836.6\ \mathrm{kN/cm}}{2\,100\ \mathrm{kN/cm^2}} = 1.35\,\mathrm{cm}(\downarrow)$$

从以上三例可以看出，在建立虚力状态时，施加量纲为 1 的单位荷载并不影响最后结果的量纲。例如，求线位移时，施加量纲为 1 的单位集中力，则 $\overline{F}_{Nk}$ 和 $\overline{F}_{Qk}$ 的量纲也是 1，$\overline{M}_k$ 的量纲为 L，而 $\dfrac{\overline{F}_{Nk} F_{NF}}{EA}\mathrm{d}s$ 和 $\lambda\dfrac{\overline{F}_{Qk} F_{QF}}{GA}\mathrm{d}s$ 的量纲为 $\dfrac{1\times(\mathrm{MLT}^{-2})}{(\mathrm{ML}^{-1}\mathrm{T}^{-2})\times\mathrm{L}^2}\times\mathrm{L}=\mathrm{L}$，$\dfrac{\overline{M}_k M_F}{EI}\mathrm{d}s$ 的量纲为 $\dfrac{\mathrm{L}\times(\mathrm{ML}^2\mathrm{T}^{-2})}{(\mathrm{ML}^{-1}\mathrm{T}^{-2})\times\mathrm{L}^4}\times\mathrm{L}=\mathrm{L}$，可见最后结果是量纲为 L 的长度。再如，求角位移时施加量纲为 1 的单位集中力偶，则 $\overline{F}_{Nk}$ 和 $\overline{F}_{Qk}$ 的量纲是 L^{-1}，$\overline{M}_k$ 的量纲为 1，而 $\dfrac{\overline{F}_{Nk} F_{NF}}{EA}\mathrm{d}s$ 和 $\lambda\dfrac{\overline{F}_{Qk} F_{QF}}{GA}\mathrm{d}s$ 的量纲为 $\dfrac{\mathrm{L}^{-1}\times(\mathrm{MLT}^{-2})}{(\mathrm{ML}^{-1}\mathrm{T}^{-2})\times\mathrm{L}^2}\times\mathrm{L}=1$，$\dfrac{\overline{M}_k M_F}{EI}\mathrm{d}s$ 的量纲为 $\dfrac{1\times(\mathrm{ML}^2\mathrm{T}^{-2})}{(\mathrm{ML}^{-1}\mathrm{T}^{-2})\times\mathrm{L}^4}\times\mathrm{L}=1$，可见最后结果是量纲为 1 的弧度。

4.6　图　乘　法

平面杆件结构在荷载作用下的位移计算中，对于均质等截面直杆段，且在两个内力图之一为直线变化的情况下，可以用内力图的相关量相乘的方法代替积分，使计算得到简化。下面以弯矩项为例说明这一方法。

设有均质等截面直杆段 AB，且虚力状态弯矩 $\overline{M}_k$ 图、实际荷载作用的弯矩 M_F 图中之一(如 $\overline{M}_k$ 图)为直线变化。现以杆轴线为 x 轴，以 $\overline{M}_k$ 图的延长线与 x 轴的交点为原点，并令延长线与 x 轴的夹角为 α，如图 4.23 所示，则

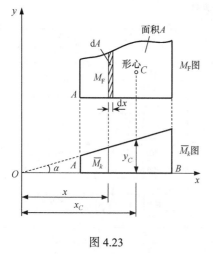

图 4.23

EI = 常数，　$\mathrm{d}s=\mathrm{d}x$，　$\overline{M}_k = x\tan\alpha$

于是积分式为

$$\int_A^B \frac{\overline{M}_k M_F}{EI}\mathrm{d}s = \frac{1}{EI}\int_A^B x\tan\alpha\cdot M_F\mathrm{d}x$$
$$= \frac{\tan\alpha}{EI}\int_A^B x\cdot\mathrm{d}A \tag{4.22}$$

式中，$\mathrm{d}A = M_F\mathrm{d}x$ 为 M_F 图中的微分面积，积分 $\int_A^B x\cdot\mathrm{d}A$ 就是 M_F 图的面积 A 对 y 轴的静矩。用 x_C 代表 M_F 图的形心 C 的横坐标，即形心到 y 轴的距离，则有

$$\int_A^B x\cdot\mathrm{d}A = Ax_C \tag{4.23}$$

将式(4.23)代入式(4.22)，得

$$\int_A^B \frac{\bar{M}_k M_F}{EI} ds = \frac{\tan\alpha}{EI} \cdot (Ax_C) = \frac{1}{EI} Ay_C \tag{4.24}$$

式中，$y_C = x_C \tan\alpha$，为 M_F 图形心所对应的 $\bar{M}_k$ 图的竖标。

由此可见，若均质等截面直杆段的两内力图之一为直线变化，则位移公式中的积分可以用其中一图的面积 A 与其形心所对应的直线图的竖标 y_C 的乘积除以杆件的刚度来代替。这就是图形相乘法，简称图乘法。对于剪力项和轴力项也可以得到相似的结果。

应用图乘法时要注意以下两点：

(1) 应用条件。杆件应是均质等截面直杆，两个内力图中应至少有一个是直线的，竖标 y_C 一定要取自直线图。

(2) 正负号规则。若面积 A 与竖标 y_C 在杆轴(或基线)的同侧，则乘积 Ay_C 取正号，A 与 y_C 在杆轴(或基线)的异侧，则乘积 Ay_C 取负号。

图 4.24 给出了位移计算中几种常见图形的面积和形心的位置。在应用抛物线图形的公式时，要注意抛物线在顶点处的切线必须与基线平行，即是"标准抛物线图形"。图 4.25 还给出了几种简单图形相乘的结果，建议读者自行证明，并熟记。这对于今后的运算是有帮助的。

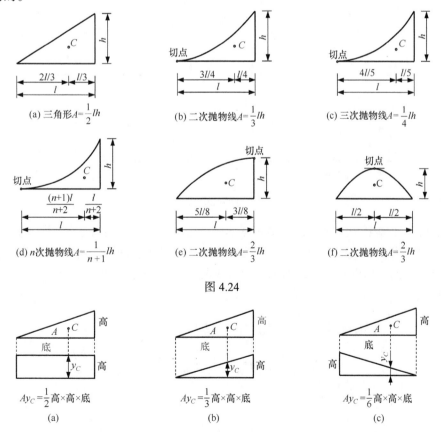

(a) 三角形 $A = \frac{1}{2}lh$ (b) 二次抛物线 $A = \frac{1}{3}lh$ (c) 三次抛物线 $A = \frac{1}{4}lh$

(d) n 次抛物线 $A = \frac{1}{n+1}lh$ (e) 二次抛物线 $A = \frac{2}{3}lh$ (f) 二次抛物线 $A = \frac{2}{3}lh$

图 4.24

$Ay_C = \frac{1}{2}$ 高×高×底 $Ay_C = \frac{1}{3}$ 高×高×底 $Ay_C = \frac{1}{6}$ 高×高×底

(a)   (b)   (c)

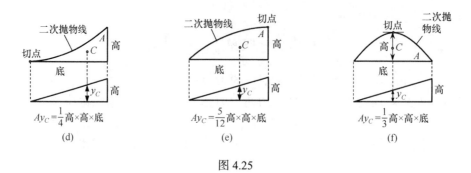

图 4.25

下面再指出图乘法应用时的几个具体问题。

(1) 如果两个图形都是直线，则竖标 y_C 可以取自其中任一图形。

(2) 如果一个图形是曲线，另一个图形是由几段直线组成的折线，或当各杆段的截面不相等时，均应分段计算，然后叠加。例如，对于图 4.26(a)所示情形，有

$$\frac{1}{EI}\int \bar{M}_k M_F \mathrm{d}s = \frac{1}{EI}(A_1 y_1 + A_2 y_2 + A_3 y_3) \tag{4.25}$$

对于图 4.26(b)所示情形，有

$$\int \frac{\bar{M}_k M_F}{EI}\mathrm{d}s = \frac{A_1 y_1}{EI_1} + \frac{A_2 y_2}{EI_2} + \frac{A_3 y_3}{EI_3} \tag{4.26}$$

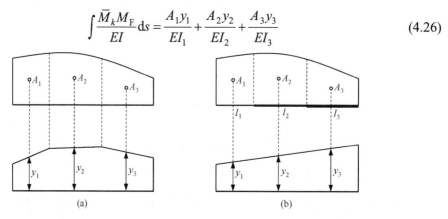

图 4.26

(3) 对于比较复杂的图形，如确定图形的形心或面积不太方便，可以将图形分解成几个较简单的图形，分别相乘，然后叠加。例如，图 4.27(a)所示两个梯形相乘时，可不必计算 M_F 图的梯形形心位置，而把它分解成两个三角形(也可分为一个矩形及一个三角形)。此时，$M_F = M_{Fa} + M_{Fb}$，故有

$$\begin{aligned}\frac{1}{EI}\int \bar{M}_k M_F \mathrm{d}x &= \frac{1}{EI}\int \bar{M}_k (M_{Fa}+M_{Fb})\mathrm{d}x \\ &= \frac{1}{EI}\int (\bar{M}_k M_{Fa}+\bar{M}_k M_{Fb})\mathrm{d}x = \frac{1}{EI}\left(\frac{al}{2}y_a + \frac{bl}{2}y_b\right)\end{aligned} \tag{4.27}$$

其中竖标 y_a、y_b 可计算如下：

$$y_a=\frac{2}{3}c+\frac{1}{3}d\ ,\qquad y_b=\frac{1}{3}c+\frac{2}{3}d \tag{4.28}$$

将式(4.28)代入式(4.27)可得适用于两个梯形进行图乘运算的一般公式

$$\frac{1}{EI}\int \bar{M}_k M_F \mathrm{d}x=\frac{1}{EI}\left(\frac{acl}{3}+\frac{adl}{6}+\frac{bcl}{6}+\frac{bdl}{3}\right) \tag{4.29}$$

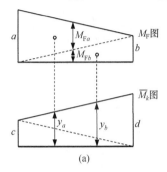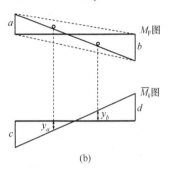

图 4.27

可以将 $\bar{M}_k$ 图也分解为两个三角形，这样就可以用 M_F 图中的两个三角形与 $\bar{M}_k$ 图的两个三角形分别图乘后再叠加。直接利用图 4.25 中的计算结果，同样可得式(4.29)。

类似地，也可进行图 4.27(b)中两个弯矩图的图乘，只是要注意竖标与面积在基线同侧取正号、异侧取负号，图乘结果为

$$\frac{1}{EI}\int \bar{M}_k M_F \mathrm{d}x=\frac{1}{EI}\left(-\frac{acl}{3}+\frac{adl}{6}-\frac{bdl}{3}+\frac{bcl}{6}\right) \tag{4.30}$$

图 4.28(a)为一直杆段 AB 在均布荷载 q 作用下的 M_F 图。由第 3 章可知，M_F 图是由两端弯矩 M_A、M_B 作用下的梯形弯矩图[图 4.28(b)]和相应简支梁在均布荷载 q 作用下的标准抛物线形的弯矩图[图 4.28(c)]叠加而成的。因此，将上述两个图形分别与 $\bar{M}_k$ 图进行图乘，其结果的代数和即 M_F 图与 $\bar{M}_k$ 图的图乘结果。

需要指出的是，弯矩图的叠加是指其竖标的叠加，叠加后的抛物线图形虽然与原标准抛物线图形的形状不同，但在任一微段 $\mathrm{d}x$ 上两者对应的竖标相同，因而两者的面积和形心位置是相同的。所以，在确定图 4.28(a)中虚线以下抛物线图形的面积和形心位置时，可以采用相应标准抛物线图形[图 4.28(c)]的计算公式。

【例 4.6】　试求图 4.29(a)所示均布荷载作用下悬臂梁在 C 点的竖向位移 Δ_C^V。设杆件的刚度 EI 为常数。

【解】　(1) 作实际荷载作用下的 M_F 图，如图 4.29(b)所示。

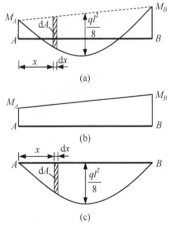

图 4.28

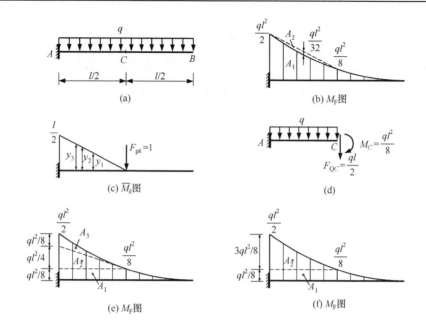

图 4.29

(2) 建立虚力状态，作 $\overline{M}_k$ 图。

在 C 点作用竖直向下的单位集中力得虚力状态，$\overline{M}_k$ 图如图 4.29(c)所示。

(3) 图乘计算 C 点的竖向位移 Δ_C^{V}。

由于 $\overline{M}_k$ 图是折线，一般需分段图乘。由于 CB 段 $\overline{M}_k = 0$，故只需对 AC 段进行图乘。

方法一：AC 段受均布荷载作用，M_{F} 图常用的分解方法如图 4.29(b)所示，将其看成两端弯矩连线形成的梯形 A_1 和相应简支梁在均布荷载作用下的标准抛物线弯矩图 A_2 的叠加。梯形 A_1 与 $\overline{M}_k$ 图的图乘可利用式(4.29)计算，标准抛物线图 A_2 与 $\overline{M}_k$ 图乘时需注意 A_2 与其形心对应的 $\overline{M}_k$ 图的竖标在基线的异侧，计算结果应为负值。故

$$\Delta_C^{\mathrm{V}} = \frac{1}{EI}\left(\frac{1}{3} \times \frac{ql^2}{2} \times \frac{l}{2} \times \frac{l}{2} + 0 + \frac{1}{6} \times \frac{ql^2}{8} \times \frac{l}{2} \times \frac{l}{2} + 0\right) - \frac{1}{EI} \times \left(\frac{2}{3} \times \frac{ql^2}{32} \times \frac{l}{2}\right) \times \left(\frac{1}{2} \times \frac{l}{2}\right)$$

$$= \frac{17ql^4}{384}(\downarrow)$$

方法二：只考虑悬臂梁中 AC 段，其受力如图 4.29(d)所示。AC 段的 M_{F} 图可分解为分别对应于 M_C、F_{QC} 和 q 的矩形 A_1、三角形 A_2 和标准抛物线图形 A_3[图 4.29(e)]，各图形面积及其形心对应的 $\overline{M}_k$ 图竖标[图 4.29(c)]分别为

$$A_1 = \frac{l}{2} \times \frac{ql^2}{8} = \frac{ql^3}{16}, \quad A_2 = \frac{1}{2} \times \frac{l}{2} \times \frac{ql^2}{4} = \frac{ql^3}{16}, \quad A_3 = \frac{1}{3} \times \frac{l}{2} \times \frac{ql^2}{8} = \frac{ql^3}{48}$$

$$y_1 = \frac{1}{2} \times \frac{l}{2} = \frac{l}{4}, \qquad y_2 = \frac{2}{3} \times \frac{l}{2} = \frac{l}{3}, \qquad y_3 = \frac{3}{4} \times \frac{l}{2} = \frac{3l}{8}$$

以上面积及相应的竖标均同位于基线上方，图乘结果均为正，故 C 点的竖向位移为

$$\Delta_C^{\rm V} = \frac{1}{EI}\left(\frac{ql^3}{16}\times\frac{l}{4}+\frac{ql^3}{16}\times\frac{l}{3}+\frac{ql^3}{48}\times\frac{3l}{8}\right)=\frac{17ql^4}{384}(\downarrow)$$

以上结果与方法一中所得结果相同。此外，还可以有其他的图形分解方法，读者可自行分析。但若将 AC 段的 $M_{\rm F}$ 图分解为图 4.29(f)所示的矩形和抛物线图形，计算 C 点的竖向位移为

$$\Delta_C^{\rm V} = \frac{1}{EI}\left[\left(\frac{ql^2}{8}\times\frac{l}{2}\right)\times\left(\frac{1}{2}\times\frac{l}{2}\right)+\left(\frac{1}{3}\times\frac{3ql^2}{8}\times\frac{l}{2}\right)\times\left(\frac{3}{4}\times\frac{l}{2}\right)\right]=\frac{5ql^4}{128}(\downarrow)$$

得到了错误的结果。读者试分析原因何在。

【例 4.7】　试求图 4.30(a)所示结构 K 处的竖向位移 $\Delta_K^{\rm V}$。已知 $E=2.1\times10^5\,{\rm MPa}$，$I=1.6\times10^{-4}\,{\rm m}^4$，$CD$ 杆的横截面积 $A=5\times10^{-4}\,{\rm m}^2$。

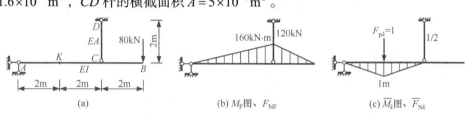

| (a) | (b) $M_{\rm F}$图、$F_{\rm NF}$ | (c) $\overline{M}_k$图、$\overline{F}_{\rm Nk}$ |

图 4.30

【解】　组合结构的位移计算应采用式(4.21)，其中弯矩项仍可采用图乘法计算。

(1) 求作荷载作用下受弯杆的 $M_{\rm F}$ 图和拉压杆 CD 的轴力 $F_{\rm NF}$，如图 4.30(b)所示。

(2) 建立虚力状态，并求作 $\overline{M}_k$ 图及 CD 杆轴力 $\overline{F}_{\rm Nk}$。

在 K 处作用竖直向下的单位集中力，建立虚力状态，$\overline{M}_k$ 图及 CD 杆轴力 $\overline{F}_{\rm Nk}$ 如图 4.30(c)所示。

(3) 计算 K 处的竖向位移 $\Delta_K^{\rm V}$。

由于 CB 段 $\overline{M}_k=0$，仅需对 AC 段的弯矩图进行图乘。又考虑到 $M_{\rm F}$ 图为直线，而 $\overline{M}_k$ 图为折线，故为避免图乘时分段计算，可取 $\overline{M}_k$ 图的面积与其形心对应的 $M_{\rm F}$ 图的竖标相乘。这样 K 处的竖向位移为

$$\begin{aligned}\Delta_K^{\rm V} &= \frac{-1}{EI}\times\frac{1}{2}\times4\times1\times\frac{1}{2}\times160+\frac{1}{EA}\times\frac{1}{2}\times120\times2\\&=-\frac{160}{2.1\times10^5\times10^3\times1.6\times10^{-4}}+\frac{120}{2.1\times10^5\times10^3\times5\times10^{-4}}\\&=-4.76\times10^{-3}+1.14\times10^{-3}\\&=-3.62\times10^{-3}\,{\rm m}\,(\uparrow)\end{aligned}$$

负号表示 K 点的竖向位移与单位荷载的方向相反，是向上的。

【例 4.8】　试求图 4.31(a)所示刚架 B 点的水平位移 $\Delta_B^{\rm H}$ 和铰 E 两侧截面的相对转角 $\Delta\theta_E$。设各杆 EI 为同一常数。

【解】　(1) 作实际荷载作用下的 $M_{\rm F}$ 图，如图 4.31(b)所示。

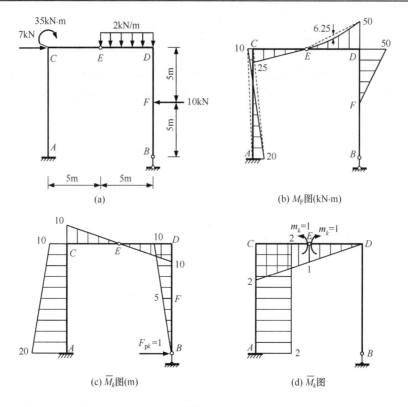

图 4.31

(2) 建立虚力状态，并作 $\overline{M}_k$ 图。

为求 B 点的水平位移，在 B 点作用水平方向的单位集中力建立虚力状态，$\overline{M}_k$ 图如图 4.31(c)所示。为求铰 E 两侧截面的相对转角，在铰 E 两侧作用等量反向共面的单位集中力偶，建立虚力状态，相应的 $\overline{M}_k$ 图如图 4.31(d)所示。

(3) 图乘计算所求位移。

在 M_F 图中，AC 段弯矩图可看成图中虚线所示两个三角形的叠加；ED 段弯矩可分解为两端弯矩连线形成的三角形及与杆上均布荷载相应的标准抛物线图形。

将 M_F 图与图 4.31(c)中 $\overline{M}_k$ 图进行图乘，得 B 点的水平位移为

$$\Delta_B^H = \frac{1}{EI}\left(\frac{1}{3}\times 10\times 10\times 10 + \frac{1}{6}\times 10\times 20\times 10 - \frac{1}{6}\times 20\times 10\times 10 - \frac{1}{3}\times 20\times 20\times 10\right)$$

$$-\frac{1}{EI}\times\frac{1}{3}\times 25\times 10\times 5 + \frac{1}{EI}\left(-\frac{1}{3}\times 50\times 10\times 5 + \frac{1}{3}\times 6.25\times 10\times 5\right)$$

$$+\frac{1}{EI}\left(-\frac{1}{3}\times 50\times 10\times 5 - \frac{1}{6}\times 50\times 5\times 5\right)$$

$$=-\frac{3187.5\,\text{kN}\cdot\text{m}^3}{EI}\ (\leftarrow)$$

将 M_F 图与图 4.31(d)中 $\overline{M}_k$ 图进行图乘，计算得出铰 E 两侧截面的相对转角为

$$\Delta\theta_E = \frac{1}{EI}\left(-\frac{1}{2}\times10\times2\times10+\frac{1}{2}\times20\times2\times10\right)+\frac{1}{EI}\left(\frac{1}{3}\times25\times2\times5+\frac{1}{6}\times25\times1\times5\right)$$

$$+\frac{1}{EI}\left(-\frac{1}{6}\times50\times1\times5+\frac{1}{3}\times6.25\times1\times5\right)$$

$$=\frac{2\,075\ \mathrm{kN\cdot m^2}}{12EI}\quad(\curvearrowright)$$

4.7　静定结构在非荷载因素作用下的位移计算

静定结构在支座移动、温度变化、制造误差和材料收缩等非荷载因素作用时，虽然不产生内力，但会产生位移。这种位移的计算仍可利用位移计算的一般公式(4.15)计算，所不同的是，这时实际位移状态下的变形和位移不是由荷载引起的，而是由上述非荷载因素产生的。

4.7.1　静定结构由支座移动引起的位移

由于静定结构在支座移动时并不产生内力和变形，只发生刚体位移，式(4.15)简化为

$$\Delta_{kc} = -\sum_i \overline{F}_{Rik}\Delta_{ci} \tag{4.31}$$

式中，Δ_{kc} 为支座移动引起的 k 处所方向上的位移；Δ_{ci} 为支座移动值；$\overline{F}_{Rik}$ 为虚力状态下对应于 Δ_{ci} 的支座反力，以与 Δ_{ci} 方向一致为正。

【例 4.9】　图 4.32 所示结构，若支座 B 向右移动 a，试求铰 C 左、右两侧截面的相对转角 $\Delta\theta_C$。

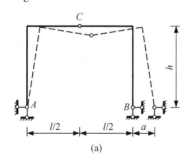 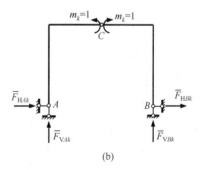

图 4.32

【解】　(1)建立虚力状态如图 4.32(b)所示，各支座反力为

$$\overline{F}_{HAk}=-\frac{1}{h},\qquad \overline{F}_{HBk}=\frac{1}{h},\qquad \overline{F}_{VAk}=0,\qquad \overline{F}_{VBk}=0$$

(2) 计算铰 C 左、右两侧截面的相对转角 $\Delta\theta_C$ 为

$$\Delta\theta_C = -\sum_i \overline{F}_{Rik}\Delta_{ci} = -\overline{F}_{HBk}a = -\left(\frac{1}{h}\times a\right)=-\frac{a}{h}(\curvearrowright)$$

4.7.2　静定结构由温度变化引起的位移

　　静定结构在温度变化时不会产生内力，但是由于材料的热胀冷缩，结构会发生变形和位移。这时，位移计算的一般公式(4.15)成为

$$\Delta_{kt} = \sum \int \bar{F}_{Nk} \varepsilon_t ds + \sum \int \bar{F}_{Qk} \gamma_t ds + \sum \int \bar{M}_k \frac{1}{\rho_t} ds \tag{4.32}$$

　　下面来研究式(4.32)中由于温度改变而引起的各项形变位移 $\varepsilon_t ds$、$\gamma_t ds$ 和 $\frac{1}{\rho_t} ds$。设杆件上侧表面温度升高 t_1，下侧表面温度升高 t_2，并假设变温值沿杆件横截面高度 h 按直线变化，则在变形后，截面仍将保持为平面。又设 h_1、h_2 为杆件轴线至杆件上、下侧表面的距离，则杆轴线处的温度改变值为

$$t_0 = t_1 + \frac{h_1}{h}(t_2 - t_1) = \frac{h_2 t_1 + h_1 t_2}{h} \tag{4.33}$$

若横截面对称于其中性轴，即 $h_1 = h_2 = \frac{h}{2}$，则式(4.33)成为

$$t_0 = \frac{t_1 + t_2}{2} \tag{4.34}$$

　　现考察结构杆件中的任一微段 ds(图 4.33)的形变位移，设 α 为材料的线膨胀系数，则微段的轴向伸长为

$$\varepsilon_t ds = du_t = \alpha t_0 ds \tag{4.35}$$

微段两侧截面的相对转角为

$$\frac{1}{\rho_t} ds = d\theta_t = \frac{\alpha t_2 ds - \alpha t_1 ds}{h} = \frac{\alpha \Delta t ds}{h} \tag{4.36}$$

式中，$\Delta t = t_2 - t_1$，为杆件上、下侧温度变化之差。

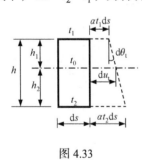

图 4.33

　　由于变温沿高度方向是线性分布时不产生剪切变形，故 $\gamma_t ds = 0$。将上述形变位移代入式(4.32)得

$$\Delta_{kt} = \sum \int \bar{F}_{Nk} \alpha t_0 ds + \sum \int \bar{M}_k \frac{\alpha \Delta t ds}{h} \tag{4.37}$$

　　式(4.37)就是计算静定结构由温度变化引起的位移的一般公式，其中等号右边的第一项表示平均温度变化引起的位移；第二项表示杆件上、下两侧温度变化之差引起的位移。若杆件沿长度方向温度变化相同且截面保持不变，则式(4.37)可改写为

$$\begin{aligned} \Delta_{kt} &= \sum \alpha t_0 \int \bar{F}_{Nk} ds + \sum \frac{\alpha \Delta t}{h} \int \bar{M}_k ds \\ &= \sum \alpha t_0 A_{\bar{F}_{Nk}} + \sum \frac{\alpha \Delta t}{h} A_{\bar{M}_k} \end{aligned} \tag{4.38}$$

式中，$A_{\bar{F}_{Nk}}$、$A_{\bar{M}_k}$ 分别为虚力状态 $\bar{F}_{Nk}$ 图和 $\bar{M}_k$ 图的面积。

在应用式(4.37)和式(4.38)时，温度变化以升高为正，降低为负；轴力 $\bar{F}_{Nk}$ 以拉力为正，压力为负；弯矩 $\bar{M}_k$ 以使 t_2 侧受拉者为正，反之为负。为了避免符号发生错误，各杆件两侧变温最好以 $\bar{M}_k$ 图受拉侧约定为 t_2，受压侧约定为 t_1。

必须注意的是，在计算梁和刚架由温度变化引起的位移时，一般不能略去轴向变形的影响。

【**例 4.10**】 图 4.34(a)所示悬臂刚架，外侧温度升高 10℃，内侧温度升高 20℃，试求悬臂端的竖向位移。已知材料的线膨胀系数 $\alpha=120\times10^{-7}℃^{-1}$；杆件横截面为矩形截面，高度 $h=20$cm。

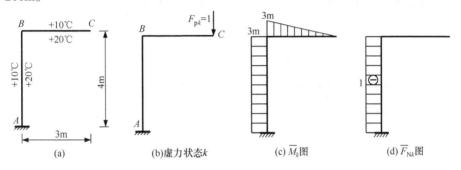

图 4.34

【**解**】 (1) 建立虚力状态，如图 4.34(b)所示。

(2) 作 $\bar{M}_k$、$\bar{F}_{Nk}$ 图，如图 4.34(c)、(d)所示。

(3) 计算悬臂端位移。

对 AB 杆，有 $t_2=10℃$，$t_1=20℃$，故 $t_0=\dfrac{10+20}{2}=15℃$，$\Delta t=10-20=-10℃$；

$$A_{\bar{F}_{Nk}}=-1\times4=-4\text{m}, \qquad A_{\bar{M}_k}=3\times4=12\text{m}^2$$

对 BC 杆，有 $t_2=10℃$，$t_1=20℃$，故 $t_0=\dfrac{10+20}{2}=15℃$，$\Delta t=10-20=-10℃$；

$$A_{\bar{F}_{Nk}}=0, \qquad A_{\bar{M}_k}=\frac{1}{2}\times3\times3=4.5\text{m}^2$$

于是，由式(4.38)得

$$\Delta_{Ct}^V=\sum\alpha t_0 A_{\bar{F}_{Nk}}+\sum\frac{\alpha\Delta t}{h}A_{\bar{M}_k}$$

$$=\alpha\times15\times(-4)+\frac{\alpha\times(-10)}{0.2}\times12+\frac{\alpha\times(-10)}{0.2}\times4.5$$

$$=-0.0106\text{m}=-1.06\text{cm}（↑）$$

负号表示实际位移方向与虚力状态中单位集中力的方向相反，即向上位移。

4.7.3 静定结构由制造误差和材料收缩引起的位移

计算静定结构由于制造误差或材料收缩所产生的位移，其原理与计算温度变化所产生的位移类似，只是位移计算一般公式(4.15)中的变形是由制造误差或材料收缩所引起的。现以桁架的杆件长度制造误差为例说明如下。

桁架结构位移计算的一般公式为

$$\Delta_{km} = \sum \overline{F}_{Nk}\varepsilon_m l \tag{4.39}$$

设桁架杆件长度制造误差为 Δl ，则线应变 $\varepsilon_m = \dfrac{\Delta l}{l}$ ，代入式(4.39)，得

$$\Delta_{km} = \sum \overline{F}_{Nk}\Delta l \tag{4.40}$$

【例 4.11】　设图 4.35(a)所示桁架下弦杆 AE、EB 的制造长度比设计尺寸长了 1cm，试求由此产生的 E 结点的竖向位移。

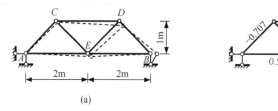

图 4.35

【解】　(1) 建立虚力状态并计算 $\overline{F}_{Nk}$ ，如图 4.35(b)所示。

(2) 计算 E 点竖向位移。由式(4.40)有

$$\Delta_E^V = \sum \overline{F}_{Nk}\Delta l = 2\times(0.5\times1) = 1\,\text{cm}\ (\downarrow)$$

4.8　线性变形体系的互等定理

线性变形体系指的是变形与荷载呈比例关系的结构体系。线性变形体系必须满足以下两个条件：第一，结构的变形是微小的，因而在考虑力的平衡时可以忽略结构的变形；第二，材料服从胡克定律，应力与应变成正比。可见，线性变形体系就是小变形线弹性结构，因此对线性变形体系总是可以应用叠加原理的。关于线性变形体系有四个重要的互等定理：虚功互等定理、位移互等定理、反力互等定理及反力与位移互等定理，其中虚功互等定理是最基本的互等定理，其他三个互等定理都可以从虚功互等定理推导出来。这些互等定理在本书后面的一些章节中将会得到应用。

4.8.1　虚功互等定理

图 4.36(a)、(b)为任一线性变形体系分别承受两组荷载作用的两个状态。

(a) 第Ⅰ状态　　　　　　　　　　　　　(b) 第Ⅱ状态

图 4.36

设第 I 状态中的内力为 F_{N1}、F_{Q1} 和 M_1，变形为 ε_1、γ_1 和 $\dfrac{1}{\rho_1}$；第 II 状态中的内力为 F_{N2}、F_{Q2} 和 M_2，变形为 ε_2、γ_2 和 $\dfrac{1}{\rho_2}$。若以第 I 状态为静力状态，第 II 状态为位移状态，则第 I 状态的外力在第 II 状态位移上做的外力虚功 $W_{12}=F_{p1}\Delta_{12}$，根据虚功原理，有

$$W_{12}=F_{p1}\Delta_{12}=\sum\int\left(F_{N1}\varepsilon_2+F_{Q1}\gamma_2+M_1\frac{1}{\rho_2}\right)\mathrm{d}s \tag{4.41}$$

对线性变形体，有

$$\varepsilon_2=\frac{F_{N2}}{EA}\,,\qquad \gamma_2=\lambda\frac{F_{Q2}}{GA}\,,\qquad \frac{1}{\rho_2}=\frac{M_2}{EI} \tag{4.42}$$

将式(4.42)代入式(4.41)，得

$$W_{12}=F_{p1}\Delta_{12}=\sum\int\left(\frac{F_{N1}F_{N2}}{EA}+\lambda\frac{F_{Q1}F_{Q2}}{GA}+\frac{M_1M_2}{EI}\right)\mathrm{d}s \tag{4.43}$$

类似地，以第 II 状态为静力状态，第 I 状态为位移状态，则第 II 状态的外力在第 I 状态位移上所做的外力虚功为

$$W_{21}=F_{p2}\Delta_{21}=\sum\int\left(\frac{F_{N2}F_{N1}}{EA}+\lambda\frac{F_{Q2}F_{Q1}}{GA}+\frac{M_2M_1}{EI}\right)\mathrm{d}s \tag{4.44}$$

比较式(4.43)与式(4.44)可知 $W_{12}=W_{21}$，即

$$F_{p1}\Delta_{12}=F_{p2}\Delta_{21} \tag{4.45}$$

式(4.45)就是虚功互等定理，可叙述为：在线性变形体系中，I 状态的外力在 II 状态位移上所做虚功，恒等于 II 状态外力在 I 状态位移上所做虚功。

4.8.2　位移互等定理

考虑虚功互等定理的一个特殊情况，即在两个状态中，结构都只承受一个单位力，即 $F_{p1}=F_{p2}=1$，如图 4.37 所示。设与单位力 F_{p1}、F_{p2} 相应的位移分别为 δ_{12}、δ_{21}，由虚功互等定理可得

$$1\cdot\delta_{12}=1\cdot\delta_{21}$$

即

$$\delta_{12}=\delta_{21} \tag{4.46}$$

式(4.46)就是位移互等定理，可叙述为：在线性变形体系中，第一个单位力引起的与第二个单位力相应的位移，恒等于第二个单位力引起的与第一个单位力相应的位移。

(a) 第 I 状态　　　　　　　　　　　　　(b) 第 II 状态

图 4.37

4.8.3　反力互等定理

这一定理也是虚功互等定理的一个特殊情况。它用来说明超静定体系在两个支座分别发生单位位移时，这两种状态中支座反力的互等关系。

图 4.38(a)表示支座 1 发生单位位移 $\Delta_1=1$ 的状态，设该状态下支座 2 的反力为 k_{21}；图 4.38(b)表示支座 2 发生单位位移 $\Delta_2=1$ 的状态，设该状态下支座 1 的反力为 k_{12}。对这两个状态应用虚功互等定理，有

$$k_{21} \times 1 = k_{12} \times 1$$

即

$$k_{21} = k_{12} \tag{4.47}$$

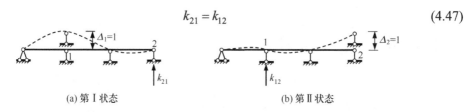

(a) 第Ⅰ状态　　　　　　　　　　　(b) 第Ⅱ状态

图 4.38

这就是反力互等定理，可叙述为：在线性变形体系中，支座 1 由于支座 2 发生单位位移所引起的反力，恒等于支座 2 由于支座 1 发生单位位移所引起的反力。

4.8.4　反力与位移互等定理

虚功互等定理还有一个特殊情况是说明一种状态中的反力与另一状态中的位移之间的互等关系。以图 4.39 所示的两种状态为例，其中图 4.39(a)表示单位荷载 $F_{p2}=1$ 作用于 2 点时的状态，设该状态下支座 1 的反力矩为 k'_{12}，其指向如图所示；图 4.39(b)表示当支座 1 沿 k'_{12} 的方向发生一单位转角 $\theta_1=1$ 时，点 2 沿 F_{p2} 方向的位移为 δ'_{21}。对此两种状态应用虚功互等定理，有

$$k'_{12} \times 1 + 1 \times \delta'_{21} = 0$$

即

$$k'_{12} = -\delta'_{21} \tag{4.48}$$

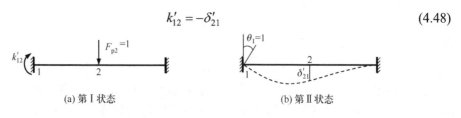

(a) 第Ⅰ状态　　　　　　　　　　　(b) 第Ⅱ状态

图 4.39

这就是反力与位移互等定理，可叙述为：在线性变形体系中，由单位荷载引起的某一支座的反力，恒等于该支座发生与反力方向一致的单位位移时所引起的与单位荷载相应的位移，但符号相反。

思考题

4.1　结构位移可分为哪几类？结构位移产生的原因主要有哪些？为什么要计算结构的位移？

4.2　虚功的特点是什么？怎样理解虚功中做功的力与位移之间的关系？

4.3　虚功原理对力系和位移有什么要求？它的应用范围是什么？

4.4　位移计算的一般公式(4.15)和荷载作用下位移计算公式(4.17)有什么区别？

4.5　图乘法的应用条件及注意事项是什么？变截面杆及曲杆是否可以用图乘法？

4.6　在温度变化引起的位移计算公式中，如何确定各项的正负号？

4.7　什么是线性变形体系？它必须满足哪些条件？

4.8　互等定理的应用条件是什么？

4.9　在反力与位移互等定理中，为什么两个不同性质的量的数值和量纲都相同？

习题

4.1　试利用虚位移原理计算图示静定结构的指定内力或反力。

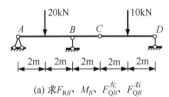

(a) 求 F_{RB}、M_B、$F_{QB}^{左}$、$F_{QB}^{右}$

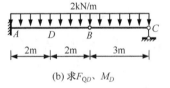

(b) 求 F_{QD}、M_D

题 4.1 图

4.2　试用虚力原理证明图示结构，当支座 A 发生一单位转角时，B 点的水平位移等于 B 点到 A 点的竖直距离；B 点竖向线位移等于 B 点到 A 点的水平距离；B 点的总位移等于 B 点到 A 点的直线距离。

4.3　用积分法计算各结构的指定位移，计算时可只考虑弯矩对位移的影响，曲杆可忽略曲率的影响，用直杆公式计算。图中未注明者 EI=常数。

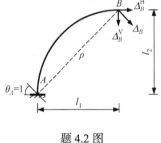

题 4.2 图

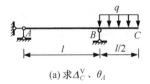

(a) 求 Δ_C^V、θ_A

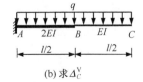

(b) 求 Δ_C^V

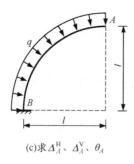

(c)求Δ_A^H、Δ_A^V、θ_A

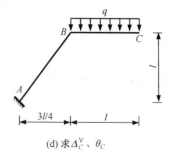

(d)求Δ_C^V、θ_C

题 4.3 图

4.4　计算图示桁架 B 结点的竖向位移和∠DBE 的改变量。设各杆的横截面相同，面积 A=10 cm²，E=2.1 × 10⁴ kN/cm²。

4.5　计算图示桁架 K 点水平位移 Δ_K^H。设各杆 EA 相同，均为常数。

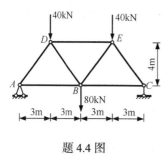

题 4.4 图

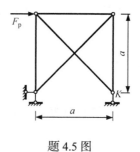

题 4.5 图

4.6　试用图乘法计算图示结构的指定位移(图中未注明者 EI=常数)。

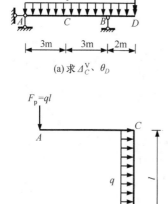

(a)求Δ_C^V、θ_D

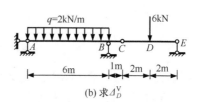

(b)求Δ_D^V

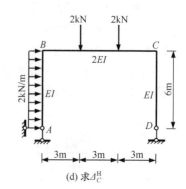

(c)求Δ_A^V

(d)求Δ_C^H

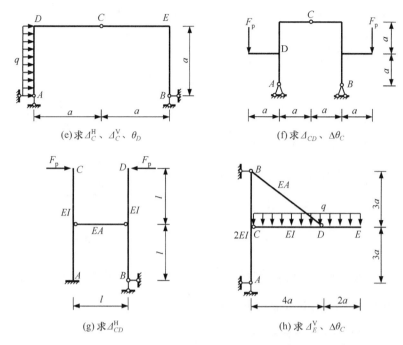

(e)求 Δ_C^H、Δ_C^V、θ_D　　　　　　(f)求 Δ_{CD}、$\Delta\theta_C$

(g)求 Δ_{CD}^H　　　　　　(h)求 Δ_E^V、$\Delta\theta_C$

题 4.6 图

4.7　静定多跨梁发生如图所示的支座移动，试求 D 点的竖向位移、水平位移和角位移。

4.8　图示三铰刚架支座 B 向下移动 1cm，试求 C 点的竖向位移、水平位移和铰 C 左右两侧截面的相对转角。

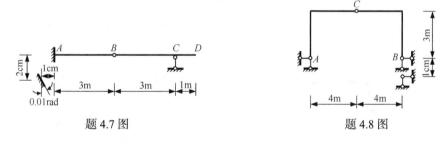

题 4.7 图　　　　　　　　题 4.8 图

4.9　结构的温度改变如图所示，试求 C 点的竖向位移。设各杆横截面为相同的矩形，其高度为 $h=l/10$，材料的线膨胀系数为 α。

4.10　图示组合结构，在梁的下部温度升高 t，其余部分温度不变，试求 A、B 两点的水平相对位移。设梁的截面为矩形，高度为 h，材料的线膨胀系数为 α。

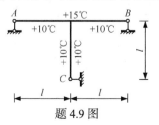

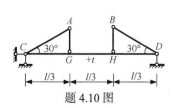

题 4.9 图　　　　　　　　题 4.10 图

4.11　在图示桁架中，杆件 CD 由于制造误差，比原设计长度短 1cm，试求由此引起的结点 G 的竖向位移。

4.12　图示刚架受荷载和未知力 F_X 的作用，试问 F_X 为何值时，自由端 C 的竖向位移为零。设各杆 EI=常数。

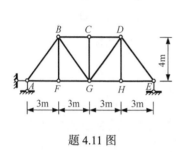

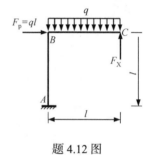

题 4.11 图　　　　　　　　　　　　　　　题 4.12 图

4.13　已知图(a)所示结构在支座 B 下沉 $\Delta_B^V = 1$ 时，D 点的竖向位移 $\Delta_D^V = \dfrac{11}{16}$。试作该结构在图(b)所示荷载作用下的弯矩图。

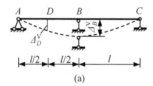

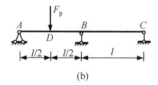

(a)　　　　　　　　　　　　　　　(b)

题 4.13 图

4.14　已知等截面简支梁在图(a)所示跨中集中荷载作用下的挠曲线方程为 $y(x) = \dfrac{F_p x}{48EI}(3l^2 - 4x^2)\left(0 \leqslant x \leqslant \dfrac{l}{2}\right)$。试求该简支梁在图(b)所示均布荷载作用下的跨中挠度。

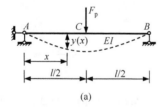

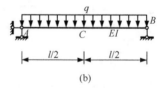

(a)　　　　　　　　　　　　　　　(b)

题 4.14 图

第5章 力　　法

5.1　概　　述

前面几章讨论了静定结构的计算问题。但在实际工程中应用更为广泛的是超静定结构。从本章开始将讨论超静定结构的计算。

5.1.1　超静定结构的一般概念

超静定结构与静定结构相比主要有以下两个基本特征：①在几何组成方面，静定结构是没有多余约束的几何不变体系，而超静定结构是具有多余约束的几何不变体系。多余约束并不是说这些约束是多余无用的，而只是对保持体系几何不变性的要求来说它们是多余的。②在静力特征方面，静定结构的内力和反力可以由静力平衡条件完全确定，而超静定结构由于未知力数多于平衡方程数，仅用平衡条件不能确定其全部反力和内力。如图5.1所示两跨连续梁，在任意荷载 F_p 作用下，共有四个支座反力，而整体的平衡条件只有三个，无法得到四个反力的确定解答；另外，从几何组成来看，该连续梁有一个多余约束，其三个竖向链杆中的任意一根都可以看作多余约束。总之，超静定结构的基本特征是有多余约束，且反力与内力不能单独由静力平衡条件求得唯一确定的解答。

工程中常见的超静定结构有超静定梁、刚架、拱、桁架和组合结构等形式。

1) 梁

图5.2(a)～(c)所示为超静定单跨梁。图5.2(d)所示结构为超静定多跨梁，由于该梁跨越若干个跨度而不中断，称它为连续梁。

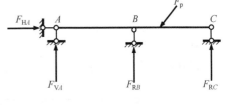

图 5.1

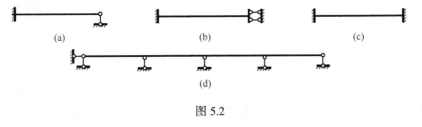

图 5.2

2) 刚架

刚架的形式多种多样，有单跨或多跨的，有单层或多层的，如图5.3所示。

3) 拱

超静定拱有无铰拱[图 5.4(a)]和两铰拱[图 5.4(b)]。有时根据工程需要设置拉杆，如

图 5.4(c)所示。

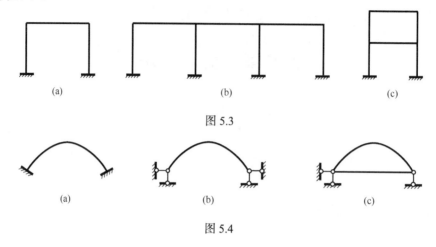

图 5.3

图 5.4

4) 桁架

图 5.5(a)为内部具有多余约束的超静定桁架,图 5.5(b)为外部具有多余约束的超静定桁架。

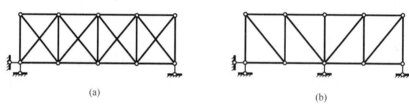

图 5.5

5) 组合结构

超静定组合结构常见的有图 5.6(a)所示的构架和图 5.6(b)所示的铰接排架。

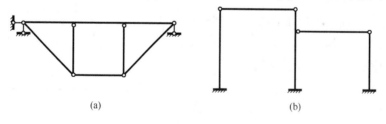

图 5.6

　　求解任何超静定问题,都必须综合考虑静力平衡条件、变形协调条件和物理条件这三个方面的要求。在具体求解时,根据计算途径的不同,可以有两种不同的基本方法,即力法(又称柔度法)和位移法(又称劲度法或刚度法)。两者的主要区别在于基本未知量的选取不同。基本未知量是指这样一些未知量,当首先求出它们之后,即可用它们求出其他的未知量。在力法中,将多余约束中的约束力(即多余约束力)作为基本未知量;在位移法中,则将某些位移作为基本未知量。除力法和位移法两种基本方法外,还有其他各种方法，但它们都是从上述两种方法演变而来的。例如，力矩分配法就是位移法的变体，混合法则是力法与位移法的联合应用，矩阵位移法是以位移法为理论基础，以矩阵为数学手段，以计算机为计算工具的一种结构分析方法。

5.1.2 超静定次数的确定

超静定结构是有多余约束的几何不变体系。一个超静定结构有多少个多余约束，相应地就有多少个多余约束力。多余约束或多余约束力的数目称为超静定结构的超静定次数。就几何组成而言，超静定结构可以看成在静定结构的基础上增加若干多余约束而构成。因此，确定结构的超静定次数的最直接的方法，就是在超静定结构上解除多余约束，使它成为几何不变的静定结构，所解除掉的多余约束总数即原结构的超静定次数。

从超静定结构上解除多余约束的方式有很多，归纳起来主要有如下几种。

(1) 去掉或切断一根链杆，相当于去除一个约束。

例如，图 5.7(a)所示超静定桁架，去掉 B 支座链杆并切断 4 根内部链杆后得图 5.7(b)所示静定结构，所以该桁架是 5 次超静定的。

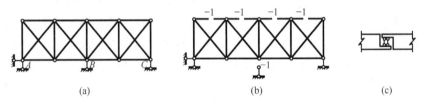

图 5.7

需要注意的是，这里的"切断"链杆，并不是把链杆完全断开，而只是解除切口处的轴向约束，即将该处的联结方式改为图 5.7(c)所示的形式。

(2) 去掉一个铰支座或单铰相当于去除两个约束。

例如，将图 5.8(a)所示刚架横梁上的单铰去掉，可以得到图 5.8(b)所示的两个静定悬臂刚架，所以该刚架是 2 次超静定的。

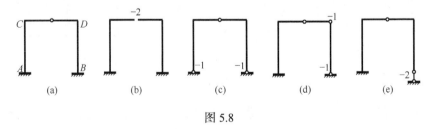

图 5.8

(3) 去掉一个固定支座或切断一根受弯杆件相当于去除三个约束。

例如，图 5.9(a)所示双层刚架，切断两根横梁后得图 5.9(b)所示静定结构；或者切断一根横梁的同时去掉一个固定支座，这样可得到图 5.9(c)所示静定结构。故该刚架是 6 次超静定的。

(4) 将单刚结点换成单铰结点，或将固定支座换成铰支座，或将铰支座换成链杆支座，都相当于去掉一个约束；而将固定支座换成链杆支座，则相当于去掉两个约束。

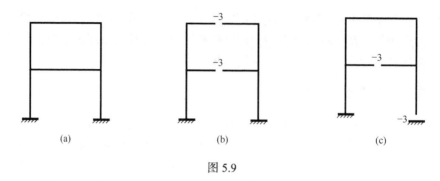

图 5.9

　　例如，将图 5.8(a)中的两个固定支座均换成铰支座，即得到图 5.8(c)所示静定三铰刚架；或者将固定支座 B 换成铰支座的同时将 D 结点改成铰结点，这样可得到图 5.8(d)所示静定复合刚架；如将图 5.8(a)中固定支座 B 换成链杆支座，则得图 5.8(e)所示静定复合刚架。

　　图 5.9(a)所示刚架中有两个闭合的无铰框(包括杆件与地基形成的无铰框)，每个闭合无铰框的超静定次数为 3。对含有较多的闭合无铰框的结构，利用这个结论来确定其超静定次数是很方便的。当结构由 f 个闭合无铰框构成时，其超静定次数 $n=3f$。例如，图 5.10(a)所示结构的超静定次数 $n=3\times7=21$。若闭合框中含有铰结点，设单铰数目为 h，则超静定次数为 $n=3f-h$。如图 5.10(b)所示结构的超静定次数 $n=3\times4-6=6$，读者可用解除多余约束法进行验证。在确定闭合框的数目时，应注意由地基本身围成的框格不应计算在内，即地基应作为一个开口的刚片。例如，图 5.10(c)所示结构，其闭合无铰框数应为 3，而不是 4。

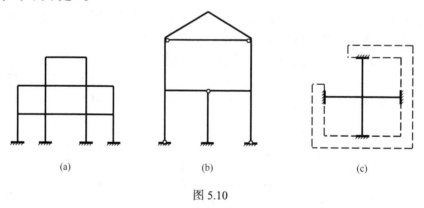

图 5.10

　　结构的超静定次数 n 也可以利用第 2 章中的计算自由度 W 来确定，对几何不变体系，有 $n=-W$。例如，对图 5.8(a)所示结构，由式(2.3)得 $W=3m-(b+2h+3r)=3\times2-(2\times1+3\times2)=-2$，故超静定次数 $n=2$。又如，图 5.7(a)所示桁架，由式(2.4)得 $W=2j-b=2\times10-25=-5$，故超静定次数 $n=5$。

5.2　力法的基本原理

5.2.1　力法的基本思路

超静定结构与静定结构的基本区别在于前者有多余约束存在，如果能设法先求出超静定结构的多余约束力，那么剩下的计算就是静定结构的计算。而计算静定结构内力和位移的方法我们已经掌握。因此，把超静定结构转变成静定结构来计算，自然成为分析超静定结构内力的一条途径。这就是力法的基本思路。

先用一个简单例子来阐明力法的基本概念。设有图 5.11(a)所示的一端固定另一端铰支的梁，它是具有一个多余约束的超静定结构。如果将右支座链杆作为多余约束，则在去掉该约束后可得图 5.11(b)中的静定结构。将原超静定结构去掉多余约束后得到的静定结构称为力法的基本结构。为了反映多余约束的作用，在解除约束处作用以与之相应的多余约束力 F_{X1}。这样，基本结构就同时受到荷载 q 和多余约束力 F_{X1} 作用。基本结构在原有荷载及多余约束力共同作用下所构成的体系称为力法的基本体系，简称基本系。显然，基本系与原结构具有相同的受力和变形。因此，可以把原超静定结构的分析转化为对基本系的分析。

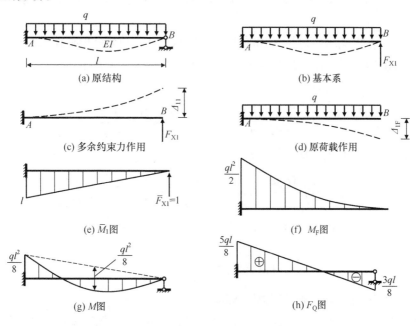

图 5.11

基本系是基本结构受到原有荷载 q 和多余约束力 F_{X1} 的共同作用。因此，只要能设法先求出 F_{X1}，则原超静定结构的计算问题即可在静定的基本结构上来解决，故称多余约束力 F_{X1} 为力法的基本未知量。显然，只用静力平衡条件是无法确定 F_{X1} 的，因为此时 F_{X1} 相当于作用在基本结构上的荷载，无论它取何数值，都可以维持平衡，但相应的反力、内力和位移就会随着 F_{X1} 取值的不同而不同。为了确定 F_{X1} 还必须考虑位移条件。注意到原结构的支座 B 处，因为受竖向链杆支座的约束，所以 B 点的竖向位移应为零。因此，当 F_{X1} 的数值恰好与原结构 B 支座链杆上实际发生的反力相等时，基本结构在原有荷载 q 和多余约束力 F_{X1} 共同作用下 B 点的竖向位移 Δ_1 必定也为零，即

$$\Delta_1 = 0$$

这就是用来确定 F_{X1} 的变形条件或位移条件，即基本系在解除多余约束处的位移应与原结构中相应的位移相等。

设以 Δ_{11} 和 Δ_{1F} 分别表示多余未知力 F_{X1} 和荷载 q 单独作用在基本结构上时，B 点沿 F_{X1} 方向的位移[图 5.11(c)、(d)]，其符号都以沿假定的 F_{X1} 方向为正。根据叠加原理，可得

$$\Delta_1 = \Delta_{11} + \Delta_{1F} = 0$$

若以 δ_{11} 表示 F_{X1} 为单位力即 $\bar{F}_{X1} = 1$ 作用时 B 点沿 F_{X1} 方向的位移，则有 $\Delta_{11} = \delta_{11} F_{X1}$。于是，位移条件可写为

$$\delta_{11} F_{X1} + \Delta_{1F} = 0$$

由于 δ_{11} 和 Δ_{1F} 都是静定结构在已知力作用下的位移，完全可用第 4 章中的方法计算，多余约束力 F_{X1} 即可由此方程解出。此方程便称为一次超静定结构的力法基本方程或典型方程。

为了计算 δ_{11} 和 Δ_{1F}，可分别绘出基本结构在 $\bar{F}_{X1} = 1$ 和荷载 q 单独作用下的弯矩图 $\bar{M}_1$ 图和 M_F 图[图 5.11(e)、(f)]，然后用图乘法计算这些位移。求 δ_{11} 时应为 $\bar{M}_1$ 图与 $\bar{M}_1$ 图进行图乘，称为 $\bar{M}_1$ 图"自乘"，即

$$\delta_{11} = \sum \int \frac{\bar{M}_1 \bar{M}_1}{EI} \mathrm{d}s = \frac{1}{EI} \times \frac{l^2}{2} \times \frac{2l}{3} = \frac{l^3}{3EI}$$

求 Δ_{1F} 时则为 $\bar{M}_1$ 图与 M_F 图进行图乘，有

$$\Delta_{1F} = \sum \int \frac{\bar{M}_1 M_F}{EI} \mathrm{d}s = -\frac{1}{EI} \times \left(\frac{1}{3} \times l \times \frac{ql^2}{2} \right) \times \frac{3l}{4} = -\frac{ql^4}{8EI}$$

将 δ_{11} 和 Δ_{1F} 代入 $\delta_{11} F_{X1} + \Delta_{1F} = 0$ 可求得

$$F_{X1} = -\frac{\Delta_{1F}}{\delta_{11}} = \frac{3}{8} ql \quad (\uparrow)$$

正号表明 F_{X1} 的实际方向与假定相同，即向上。

多余约束力 F_{X1} 求出后，便可以利用静力平衡条件计算静定基本系的反力和内力，也就是原超静定结构的反力和内力。同样，可以利用已经绘出的 $\bar{M}_1$ 图与 M_F 图按叠加法绘制原超静定结构的 M 图，即

$$M = \bar{M}_1 \cdot F_{X1} + M_F$$

也就是将 $\bar{M}_1$ 图的竖标乘以 F_{X1} 倍后再与 M_F 图相应的竖标相加。当然，在具体绘图时，一般是由上式计算出若干控制截面的弯矩后，再用第 3.2.2 节中的区段叠加法作弯矩图。

这里，先计算 A 端的弯矩 $M_A = l \times \dfrac{3ql}{8} - \dfrac{ql^2}{2} = -\dfrac{ql^2}{8}$ ，负号表示上侧受拉；而 B 端为铰结点，弯矩 $M_B = 0$ 。把这两点连以直线，再叠加上同跨度、同荷载简支梁的弯矩，最后得弯矩图如图 5.11(g)所示。根据弯矩图不难作出结构的剪力图，如图 5.11(h)所示。

以上计算超静定结构的方法称为力法。它是以多余约束力为基本未知量，以解除多余约束后的静定结构为基本结构，基本结构在原荷载和多余约束力共同作用下构成基本系，根据基本系在解除约束处的位移条件，建立典型方程，解出多余约束力，然后利用叠加原理求内力，作内力图。整个计算过程自始至终都是在基本结构上进行的，也就是说把超静定结构的计算问题，转化为静定结构的内力和位移的计算问题。力法是求解超静定结构的最基本的方法之一，应用很广，可以分析任何类型的超静定结构。

5.2.2　力法的基本未知量、基本系与典型方程

力法是通过解除多余约束将超静定结构转化为静定结构来求解的。解除了多余约束后，在解除约束处应按约束的性质加上相应的多余约束力，这些多余约束力就是力法的基本未知量。例如，图 5.12(b)中三个基本未知量代表的是右侧固定支座的反力；图 5.12(c)中的三个基本未知量代表的则是切口截面的内力，需要注意的是对这类通过切断杆件等方式解除结构内部约束的情况，基本未知量必须成对出现。

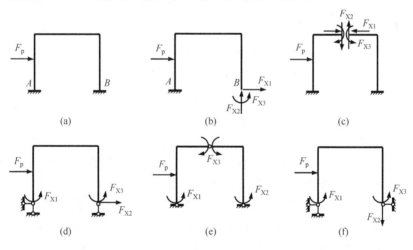

图 5.12

力法的基本结构是通过解除超静定结构的多余约束得到的。由于解除多余约束的方式不同，一个超静定结构可以有不同的力法基本结构，相应地也就有不同的基本系。选取基本系时应考虑两个方面的要求：一方面要能计算它的内力、位移，几何可变体系和瞬变体系不能作为基本系，而超静定结构暂时还不可求解，故目前只能选择静定结构作为基本系，如图 5.12(b)~(e)都是图 5.12(a)的基本系，而图 5.12(f)却不能作为基本系；另一方面应使计算尽量简便，这与基本结构的形式有关，一般是悬臂结构最简单，简支结构次之，三铰结构和复合结构都比较复杂。当然这主要是从受力分析的角度考虑的，后

面结合例题还会从其他方面作一些具体的讨论。

用力法计算超静定结构的关键，在于根据位移条件建立补充方程以求解多余约束力，该补充方程称为力法的典型方程。由于力法基本系与原超静定结构具有相同的内力和位移，基本系在解除约束处的位移必须与原超静定结构一致，这就是建立力法典型方程所应依据的位移条件。下面以图 5.12(a)所示三次超静定结构为例，来说明如何建立力法典型方程。

设去掉固定支座 B，并以三个多余约束力 F_{X1}、F_{X2}、F_{X3} 分别代替所去掉的三个约束，建立基本系如图 5.12(b)所示。由于原结构在固定支座 B 处不能发生任何位移，基本系在 B 点沿 F_{X1} 方向的水平位移 Δ_1、沿 F_{X2} 方向的竖向位移 Δ_2、沿 F_{X3} 方向的角位移 Δ_3 都应该等于零，即位移条件为

$$\begin{cases} \Delta_1 = 0 \\ \Delta_2 = 0 \\ \Delta_3 = 0 \end{cases} \tag{5.1}$$

设各单位多余约束力 $\bar{F}_{X1} = 1$、$\bar{F}_{X2} = 1$、$\bar{F}_{X3} = 1$ 和荷载 F_p 分别单独作用于基本结构上时，B 点沿 F_{X1} 方向的水平位移分别为 δ_{11}、δ_{12}、δ_{13} 和 Δ_{1F}，沿 F_{X2} 方向的竖向位移分别为 δ_{21}、δ_{22}、δ_{23} 和 Δ_{2F}，沿 F_{X3} 方向的角位移分别为 δ_{31}、δ_{32}、δ_{33} 和 Δ_{3F}，则根据叠加原理，位移条件式(5.1)可写为

$$\begin{cases} \delta_{11}F_{X1} + \delta_{12}F_{X2} + \delta_{13}F_{X3} + \Delta_{1F} = 0 \\ \delta_{21}F_{X1} + \delta_{22}F_{X2} + \delta_{23}F_{X3} + \Delta_{2F} = 0 \\ \delta_{31}F_{X1} + \delta_{32}F_{X2} + \delta_{33}F_{X3} + \Delta_{3F} = 0 \end{cases} \tag{5.2}$$

这就是三次超静定结构的力法典型方程。若采用其他的基本系，也可以得到形式上与式(5.2)一致的典型方程，但必须注意其物理含义，即所表示的位移条件是不同的。例如，对图 5.12(c)所示基本系，典型方程式(5.2)所反映的三个位移条件是切口两侧的轴向相对位移、剪切相对位移和相对转角分别等于零。

对于 n 次超静定结构来说，共有 n 个多余约束力，而每一个多余约束力对应着一个多余约束，也就对应着一个已知的位移条件，故可按这 n 个位移条件建立 n 个方程。当已知原结构在多余约束处的广义位移为 $\bar{\Delta}_i(i=1,2,\cdots,n)$ 时，这 n 个变形条件可写为

$$\begin{cases} \delta_{11}F_{X1} + \delta_{12}F_{X2} + \cdots + \delta_{1n}F_{Xn} + \Delta_{1F} = \bar{\Delta}_1 \\ \delta_{21}F_{X1} + \delta_{22}F_{X2} + \cdots + \delta_{2n}F_{Xn} + \Delta_{2F} = \bar{\Delta}_2 \\ \qquad\qquad\qquad \cdots\cdots \\ \delta_{n1}F_{X1} + \delta_{n2}F_{X2} + \cdots + \delta_{nn}F_{Xn} + \Delta_{nF} = \bar{\Delta}_n \end{cases} \tag{5.3}$$

这就是 n 次超静定结构的力法典型方程。其物理意义为：基本结构在全部多余约束力和荷载共同作用下，在去掉的各多余约束处沿多余约束力方向的位移，应与原结构相应的位移相等。特别地，当 $\bar{\Delta}_i = 0(i=1,2,\cdots,n)$ 时，有

$$\begin{cases} \delta_{11}F_{X1} + \delta_{12}F_{X2} + \cdots + \delta_{1n}F_{Xn} + \Delta_{1F} = 0 \\ \delta_{21}F_{X1} + \delta_{22}F_{X2} + \cdots + \delta_{2n}F_{Xn} + \Delta_{2F} = 0 \\ \qquad\qquad\cdots\cdots \\ \delta_{n1}F_{X1} + \delta_{n2}F_{X2} + \cdots + \delta_{nn}F_{Xn} + \Delta_{nF} = 0 \end{cases} \tag{5.4}$$

写成矩阵形式，有

$$\begin{pmatrix} \delta_{11} & \delta_{12} & \cdots & \delta_{1n} \\ \delta_{21} & \delta_{22} & \cdots & \delta_{2n} \\ \vdots & \vdots & & \vdots \\ \delta_{n1} & \delta_{n2} & \cdots & \delta_{nn} \end{pmatrix} \begin{pmatrix} F_{X1} \\ F_{X2} \\ \vdots \\ F_{Xn} \end{pmatrix} + \begin{pmatrix} \Delta_{1F} \\ \Delta_{2F} \\ \vdots \\ \Delta_{nF} \end{pmatrix} = \begin{pmatrix} 0 \\ 0 \\ \vdots \\ 0 \end{pmatrix} \tag{5.5}$$

这里，δ_{ij} 表示基本结构在沿多余约束力 F_{Xj} 方向的单位力单独作用下所产生的沿多余约束力 F_{Xi} 方向的位移，称为柔度系数；在主对角线上的系数 δ_{ii} 称为主系数，它是单位力引起的沿自身方向的位移，故恒为正；主对角线两侧的系数 $\delta_{ij}(i \neq j)$ 称为副系数，它的数值可正、可负、可为零，且根据位移互等定理可知 $\delta_{ij} = \delta_{ji}$；$\Delta_{iF}$ 称为自由项，表示基本结构在原荷载单独作用下所产生的沿多余约束力 F_{Xi} 方向的位移，它的数值同样可正、可负、可为零。

力法典型方程中的柔度系数和自由项都是基本结构在已知力作用下的位移，完全可以用第 4 章中的方法计算。系数和自由项求得后，将它们代入典型方程即可解出各多余约束力。然后，由平衡条件即可求出基本结构在所有多余约束力和原荷载共同作用下的反力和内力，它们就是原超静定结构的解答。具体计算时，常利用叠加原理，由计算过程中已求得的基本结构在各力单独作用下的内力(如 $\bar{M}_i$、M_F 等)，求出原超静定结构中任一截面的内力，如任一截面的最终弯矩值为

$$M = \sum_{i=1}^{n} \bar{M}_i F_{Xi} + M_F \tag{5.6}$$

5.2.3 力法的计算步骤

根据以上所述，将力法的计算步骤归纳如下：

(1) 确定基本未知量，建立基本系。判断结构的超静定次数和多余约束，去掉多余约束并代之以相应的多余未知力，得到原结构的力法基本系。

(2) 建立典型方程。根据基本系沿多余约束力方向的位移与原结构相应位移相等的条件，建立力法的典型方程。

(3) 求柔度系数与自由项。分别作出基本结构在各单位多余约束力单独作用下的单位内力图和在荷载作用下的荷载内力图(或写出内力表达式)，计算典型方程中的柔度系数和自由项。

(4) 求解典型方程，得出各多余约束力。

(5) 作内力图。按分析静定结构的方法，由平衡条件或叠加法绘制结构的内力图。

(6) 校核。对于超静定结构，不仅要校核平衡条件，还要校核变形条件。

5.3　力法计算超静定结构在荷载作用下的内力

作为力法的具体应用，本节举例说明用力法计算超静定梁、刚架、桁架、组合结构及两铰拱等在外荷载作用下的内力。

5.3.1　超静定梁与刚架

用力法解超静定梁与刚架，在计算系数和自由项时，通常忽略轴力和剪力对位移的影响，只考虑弯矩对位移的影响，即

$$\begin{cases} \delta_{ij} = \sum \int \dfrac{\bar{M}_i \bar{M}_j}{EI} \mathrm{d}s \\[2mm] \Delta_{iF} = \sum \int \dfrac{\bar{M}_i M_F}{EI} \mathrm{d}s \end{cases} \tag{5.7}$$

式中，$\bar{M}_i$、$\bar{M}_j$ 分别为基本结构在单位力 $\bar{F}_{Xi}=1$、$\bar{F}_{Xj}=1$ 单独作用下的弯矩；M_F 为基本结构在原荷载作用下的弯矩。

在具体计算时，一般可利用图乘法确定式(5.7)中的柔度系数和自由项。

【例 5.1】　图 5.13(a)所示刚架中立柱 AC 的抗弯刚度为 EI_1，横梁 BC 的抗弯刚度为

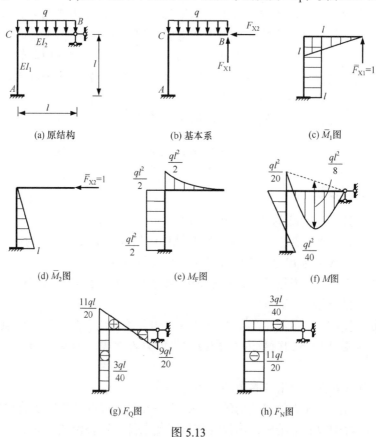

(a) 原结构　　　(b) 基本系　　　(c) $\bar{M}_1$图

(d) $\bar{M}_2$图　　　(e) M_F图　　　(f) M图

(g) F_Q图　　　(h) F_N图

图 5.13

EI_2，试用力法计算其内力，并作内力图。

【解】 (1) 确定基本未知量与基本系。

此刚架是二次超静定结构，以铰支座 B 的两个支座反力 F_{X1}、F_{X2} 为基本未知量，去掉铰支座而代之以 F_{X1}、F_{X2}，得基本系如图 5.13(b)所示。

(2) 建立典型方程。

根据解除约束处的位移条件，即 B 点沿 F_{X1}、F_{X2} 方向的位移为零，建立力法典型方程

$$\begin{cases} \delta_{11}F_{X1} + \delta_{12}F_{X2} + \Delta_{1F} = 0 \\ \delta_{21}F_{X1} + \delta_{22}F_{X2} + \Delta_{2F} = 0 \end{cases} \tag{a}$$

(3) 计算柔度系数和自由项。

分别作基本结构在单位力 $\bar{F}_{X1}=1$、$\bar{F}_{X2}=1$ 和原均布荷载 q 作用下的单位弯矩图 $\bar{M}_1$、$\bar{M}_2$ 与荷载弯矩图 M_F，如图 5.13(c)～(e)所示。用图乘法计算各系数和自由项，有

$$\delta_{11} = \frac{1}{EI_2} \times \frac{l^2}{2} \times \frac{2l}{3} + \frac{1}{EI_1} \times l^3 = \frac{l^3}{3EI_2} + \frac{l^3}{EI_1}$$

$$\delta_{12} = \delta_{21} = \frac{1}{EI_1} \times \frac{l^2}{2} \times l = \frac{l^3}{2EI_1}$$

$$\delta_{22} = \frac{1}{EI_1} \times \frac{l^2}{2} \times \frac{2l}{3} = \frac{l^3}{3EI_1}$$

$$\Delta_{1F} = \frac{-1}{EI_2} \times \left(\frac{1}{3} \times \frac{ql^2}{2} \times l\right) \times \left(\frac{3}{4} \times l\right) + \frac{-1}{EI_1} \times \left(\frac{ql^2}{2} \times l\right) \times l = -\frac{ql^4}{8EI_2} - \frac{ql^4}{2EI_1}$$

$$\Delta_{2F} = \frac{-1}{EI_1} \times \left(\frac{ql^2}{2} \times l\right) \times \frac{1}{2}l = -\frac{ql^4}{4EI_1}$$

(4) 解方程，求多余约束力。

将上述系数代入力法典型方程式(a)，得

$$\begin{cases} \left(\frac{l^3}{3EI_2} + \frac{l^3}{EI_1}\right)F_{X1} + \frac{l^3}{2EI_1}F_{X2} + \left(-\frac{ql^4}{8EI_2} - \frac{ql^4}{2EI_1}\right) = 0 \\ \frac{l^3}{2EI_1}F_{X1} + \frac{l^3}{3EI_1}F_{X2} - \frac{ql^4}{4EI_1} = 0 \end{cases} \tag{b}$$

将式(b)两边同时乘以 EI_2，得

$$\begin{cases} \left(\frac{l^3}{3} + \frac{EI_2}{EI_1}l^3\right)F_{X1} + \frac{l^3}{2}\frac{EI_2}{EI_1}F_{X2} + \left(-\frac{ql^4}{8} - \frac{ql^4}{2}\frac{EI_2}{EI_1}\right) = 0 \\ \frac{l^3}{2}\frac{EI_2}{EI_1}F_{X1} + \frac{l^3}{3}\frac{EI_2}{EI_1}F_{X2} - \frac{ql^4}{4}\frac{EI_2}{EI_1} = 0 \end{cases} \tag{c}$$

从式(c)可见，在荷载作用下，超静定结构的多余约束力及最后内力只与各杆刚度的相对比值有关，而与各杆刚度的绝对值无关，计算时可以采用相对刚度。

设 $\dfrac{EI_2}{EI_1}=2$，代入式(c)并化简后，得

$$\begin{cases} \dfrac{7}{3}F_{X1}+F_{X2}-\dfrac{9}{8}ql=0 \\ F_{X1}+\dfrac{2}{3}F_{X2}-\dfrac{1}{2}ql=0 \end{cases}$$

解得

$$F_{X1}=\dfrac{9}{20}ql, \qquad F_{X2}=\dfrac{3}{40}ql$$

(5) 计算内力，作内力图。

根据叠加原理，结构任一截面的弯矩可按下式计算

$$M=\bar{M}_1 F_{X1}+\bar{M}_2 F_{X2}+M_F$$

按此式计算原结构各杆杆端弯矩为

$$M_{AC}=l\times\dfrac{9}{20}ql+l\times\dfrac{3}{40}ql-\dfrac{1}{2}ql^2=\dfrac{1}{40}ql^2 \ \ (内侧受拉)$$

$$M_{CA}=M_{CB}=l\times\dfrac{9}{20}ql+0\times\dfrac{3}{40}ql-\dfrac{1}{2}ql^2=-\dfrac{1}{20}ql^2 \ \ (外侧受拉)$$

最后弯矩图如图 5.13(f)所示。

通常，根据已作出的弯矩图，取各杆件为隔离体，考虑平衡条件求杆端剪力，作剪力图；根据剪力图考虑结点的平衡条件求杆端轴力，作轴力图。图 5.13(g)、(h)给出了最后剪力图和轴力图，读者可自行验证。

【例 5.2】 图 5.14(a)所示连续梁各跨 EI 为同一常数，试绘制其弯矩图。

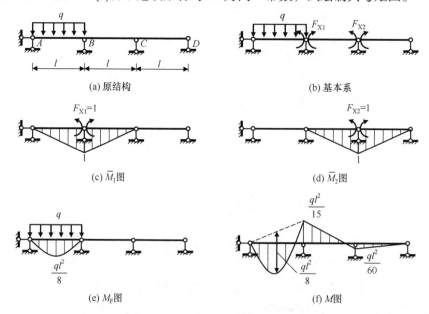

(a) 原结构　　　　　(b) 基本系

(c) $\bar{M}_1$图　　　　　(d) $\bar{M}_2$图

(e) M_F图　　　　　(f) M图

图 5.14

【解】　(1) 确定基本未知量与基本系。

此梁是两次超静定结构，以 B、C 两截面的转动约束为多余约束，即取基本未知量 F_{X1}、F_{X2} 分别为 B、C 截面的弯矩，去掉 B、C 两截面的转动约束(即将 B、C 两结点改为铰结点)并代之以 F_{X1}、F_{X2}，得基本系如图 5.14(b)所示。需要注意的是，这里解除的是结构内部约束，故多余约束力 F_{X1}、F_{X2} 应成对施加。

(2) 建立典型方程。

原连续梁在结点 B、C 都是连续的，其左、右截面之间不会发生相对转动，根据此位移条件，力法典型方程为

$$\begin{cases} \delta_{11}F_{X1} + \delta_{12}F_{X2} + \Delta_{1F} = 0 \\ \delta_{21}F_{X1} + \delta_{22}F_{X2} + \Delta_{2F} = 0 \end{cases}$$

(3) 计算柔度系数和自由项。

作基本结构在单位力 $\bar{F}_{X1}=1$、$\bar{F}_{X2}=1$ 和原均布荷载 q 作用下的单位弯矩图 $\bar{M}_1$ 图、$\bar{M}_2$ 图与荷载弯矩图 M_F 图，如图 5.14(c)～(e)所示。用图乘法计算各系数和自由项，有

$$\delta_{11} = \delta_{22} = 2 \times \frac{1}{EI}\left(\frac{1}{3} \times 1 \times 1 \times l\right) = \frac{2l}{3EI}$$

$$\delta_{12} = \delta_{21} = \frac{1}{EI}\left(\frac{1}{6} \times 1 \times 1 \times l\right) = \frac{l}{6EI}$$

$$\Delta_{1F} = \frac{1}{EI}\left(\frac{1}{3} \times \frac{ql^2}{8} \times 1 \times l\right) = \frac{ql^3}{24EI}$$

$$\Delta_{2F} = 0$$

(4) 解方程，求多余约束力。

将上述系数代入力法典型方程，得

$$\begin{cases} \dfrac{2l}{3EI}F_{X1} + \dfrac{l}{6EI}F_{X2} + \dfrac{ql^3}{24EI} = 0 \\ \dfrac{l}{6EI}F_{X1} + \dfrac{2l}{3EI}F_{X2} = 0 \end{cases}$$

解得

$$F_{X1} = -\frac{1}{15}ql^2, \qquad F_{X2} = \frac{1}{60}ql^2$$

(5) 叠加法计算杆端弯矩，作最终弯矩图。

根据叠加原理，按 $M = \bar{M}_1 F_{X1} + \bar{M}_2 F_{X2} + M_F$ 计算各杆杆端弯矩，并在各杆段内用叠加法绘出弯矩图，如图 5.14(f)所示。

需要说明的是，用力法计算连续梁时，例 5.2 中所采用的并列多跨简支梁是最便于计算的基本结构。若取图 5.15(a)所示基本系，单位弯矩图和荷载弯矩图分别如图 5.15(b)～(d)所示，都布满全梁，图形也比较复杂，各系数和自由项的计算比较麻烦。例 5.2 中通过在中间支座结点处插入铰来构造基本结构，此时，单位弯矩图和荷载弯矩图的分布范围限于局部，各系数和自由项的计算就较为简单。如果连续梁的跨数更多，

这一优点更为明显，并将使不相邻的未知力之间的副系数都等于零，每个力法方程至多包含三个未知弯矩。因此，在选择力法基本结构时，应尽量使其包含较多的能独立承受荷载并维持平衡的部分,这样可减小单位广义力和外荷载的影响范围,使计算更加简便。

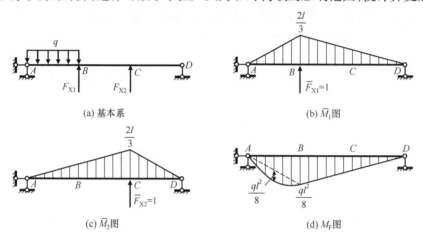

图 5.15

5.3.2 超静定桁架

由于桁架在承受结点荷载时杆件中只产生轴力，故力法方程中的柔度系数和自由项计算如下：

$$\begin{cases} \delta_{ij} = \sum \dfrac{\overline{F}_{\mathrm{N}i}\overline{F}_{\mathrm{N}j}l}{EA} \\ \Delta_{i\mathrm{F}} = \sum \dfrac{\overline{F}_{\mathrm{N}i}F_{\mathrm{NF}}l}{EA} \end{cases} \qquad (5.8)$$

式中，$\overline{F}_{\mathrm{N}i}$、$\overline{F}_{\mathrm{N}j}$ 分别为基本结构在单位力 $\overline{F}_{\mathrm{X}i}=1$、$\overline{F}_{\mathrm{X}j}=1$ 单独作用下的轴力；F_{NF} 为基本结构在原荷载作用下的轴力。

桁架各杆的最后轴力可利用叠加法计算：

$$F_{\mathrm{N}} = \sum_{i=1}^{n} \overline{F}_{\mathrm{N}i}F_{\mathrm{X}i} + F_{\mathrm{NF}} \qquad (5.9)$$

【例 5.3】 求图 5.16(a)所示桁架的内力，已知各杆 EA 为同一常数。

【解】 (1) 确定基本未知量与基本系。

此桁架是内部一次超静定结构，以链杆 CD 为多余约束，其轴力为基本未知量 $F_{\mathrm{X}1}$，截断链杆 CD 并代之以 $F_{\mathrm{X}1}$，得基本系如图 5.16(b)所示。

(2) 建立典型方程。

根据截口两侧相对轴向位移为零的位移条件，得力法典型方程为

$$\delta_{11}F_{\mathrm{X}1} + \Delta_{1\mathrm{F}} = 0$$

(3) 计算柔度系数和自由项。

计算基本结构在单位力 $\bar{F}_{X1}=1$ 和原集中荷载 F_p 单独作用下的轴力，作 $\bar{F}_{N1}$ 图、F_{NF} 图，如图 5.16(c)、(d)所示，则

$$\delta_{11}=\sum\frac{\bar{F}_{N1}\bar{F}_{N1}l}{EA}=4(1+\sqrt{2})\frac{a}{EA}$$

$$\Delta_{1F}=\sum\frac{\bar{F}_{N1}F_{NF}l}{EA}=2(1+\sqrt{2})\frac{F_p a}{EA}$$

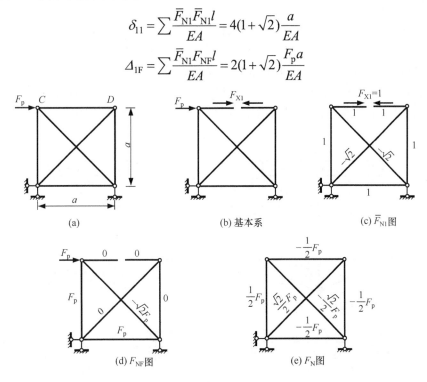

(a)　　　　　(b) 基本系　　　　　(c) $\bar{F}_{N1}$图

(d) F_{NF}图　　　　　(e) F_N图

图 5.16

(4) 解方程，求多余约束力。

将上述系数代入力法典型方程，得

$$F_{X1}=-\frac{\Delta_{1F}}{\delta_{11}}=-\frac{1}{2}F_p$$

(5) 叠加法计算杆件轴力，作轴力图。

根据叠加原理，按 $F_N=\bar{F}_{N1}F_{X1}+F_{NF}$ 计算各杆轴力，得最后轴力图如图 5.16(e)所示。

值得注意的是，例 5.3 若采用去除链杆的方式解除多余约束，即取图 5.17(a)所示基本系，这时与多余约束力 F_{X1} 相应的广义位移是 C、D 两点的相对线位移 Δ_1，以使两点之间的距离缩短为正。在原结构中，Δ_1 就是 CD 杆的长度改变量。根据作用反作用关系，CD 杆受力如图 5.17(b)所示。故位移条件为 $\Delta_1=-\dfrac{F_{X1}a}{EA}$，力法典型方程写为

$$\delta_{11}F_{X1}+\Delta_{1F}=-\frac{F_{X1}a}{EA}$$

此时方程中的柔度系数和自由项均应按图 5.17(a)中的基

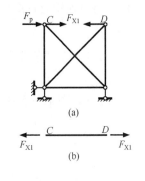

(a)

(b)

图 5.17

本结构计算,即不包含与 CD 杆的变形相应的位移。解上述方程可以得到完全一样的结果。

5.3.3　超静定组合结构

　　超静定组合结构中一部分杆件为梁式杆,主要承受弯矩,而另一部分杆件为链杆,只承受轴力。力法计算这类结构时,通常以链杆中的多余约束力为基本未知量,典型方程中的系数和自由项按求组合结构位移的方法来计算。

　　【例 5.4】　图 5.18(a)为一加劲梁,横梁的弹性模量为 E_1,截面惯性矩为 I,各链杆的弹性模量为 E_2,截面面积如图 5.18(a)所示,试计算该组合结构中链杆的轴力和横梁的弯矩。

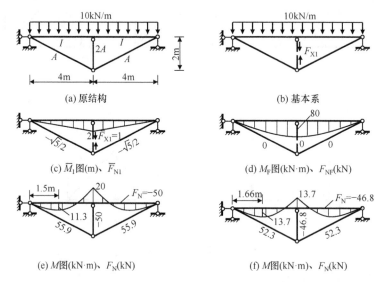

图 5.18

　　【解】　(1) 确定基本未知量与基本系。

　　这是一次超静定组合结构,以竖向链杆为多余约束,切断该链杆并代之以多余约束力 F_{X1},得基本系如图 5.18(b)所示。

　　(2) 建立典型方程。

　　根据切口处相对轴向位移为零的位移条件,建立力法典型方程:

$$\delta_{11}F_{X1} + \Delta_{1F} = 0$$

　　(3) 计算柔度系数和自由项。

　　计算基本结构在单位力 $\bar{F}_{X1}=1$ 和原均布荷载 q 单独作用下的内力,$\bar{F}_{N1}$、$\bar{M}_1$ 图和 F_{NF}、M_F 图分别见图 5.18(c)、(d),则

$$\delta_{11} = \sum \frac{\bar{F}_{N1}\bar{F}_{N1}l}{E_2A} + \sum \int \frac{\bar{M}_1\bar{M}_1}{E_1I}\,\mathrm{d}s$$

$$= \frac{1}{2E_2A} \times 1 \times 1 \times 2 + 2 \times \frac{1}{E_2A} \times \left(-\frac{\sqrt{5}}{2}\right) \times \left(-\frac{\sqrt{5}}{2}\right) \times 2\sqrt{5} + 2 \times \frac{1}{E_1I} \times \frac{1}{3} \times 2 \times 2 \times 4$$

$$= \frac{(1+5\sqrt{5})m}{E_2 A} + \frac{32m^3}{3E_2 I}$$

$$\Delta_{1F} = \sum \frac{\bar{F}_{N1} F_{NF} l}{E_2 A} + \sum \int \frac{\bar{M}_1 M_F}{E_1 I} ds$$

$$= 0 + 2 \times \frac{1}{E_1 I} \times \left(\frac{2}{3} \times 4 \times 80\right) \times \left(\frac{5}{8} \times 2\right)$$

$$= \frac{1600 kN \cdot m^3}{3E_1 I}$$

(4) 解方程，求多余约束力。

将上述系数代入力法典型方程，解得

$$F_{X1} = -\frac{\Delta_{1F}}{\delta_{11}} = -\frac{1600 kN \cdot m^3}{32m^3 + \dfrac{E_1 I}{E_2 A} \times 3 \times (5\sqrt{5}+1)\, m} \tag{a}$$

(5) 叠加法计算最后内力，作内力图。

各链杆的轴力只需将图 5.18(c)中的数值乘以 F_{X1} 即得；横梁弯矩由 $M = \bar{M}_1 F_{X1} + M_F$ 计算得到。由式(a)可知，多余约束力 F_{X1} 与刚度比 $\dfrac{E_1 I}{E_2 A}$ 有关，而与刚度的绝对值无关。当 $\dfrac{E_1 I}{E_2 A} \to \infty$ 时，$F_{X1} \to 0$，加劲杆几乎不起作用，横梁弯矩与简支梁的弯矩相同，如图 5.18(d)所示。相反，当 $\dfrac{E_1 I}{E_2 A} \to 0$ 时，$F_{X1} = 50 kN$，加劲杆起的作用相当于在梁中点有一刚性链杆支座，横梁弯矩图与两跨连续梁的弯矩图相同，如图 5.18(e)所示。当 $\dfrac{E_1 I}{E_2 A} = 34.15 m^2$ 时，$F_{X1} \approx 46.85 kN$，横梁的最大正、负弯矩近似相等，弯矩图如图 5.18(f)所示，此时梁的最大弯矩比没有加劲杆的简支梁的最大弯矩减小了约 82.88%，但是要注意加劲杆在减小梁的最大弯矩的同时，在梁中增加了轴向压力。

【例 5.5】 某单跨单层厂房横向排架的计算简图如图 5.19(a)所示，左柱受到均匀分布的风荷载 q 作用，试作其弯矩图。已知弹性模量 E 为常数。

【解】 (1) 确定基本未知量与基本系。

该排架是一次超静定结构，以刚性链杆为多余约束，切断该链杆并代之以多余约束力 F_{X1}，得基本系如图 5.19(b)所示。

(2) 建立典型方程。

根据切口处相对轴向位移为零的位移条件，建立力法典型方程：

$$\delta_{11} F_{X1} + \Delta_{1F} = 0 \tag{a}$$

(3) 计算柔度系数和自由项。

作基本结构的 $\bar{M}_1$、M_F 图[图 5.19(c)、(d)]，由此计算柔度系数和自由项：

$$\delta_{11} = 2 \times \left\{ \frac{1}{EI}\left(\frac{1}{3} \times \frac{l}{3} \times \frac{l}{3} \times \frac{l}{3} \right) + \frac{1}{4EI}\left[\frac{1}{3} \times \frac{l}{3} \times \frac{l}{3} \times \frac{2l}{3} + \frac{1}{3} \times l \times l \times \frac{2l}{3} + 2 \times \left(\frac{1}{6} \times \frac{l}{3} \times l \times \frac{2l}{3} \right) \right] \right\}$$

$$= \frac{5l^3}{27EI}$$

$$\Delta_{1F} = \frac{1}{EI}\left(\frac{1}{4} \times \frac{ql^2}{18} \times \frac{l}{3} \times \frac{l}{3} \right) + \frac{1}{4EI}\left(\frac{1}{4} \times \frac{ql^2}{2} \times l \times l - \frac{1}{4} \times \frac{ql^2}{18} \times \frac{l}{3} \times \frac{l}{3} \right)$$

$$= \frac{7ql^4}{216EI}$$

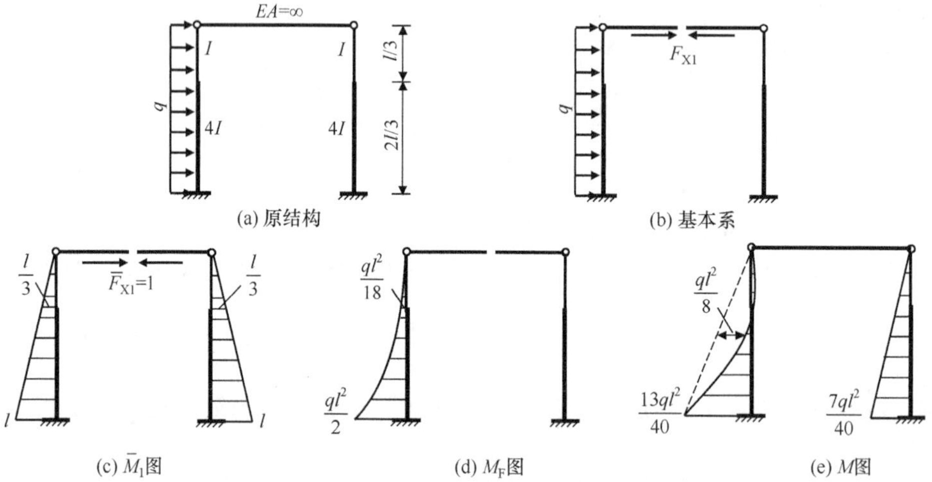

图 5.19

(4) 解方程，求多余约束力。

将上述系数代入力法典型方程，解得

$$F_{X1} = -\frac{\Delta_{1F}}{\delta_{11}} = -\frac{7ql}{40}$$

(5) 叠加法作弯矩图。

根据叠加原理，按 $M = \bar{M}_1 F_{X1} + M_F$ 计算杆端弯矩，绘制最后弯矩图如图 5.19(e)所示。

最后需要说明的是，由于排架结构中链杆的轴向刚度 EA 为无穷大，即其轴向变形为零，故当采用去除该链杆的方式建立基本系时，力法典型方程形式上仍然是式(a)，但要注意其表示的位移条件不同。

5.3.4　两铰拱

工程中常用的拱结构除了静定的三铰拱外，还有超静定的两铰拱和无铰拱。两铰拱是一次超静定结构，两铰平拱[图 5.20(a)]的支座发生竖向位移时并不引起内力，故在地基可能发生较大的不均匀沉陷时宜采用。这里主要介绍这类结构的计算。

用力法计算图 5.20(a)所示两铰拱时，可将支座的水平推力作为基本未知量，取基本系如图 5.20(b)所示。根据支座处水平位移为零的位移条件，建立力法典型方程为

$$\delta_{11}F_{X1} + \Delta_{1F} = 0 \tag{5.10}$$

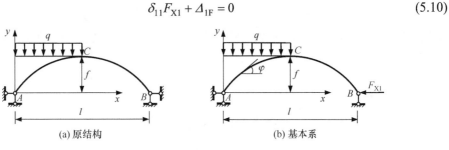

图 5.20

在图 5.20(b)所示坐标系下，基本结构在单位力 $\bar{F}_{X1} = 1$ 作用下任一截面上的内力可由平衡条件求得

$$\bar{M}_1 = -y, \qquad \bar{F}_{Q1} = -\sin\varphi, \qquad \bar{F}_{N1} = -\cos\varphi \tag{5.11}$$

式中，y 为截面的纵坐标；φ 为截面处拱轴的切线与 x 轴所成的锐角，左半拱的 φ 为正，右半拱的 φ 为负。

弯矩以使拱的下侧受拉为正。同样也可以由平衡条件求得基本结构在原荷载作用下的内力 M_F、F_{QF}、F_{NF}。

由于杆轴线为曲线，需用积分法计算系数和自由项。对常见的横截面高度 h_C 与跨度 l 之比 $\dfrac{h_C}{l} < \dfrac{1}{10}$ 的两铰拱，剪切变形对位移的影响很小，可略去不计；自由项 Δ_{1F} 只考虑弯曲变形的影响；δ_{11} 通常也只考虑弯曲变形的影响，但对 $\dfrac{f}{l} < \dfrac{1}{5}$ 的扁平拱还需考虑轴向变形的影响。因此，有

$$\begin{cases} \delta_{11} = \int \dfrac{\bar{M}_1^2}{EI}\mathrm{d}s + \int \dfrac{\bar{F}_{N1}^2}{EA}\mathrm{d}s = \int \dfrac{y^2}{EI}\mathrm{d}s + \int \dfrac{\cos^2\varphi}{EA}\mathrm{d}s \\ \Delta_{1F} = \int \dfrac{\bar{M}_1 M_F}{EI}\mathrm{d}s = -\int \dfrac{y M_F}{EI}\mathrm{d}s \end{cases} \tag{5.12}$$

代入力法典型方程式(5.10)，可解得两铰拱支座的水平推力为

$$F_H = F_{X1} = -\frac{\Delta_{1F}}{\delta_{11}} = \frac{\displaystyle\int \frac{y M_F}{EI}\mathrm{d}s}{\displaystyle\int \frac{y^2}{EI}\mathrm{d}s + \int \frac{\cos^2\varphi}{EA}\mathrm{d}s} \tag{5.13}$$

只要给定拱轴线方程 $y(x)$ 及拱的横截面面积 $A(x)$、惯性矩 $I(x)$ 的变化规律，即可按式 (5.13)计算支座处的水平推力 F_H，进而按式(5.14)计算得两铰拱任意截面的内力：

$$\begin{cases} M = \bar{M}_1 F_{X1} + M_F = M_F - F_H y \\ F_Q = \bar{F}_{Q1} F_{X1} + F_{QF} = F_{QF} - F_H \sin\varphi \\ F_N = \bar{F}_{N1} F_{X1} + F_{NF} = F_{NF} - F_H \cos\varphi \end{cases} \tag{5.14}$$

如果两铰拱只受竖向荷载作用，则式(5.14)中基本结构在荷载作用下的内力可用相同荷载、相同跨度的简支直梁在相应截面处的弯矩 M^0 和剪力 F_Q^0 来表示，即

$$M_F = M^0, \qquad F_{QF} = F_Q^0 \cos\varphi, \qquad F_{NF} = -F_Q^0 \sin\varphi \qquad (5.15)$$

将式(5.15)代入式(5.13)、式(5.14)得竖向荷载作用下两铰平拱的支座水平推力和拱任意截面的内力分别为

$$F_H = \frac{\displaystyle\int \frac{yM^0}{EI}\mathrm{d}s}{\displaystyle\int \frac{y^2}{EI}\mathrm{d}s + \int \frac{\cos^2\varphi}{EA}\mathrm{d}s} \qquad (5.16)$$

和

$$\begin{cases} M = M^0 - F_H y \\ F_Q = F_Q^0 \cos\varphi - F_H \sin\varphi \\ F_N = -(F_Q^0 \sin\varphi + F_H \cos\varphi) \end{cases} \qquad (5.17)$$

式(5.17)与竖向荷载作用下三铰拱的内力计算公式完全相同,说明两铰拱的受力特性与三铰拱基本相同,只是两铰拱的拱顶无铰,该处的弯矩不为零,并且计算两铰拱的水平推力 F_H 需同时考虑平衡条件和位移条件,而三铰拱的水平推力仅由静力平衡条件即可求得。

对带拉杆的两铰拱[图 5.21(a)],可以取拉杆内力为基本未知量,则基本系如图 5.21(b)所示,拉杆内力为

$$F_H = F_{X1} = \frac{\displaystyle\int \frac{yM^0}{EI}\mathrm{d}s}{\displaystyle\int \frac{y^2}{EI}\mathrm{d}s + \int \frac{\cos^2\varphi}{EA}\mathrm{d}s + \frac{l}{E_1 A_1}} \qquad (5.18)$$

式中, $E_1 A_1$ 为拉杆的轴向刚度; l 为拉杆长度。

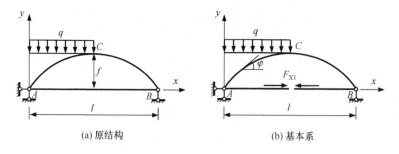

(a) 原结构　　　　　　　　　　　　(b) 基本系

图 5.21

比较式(5.18)与式(5.16)可知,拉杆的轴力一般小于相应的无拉杆两铰拱的推力;当拉杆的刚度为无穷大,即拉杆不变形时,拉杆的作用与刚性支座链杆相同,拉杆拱的受力状态与无拉杆两铰拱完全一致;当拉杆刚度 $E_1 A_1 \to 0$ 时, $F_H \to 0$,拉杆拱转化为简支曲梁而丧失拱的特征。因此,设计拉杆拱时应适当加大拉杆的轴向刚度,以减小拱的弯矩。

【例 5.6】　求图 5.22(a)所示两铰拱的内力。设拱轴线为 $y = \dfrac{4f}{l^2}x(l-x)$, l=30m, f=5m,拱的横截面为矩形,截面高度 h_C=0.5m, EI 与 EA 均为常数。

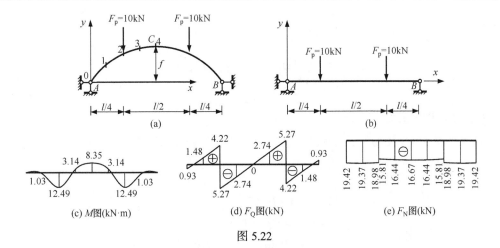

图 5.22

【解】 因为拱截面高度与跨度之比 $\dfrac{h_C}{l}=\dfrac{0.5}{30}<\dfrac{1}{10}$ ，矢跨比 $\dfrac{f}{l}=\dfrac{5}{30}=\dfrac{1}{6}<\dfrac{1}{5}$ ，所以拱

推力按式(5.16)计算。为简化计算，这里取 $\cos\varphi\approx1$ ，$\mathrm{d}s\approx\mathrm{d}x$ ，而对矩形截面有 $A=\dfrac{12}{h_C^2}I$ ，

这样水平推力计算式为

$$F_H=\frac{\displaystyle\int_s\frac{yM^0}{EI}\mathrm{d}s}{\displaystyle\int_s\frac{y^2}{EI}\mathrm{d}s+\int_s\frac{\cos^2\varphi}{EA}\mathrm{d}s}=\frac{\displaystyle\int_l yM^0\mathrm{d}x}{\displaystyle\int_l y^2\mathrm{d}x+\frac{h_C^2}{12}\int_l\mathrm{d}x} \tag{a}$$

(1) 计算相同跨度、相同荷载简支直梁[图 5.22(b)]的内力。

利用对称性只考虑半跨，内力如下。

$0\leqslant x<\dfrac{l}{4}$ ：

$$M^0=F_p x,\quad F_Q^0=F_p$$

$\dfrac{l}{4}<x\leqslant\dfrac{1}{2}$ ：

$$M^0=\frac{1}{4}F_p l,\quad F_Q^0=0$$

(2) 计算水平推力。

计算式(a)中各项如下：

$$\int_l y^2\mathrm{d}x=\int_l\left[\frac{4f}{l^2}x(l-x)\right]^2\mathrm{d}x=\frac{8}{15}f^2 l$$

$$\frac{h_C^2}{12}\int_l\mathrm{d}x=\frac{h_C^2}{12}l$$

$$\int_l yM^0\mathrm{d}x=2\times\left\{\int_0^{\frac{l}{4}}\left[\frac{4f}{l^2}x(l-x)\times F_p x\right]\mathrm{d}x+\int_{\frac{l}{4}}^{\frac{l}{2}}\left[\frac{4f}{l^2}x(l-x)\times\left(\frac{1}{4}F_p l\right)\right]\mathrm{d}x\right\}=\frac{19}{128}F_p l^2 f$$

所以

$$F_{\mathrm{H}} = \frac{\dfrac{19}{128}F_{\mathrm{p}}l^2 f}{\dfrac{8}{15}f^2 l + \dfrac{h_{\mathrm{C}}^2}{12}l} = 16.67\mathrm{kN}$$

(3) 计算内力并绘内力图。

将水平推力 F_{H} 及 M^0、F_{Q}^0 代入式(5.17)，得拱的内力方程如下。

$0 \leqslant x < \dfrac{l}{4}$:

$$M = 10x - 16.67y$$
$$F_{\mathrm{Q}} = 10\cos\varphi - 16.67\sin\varphi$$
$$F_{\mathrm{N}} = -(10\sin\varphi + 16.67\cos\varphi)$$

$\dfrac{l}{4} < x \leqslant \dfrac{l}{2}$:

$$M = 75 - 16.67y$$
$$F_{\mathrm{Q}} = -16.67\sin\varphi$$
$$F_{\mathrm{N}} = -16.67\cos\varphi$$

其中，$y = \dfrac{4f}{l^2}x(l-x)$，$\tan\varphi = y' = \dfrac{4f}{l^2}(l-2x)$。

根据内力方程，可在表 5.1 中计算各截面的内力，进而绘制内力图如图 5.22(c)～(e)所示。

表 5.1　内力计算表

截面		x/m	y/m	$\tan\varphi$	$\sin\varphi$	$\cos\varphi$	M/(kN·m)	F_{Q} /kN	F_{N} /kN
0		0.00	0.0000	0.6667	0.5547	0.8321	0.00	−0.93	−19.42
1		3.75	2.1875	0.5000	0.4472	0.8944	1.03	1.49	−19.38
2	左	7.50	3.7500	0.3333	0.3162	0.9487	12.49	4.22	−18.98
	右							−5.27	−15.81
3		11.25	4.6875	0.1667	0.1644	0.9864	−3.14	−2.74	−16.44
4		15.00	5.0000	0.0000	0.0000	1.0000	−8.35	0.00	−16.67

5.4　力法计算超静定结构在温度变化和支座移动时的内力

超静定结构有一个重要特点，就是在温度变化、支座移动、材料收缩、制造误差等非荷载因素作用下，一般也会产生内力。其原因是多余约束的存在，使超静定结构中由上述因素引起的变形不能自由地发生，结构内部产生了约束力，称为自内力。用力法计算自内力时，计算步骤与荷载作用的情形基本相同，仍是根据基本结构在上述因素和多余未知力共同作用下，解除多余约束处的位移应与原结构的位移相同这个原则建立力法典型方程，不过典型方程中自由项的求法与荷载作用时有所不同。

下面具体说明在温度变化和支座移动时超静定结构内力的计算过程。

5.4.1　温度变化时超静定结构的内力计算

在温度变化作用下，n 次超静定结构的力法典型方程为

$$\sum_{j=1}^{n} \delta_{ij} F_{Xj} + \Delta_{it} = 0 \quad (i = 1, 2, \cdots, n) \tag{5.19}$$

式中，δ_{ij} 为柔度系数；Δ_{it} 为自由项，是静定的基本结构在温度变化作用下沿 F_{Xi} 方向的位移，按第 4.7.2 节中的方法计算，即

$$\Delta_{it} = \sum \int \bar{F}_{Ni} \alpha t_0 ds + \sum \int \bar{M}_i \frac{\alpha \Delta t ds}{h} \tag{5.20}$$

在杆件沿长度方向温度变化相同且截面保持不变时，有

$$\Delta_{it} = \sum \alpha t_0 A_{\bar{F}_{Ni}} + \sum \frac{\alpha \Delta t}{h} A_{\bar{M}_i} \tag{5.21}$$

式中，$A_{\bar{F}_{Ni}}$、$A_{\bar{M}_i}$ 分别为基本结构在单位力 $\bar{F}_{Xi} = 1$ 作用下的 $\bar{F}_{Ni}$ 图和 $\bar{M}_i$ 图的面积。

由于温度变化时，静定基本结构并不产生内力，故超静定结构的最终内力只由多余约束力引起。因此，结构最终内力的计算式为

$$M = \sum_{i=1}^{n} \bar{M}_i F_{Xi}, \quad F_Q = \sum_{i=1}^{n} \bar{F}_{Qi} F_{Xi}, \quad F_N = \sum_{i=1}^{n} \bar{F}_{Ni} F_{Xi} \tag{5.22}$$

【例 5.7】　图 5.23(a)所示刚架外侧温度升高 25℃，内侧温度升高 35℃，试绘制其弯矩图。已知刚架各杆的 EI 为相同的常数，截面为矩形，其高度 $h = l/10$，材料的线膨胀系数为 α。

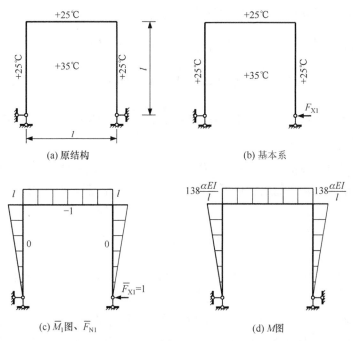

(a) 原结构　　　　　　　　　(b) 基本系

(c) $\bar{M}_1$图、$\bar{F}_{N1}$　　　　　(d) M图

图 5.23

【解】　这是一次超静定刚架,以右支座的水平支座反力为基本未知量,建立如图 5.23(b)所示基本系,根据右支座水平方向位移为零的条件,建立力法典型方程为

$$\delta_{11}F_{X1} + \Delta_{1t} = 0$$

计算基本结构在单位力 $\bar{F}_{N1}=1$ 作用下的轴力 $\bar{F}_{N1}$ 及弯矩 $\bar{M}_1$,并作 $\bar{M}_1$ 图,如图 5.23(c)所示,计算系数和自由项如下:

$$\delta_{11} = \frac{1}{EI}\left[2\times\left(\frac{1}{3}\times l\times l\times l\right)+l\times l\times l\right] = \frac{5l^3}{3EI}$$

$$\Delta_{1t} = \alpha\times\frac{25+35}{2}\times(-1\times l)+\frac{\alpha\times(25-35)}{h}\times\left(2\times\frac{l^2}{2}+l^2\right)$$

$$= -30\alpha l - 20\alpha l\times\frac{l}{h} = -230\alpha l$$

代入力法典型方程,解得

$$F_{X1} = -\frac{\Delta_{1t}}{\delta_{11}} = 138\frac{\alpha EI}{l^2}$$

由 $M = \bar{M}_1 F_{X1}$ 得最终弯矩图如图 5.23(d)所示。

由例 5.7 可以看出,超静定结构在温度变化作用下的内力与各杆刚度的绝对值有关(成正比),计算中必须用刚度的绝对值。在给定的变温条件下,截面尺寸越大,内力也越大。所以为了改善结构在变温作用下的受力状态,加大截面尺寸并不是一个有效的途径。此外,当杆件有变温差(即 $\Delta t \neq 0$)时,弯矩图出现在相对降温侧,即降温一侧产生拉应力。

5.4.2　支座移动时超静定结构的内力计算

在支座移动作用下,n 次超静定结构的力法典型方程为

$$\sum_{j=1}^{n}\delta_{ij}F_{Xj} + \Delta_{ic} = \bar{\Delta}_i \quad (i=1,2,\cdots,n) \tag{5.23}$$

式中,$\bar{\Delta}_i$ 为原结构沿 F_{Xi} 方向的位移;自由项 Δ_{ic} 为静定的基本结构在支座移动作用下沿 F_{Xi} 方向的位移。

因为基本结构是静定结构,在支座移动作用下的位移是刚体位移,自由项 Δ_{ic} 一般可由刚体位移的几何关系来确定,也可以利用第 4 章介绍的静定结构由支座移动引起的位移公式计算,即

$$\Delta_{ic} = -\sum_j \bar{F}_{Rji}\Delta_{cj} \tag{5.24}$$

式中,Δ_{cj} 为支座移动值;$\bar{F}_{Rji}$ 为单位力 $\bar{F}_{Xi}=1$ 作用下对应于 Δ_{cj} 的支座反力,以与 Δ_{cj} 方向一致为正。

对同一个超静定结构,可以取不同的力法基本系,这时力法典型方程中的系数 Δ_{ic} 和 $\bar{\Delta}_i$ 也不同。例如,对图 5.24(a)所示三次超静定结构,图 5.24(b)～(d)均可取为基本系,

原结构沿多余约束力方向的位移 $\overline{\Delta}_1$、$\overline{\Delta}_2$、$\overline{\Delta}_3$ 都可以根据支座移动的情况确定;自由项 Δ_{1c}、Δ_{2c}、Δ_{3c} 可由几何关系或式(5.24)计算,如对基本系 3,基本结构由支座移动引起的刚体位移如图 5.24(e)所示,由几何关系易得 $\Delta_{1c}=l\varphi-b$、$\Delta_{2c}=-a$、$\Delta_{3c}=-\varphi$,若采用公式计算,如 Δ_{1c},建立图 5.24(f)所示虚力状态,根据平衡条件求出各支座反力如图 5.24(f)所示,利用式(5.24)可得

$$\Delta_{1c} = -(-l\times\varphi+1\times b) = l\varphi - b$$

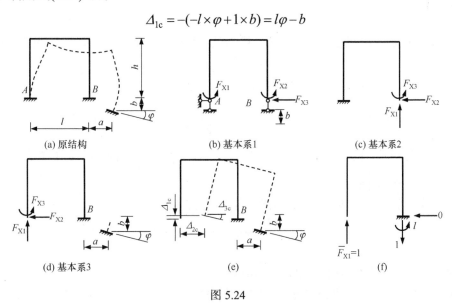

(a) 原结构　　　　　　(b) 基本系1　　　　　　(c) 基本系2

(d) 基本系3　　　　　　　　(e)　　　　　　　　(f)

图 5.24

与三种基本系相应的典型方程中的常数项 Δ_{ic} 和 $\overline{\Delta}_i$ 见表 5.2。

表 5.2　三种基本系典型方程的常数项

基本系	Δ_{1c}	Δ_{2c}	Δ_{3c}	$\overline{\Delta}_1$	$\overline{\Delta}_2$	$\overline{\Delta}_3$
基本系 1	$-b/l$	$-b/l$	0	0	$-\varphi$	$-a$
基本系 2	0	0	0	$-b$	$-a$	$-\varphi$
基本系 3	$l\varphi-b$	$-a$	$-\varphi$	0	0	0

由于支座移动时,静定基本结构并不产生内力,故超静定结构的最终内力也只由多余约束力引起,计算式与式(5.22)相同。

【例 5.8】　如图 5.25(a)所示单跨超静定梁,在支座 A 发生了转角 θ,在支座 B 产生了沉降 a,试作其弯矩图。

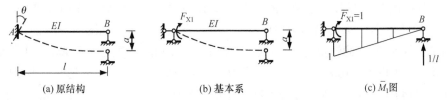

(a) 原结构　　　　　　　(b) 基本系　　　　　　　(c) $\overline{M}_1$图

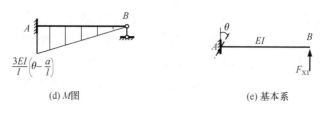

(d) M图　　　　　　　　　　　(e) 基本系

图 5.25

【解】　这是一次超静定梁，取简支梁为基本结构，建立基本系如图 5.25(b)所示，则力法典型方程为

$$\delta_{11}F_{X1} + \Delta_{1c} = \theta$$

作单位弯矩图 $\bar{M}_1$ 图[图 5.25(c)]，计算系数 $\delta_{11} = \dfrac{l}{3EI}$，自由项是基本结构 B 端沉降 a 引起的 A 端的转角，由刚体位移关系可知 $\Delta_{1c} = \dfrac{a}{l}$，也可以利用图 5.25(c)中求出的支座反力由式(5.24)计算得到。

将上述系数和自由项代入力法典型方程，解得

$$F_{X1} = \frac{\theta - \Delta_{1c}}{\delta_{11}} = \frac{3EI}{l}\left(\theta - \frac{a}{l}\right)$$

由 $M = \bar{M}_1 F_{X1}$ 得最终弯矩图，如图 5.25(d)所示。

另外，例 5.8 也可以取悬臂梁为基本结构，建立基本系如图 5.25(e)所示。作为练习，请读者自行建立相应的力法典型方程，并计算系数与自由项。

由例 5.8 可以看出，与温度变化情况一样，超静定结构在支座移动作用下的内力也与杆件刚度的绝对值成正比，计算中必须用刚度的绝对值。

5.5　超静定结构的位移计算

第 4 章中基于变形体系的虚功原理，采用单位荷载法导出了结构位移计算的一般公式，即

$$\Delta_{km} = \sum \int \bar{F}_{Nk}\varepsilon_m \mathrm{d}s + \sum \int \bar{F}_{Qk}\gamma_m \mathrm{d}s + \sum \int \bar{M}_k \frac{1}{\rho_m}\mathrm{d}s - \sum_i \bar{F}_{Rik}\Delta_{ci}$$

这一公式既适用于静定结构，也适用于超静定结构。因此，超静定结构的位移计算从原理和方法上都已经解决。但是，在具体应用时如何建立虚力状态有必要作进一步的讨论。下面结合一具体问题来说明。

图 5.26(a)为二次超静定刚架，EI 为常数，其横梁受均布荷载 q 作用。现在来求刚架中结点 C 的转角 θ_C。刚架的内力在例 5.1 中已经求得，弯矩图如图 5.26(b)所示。

为了计算结点 C 的转角 θ_C，根据单位荷载法，应在 C 结点作用单位集中力偶，建立虚力状态，如图 5.26(c)所示，并作此虚力状态的弯矩图，然后将此弯矩图与 M 图进行图乘即可求得 θ_C。但是，为了作虚力状态下的弯矩图，还需解一个二次超静定问题，显

然这是比较麻烦的。

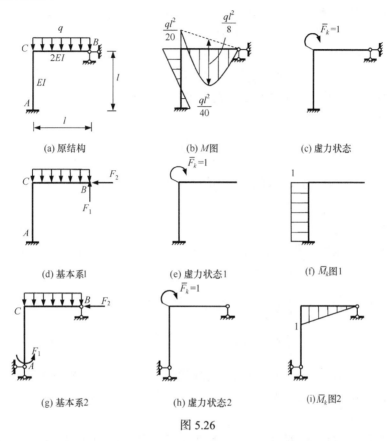

(a) 原结构   (b) M图   (c) 虚力状态

(d) 基本系1   (e) 虚力状态1   (f) $\bar{M}_k$图1

(g) 基本系2   (h) 虚力状态2   (i) $\bar{M}_k$图2

图 5.26

考虑到力法求解超静定结构时，力法基本系的受力和位移与原超静定结构是完全一致的。因此，可以把求超静定结构的位移转化为求静定基本结构在荷载与多余约束力共同作用下的位移。这样，虚力状态就可以通过在静定基本结构上施加单位力来建立，其内力图仅由平衡条件便可求得，这样计算可以大大简化。

例如，求上述刚架的转角位移 θ_C，可以转化为求图 5.26(d)所示基本系中结点 C 的转角 θ_C，建立虚力状态如图 5.26(e)所示，相应的 $\bar{M}_k$ 图见图 5.26(f)，将其与 M 图进行图乘，得

$$\theta_C = \frac{1}{EI}\left[\left(\frac{1}{2}\cdot l \cdot \frac{ql^2}{20}\right)\times 1 - \left(\frac{1}{2}\cdot l \cdot \frac{ql^2}{40}\right)\times 1\right] = \frac{1}{80}\frac{ql^3}{EI}\ (\curvearrowright)$$

力法解超静定结构时，可以取不同的基本系，因此，计算超静定结构位移时，虚力状态也可以建立在不同的基本结构上，对计算结果并没有影响。如在上述问题中，考虑图 5.26(g)所示基本系，则虚力状态如图 5.26(h)所示，相应的 $\bar{M}_k$ 图见图 5.26(i)，将其与 M 图进行图乘，得

$$\theta_C = \frac{1}{2EI}\left[-\left(\frac{1}{2}\cdot l \cdot \frac{ql^2}{20}\right)\times \frac{2}{3} + \left(\frac{2}{3}\cdot l \cdot \frac{ql^2}{8}\right)\times \frac{1}{2}\right] = \frac{1}{80}\frac{ql^3}{EI}\ (\curvearrowright)$$

可以看出两者计算结果相同。

综上所述，基于静定基本结构计算超静定结构位移的步骤如下。

(1) 计算超静定结构，求出最后内力，此为实际状态。

(2) 任选一种静定基本结构，加上单位广义力建立虚力状态并求出其内力。

(3) 按位移计算公式或图乘法计算所求位移。

下面列出各种因素作用下超静定结构的位移计算公式。

1) 荷载作用

$$\Delta_{kF} = \sum \int \frac{\bar{F}_{Nk}F_{NF}}{EA}ds + \sum \int \lambda \frac{\bar{F}_{Qk}F_{QF}}{GA}ds + \sum \int \frac{\bar{M}_kM_F}{EI}ds \qquad (5.25)$$

式中，$\bar{F}_{Nk}$、$\bar{F}_{Qk}$、$\bar{M}_k$ 为任一静定基本结构在单位广义力作用下的内力；F_{NF}、F_{QF}、M_F 为原超静定结构在荷载作用下的内力。

2) 温度变化作用

超静定结构在温度变化作用下的位移可以看作静定基本结构在多余约束力作用下的位移与温度变化作用下的位移之和，所以

$$\Delta_{kt} = \sum \int \frac{\bar{F}_{Nk}F_{Nt}}{EA}ds + \sum \int \lambda \frac{\bar{F}_{Qk}F_{Qt}}{GA}ds + \sum \int \frac{\bar{M}_kM_t}{EI}ds$$
$$+ \sum \int \bar{F}_{Nk}\alpha t_0 ds + \sum \int \bar{M}_k \frac{\alpha\Delta t}{h}ds \qquad (5.26)$$

式中，$\bar{F}_{Nk}$、$\bar{F}_{Qk}$、$\bar{M}_k$ 为任一静定基本结构在单位广义力作用下的内力；F_{Nt}、F_{Qt}、M_t 为静定基本结构在多余约束力作用下的内力，即原超静定结构在温度变化作用下的内力。

3) 支座移动作用

超静定结构在支座移动作用下的位移等于静定基本结构在多余约束力作用下的位移与支座移动引起的刚体位移之和，故

$$\Delta_{kc} = \sum \int \frac{\bar{F}_{Nk}F_{Nc}}{EA}ds + \sum \int \lambda \frac{\bar{F}_{Qk}F_{Qc}}{GA}ds + \sum \int \frac{\bar{M}_kM_c}{EI}ds - \sum_{i=1}^{n} \bar{F}_{Rik}\Delta_{ci} \qquad (5.27)$$

式中，$\bar{F}_{Nk}$、$\bar{F}_{Qk}$、$\bar{M}_k$ 和 $\bar{F}_{Rik}$ 为任一静定基本结构在单位广义力作用下的内力与支座反力；F_{Nc}、F_{Qc}、M_c 为静定基本结构在多余约束力作用下的内力，即原超静定结构在支座移动作用下的内力。

对一般超静定杆系结构，式(5.25)~式(5.27)中的剪力项通常可以忽略，弯矩项和轴力项应根据具体结构形式决定是否考虑。

【例 5.9】 图 5.27(a)所示刚架外侧温度升高 25℃，内侧温度升高 35℃，试求横梁中点 E 的竖向位移 Δ_E^V。已知刚架各杆的 EI 为相同的常数，截面为矩形，其高度 $h=l/10$，材料的线膨胀系数为 α。

【解】 (1) 计算超静定结构(见例 5.7)，得弯矩图如图 5.27(b)所示。

(2) 以静定简支刚架为基本结构，建立虚力状态并求作其 $\bar{F}_{Nk}$ 和 $\bar{M}_k$ 图，如图 5.27(c)所示。

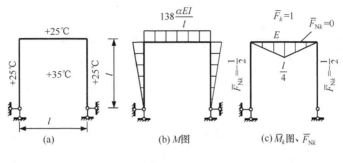

图 5.27

(3) 利用式(5.26)计算所求位移 Δ_E^V，这里忽略剪力项和轴力项的影响，有

$$\Delta_E^V = \Delta_{kt} = \sum \int \frac{\bar{M}_k M_t}{EI} \mathrm{d}s + \sum \int \bar{F}_{Nk} \alpha t_0 \mathrm{d}s + \sum \int \bar{M}_k \frac{\alpha \Delta t}{h} \mathrm{d}s$$

$$= -\frac{1}{EI}\left[\left(\frac{1}{2} \cdot \frac{l}{4} \cdot l\right) \times \frac{138\alpha EI}{l}\right] + 2 \times \alpha \times \frac{25+35}{2} \times \left(-\frac{1}{2} \cdot l\right) + \frac{\alpha \times (35-25)}{h} \times \left(\frac{1}{2} \cdot \frac{l}{4} \cdot l\right)$$

$$= -34.75\alpha l \quad (\uparrow)$$

这里，负号表示实际位移方向与虚力状态中单位力方向相反。

【例 5.10】 如图 5.28(a)所示单跨超静定梁，在支座 A 发生了转角 θ，在支座 B 产生了沉降 a，试求 B 端截面的转角 θ_B。

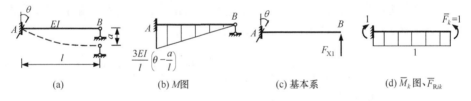

图 5.28

【解】 (1) 计算超静定结构(见例 5.8)，得弯矩图如图 5.28(b)所示。

(2) 考虑图 5.28(c)所示的基本系，建立虚力状态并求作其 $\bar{F}_{Rik}$ 和 $\bar{M}_k$ 图，如图 5.28(d)所示。

(3) 利用式(5.27)计算所求位移 θ_B，这里忽略剪力项和轴力项的影响，有

$$\theta_B = \Delta_{kc} = \sum \int \frac{\bar{M}_k M_c}{EI} \mathrm{d}s - \sum_{i=1}^{n} \bar{F}_{Rik} \Delta_{ci}$$

$$= \frac{1}{EI} \times \left[\frac{1}{2} \cdot \frac{3EI}{l}\left(\theta - \frac{a}{l}\right) \cdot l\right] \times 1 - 1 \times \theta = \frac{1}{2}\left(\theta - \frac{3a}{l}\right)$$

前面介绍的超静定结构位移计算公式是将虚力状态建立在静定基本结构上得到的。如果将虚力状态建立在原超静定结构上，则位移计算公式与第 4 章中静定结构的位移计算公式式(4.16)、式(4.24)、式(4.31)相同。这里以温度变化作用为例说明如下。

设超静定结构受温度变化作用的实际状态 A 如图 5.29(a)所示，欲求 k 截面的竖向位

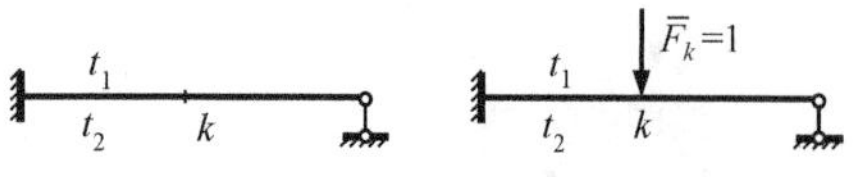

(a) 实际状态A　　(b) 虚力状态B

图 5.29

移 Δ_{kt}，建立图 5.29(b)所示虚力状态 B。根据线性变形体系的虚功原理，有

$$W_{BA} = U_{BA} \tag{5.28}$$

式中，W_{BA} 为虚力状态 B 中的外力在实际状态 A 的位移上所做的外力虚功，即 $W_{BA} = 1 \cdot \Delta_{kt}$；$U_{BA}$ 为虚力状态 B 中的内力在实际状态 A 中形变位移上所做的虚变形功，其表达式为

$$
\begin{aligned}
U_{BA} &= \sum\int \overline{F}_{Nk}\left(\frac{F_{Nt}}{EA}+\alpha t_0\right)ds + \sum\int \lambda\frac{\overline{F}_{Qk}F_{Qt}}{GA}ds + \sum\int \overline{M}_k\left(\frac{M_t}{EI}+\frac{\alpha\Delta t}{h}\right)ds \\
&= \sum\int \frac{\overline{F}_{Nk}F_{Nt}}{EA}ds + \sum\int \lambda\frac{\overline{F}_{Qk}F_{Qt}}{GA}ds + \sum\int \frac{\overline{M}_k M_t}{EI}ds \\
&\quad + \sum\int \overline{F}_{Nk}\alpha t_0 ds + \sum\int \overline{M}_k \frac{\alpha\Delta t}{h}ds \\
&= U'_{BA} + \sum\int \overline{F}_{Nk}\alpha t_0 ds + \sum\int \overline{M}_k \frac{\alpha\Delta t}{h}ds
\end{aligned}
\tag{5.29}
$$

其中，所有内力都是超静定结构的内力。$U'_{BA} = \sum\int \dfrac{\overline{F}_{Nk}F_{Nt}}{EA}ds + \sum\int \lambda\dfrac{\overline{F}_{Qk}F_{Qt}}{GA}ds + \sum\int \dfrac{\overline{M}_k M_t}{EI}ds$ 又可以看成实际状态 A 中的内力在虚力状态 B 中形变位移上所做的虚变形功 U_{AB}，根据虚功原理，有 $U_{AB} = W_{AB}$，而实际状态 A 中无外荷载，虽有支座反力但虚力状态 B 中无支座位移，故外力虚功 $W_{AB} = 0$，所以有

$$U'_{BA} = \sum\int \frac{\overline{F}_{Nk}F_{Nt}}{EA}ds + \sum\int \lambda\frac{\overline{F}_{Qk}F_{Qt}}{GA}ds + \sum\int \frac{\overline{M}_k M_t}{EI}ds = 0 \tag{5.30}$$

综合式(5.28)~式(5.30)可知

$$\Delta_{kt} = \sum\int \overline{F}_{Nk}\alpha t_0 ds + \sum\int \overline{M}_k \frac{\alpha\Delta t}{h}ds \tag{5.31}$$

式(5.31)与静定结构由温度变化引起的位移计算公式(4.31)相同，但这里的 $\overline{F}_{Nk}$、$\overline{M}_k$ 是超静定结构在单位广义力作用下的内力。

下面用式(5.31)来验算例 5.9。取原超静定结构建立虚力状态，并用力法求解其 $\overline{M}_k$ 图、$\overline{F}_{Nk}$ 图，如图 5.30(a)、(b)所示。按公式(5.31)可算得

$$
\begin{aligned}
\Delta_E^V = \Delta_{kt} &= \sum\int \overline{F}_{Nk}\alpha t_0 ds + \sum\int \overline{M}_k \frac{\alpha\Delta t}{h}ds \\
&= \alpha \times \frac{25+35}{2} \times \left[2\times\left(-\frac{1}{2}\cdot l\right)+\left(-\frac{3}{40}\cdot l\right)\right] \\
&\quad + \frac{\alpha\times(25-35)}{h} \times \left[2\times\left(\frac{1}{2}\cdot l\cdot\frac{3l}{40}\right)+\left(l\cdot\frac{3l}{40}\right)-\left(\frac{1}{2}\cdot l\cdot\frac{l}{4}\right)\right] \\
&= -34.75\alpha l \quad (\uparrow)
\end{aligned}
$$

结果与例 5.9 完全一致。

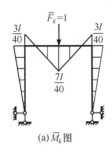

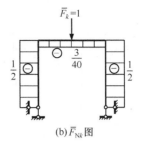

(a) $\overline{M}_k$ 图 (b) $\overline{F}_{Nk}$ 图

图 5.30

5.6 超静定结构内力计算的校核

结构内力是结构设计的依据,所以求得内力后应对其进行校核,以保证其正确性。用力法计算超静定结构,计算步骤和数值运算较多,容易出错,对计算结果进行校核就更加重要。校核工作应该贯穿于计算过程中的各个阶段,就力法计算而言,应根据计算步骤从以下几个方面考虑,要保证每一步都正确。

(1) 超静定次数的判断是否正确,选择的基本结构是否几何不变。

(2) 基本结构的荷载内力图及单位内力图是否正确。

(3) 系数和自由项的计算是否正确。

(4) 求解力法典型方程是否正确,解出多余未知力后应代回原方程,检查是否满足。

(5) 最后内力图的总校核、总检查,这是超静定内力计算校核的最重要环节。

内力图的校核工作应该注意定性分析与定量计算相结合。首先,可根据力学的基本概念(如荷载与内力之间的微分关系等)、简单估算或相关工程经验等对内力图进行定性的分析判断;其次,从平衡条件和位移条件两个方面对内力图进行定量校核。

超静定结构的最后内力图应当完全满足静力平衡条件,即结构的整体或任意一部分,都应满足平衡条件。对于刚架弯矩图的校核,通常可取刚结点为隔离体,检查其是否满足力矩平衡条件;至于剪力图和轴力图的校核,可取结点、杆件或结构的某一部分为隔离体,考查其是否满足投影平衡条件。例如,图 5.31(a)所示刚架,例 5.1 中已作出其内力图,如图 5.31(b)~(d)所示。取结点 C 和杆件 BC 为隔离体,其受力图分别如图 5.31(e)、(f)所示,很容易验证,它们均满足平衡条件 $\sum M = 0$、$\sum F_x = 0$ 和 $\sum F_y = 0$。

校核结构隔离体的平衡条件一般只能选择其中若干种情况进行。这时,只要出现一种情况下隔离体平衡条件不能满足,就说明内力图存在错误,但是,即使所校核的情况都满足了平衡条件,也不能说明最后内力图就是正确的,也就是说满足平衡条件只是内力图无误的必要条件。这是因为超静定结构满足平衡条件的内力可以有无穷多组,最后内力图是在求出了多余约束力之后按平衡条件或叠加法得出的。所以只要力法前面计算步骤中的单位内力图、荷载内力图无误,而且多余约束力求出之后的运算正确,那么无论多余约束力取何数值,最后内力图都能满足平衡条件。因此,为了检查多余约束力的数值正确与否,还必须进行位移条件的校核。

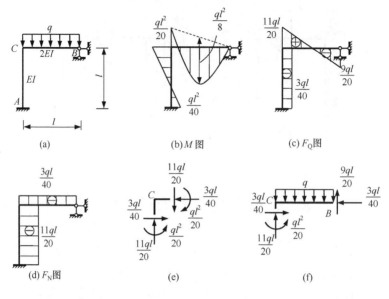

图 5.31

位移条件的校核就是检查根据内力图计算得到的位移与原结构中的已知位移是否相同。常用的方法是选取静定基本结构，计算与多余约束相应的位移，并检查其是否与原结构的位移相符。例如，为校核图 5.31(b)所示弯矩图，可检查固定支座 A 处的转角 θ_A 和刚结点 C 两侧杆端截面的相对转角 $\Delta\theta_C$ 是否为零。为此，取图 5.32(a)所示静定基本结构，分别在结点 A 和 C 施加一个和一对单位力偶，得图 5.32(a)、(b)所示单位内力图，将其与图 5.31(b)进行图乘，得

$$\theta_A = \frac{1}{EI}\left(\frac{1}{3}\times\frac{ql^2}{40}\times 1\times l - \frac{1}{6}\times\frac{ql^2}{20}\times 1\times l\right) = 0$$

$$\Delta\theta_C = \frac{1}{EI}\left(\frac{1}{6}\times\frac{ql^2}{40}\times 1\times l - \frac{1}{3}\times\frac{ql^2}{20}\times 1\times l\right) + \frac{1}{2EI}\left(-\frac{1}{3}\times\frac{ql^2}{20}\times 1\times l + \frac{1}{3}\times\frac{ql^2}{8}\times 1\times l\right) = 0$$

可见，这两个位移条件均满足。当然，也可以检查其他的位移条件。

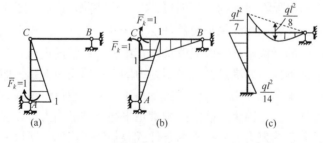

图 5.32

必须指出，有时仅凭一两个平衡条件和位移条件是发现不了计算结果中的错误的。仍以图 5.31(a)所示的超静定刚架为例，有人作出了图 5.32(c)所示的弯矩图，这个弯矩图

仅从平衡方面看是没有任何问题的，而且它与图 5.32(a)所示的单位弯矩图进行图乘的结果也是零，说明它满足结点 A 转角为零的条件。但是，这个弯矩图与图 5.32(b)所示的单位弯矩图相乘的结果却不等于零，说明它不满足刚结点 C 处杆端截面相对转角为零的条件，因此这个弯矩图是错误的。所以，在内力图校核时要尽可能全面。从理论上说，一个 n 次超静定结构需要 n 个位移条件才能求出全部多余约束力，故位移条件的校核也应该进行 n 次。

对于具有封闭无铰框格的刚架，利用框格上任一截面处的相对角位移为零的条件来校核荷载作用下的弯矩图是很方便的。例如，校核图 5.33(a)所示无铰闭合刚架的 M 图时，可取图 5.33(b)中所示基本结构的单位弯矩图 $\bar{M}_k$ 与 M 图相乘，以检查相对转角 $\varDelta_k$ 是否为零。由于 $\bar{M}_k$ 只在这一封闭框格上不为零，且其竖标处处为 1，故对于该封闭框格应有

$$\varDelta_k = \sum \int \frac{\bar{M}_k M}{EI} \mathrm{d}s = \sum \int \frac{M}{EI} \mathrm{d}s = 0$$

这表明，对荷载作用下的弯矩图，在任一封闭无铰框格上，将各杆 M 图的面积除以相应杆件的 EI 后的代数和应等于零。

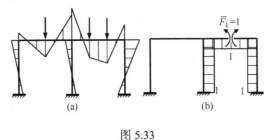

图 5.33

5.7 对称性的利用

在工程中很多结构都具有对称性。结构的对称性是指结构的几何形状、联结方式和支承情况及杆件的截面尺寸和材料性质(即杆件的刚度 EI、EA、GA)等均关于某一几何轴线对称。这根几何轴线称为对称轴，这类具有对称性的结构称为对称结构。如图 5.34(a)所示单层刚架是具有一个竖向对称轴 y—y 的单轴对称结构，图 5.34(b)所示的框型结构是具有 x—x、y—y 两个对称轴的双轴对称结构。

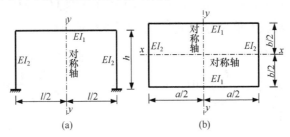

图 5.34

作用在对称结构上的荷载，存在对称荷载和反对称荷载两种特殊的情况。对称荷载是指荷载关于对称轴对称布置，而且将结构沿对称轴对折后，位于对称位置上的两个荷载(包括集中荷载、集中力偶或分布荷载等)的作用点重合，数值相等且方向相同，如图 5.35(a)所示；反对称荷载是指荷载关于对称轴对称布置，而且将结构沿对称轴对折后，位于对称位置上的两荷载大小相等、作用点重合而方向相反，如图 5.35(b)所示。至于作用在对称轴上的荷载[图 5.35(c)]，不妨将其看成无限靠近对称轴的一对半荷载，然后沿对称轴对折后，即可根据两个半荷载的方向是否相同判断原荷载是对称的还是反对称的。不难得到如下结论：作用于对称轴上的力偶是反对称的，作用于对称轴上的集中力或分布力当方向垂直于对称轴时是反对称的，当方向沿对称轴方向时是对称的。

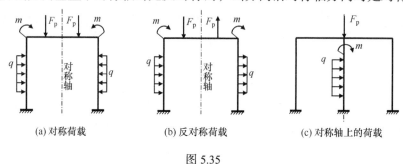

(a) 对称荷载　　　　　　　　(b) 反对称荷载　　　　　　　(c) 对称轴上的荷载

图 5.35

下面讨论如何利用对称结构的特点来简化力法的分析计算。

力法的基本结构是通过解除原结构的多余约束得到的静定结构。选取对称的基本结构可以使力法典型方程中的部分系数和自由项为零，从而使计算得到简化。

对图 5.36(a)所示三次超静定结构，在对称轴处将横梁中间截面 C 切开可得到对称的基本结构，在切口处加上三对多余约束力，即弯矩 F_{X1}、轴力 F_{X2} 和剪力 F_{X3}，形成图 5.36(b)所示基本系。根据力的对称性可知，基本未知量 F_{X1}、F_{X2} 是对称的，基本未知量 F_{X3} 是反对称的。根据基本系在切口两侧相对转角、相对水平线位移和相对竖向线位移均为零的条件，得力法典型方程为

$$\begin{cases} \delta_{11}F_{X1} + \delta_{12}F_{X2} + \delta_{13}F_{X3} + \Delta_{1F} = 0 \\ \delta_{21}F_{X1} + \delta_{22}F_{X2} + \delta_{23}F_{X3} + \Delta_{2F} = 0 \\ \delta_{31}F_{X1} + \delta_{32}F_{X2} + \delta_{33}F_{X3} + \Delta_{3F} = 0 \end{cases}$$

图 5.36(c)～(e)分别给出了基本结构在三个单位未知量单独作用时的弯矩图和变形图。可以看出：对称未知量 F_{X1}、F_{X2} 所对应的单位弯矩图 $\bar{M}_1$、$\bar{M}_2$ 和变形图是对称的；反对称未知量 F_{X3} 所对应的单位弯矩图 $\bar{M}_3$ 和变形图是反对称的。因此，力法典型方程中的副系数为

$$\delta_{13} = \delta_{31} = \sum \int \frac{\bar{M}_1 \bar{M}_3}{EI} \mathrm{d}s = 0, \qquad \delta_{23} = \delta_{32} = \sum \int \frac{\bar{M}_2 \bar{M}_3}{EI} \mathrm{d}s = 0$$

于是力法典型方程简化为

$$\begin{cases} \delta_{11}F_{X1} + \delta_{12}F_{X2} + \Delta_{1F} = 0 \\ \delta_{21}F_{X1} + \delta_{22}F_{X2} + \Delta_{2F} = 0 \\ \delta_{33}F_{X3} + \Delta_{3F} = 0 \end{cases} \tag{5.32}$$

可见，力法典型方程已分为两组，一组只包含对称的基本未知量 F_{X1}、F_{X2}，另一组只包含反对称的基本未知量 F_{X3}。显然，这比一般情形的计算要简单很多。

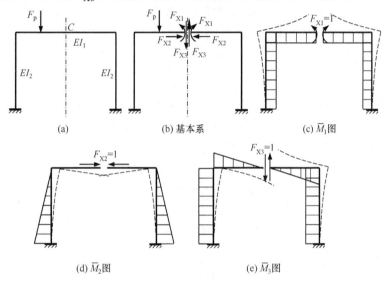

图 5.36

如果对称基本结构不是通过解除对称轴上的约束形成的，如对图 5.37(a)所示刚架，采用图 5.37(b)所示基本系。虽然基本结构是对称的悬臂刚架，但作为基本未知量的多余约束力 F_{X1}、F_{X2} 不是对称力或反对称力，相应的单位弯矩图 $\bar{M}_1$、$\bar{M}_2$ 各自也不是对称图形或反对称图形[图 5.37(c)、(d)]，因此有关的副系数并不为零。

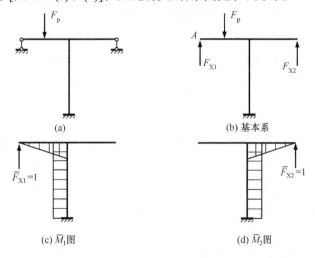

图 5.37

对于这种情况，为了使副系数等于零，可以采取基本未知量分组的方法。将原有的在对称位置上的两个多余约束力 F_{X1}、F_{X2} 分解为两组新的未知力：一组为两个对称的未知力 F_{Y1}，另一组为两个反对称的未知力 F_{Y2}。新、老未知力之间的关系为

$$F_{X1} = F_{Y1} + F_{Y2}, \qquad F_{X2} = F_{Y1} - F_{Y2}$$

以两组未知力 F_{Y1}、F_{Y2} 为基本未知量，建立基本系如图 5.38(a) 所示，相应的单位弯矩图 [图 5.38(b)、(c)] 分别为对称图形和反对称图形。于是，力法典型方程中的副系数 $\delta_{12} = \delta_{21} = 0$，典型方程简化为两个独立的方程：

$$\delta_{11} F_{Y1} + \Delta_{1F} = 0$$
$$\delta_{22} F_{Y2} + \Delta_{2F} = 0$$

这里力法典型方程反映了与广义力 F_{Y1}、F_{Y2} 相应的广义位移条件：第一式表示基本系与广义力 F_{Y1} 相应的广义位移为零，即 A、B 两点同方向的竖向位移之和为零；第二式则表示 A、B 两点反方向的竖向位移之和等于零。

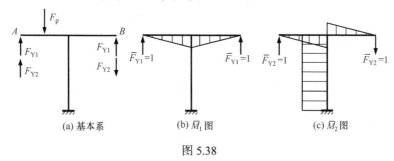

图 5.38

从前面分析可以看出，用力法求解对称结构时，如取对称的基本结构并使基本未知量都是对称力或反对称力，则力法典型方程必然分解成独立的两组，一组只包含对称的基本未知量，另一组只包含反对称的基本未知量，原来的高阶方程组分解为两个低阶方程组，从而使计算得到简化。如果作用在结构上的荷载是对称的或反对称的，还可以使计算得到进一步简化，下面对这两种情况作具体的讨论。

图 5.39(a) 所示对称刚架受到对称荷载作用，切断横梁中间截面建立对称基本系，由前面的分析知力法典型方程可简化为式 (5.32)，由于荷载是对称的，基本结构的荷载弯矩图 M_F 图也是对称的 [图 5.39(b)]，考虑到 $\bar{M}_3$ 图 [图 5.36(e)] 是反对称的，于是

$$\Delta_{3F} = \sum \int \frac{\bar{M}_3 M_F}{EI} \mathrm{d}s = 0$$

代入力法典型方程式 (5.32) 的第三式，可知反对称未知量 $F_{X3} = 0$，因此只有对称的未知量 F_{X1}、F_{X2}。最后弯矩图由 $M = \bar{M}_1 F_{X1} + \bar{M}_2 F_{X2} + M_F$ 可知，它也将是正对称的，其形状如图 5.39(c) 所示。由此可推知，此时结构的所有反力、内力及位移 [图 5.39(a) 中虚线所示] 都将是对称的。但必须注意，此时剪力图是反对称的，这是由剪力的正负号规定所致，而剪力的实际方向则是对称的。

如果作用在结构上的荷载是反对称的 [如图 5.40(a)]，则荷载弯矩图 M_F 图也是反对称的 [图 5.40(b)]，由于 $\bar{M}_1$、$\bar{M}_2$ 图是对称的，于是

$$\Delta_{1F} = \sum \int \frac{\overline{M}_1 M_F}{EI} \mathrm{d}s = 0, \qquad \Delta_{2F} = \sum \int \frac{\overline{M}_2 M_F}{EI} \mathrm{d}s = 0$$

代入力法典型方程式(5.32)的前两式，可知对称未知量 $F_{X1} = F_{X2} = 0$，因此只有反对称的未知量 F_{X3}。最后弯矩图由 $M = \overline{M}_3 F_{X3} + M_F$ 可知是反对称的，其形状如图 5.40(c)所示。而且，此时结构的所有反力、内力及位移[图 5.40(a)中虚线所示]都是反对称的。但必须注意，虽然剪力的实际方向是反对称的，但剪力图是对称的。

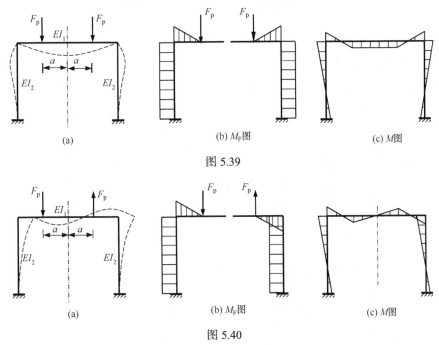

(a)　　　　　　　　　　　(b) M_F图　　　　　　　　(c) M图

图 5.39

图 5.40

综合以上所述可得如下结论：对称结构在对称荷载作用下，其反力、内力和位移都是对称的；在反对称荷载作用下，其反力、内力和位移都是反对称的。根据这些特性，对称结构受对称荷载或反对称荷载作用时，还有另外一种简化计算方法——半结构法，详见第 6.4 节。

当对称结构承受一般非对称荷载时[图 5.41(a)]，通常可以将荷载分解为对称荷载[图 5.41(b)]和反对称荷载[图 5.41(c)]，将它们分别作用于结构上求解，然后将计算结果叠加。显然，若取对称的基本结构计算，则在对称荷载作用下将只有对称的多余约束力，反对称荷载作用下只有反对称的多余约束力。故与图 5.41(b)、(c)相对应的力法基本

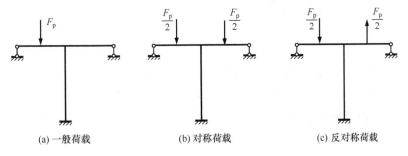

(a) 一般荷载　　　　　　(b) 对称荷载　　　　　　(c) 反对称荷载

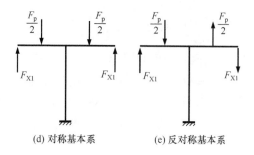

(d) 对称基本系　　　　　(e) 反对称基本系

图 5.41

系分别如图 5.41(d)、(e)所示。

【例 5.11】　试作图 5.42(a)所示刚架的弯矩图。设各杆 *EI* 相同，为常数。

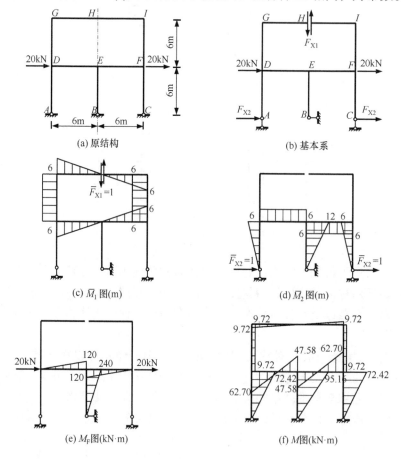

(a) 原结构　　　　　　　　(b) 基本系

(c) $\overline{M}_1$ 图(m)　　　　　(d) $\overline{M}_2$ 图(m)

(e) M_F图(kN·m)　　　　(f) M图(kN·m)

图 5.42

【解】　这是一个 6 次超静定的对称刚架，受反对称荷载作用。分析时为取对称的基本结构，首先在对称轴上解除横梁 *GI* 中点 *H* 处的刚性联结约束和铰支座 *B* 处的竖向约束，相应的多余约束力有 *H* 截面的弯矩 M_H、剪力 F_{QH}、轴力 F_{NH} 和 *B* 支座的竖向反力

F_{VB}，其中 M_H、F_{NH} 和 F_{VB} 为对称力，在反对称荷载作用下均为零，剪力 F_{QH} 是未知的多余约束力，记为 F_{X1}；再解除铰支座 A、C 处的水平约束，在反对称荷载作用下与这两个约束相应的约束力是一对反对称力，记为 F_{X2}。因此，在利用了对称性后，力法基本未知量数目只有 2 个，基本系如图 5.42(b)所示。力法典型方程为

$$\begin{cases} \delta_{11}F_{X1} + \delta_{12}F_{X2} + \Delta_{1F} = 0 \\ \delta_{21}F_{X1} + \delta_{22}F_{X2} + \Delta_{2F} = 0 \end{cases} \tag{a}$$

作单位弯矩图和荷载弯矩图分别如图 5.42(c)～(e)所示，利用图乘法计算柔度系数和自由项，结果如下：

$$\delta_{11} = \frac{720\text{m}^3}{EI}, \quad \delta_{22} = \frac{864\text{m}^3}{EI}, \quad \delta_{12} = \delta_{21} = -\frac{216\text{m}^3}{EI}$$

$$\Delta_{1F} = -\frac{1440\text{kN} \cdot \text{m}}{EI}, \quad \Delta_{2F} = \frac{10080\text{kN} \cdot \text{m}}{EI}$$

将上述系数和自由项代入力法典型方程式(a)，化简后得

$$\begin{cases} 720F_{X1} - 216F_{X2} - 1440 = 0 \\ -216F_{X1} + 864F_{X2} + 10080 = 0 \end{cases}$$

解此方程组，得

$$F_{X1} = -1.62\text{kN}, \qquad F_{X2} = -12.07\text{kN}$$

利用叠加法，由 $M = \bar{M}_1 F_{X1} + \bar{M}_2 F_{X2} + M_F$ 计算各杆弯矩并作弯矩图，如图 5.42(f)所示。

5.8　弹性中心法计算对称无铰拱

5.8.1　弹性中心与弹性中心法

无铰拱是三次超静定结构，对图 5.43(a)所示对称无铰拱，采用对称的基本结构，在拱顶处切开并加上相应的多余约束力可得图 5.43(b)所示基本系，其中弯矩 F_{X1}、轴力 F_{X2} 是对称未知量，剪力 F_{X3} 是反对称未知量，由 5.7 节知，相应的力法典型方程包括一个只含有对称未知量的二元一次方程组和一个关于反对称未知量的一元一次方程，即

$$\begin{cases} \delta_{11}F_{X1} + \delta_{12}F_{X2} + \Delta_{1F} = 0 \\ \delta_{21}F_{X1} + \delta_{22}F_{X2} + \Delta_{2F} = 0 \end{cases} \tag{5.33}$$

和

$$\delta_{33}F_{X3} + \Delta_{3F} = 0 \tag{5.34}$$

如果能设法使式(5.33)中的 $\delta_{12} = \delta_{21} = 0$，则式(5.33)将化为两个形式与式(5.34)相同的关于 F_{X1} 和 F_{X2} 的一元一次方程，计算就更加简化。为此将对称无铰拱沿拱顶截面切开后，在切口两边沿对称轴方向引出两个刚度为无穷大的伸臂——刚臂，然后在两刚臂下端将其刚结，这就得到如图 5.43(c)所示的结构。由于刚臂本身是不变形的，切口两边的截面也就没有任何相对位移，这就保证了此结构与原无铰拱的变形情况完全一致，故在

计算中可以用它来代替原无铰拱。将此结构从刚臂下端的刚结点处切开，并代以多余未知力 F_{X1}、F_{X2} 和 F_{X3}，便得到基本系如图 5.43(d)所示，力法典型方程与式(5.33)、式(5.34)相同。剩下的问题是适当选择刚臂长度 y_s，使 $\delta_{12} = \delta_{21} = 0$。

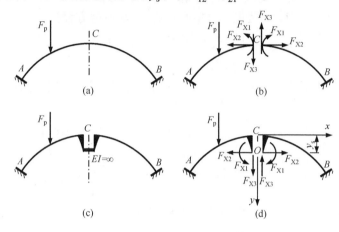

图 5.43

以拱顶 C 为坐标原点，并规定 x 轴向右为正，y 轴向下为正，弯矩以使拱内侧受拉为正，剪力以绕隔离体顺时针方向为正，轴力以拉力为正，则当 $\bar{F}_{X1} = 1$、$\bar{F}_{X2} = 1$、$\bar{F}_{X3} = 1$ 分别单独作用在刚臂端点 O 时，基本结构中的内力为

$$\begin{cases} \bar{M}_1 = 1, & \bar{F}_{Q1} = 0, & \bar{F}_{N1} = 0 \\ \bar{M}_2 = y - y_s, & \bar{F}_{Q2} = \sin\varphi, & \bar{F}_{N2} = -\cos\varphi \\ \bar{M}_3 = x, & \bar{F}_{Q3} = \cos\varphi, & \bar{F}_{N3} = \sin\varphi \end{cases} \qquad (5.35)$$

式中，φ 为拱轴切线与 x 轴所夹锐角，在右半拱为正，左半拱为负。

由式(5.35)可得

$$\delta_{12} = \delta_{21} = \int \frac{\bar{M}_1 \bar{M}_2}{EI} \mathrm{d}s = \int \frac{1 \times (y - y_s)}{EI} \mathrm{d}s = \int \frac{y}{EI} \mathrm{d}s - y_s \int \frac{1}{EI} \mathrm{d}s$$

令 $\delta_{12} = \delta_{21} = 0$，便可得到刚臂的长度为

$$y_s = \frac{\displaystyle\int \frac{y}{EI} \mathrm{d}s}{\displaystyle\int \frac{1}{EI} \mathrm{d}s} \qquad (5.36)$$

当已知拱轴线方程 $y(x)$，截面惯性矩变化规律 $I(x)$ 时，代入式(5.36)便可确定刚臂端点 O 的位置。现设想沿拱轴线作出宽度为 $\dfrac{1}{EI}$ 的带状图形，如图 5.44 所示，从中取出微段 $\mathrm{d}s$，其微面积 $\mathrm{d}A = \dfrac{1}{EI}\mathrm{d}s$，所以式(5.36)中的分母和分子分别代表该带状图形的总面积和其对 x 轴的面积矩，该式计算的是这个图形的形心坐标。由于该图形的面积与结构的弹性性质 EI 有关，故称它为弹性面积图，它的形心称为弹性中心，即刚臂端点 O 位于弹性中心。

因此,对称无铰拱的计算可先由式(5.36)确定弹性中心的位置;然后取对称的两个带刚臂的悬臂曲梁为基本结构,并使刚臂下端处于弹性中心;最后以刚臂端点的弯矩、轴力和剪力为基本未知量,建立典型方程求解。这种方法称为弹性中心法。

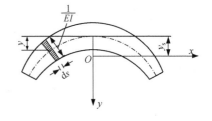

图 5.44

5.8.2 荷载作用下无铰拱的计算

荷载作用下弹性中心法解对称无铰拱的力法典型方程为

$$\begin{cases} \delta_{11}F_{X1} + \Delta_{1F}= 0 \\ \delta_{22}F_{X2} + \Delta_{2F}= 0 \\ \delta_{33}F_{X3} + \Delta_{3F}= 0 \end{cases} \tag{5.37}$$

式中,主系数和自由项的计算一般仍采用直杆的位移计算公式。对于多数情况,计算时可忽略轴向变形和剪切变形的影响,但在计算 δ_{22} 时,有时还需考虑轴向变形的影响。因此,主系数和自由项的计算通常采用下列算式:

$$\begin{cases} \delta_{11} = \int \dfrac{\overline{M}_1^2}{EI}\mathrm{d}s = \int \dfrac{1}{EI}\mathrm{d}s \\[2mm] \delta_{22} = \int \dfrac{\overline{M}_2^2}{EI}\mathrm{d}s + \int \dfrac{\overline{F}_{N2}^2}{EA}\mathrm{d}s = \int (y-y_s)^2 \dfrac{\mathrm{d}s}{EI} + \int \cos^2\varphi \dfrac{\mathrm{d}s}{EA} \\[2mm] \delta_{33} = \int \dfrac{\overline{M}_3^2}{EI}\mathrm{d}s = \int \dfrac{x^2}{EI}\mathrm{d}s \end{cases} \tag{5.38}$$

$$\begin{cases} \Delta_{1F} = \int \dfrac{\overline{M}_1 M_F}{EI}\mathrm{d}s = \int \dfrac{M_F}{EI}\mathrm{d}s \\[2mm] \Delta_{2F} = \int \dfrac{\overline{M}_2 M_F}{EI}\mathrm{d}s = \int \dfrac{(y-y_s)M_F}{EI}\mathrm{d}s \\[2mm] \Delta_{3F} = \int \dfrac{\overline{M}_3 M_F}{EI}\mathrm{d}s = \int \dfrac{x M_F}{EI}\mathrm{d}s \end{cases} \tag{5.39}$$

将各系数和自由项代入力法典型方程式(5.37)便可求得弹性中心处的三个多余约束力,然后即可用叠加法计算拱中任一截面的内力,有

$$\begin{cases} M = F_{X1} + F_{X2}(y-y_s) + F_{X3}x + M_F \\ F_Q = F_{X2}\sin\varphi + F_{X3}\cos\varphi + F_{QF} \\ F_N = -F_{X2}\cos\varphi + F_{X3}\sin\varphi + F_{NF} \end{cases} \tag{5.40}$$

式中, M_F 、 F_{QF} 和 F_{NF} 为基本结构在荷载作用下的弯矩、剪力和轴力。

【例 5.12】 图 5.45(a)所示等截面圆弧无铰拱,受竖向均布荷载 q=20kN/m 作用,试计算该拱的水平推力及拱顶和拱趾截面处的弯矩。设跨度 l=16m,拱高 f=4m。

【解】 (1) 求圆拱的半径 R 和半拱的圆心角 φ_0。

由直角三角形 OBE,可得

$$R^2 = (R - f)^2 + \left(\frac{l}{2}\right)^2$$

所以

$$R = \frac{l^2 + 4f^2}{8f} = 10\text{m}$$

$$\sin\varphi_0 = \frac{BE}{OB} = 0.8, \quad \cos\varphi_0 = 0.6, \quad \varphi_0 = 0.9273\text{rad}$$

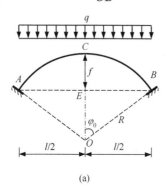
(a)

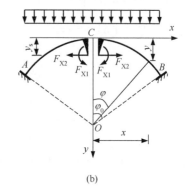
(b)

图 5.45

(2) 确定弹性中心位置。

以拱顶 C 为原点，建立图 5.45(b)所示坐标系，拱轴上任意一点的坐标(x, y)与其圆心角φ的关系为

$$x = R\sin\varphi, \qquad y = R(1 - \cos\varphi)$$

弹性中心至拱顶 C 的距离为

$$y_s = \frac{\int \dfrac{y}{EI}\mathrm{d}s}{\int \dfrac{1}{EI}\mathrm{d}s} = \frac{2\int_0^{\varphi_0} R(1 - \cos\varphi) \cdot R\mathrm{d}\varphi}{2\int_0^{\varphi_0} R\mathrm{d}\varphi} = R\left(1 - \frac{\sin\varphi_0}{\varphi_0}\right) = 1.373\text{m}$$

(3) 求系数和自由项。

由于对称，只有对称的未知力 F_{X1}、F_{X2}，计算 δ_{22} 也只考虑弯矩的影响，由式(5.38)得

$$\delta_{11} = \int \frac{\bar{M}_1^2}{EI}\mathrm{d}s = \int \frac{1}{EI}\mathrm{d}s = \frac{2}{EI}\int_0^{\varphi_0} R\mathrm{d}\varphi = \frac{2R\varphi_0}{EI} = \frac{18.546\text{m}}{EI}$$

$$\delta_{22} = \int \frac{\bar{M}_2^2}{EI}\mathrm{d}s = \int (y - y_s)^2 \frac{\mathrm{d}s}{EI} = \frac{2}{EI}\int_0^{\varphi_0} R^2\left(\frac{\sin\varphi_0}{\varphi_0} - \cos\varphi\right)^2 \cdot R\mathrm{d}\varphi$$

$$= \frac{2R^3}{EI}\left(\frac{\varphi_0}{2} - \frac{\sin^2\varphi_0}{\varphi_0} + \frac{1}{4}\sin 2\varphi_0\right) = \frac{26.948\text{m}^3}{EI}$$

基本结构在荷载单独作用下的弯矩方程为

$$M_{\mathrm{F}} = -\frac{qx^2}{2} = -\frac{q}{2}R^2 \sin^2 \varphi$$

由式(5.39)得

$$\Delta_{1\mathrm{F}} = \int \frac{\bar{M}_1 M_{\mathrm{F}}}{EI}\mathrm{d}s = \int \frac{M_{\mathrm{F}}}{EI}\mathrm{d}s = \frac{2}{EI}\int_0^{\varphi_0}\left(-\frac{q}{2}R^2\sin^2\varphi\right)\cdot R\mathrm{d}\varphi$$

$$= -\frac{qR^3}{EI}\left(\frac{\varphi_0}{2} - \frac{1}{4}\sin 2\varphi_0\right) = -\frac{4473\mathrm{kN}\cdot\mathrm{m}^2}{EI}$$

$$\Delta_{2\mathrm{F}} = \int \frac{\bar{M}_2 M_{\mathrm{F}}}{EI}\mathrm{d}s = \int \frac{(y-y_{\mathrm{s}})M_{\mathrm{F}}}{EI}\mathrm{d}s = \frac{2}{EI}\int_0^{\varphi_0}R\left(\frac{\sin\varphi_0}{\varphi_0} - \cos\varphi\right)\cdot\left(-\frac{q}{2}R^2\sin^2\varphi\right)\cdot R\mathrm{d}\varphi$$

$$= -\frac{qR^4}{EI}\left(\frac{1}{2}\sin\varphi_0 - \frac{1}{4\varphi_0}\sin\varphi_0\sin 2\varphi_0 - \frac{1}{3}\sin^3\varphi_0\right) = \frac{4456.120\mathrm{kN}\cdot\mathrm{m}^3}{EI}$$

(4) 计算多余约束力和内力。

多余约束力为

$$F_{\mathrm{X}1} = -\frac{\Delta_{1\mathrm{F}}}{\delta_{11}} = \frac{4473}{18.546} = 241.184\mathrm{kN}\cdot\mathrm{m}$$

$$F_{\mathrm{X}2} = -\frac{\Delta_{2\mathrm{F}}}{\delta_{22}} = \frac{4456.120}{26.948} = 165.360\mathrm{kN}$$

拱的水平推力为

$$F_{\mathrm{H}} = F_{\mathrm{X}2} = 165.360\mathrm{kN}$$

拱顶和拱趾截面弯矩利用式(5.40)计算，有

$$M_C = F_{\mathrm{X}1} - F_{\mathrm{X}2}y_{\mathrm{s}} + M_{\mathrm{F}C} = 241.184 - 165.360\times1.373 = 14.145\mathrm{kN}\cdot\mathrm{m}$$

$$M_A = M_B = F_{\mathrm{X}1} + F_{\mathrm{X}2}(f-y_{\mathrm{s}}) + M_{\mathrm{F}A}$$

$$= 241.184 + 165.360\times(4-1.373) - \frac{20\times8^2}{2} = 35.586\mathrm{kN}\cdot\mathrm{m}$$

5.8.3 温度变化及支座移动作用下无铰拱的计算

无铰拱与其他超静定结构一样，在温度变化时将会产生内力，而且不可忽视。图 5.46(a)
所示对称无铰拱，设拱的外侧温度升高 t_1，内侧温度升高 t_2。力法计算时仍采用弹性中
心法，基本系如图 5.46(b)所示。由于温度变化情况是对称于 y 轴的，故有 $F_{\mathrm{X}3} = 0$，力法
典型方程为

$$\begin{cases} \delta_{11}F_{\mathrm{X}1} + \Delta_{1\mathrm{t}} = 0 \\ \delta_{22}F_{\mathrm{X}2} + \Delta_{2\mathrm{t}} = 0 \end{cases} \tag{5.41}$$

式中主系数的计算同式(5.38)，自由项为

$$\Delta_{1\mathrm{t}} = \int \bar{M}_1\frac{\alpha\Delta t}{h}\mathrm{d}s = \alpha\Delta t\int\frac{\mathrm{d}s}{h}$$

$$\Delta_{2\mathrm{t}} = \int \bar{M}_2\frac{\alpha\Delta t}{h}\mathrm{d}s + \int \bar{F}_{\mathrm{N}2}\alpha t_0\mathrm{d}s = \alpha\Delta t\int(y-y_{\mathrm{s}})\frac{\mathrm{d}s}{h} - \alpha t_0 l$$

将各系数和自由项代入力法典型方程式(5.41)，求解可得弹性中心处的多余约束力为

$$\begin{cases} F_{X1} = -\dfrac{\alpha\Delta t \displaystyle\int \dfrac{\mathrm{d}s}{h}}{\displaystyle\int \dfrac{\mathrm{d}s}{EI}} \\[6mm] F_{X2} = -\dfrac{\alpha\Delta t \displaystyle\int (y-y_s)\dfrac{\mathrm{d}s}{h} - \alpha t_0 l}{\displaystyle\int (y-y_s)^2 \dfrac{\mathrm{d}s}{EI} + \int \cos^2\varphi \dfrac{\mathrm{d}s}{EA}} \end{cases} \tag{5.42}$$

求得多余约束力后，即可用叠加法计算拱中任一截面的内力

$$\begin{cases} M = F_{X1} + F_{X2}(y-y_s) \\ F_Q = F_{X2}\sin\varphi \\ F_N = -F_{X2}\cos\varphi \end{cases} \tag{5.43}$$

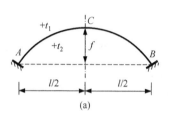

图 5.46

若 $t_1 = t_2 = t_0$，即拱的内、外侧温度变化相同，则 $\Delta t = 0$，有 $F_{X1} = 0$。这表明当全拱温度均匀改变时，在弹性中心处只产生水平多余约束力 F_{X2}，升温时为压力，降温时为拉力。

支座移动也会使无铰拱产生内力。图 5.47(a)所示对称无铰拱，左侧支座 A 发生向左的水平位移 a、向下的竖直位移 b 和顺时针方向的转角 θ。现仍采用弹性中心法，基本系如图 5.47(b)所示，力法典型方程为

$$\begin{cases} \delta_{11}F_{X1} + \Delta_{1c} = 0 \\ \delta_{22}F_{X2} + \Delta_{2c} = 0 \\ \delta_{33}F_{X3} + \Delta_{3c} = 0 \end{cases} \tag{5.44}$$

式中，主系数仍按式(5.38)计算，自由项按公式 $\Delta_{ic} = -\sum_j \overline{F}_{Rji}\Delta_{cj}$ 计算，得

$$\Delta_{1c} = -\theta, \qquad \Delta_{2c} = a - (f - y_s)\theta, \qquad \Delta_{3c} = b + \dfrac{l\theta}{2}$$

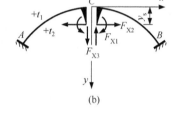

图 5.47

于是，可求得弹性中心处的多余约束力为

$$\begin{cases} F_{X1} = -\dfrac{\Delta_{1c}}{\delta_{11}} = \dfrac{\theta}{\displaystyle\int \dfrac{ds}{EI}} \\[4mm] F_{X2} = -\dfrac{\Delta_{2c}}{\delta_{22}} = -\dfrac{a-(f-y_s)\theta}{\displaystyle\int (y-y_s)^2 \dfrac{ds}{EI} + \int \cos^2 \varphi \dfrac{ds}{EA}} \\[4mm] F_{X3} = -\dfrac{\Delta_{3c}}{\delta_{33}} = -\dfrac{b+\dfrac{l\theta}{2}}{\displaystyle\int x^2 \dfrac{ds}{EI}} \end{cases} \tag{5.45}$$

利用叠加法可求得无铰拱中任意截面的内力为

$$\begin{cases} M = F_{X1} + F_{X2}(y-y_s) + F_{X3}x \\ F_Q = F_{X2}\sin\varphi + F_{X3}\cos\varphi \\ F_N = -F_{X2}\cos\varphi + F_{X3}\sin\varphi \end{cases} \tag{5.46}$$

由式(5.45)、式(5.46)可以看出，无铰拱的截面刚度 EI、EA 越大，由支座移动产生的反力和内力也越大。需要注意的是，与两铰拱不同，即使只有竖向支座位移，也会在无铰拱中产生内力。

5.9 超静定结构的特性

超静定结构与静定结构相比较，两者的区别主要在于有、无多余约束。由于多余约束的存在，超静定结构具有以下一些重要特性。了解这些特性有助于加深对超静定结构的认识，并更好地应用它们。

(1) 超静定结构中温度变化和支座沉陷等会产生内力。

"没有荷载，就没有内力"这一结论只适用于静定结构，而不适用于超静定结构。在超静定结构中，支座移动、温度变化、材料收缩、制造误差等非荷载因素一般都会引起内力。这是因为超静定结构中存在多余约束，当结构受到这些因素影响而发生位移时，一般将要受到多余约束的限制，因而相应地要产生内力。这类由非荷载因素引起的内力一般称为自内力。

工程中存在大量的超静定结构，温度变化和支座沉降的影响必须重视，为了防止这些因素产生过大的自内力，在结构设计时通常采用预留温度缝和沉降缝等措施。另外，也可以主动地利用这种自内力来调节超静定结构的内力。如对于连续梁，可以通过改变支座的高度来调整梁的内力，以得到更合理的内力分布。

(2) 超静定结构的内力与结构杆件的刚度有关。

由于多余约束和多余约束力的存在，超静定结构的反力和内力只由静力平衡条件无法完全确定，还必须考虑变形条件才能确定。因此，超静定结构的反力和内力与杆件的材料性质和截面尺寸有关,即与杆件的刚度有关。在荷载作用时,超静定结构的反力和内力与各杆刚度的相对比值有关。温度变化或支座移动等非荷载因素在超静定结构中引起的内力,一般与各杆刚度的大小(即绝对值)成正比。

在实际工程中,计算超静定结构前,必须事先确定各杆截面大小或其相对值。但是,由于内力尚未算出,故通常只能根据经验拟定或用较简单的方法近似估算各杆的截面尺寸,以此为基础进行计算。然后,按算出的内力再选择所需的截面,这与事先拟定的截面当然不一定相符,这就需要重新调整截面再进行计算。如此反复进行,直至得出满意的结果为止。因此,设计超静定结构的过程比设计静定结构复杂。但是,同样也可以利用这一特性,通过改变各杆的刚度大小来调整超静定结构的内力分布,以达到顶期的目的。但是,需要注意的是,在温度变化和支座移动情况下,简单地增加结构截面尺寸,并不能有效地减小变温或支座移动引起的内力。

(3) 超静定结构具有较强的防护能力。

静定结构有一个约束破坏时,就成为几何可变体系,从而丧失承载能力。但超静定结构不同,当多余约束被破坏时,结构仍为几何不变体系,还具有一定的承载能力,因此超静定结构具有较强的防护能力。在设计防护结构时,应充分考虑这一点来选择合理的结构形式。

(4) 超静定结构的内力和位移峰值小于同类静定结构。

超静定结构由于具有多余约束,一般情况下要比相应的静定结构刚度大些,它的位移和内力峰值一般小于相应的静定结构。在局部荷载作用下,超静定结构的内力影响范围更广,内力分布也比较均匀。

例如,图 5.48(a)所示两端固定等截面梁,当全梁受均布荷载作用时,最大弯矩为 $\dfrac{ql^2}{12}$,最大挠度为 $\dfrac{ql^4}{384EI}$。但跨度、荷载、刚度均相同的简支梁[图 5.48(b)]的最大弯矩为 $\dfrac{ql^2}{8}$,最大挠度为 $\dfrac{5ql^4}{384EI}$。再如,图 5.49(a)、(b)分别给出了两跨简支梁和两跨连续梁在左跨跨中受集中力作用时的弯矩图,可以看出后者的分布范围更广、更均匀。

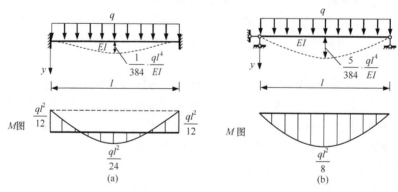

图 5.48

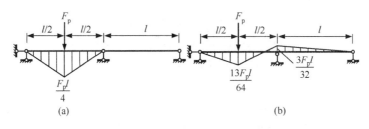

图 5.49

5.10　等截面直杆的转角位移方程

单跨超静定梁的计算是位移法的基础。为给第 6 章讨论位移法作准备，本节先研究单跨超静定梁在荷载、温度变化及支座移动作用下的杆端内力的计算问题。常见的单跨超静定梁有下列三种形式：两端固定梁[图 5.50(a)]，一端固定、另一端铰支的梁[图 5.50(b)] 和一端固定、另一端滑移支承的梁[图 5.50(c)]。

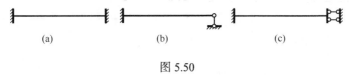

图 5.50

为适应位移法的需要，对杆端位移和杆端力的正负号作如下规定：杆端转角以顺时针转向为正，垂直于杆轴线的相对线位移以使杆件做顺时针转动为正，如图 5.51(a)中的杆端位移 φ_A、φ_B、Δ_{AB} 均为正值，β_{AB} 称为 AB 杆的弦转角。杆端弯矩以对杆端顺时针方向为正(对结点或支座则以逆时针方向为正)，杆端剪力正向的规定仍与前面各章一致，即以使隔离体做顺时针转动为正。图 5.51(b)所绘各力均为正值。

图 5.51

5.10.1　荷载和温度变化作用下单跨超静定梁的杆端内力

荷载或温度变化作用下的单跨超静定梁的内力可用力法求解。下面以图 5.52(a)所示两端固定的等截面梁受集中力作用为例进行讨论。

该梁是一个 3 次超静定结构，现以悬臂梁为基本结构，去掉右侧支座并代之以三个多余约束力 F_{X1}、F_{X2} 和 F_{X3}，得基本系如图 5.52(b)所示。

在原结构中，B 点处不可能发生转动和移动，据此位移条件可写出力法典型方程为

$$\begin{cases} \delta_{11}F_{X1} + \delta_{12}F_{X2} + \delta_{13}F_{X3} + \Delta_{1F} = 0 \\ \delta_{21}F_{X1} + \delta_{22}F_{X2} + \delta_{23}F_{X3} + \Delta_{2F} = 0 \\ \delta_{31}F_{X1} + \delta_{32}F_{X2} + \delta_{33}F_{X3} + \Delta_{3F} = 0 \end{cases}$$

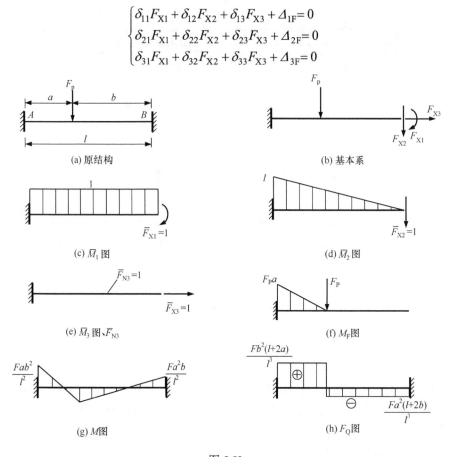

图 5.52

作单位弯矩图 $\bar{M}_1$、$\bar{M}_2$、$\bar{M}_3$，如图 5.52(c)～(e)所示，荷载弯矩图 M_F 如图 5.52(f)所示，利用图乘法可算得

$$\delta_{11} = \frac{l}{EI}, \quad \delta_{22} = \frac{l^3}{3EI}, \quad \delta_{12} = \delta_{21} = \frac{l^2}{2EI}, \quad \delta_{13} = \delta_{31} = \delta_{23} = \delta_{32} = 0$$

$$\delta_{33} = \frac{l}{EA}(\text{这里考虑了轴力，因}\ \bar{F}_3 = 1\ \text{沿轴向作用，只产生轴力})$$

$$\Delta_{1F} = \frac{Fa^2}{2EI}, \quad \Delta_{2F} = \frac{Fa^2}{6EI}(3b + 2a), \quad \Delta_{3F} = 0$$

将以上系数和自由项代入力法典型方程后，解得

$$F_{X1} = \frac{Fa^2 b}{l^2}, \quad F_{X2} = -\frac{Fa^2(l + 2b)}{l^3}, \quad F_{X3} = 0$$

因此，AB 梁 B 端的弯矩、剪力和轴力为

$$M_{BA} = \frac{Fa^2 b}{l^2}, \quad F_{QBA} = -\frac{Fa^2(l + 2b)}{l^3}, \quad F_{NBA} = 0$$

由静力平衡条件可求得 A 端的弯矩、剪力和轴力为

$$M_{AB} = \frac{Fab^2}{l^2}, \quad F_{QAB} = -\frac{Fb^2(l+2a)}{l^3}, \quad F_{NAB} = 0$$

最后弯矩图和剪力图如图 5.52(g)、(h)所示。梁的轴力为零，事实上，无轴向荷载作用时梁内便无轴力。

对于其他荷载及温度变化情况也可相似地计算，另外两类单跨超静定梁同样可用力法计算或根据两端固定梁的结果导出。表 5.3 给出了几种常见荷载及温度变化作用下单跨超静定梁的杆端弯矩和剪力，称为固端弯矩和固端剪力，用 M_{AB}^{F}、M_{BA}^{F} 和 F_{QAB}^{F}、F_{QBA}^{F} 表示。因为它们是只与荷载有关的常数，所以又叫作载常数。

表 5.3　等截面单跨超静定梁的载常数

图号	简图	弯矩图	杆端弯矩		杆端剪力	
			M_{AB}^{F}	M_{BA}^{F}	F_{QAB}^{F}	F_{QBA}^{F}
1	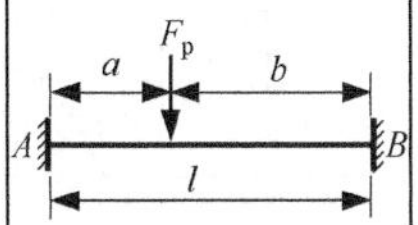		$-\dfrac{F_p ab^2}{l^2}$	$\dfrac{F_p a^2 b}{l^2}$	$\dfrac{F_p b^2}{l^2}\left(1+\dfrac{2a}{l}\right)$	$-\dfrac{F_p a^2}{l^2}\left(1+\dfrac{2b}{l}\right)$
			$-\dfrac{F_p l}{8}$ $(a=b)$	$\dfrac{F_p l}{8}$ $(a=b)$	$\dfrac{F_p}{2}$ $(a=b)$	$-\dfrac{F_p}{2}$ $(a=b)$
2	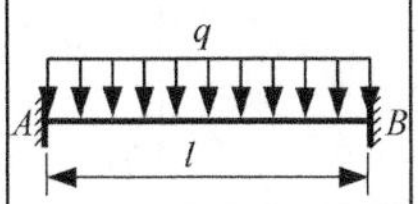		$-\dfrac{ql^2}{12}$	$\dfrac{ql^2}{12}$	$\dfrac{ql}{2}$	$-\dfrac{ql}{2}$
3	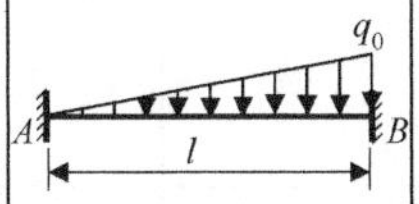	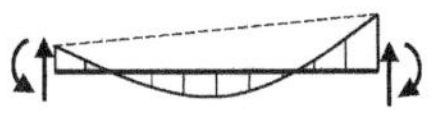	$-\dfrac{q_0 l^2}{30}$	$\dfrac{q_0 l^2}{20}$	$\dfrac{3q_0 l}{20}$	$-\dfrac{7q_0 l}{20}$
4	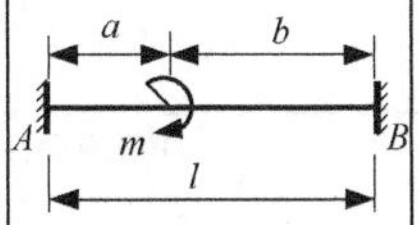	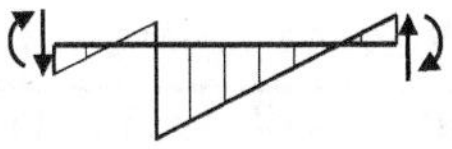	$\dfrac{mb}{l^2}(2l-3b)$	$\dfrac{ma}{l^2}(2l-3a)$	$-\dfrac{6ab}{l^3}m$	$-\dfrac{6ab}{l^3}m$
			$\dfrac{m}{4}$ $(a=b)$	$\dfrac{m}{4}$ $(a=b)$	$-\dfrac{3}{2}\dfrac{m}{l}$ $(a=b)$	$-\dfrac{3}{2}\dfrac{m}{l}$ $(a=b)$
5	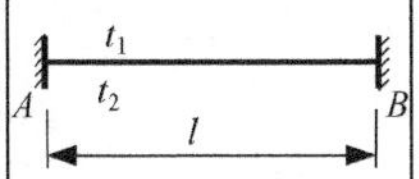	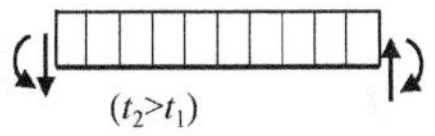 $(t_2>t_1)$	$-\dfrac{\alpha\Delta t EI}{h}$ $(\Delta t = t_2 - t_1)$	$\dfrac{\alpha\Delta t EI}{h}$ $(\Delta t = t_2 - t_1)$	0	0
6	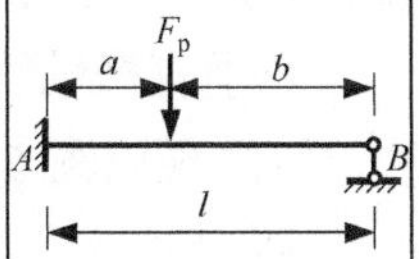	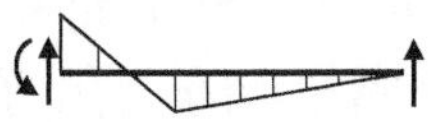	$-\dfrac{F_p ab(l+b)}{2l^2}$	0	$-\dfrac{F_p b(3l^2-b^2)}{2l^3}$	$-\dfrac{F_p a(3l^2-a^2)}{2l^3}$
			$-\dfrac{3F_p l}{16}$ $(a=b)$		$\dfrac{11F_p}{16}$ $(a=b)$	$\dfrac{5F_p}{16}$ $(a=b)$
7	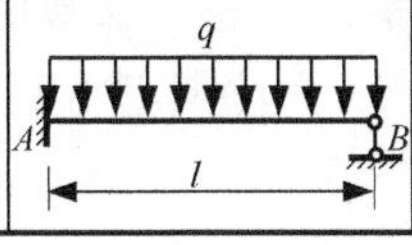	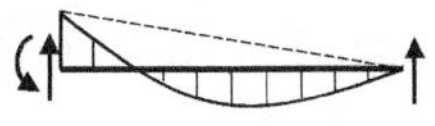	$-\dfrac{ql^2}{8}$	0	$\dfrac{5ql}{8}$	$-\dfrac{3ql}{8}$

图号	简图	弯矩图	杆端弯矩		杆端剪力	
			M_{AB}^{F}	M_{BA}^{F}	F_{QAB}^{F}	F_{QBA}^{F}
8			$-\dfrac{q_0 l^2}{15}$	0	$\dfrac{2q_0 l}{5}$	$-\dfrac{q_0 l}{10}$
9			$\dfrac{m(l^2-3b^2)}{2l^2}$ $\dfrac{m}{8}$ $(a=b)$ $\dfrac{m}{2}$ $(a=l)$	0 m $(a=l)$	$-\dfrac{3m(l^2-b^2)}{2l^3}$ $-\dfrac{9}{8}\dfrac{m}{l}$ $(a=b)$ $\dfrac{3m}{2l}$ $(a=l)$	$-\dfrac{3m(l^2-b^2)}{2l^3}$ $-\dfrac{9}{8}\dfrac{m}{l}$ $(a=b)$ $\dfrac{3m}{2l}$ $(a=l)$
10		$(t_2>t_1)$	$-\dfrac{3\alpha\Delta t EI}{2h}$ $(\Delta t=t_2-t_1)$	0	$\dfrac{3\alpha\Delta t EI}{2hl}$ $(\Delta t=t_2-t_1)$	$\dfrac{3\alpha\Delta t EI}{2hl}$ $(\Delta t=t_2-t_1)$
11			$-\dfrac{F_p a(l+b)}{2l}$ $-\dfrac{3F_p l}{8}$ $(a=b)$	$-\dfrac{F_p a^2}{2l}$ $-\dfrac{F_p l}{8}$ $(a=b)$	F_p	0
12			$-\dfrac{ql^2}{3}$	$-\dfrac{ql^2}{6}$	ql	0
13		$(t_2>t_1)$	$-\dfrac{\alpha\Delta t EI}{h}$ $(\Delta t=t_2-t_1)$	$-\dfrac{\alpha\Delta t EI}{h}$ $(\Delta t=t_2-t_1)$	0	0

注：表中第 3 列内弯矩图绘在受拉侧，杆端弯矩和剪力的方向是实际方向。第 5、10、13 行中，杆件横截面为矩形，高为 h。

5.10.2 支座移动作用下单跨超静定梁的杆端内力

单跨超静定梁发生支座移动时带动梁的两端发生相同的杆端位移。对 A、B 两端固定的梁，与杆端内力有关的支座移动或杆端位移有两端的转角 φ_A、φ_B 及垂直杆轴线的相对位移 Δ_{AB}。单跨梁在支座移动作用下产生的杆端内力仍可用力法求解。现以图 5.53(a) 所示两端固定梁在 φ_A 作用下的问题为例进行讨论。

与前面一样，仍然取悬臂梁为基本结构，同时考虑到轴力为零，故基本未知量为 B 端的弯矩和剪力，分别用 F_{X1} 和 F_{X2} 表示，基本系如图 5.53(b) 所示。力法典型方程为

$$\begin{cases} \delta_{11}F_{X1} + \delta_{12}F_{X2} + \Delta_{1c} = 0 \\ \delta_{21}F_{X1} + \delta_{22}F_{X2} + \Delta_{2c} = 0 \end{cases}$$

作单位弯矩图 $\bar{M}_1$、$\bar{M}_2$，如图 5.53(c)、(d)所示，柔度系数前面已经求得

$$\delta_{11} = \frac{l}{EI}, \qquad \delta_{22} = \frac{l^3}{3EI}, \qquad \delta_{12} = \delta_{21} = \frac{l^2}{2EI}$$

常数项可以从基本结构在 A 端发生顺时针转角 φ_A 所产生的位移图中，由几何关系得到，为

$$\Delta_{1c} = \varphi_A, \qquad \Delta_{2c} = l\varphi_A$$

将系数和自由项代入力法典型方程后，解得

$$F_{X1} = \frac{2EI}{l}\varphi_A, \qquad F_{X2} = -\frac{6EI}{l^2}\varphi_A$$

它们就是 AB 梁 B 端的弯矩 M_{BA}、剪力 F_{QBA}。由静力平衡条件可求得 A 端的弯矩、剪力为

$$M_{AB} = \frac{4EI}{l}\varphi_A, \qquad F_{QAB} = -\frac{6EI}{l^2}\varphi_A$$

最后弯矩图和剪力图如图 5.53(e)、(f)所示。

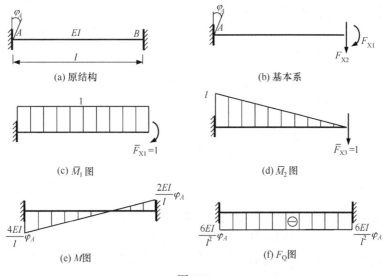

图 5.53

对于等截面两端固定梁，当两支座在垂直于杆轴线方向发生相对线位移 Δ_{AB} 时，同样可用力法计算。对 A 端固定、B 端铰支的单跨梁，与杆端内力有关的支座移动有 φ_A 和 Δ_{AB}，而 B 端的转角 φ_B 是随 φ_A 和 Δ_{AB} 而变的非独立变量。对 A 端固定、B 端滑移的单跨梁，与杆端内力有关的支座移动有 φ_A 和 φ_B，而 Δ_{AB} 是随 φ_A 和 φ_B 而变的非独立变量。这两类单跨超静定梁同样可用力法计算或根据两端固定梁的结果导出。

表 5.4 给出了单跨超静定梁在支座移动作用下的杆端内力。表中所给均为单位杆端位移时的杆端弯矩和杆端剪力，称为劲度(刚度)系数。它们是只与杆长、杆截面尺寸和材料性质有关的常数，所以又称为形常数。表中还将 $\frac{EI}{l}$ 简记为 i_{AB}，称为 AB 杆的线抗弯

刚度,简称线刚度。

表 5.4 等截面单跨超静定梁的形常数

图号	简图	弯矩图	杆端弯矩		杆端剪力	
			M_{AB}^F	M_{BA}^F	F_{QAB}^F	F_{QBA}^F
1			$4i_{AB}$	$2i_{AB}$	$-\dfrac{6i_{AB}}{l}$	$-\dfrac{6i_{AB}}{l}$
2			$-\dfrac{6i_{AB}}{l}$	$-\dfrac{6i_{AB}}{l}$	$\dfrac{12i_{AB}}{l^2}$	$\dfrac{12i_{AB}}{l^2}$
3			$3i_{AB}$	0	$-\dfrac{3i_{AB}}{l}$	$-\dfrac{3i_{AB}}{l}$
4			$-\dfrac{3i_{AB}}{l}$	0	$\dfrac{3i_{AB}}{l^2}$	$\dfrac{3i_{AB}}{l^2}$
5			i_{AB}	$-i_{AB}$	0	0

注:表中第 3 列内弯矩图绘在受拉侧,杆端弯矩和剪力的方向是实际方向。

5.10.3 转角位移方程

当单跨超静定梁受到荷载、温度变化及支座移动共同作用时,其杆端内力可根据叠加原理,由表 5.3、表 5.4 中相应各栏的杆端内力值叠加而得。通常把杆端内力与杆端位移及杆上荷载和温度变化之间的函数关系称为杆件的转角位移方程。对三种基本的等截面单跨超静定梁 AB,其转角位移方程如下。

1) 两端固定梁[图 5.54(a)]

$$\begin{cases} M_{AB} = 4i_{AB}\varphi_A + 2i_{AB}\varphi_B - \dfrac{6i_{AB}}{l}\varDelta_{AB} + M_{AB}^F \\[2mm] M_{BA} = 2i_{AB}\varphi_A + 4i_{AB}\varphi_B - \dfrac{6i_{AB}}{l}\varDelta_{AB} + M_{BA}^F \\[2mm] F_{QAB} = -\dfrac{6i_{AB}}{l}\varphi_A - \dfrac{6i_{AB}}{l}\varphi_B + \dfrac{12i_{AB}}{l^2}\varDelta_{AB} + F_{QAB}^F \\[2mm] F_{QBA} = -\dfrac{6i_{AB}}{l}\varphi_A - \dfrac{6i_{AB}}{l}\varphi_B + \dfrac{12i_{AB}}{l^2}\varDelta_{AB} + F_{QBA}^F \end{cases} \tag{5.47}$$

2) A 端固定、B 端简支梁[图 5.54(b)]

$$\begin{cases} M_{AB} = 3i_{AB}\varphi_A - \dfrac{3i_{AB}}{l}\Delta_{AB} + M_{AB}^{\mathrm{F}} \\ M_{BA} = 0 \\ F_{QAB} = -\dfrac{3i_{AB}}{l}\varphi_A + \dfrac{3i_{AB}}{l^2}\Delta_{AB} + F_{QAB}^{\mathrm{F}} \\ F_{QBA} = -\dfrac{3i_{AB}}{l}\varphi_A + \dfrac{3i_{AB}}{l^2}\Delta_{AB} + F_{QBA}^{\mathrm{F}} \end{cases} \tag{5.48}$$

3) A 端固定、B 端滑移梁[图 5.54(c)]

$$\begin{cases} M_{AB} = i_{AB}\varphi_A - i_{AB}\varphi_B + M_{AB}^{\mathrm{F}} \\ M_{BA} = -i_{AB}\varphi_A + i_{AB}\varphi_B + M_{AB}^{\mathrm{F}} \\ F_{QAB} = F_{QAB}^{\mathrm{F}} \\ F_{QBA} = 0 \end{cases} \tag{5.49}$$

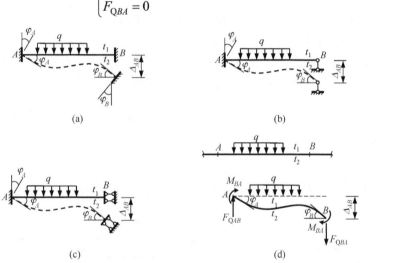

图 5.54

需要说明的是，杆件的受力状态是由其两端的角位移、相对线位移及作用于杆上的荷载等唯一确定的。因此，无论是静定的悬臂梁、简支梁，还是图 5.54(b)、(c)所示的超静定梁，只要强迫其杆端转角和相对线位移与图 5.54(a)所示的两端固定梁相同，则当梁上荷载和变温也相同时，它们与两端固定梁的受力状态完全相同。也就是说，当杆端位移均为给定值时，不管其原有支承条件如何，都相当于两端固定梁。因此，对结构中的任一杆件或杆段 AB，设在外因作用下发生变形后，其杆端转角为 φ_A、φ_B，杆端相对线位移为 Δ_{AB}，且杆上有外荷载作用，如图 5.54(d)所示，其杆端内力 M_{AB}、M_{BA} 和 F_{QAB}、F_{QBA} 可以由式(5.47)计算。

思考题

5.1　力法解超静定结构的思路是什么?

5.2　什么是力法的基本结构? 结构的超静定次数与基本结构的选取是否有关?

5.3　什么是力法的基本系? 基本系与原结构有何异同?

5.4　力法典型方程的物理意义是什么? 方程中每一系数和自由项的含义是什么?

5.5　力法典型方程的右端是否一定为零? 在什么情况下不为零?

5.6　超静定结构的内力与各杆的刚度是什么关系?

5.7　什么是对称结构? 怎样利用对称性简化力法计算?

5.8　计算超静定结构的位移时,为什么可以将单位荷载加在静定的基本结构上?

5.9　用力法计算超静定结构,计算结果如何校核? 为什么仅仅校核平衡条件是不够的? 如何校核变形协调条件?

5.10　如果 $\bar{M}_1$、$\bar{M}_2$ 和 M_F 图都是正确的, 但 F_{X1}、F_{X2} 不正确, 则 $M = \bar{M}_1 F_{X1} + \bar{M}_2 F_{X2} + M_F$ 满足什么条件? 不满足什么条件?

5.11　用力法计算超静定结构,是否可以只撤除部分多余约束而采用超静定的基本系,从而建立一个阶数低于原结构超静定次数的典型方程? 在什么条件下可以这样做?

 习题

5.1　试确定图示结构的超静定次数, 并用解除多余约束法将其变为静定结构。

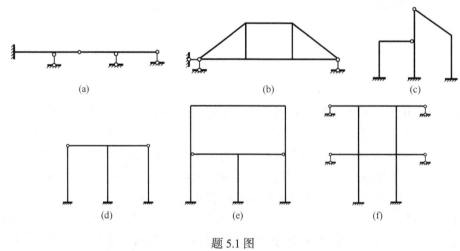

题 5.1 图

5.2　试用力法计算图示超静定梁, 并作 M、F_Q 图。

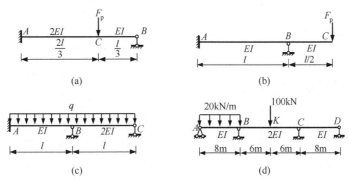

题 5.2 图

5.3 试用力法计算图示超静定刚架，并作 M、F_Q、F_N 图。

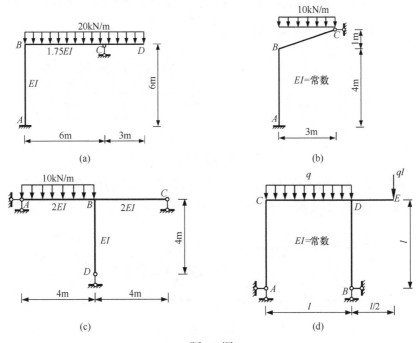

题 5.3 图

5.4 试用力法计算图示超静定刚架，并作 M 图。

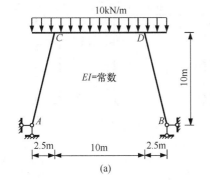

(a)

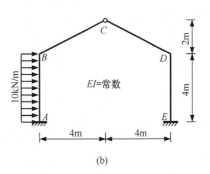

(b)

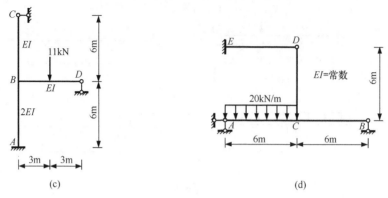

(c)　　　　　　　　　　　(d)

题 5.4 图

5.5　试用力法计算图示超静定桁架各杆的轴力(两个桁架中各杆的 EA 均为常数)。

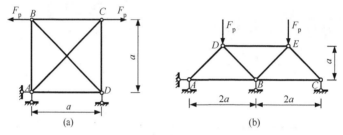

(a)　　　　　　　　　　　(b)

题 5.5 图

5.6　试用力法计算图示超静定组合结构，求二力杆的轴力并作梁式杆的 M 图。其中二力杆的 EA 和梁式杆的 EI 均为常数，且 $EA=10EI/a^2$。

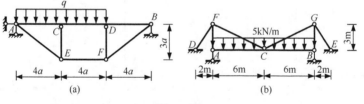

(a)　　　　　　　　　　　(b)

题 5.6 图

5.7　试用力法计算图示排架，并作 M 图。

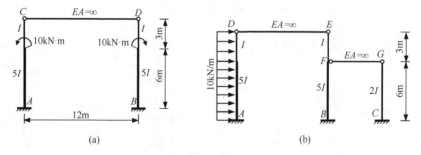

(a)　　　　　　　　　　　(b)

题 5.7 图

5.8　试求图示等截面半圆拱的支座水平推力，并作 M 图。设 EI 为常数，并只考虑弯矩对位移的影响。

5.9　试推导抛物线两铰拱在均布荷载作用下拉杆内力的表达式。拱截面 EI 为常数，拱轴线方程为 $y = \dfrac{4f}{l^2}x(l-x)$。计算位移时拱只考虑弯矩的影响，并设 $\mathrm{d}s = \mathrm{d}x$。

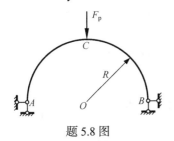

题 5.8 图

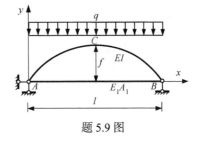

题 5.9 图

5.10　结构的温度改变如图所示，EI 为常数，各杆截面均为矩形，其高度 $h = \dfrac{l}{10}$，材料的线膨胀系数为 α，试作 M 图。

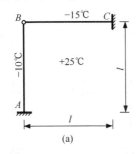

(a)

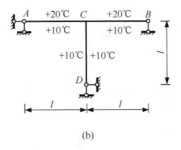

(b)

题 5.10 图

5.11　梁的支座发生如图所示位移，试以两种不同的基本系进行计算，并绘制 M 图。

5.12　图示连续梁，已知 $I = 7114\mathrm{cm}^4$，$E = 210\mathrm{GPa}$，$l = 10\mathrm{m}$，$F_\mathrm{p} = 50\mathrm{kN}$。若欲使梁内最大正、负弯矩的绝对值相等，试问应将中间支座升高或降低多少？

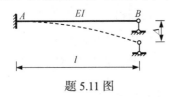

题 5.11 图

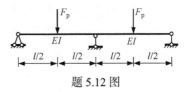

题 5.12 图

5.13　试计算习题 5.2(d) 中 K 点的竖向位移和截面 C 的转角。

5.14　试计算图示刚架中 D 点的竖向位移及铰 D 左右两截面的相对转角。

5.15　试计算图示刚架因温度变化引起的结点 C 的角位移。设各杆截面均为矩形，其高度 $h = \dfrac{l}{10}$，EI 为常数，材料的线膨胀系数为 α。

5.16　试利用对称性计算图示结构，并作 M 图。图(b)中 $EA = \dfrac{3EI}{l^2}$。

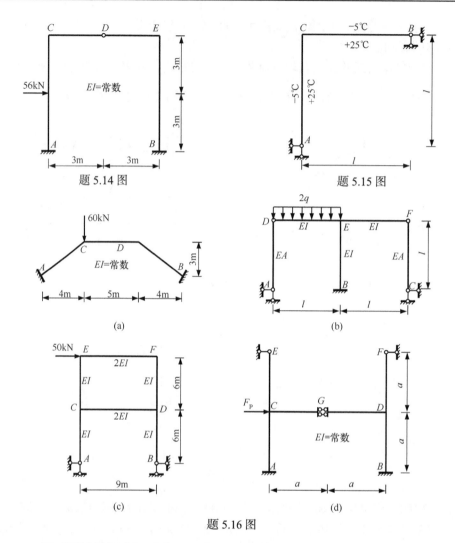

题 5.14 图

题 5.15 图

(a)

(b)

(c)

(d)

题 5.16 图

5.17　图示刚架各杆为矩形截面，截面尺寸为 $b \times h$，按以下两种情况求作刚架的 M 图，并加以比较。(1)计算时忽略轴向变形；(2)计算时考虑轴向变形。

5.18　图示等截面对称圆弧无铰拱，半径 $R=8m$，半跨受均布荷载 $q=10kN/m$ 作用。试求其水平推力和拱顶、拱趾处的弯矩，计算系数时只考虑弯矩的影响。

题 5.17 图

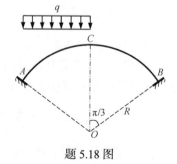

题 5.18 图

第 6 章 位 移 法

力法是分析超静定结构的基本方法之一，它以多余约束力为基本未知量，未知量数目与超静定次数相同。在工程实践中，随着施工技术与建筑材料的发展，出现了越来越多的高次超静定结构，用力法求解这类结构时未知量太多，计算过于烦琐，人们开始寻找新的结构分析方法。20 世纪初提出的位移法便是其中之一。该方法以结点位移为基本未知量，求出结点位移后再计算结构内力。在结构分析的发展进程中，位移法占有重要地位，在它的基础上，人们又提出了如力矩分配法、无剪力分配法、矩阵位移法等结构分析方法。

6.1 位移法基本原理

为了说明位移法的基本原理，首先分析图 6.1(a)所示刚架。在荷载作用下，刚架将发生如图 6.1(a)中虚线所示的变形。该结构为 3 次超静定，用力法求解时有 3 个基本未知量。若转变研究思路，分析结构的结点位移会发现，在忽略杆件轴向变形的情况下，此刚架在结点 A 只发生角位移，设此转角为 φ_1。根据位移协调条件，与刚结点 A 相联的 AB、AC、AD 三根杆件的 A 端均发生转角 φ_1，三根杆件的受力和变形状态与图 6.1(b)所示的三根单跨超静定梁相同。其中 AB 杆相当于一端固定一端滑移支承梁在固定端 A 发生转角 φ_1；AC 杆相当于两端固定梁在固定端 A 发生转角 φ_1；AD 杆相当于一端固定一端铰支梁受荷载 F_p 和固定端 A 转角 φ_1 的共同作用。显然，只要能确定角位移 φ_1，即可利用表 5.3 和表 5.4 或等截面直杆转角位移方程确定各杆内力。角位移 φ_1 称为位移法的基本未知量。

为使原结构能够转化为三个单跨梁，需在结点 A 上添加一个阻止结点转动(不阻止移动)的约束，称为附加刚臂，用符号 "▼" 表示，如图 6.1(c)所示。加刚臂后的结点 A 既不转动也不移动，改造后的结构即图 6.1(b)所示三个单跨超静定梁在结点 A 处联结在一起而形成的单跨超静定梁组合体。该组合体在原荷载作用的同时让结点 A 发生转角 φ_1，则各杆件的位移状态和受力状态均与原结构一致，故附加刚臂的约束反力矩 F_{R1} 也应与原结构一致(即零)。

在上述过程中，可将荷载 F_p 与角位移 φ_1 这两个因素分开讨论后再进行叠加。荷载 F_p 单独作用时无结点角位移，如图 6.1(d)所示，此时杆 AB 和 AC 无荷载作用，不产生内力和变形，而杆 AD 在荷载 F_p 作用下将产生内力和变形，刚臂上为阻止结点 A 转动而产生的约束反力矩为 F_{R1F}；角位移 φ_1 单独作用时无荷载作用，如图 6.1(e)所示，杆 AB、AC 及 AD 的 A 端都发生转角 φ_1，使三杆均产生内力与变形，由此在刚臂上产生的约束反力矩为 F_{R11}。将上述两个过程叠加，使之与原结构等效，则刚臂上的约束力矩应满足

$F_{R1} = F_{R1F} + F_{R11} = 0$ ，由此条件即可确定结点转角 φ_1 。

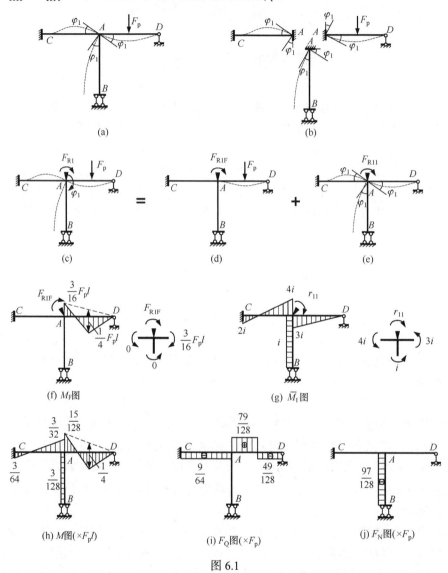

图 6.1

下面具体讨论 φ_1 的求法。在图 6.1(c)中，原结构通过添加刚臂约束而被改造成的单跨梁组合体称为位移法的基本结构。基本结构承受荷载 F_p 及未知的结点转角位移 φ_1 共同作用构成位移法的基本体系(简称基本系)。设三根杆件的长度和线刚度均分别为 l 和 i 。图 6.1(d)中，基本结构仅受荷载作用，利用载常数表(表 5.3)计算杆端弯矩后，可作出荷载弯矩图 M_F ，如图 6.1(f)所示，再由结点 A 的力矩平衡条件求出附加刚臂的约束反力矩为

$$F_{R1F} = -\frac{3}{16}F_p l$$

图 6.1(e)中，基本结构仅受 φ_1 的作用，附加刚臂的反力矩为 F_{R11} 。由于 φ_1 尚为未知量，可先求出 $\varphi_1 = 1$ 作用下附加刚臂的反力矩 r_{11} ，再利用叠加原理，得 $F_{R11} = r_{11}\varphi_1$ 。这

里，利用形常数表(表 5.4)得到 $\varphi_1 = 1$ 作用下的杆端弯矩，作出如图 6.1(g)所示单位弯矩图 $\bar{M}_1$ 后，由结点 A 的力矩平衡条件，可求出刚臂反力矩为

$$r_{11} = i + 4i + 3i = 8i$$

最后，将上述两个因素单独作用下的反力矩叠加，便得到附加刚臂的总反力矩 $F_{R1} = F_{R1F} + F_{R11}$，令其等于零，即得

$$r_{11}\varphi_1 + F_{R1F} = 0$$

上式称为位移法典型方程，由此解得

$$\varphi_1 = -\frac{F_{R1F}}{r_{11}} = \frac{3F_p l}{128i}$$

结构内力也可由图 6.1(f)和(g)，利用叠加公式 $M = \bar{M}_1 \varphi_1 + M_F$ 得到。例如，AD 杆 A 端弯矩为

$$M_{AD} = \bar{M}_{1AD}\varphi_1 + M_{FAD} = 3i \times \frac{3F_p l}{128i} - \frac{3}{16}F_p l = -\frac{15}{128}F_p l$$

求出各杆杆端弯矩后，便可作出原结构的弯矩图，如图 6.1(h)所示，进而可作出剪力图[图 6.1(i)]和轴力图[图 6.1(j)]。

超静定结构的结点既可能发生角位移也可能发生线位移。如图 6.2(a)所示铰接排架结构，在荷载 q 作用下将发生如图 6.2(b)中虚线所示变形。若忽略立柱的轴向变形，则铰结点 B、C 只有水平线位移，又因为链杆 BC 的轴向刚度 $EA = \infty$，即杆件长度保持不变，所以结构变形后 B、C 两点的水平线位移相等，用 Δ_1 表示，设方向向右。为使原结构能转化为两个单跨梁的组合体，可在结点 C 处加一个水平链杆支座约束，以阻止结点 B、C 发生水平位移，如图 6.2(c)所示。这样 AB、DC 两杆都成为一端固定一端铰支的单跨梁，其中 AB 杆受原有均布荷载 q 作用。为使各杆件的位移状态与原结构一致，再让结点 C 发生水平位移 Δ_1，这时结构的受力状态也应与原结构一致，故附加链杆的约束反力 F_{R1} 应为零。

附加链杆的约束反力 F_{R1} 同样可由荷载 q 与线位移 Δ_1 分别单独作用时的约束反力 F_{R1F} 和 F_{R11}[图 6.2(e)、(f)]叠加得到，则

$$F_{R1} = F_{R1F} + F_{R11} = r_{11}\Delta_1 + F_{R1F} = 0 \tag{6.1}$$

其中，r_{11} 为 $\Delta_1 = 1$ 单独作用时附加链杆上的反力。分别利用形常数表和载常数表作出单位弯矩图 $\bar{M}_1$[图 6.2(h)]和荷载弯矩图 M_F[图 6.2(g)]后，再以 BC 杆为隔离体[图 6.2(c)]，考虑其水平方向力的投影平衡条件，可得

$$r_{11} = \bar{F}_{QBA}^1 + \bar{F}_{QCD}^1 = \frac{3i}{l^2} + \frac{3i}{l^2} = \frac{6i}{l^2}$$

$$F_{R1F} = F_{QBA}^F + F_{QCD}^F = -\frac{3}{8}ql + 0 = -\frac{3}{8}ql$$

代入式(6.1)可解得

$$\Delta_1 = -\frac{F_{R1F}}{r_{11}} = \frac{ql^3}{16i}(\rightarrow)$$

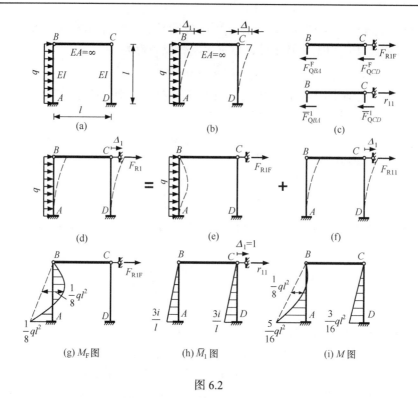

图 6.2

最后利用叠加公式 $M = \bar{M}_1\Delta_1 + M_F$ 计算杆端弯矩后，便可作出结构的弯矩图，如图 6.2(i)所示。

从以上两例可见，位移法的基本原理为：以结构的结点位移为基本未知量，通过附加约束将结构改造为单跨超静定梁组合体，根据该单跨超静定梁组合体受原荷载和结点位移共同作用时在附加约束处的约束力为零这一条件建立典型方程，求解结点位移，并通过叠加法计算内力。

6.2　位移法的基本未知量、基本系和典型方程

6.2.1　基本假设和符号规定

在用位移法计算梁和刚架时，常采用如下基本假设：①不计轴向变形；②弯曲变形是微小的。基于这两个假设，可以认为杆件变形前后两个杆端之间的距离保持不变。

为规范、方便求解，位移法中采用以下符号规定：①杆端位移和杆端力的符号采用 5.10 节的规定；②结点角位移规定以顺时针为正，结点线位移没有统一规定，习惯上水平线位移以指向右为正，竖向线位移以向下为正；③附加约束上的约束反力规定以与结点位移方向一致为正。

6.2.2　位移法的基本未知量与基本结构

位移法将结点位移作为基本未知量，理论上讲，位移法中可以取所有未知结点位移

为未知量，但在用位移法计算梁和刚架时，是通过将其转化为单跨超静定梁的组合体进行的，因此一般只需取实现上述转化所必须约束的未知结点位移为基本未知量即可。下面讨论如何确定基本未知量。

　　一般而言，结点位移包括角位移和线位移。位移法中通常将未知的刚结点转角取为基本未知量，结点角位移未知量的数目一般等于刚结点的个数。如图 6.3(a)所示超静定梁，忽略杆长变化并考虑支座约束，所有结点线位移均为零，B、C、D 三结点的角位移未知，但只要约束了 B、C 处的转角即可将该连续梁转化为三个单跨超静定梁[图 6.3(b)]。故而铰结端结点 D 的转角可不必作为基本未知量。对联结抗弯刚度 $EI=\infty$ 杆件的刚结点而言，其转角等于杆件的弦转角，并不是独立的角位移，一般无须取为位移法的基本未知量。例如，图 6.3(c)中，AB 杆的抗弯刚度 $EI=\infty$，杆件不发生弯曲变形，在不考虑两竖杆杆长变化的情况下，其弦转角为零，故刚结点 A、B 的角位移为零，不作为未知量。C 结点是组合结点，杆件 CD 与 CG 在此刚性联结，故其转角应作为角位移未知量。因此，只需在 C 处附加刚臂[图 6.3(d)]即将原刚架转化为单跨超静定梁组合体。

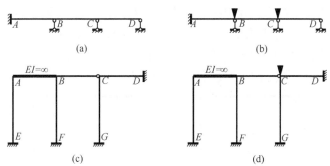

图 6.3

　　在确定结点线位移未知量时，由于位移法采用了前述两点假设，刚架中有些结点线位移可能不独立，为了减少计算工作量，一般只取独立结点线位移为位移法的基本未知量。如图 6.4(a)所示刚架，在荷载 F_p 作用下，将产生如图 6.4(b)虚线所示位移，不计受弯杆杆长的变化，则结点 A、B、C 无竖向位移，水平位移相等，均为 Δ，因此只有一个独立的未知线位移。在 C 处附加水平支座链杆，并在刚结点 A、B、C 处附加刚臂，如图 6.4(c)所示，则原超静定结构就转化为 5 个两端固定的单跨梁组合体。

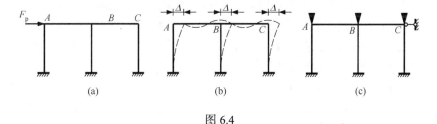

图 6.4

　　可见，确定结点线位移未知量数目，实际上就是确定结构独立结点线位移的数目。

一般情况下，独立结点线位移的数目可直接观察判定。例如，图 6.5(a)所示四层刚架，由于不考虑杆件的轴向变形，各结点的竖向位移为零，每层中三个结点的水平线位移相同，故独立的结点线位移数目为 4，另外还有 12 个刚结点的角位移，如图 6.5(b)所示附加相应的约束后，即将原结构转化为单跨超静定梁组合体。

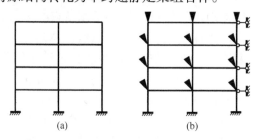

图 6.5

再如，图 6.6(a)所示排架结构，由于排架结构顶部拉压杆一般认为 $EA=\infty$，故结点 A、B、C 的水平线位移相同，只有一个独立的结点线位移，附加如图 6.6(b)所示支座链杆后，三个立柱就是三根一端固定一端铰支的单跨梁；但若拉压杆 BC 的轴向刚度不是无穷大，如图 6.6(c)所示，则结点 A、B 的水平线位移相同，而结点 C 的水平线位移与之不同，因此，结点 A、C 的水平线位移都是独立线位移，应在结点 A、C 处附加水平支座链杆才能转化为单跨超静定梁组合体[图 6.6(d)]。

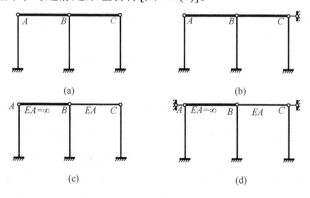

图 6.6

对于复杂的刚架结构，有时难以直接判断独立的结点线位移，可将刚架铰化成为铰结体系，用几何组成分析方法加以确定。结构铰化就是将结构中所有刚结点(包括固定支座)都改为铰结点。由于铰化后体系约束减少，可能变为几何可变体系，则该体系的自由度数就是原结构的独立结点线位移数目。换句话说，为了使铰结体系成为几何不变体系而需要增加的最少的支座链杆数就等于原结构的独立结点线位移数目，支座链杆所约束的线位移即位移法的线位移未知量。例如，对图 6.7(a)所示刚架，铰化以后的体系如图 6.7(b)所示，需要注意的是，这里杆段 CF 和 FI 的刚度不同，应将它们看成 2 根杆件，F 点为刚结点。该铰结体系是自由度为 4 的几何可变体系，使此体系成为几何不变体系只需在结点 B、C、E、F 处增加支座链杆[图 6.7(c)]即可，因此原结构的独立结点线位移的数目为 4, 可取结点 C、E、F 的水平位移和 B 结点的竖向位移为线位移未知量。再考虑 5 个刚结点 A、C、D、E、F 的角位移未知量, 附加约束后的单跨超静定梁组合体如图 6.7(d)所示。

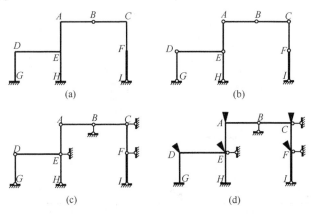

图 6.7

总之, 位移法的基本未知量等于结构的独立结点位移数目, 其中独立结点角位移数一般等于刚结点数, 独立结点线位移数等于结构铰化后保持几何不变性所需增加的最少的链杆数。

基本未知量确定后, 只要在取角位移为未知量的结点处添加阻止转动的附加刚臂, 在取线位移为未知量的结点处添加阻止线位移的附加链杆, 就能将原结构改造成为单跨超静定梁的组合体, 得到位移法的基本结构。图 6.3(b)、(d), 图 6.4(c), 图 6.5(b), 图 6.6(b)、(d)及图 6.7(d)等均为相应结构的位移法基本结构。

6.2.3 位移法的基本系与典型方程

图 6.8(a)所示刚架有一个结点角位移未知量(B 结点的转角)φ_1 和一个独立结点线位移未知量(B、C 结点的线位移)Δ_2, 在添加附加约束后得到的基本结构上施加原荷载及未知结点位移, 即构成位移法的基本系, 如图 6.8(b)所示。由于基本系应与原结构等效, 附加约束内的约束力必须等于零, 即有 $F_{R1}=0$、$F_{R2}=0$。利用叠加原理, 基本系中的总约束力是基本结构在各个因素单独作用下的约束力之和。设荷载单独作用产生的相应约束力为 F_{R1F}、F_{R2F}, 如图 6.8(c)所示; 角位移 φ_1 单独作用产生的相应约束力为 F_{R11}、F_{R21}, 如图 6.8(d)所示; 线位移 Δ_2 单独作用产生的相应约束力为 F_{R12}、F_{R22}, 如图 6.8(e)所示。叠加后得到如下方程:

$$\begin{cases} F_{R1} = F_{R11} + F_{R12} + F_{R1F} = 0 \\ F_{R2} = F_{R21} + F_{R22} + F_{R2F} = 0 \end{cases} \tag{6.2}$$

利用单跨梁的内力计算成果, 可作出基本系在荷载作用下的弯矩图 M_F, 如图 6.8(f)所示。由于 φ_1 和 Δ_2 未知, 通常先作出单位位移作用下的弯矩图, 再进行叠加计算。在 $\varphi_1 = 1$ 作用下的弯矩图 $\bar{M}_1$ 如图 6.8(g)所示, 在 $\Delta_2 = 1$ 作用下的弯矩图 $\bar{M}_2$ 如图 6.8(h)所示。

取结点 B 和杆件 BC 为隔离体，如图 6.8(i)～(k)所示，根据平衡条件可分别求得约束力 F_{R1F} 与 F_{R2F}，r_{11} 与 r_{21}，r_{12} 与 r_{22}。由此可得位移法典型方程为

$$\begin{cases} r_{11}\varphi_1 + r_{12}\Delta_2 + F_{R1F} = 0 \\ r_{21}\varphi_1 + r_{22}\Delta_2 + F_{R2F} = 0 \end{cases} \tag{6.3}$$

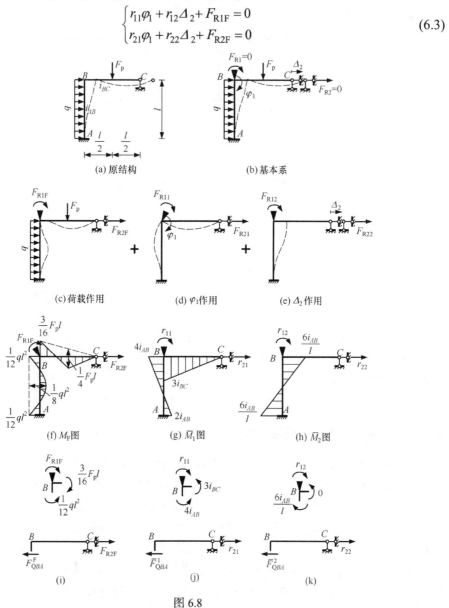

图 6.8

对于有 n 个基本未知量的结构，角位移与线位移未知量统一用 Δ_Z 表示，同样可建立由 n 个线性方程组成的位移法典型方程：

$$\begin{cases} r_{11}\Delta_{Z1} + r_{12}\Delta_{Z2} + \cdots + r_{1n}\Delta_{Zn} + F_{R1F} = 0 \\ r_{21}\Delta_{Z1} + r_{22}\Delta_{Z2} + \cdots + r_{2n}\Delta_{Zn} + F_{R2F} = 0 \\ \qquad\qquad\qquad \cdots\cdots \\ r_{n1}\Delta_{Z1} + r_{n2}\Delta_{Z2} + \cdots + r_{nn}\Delta_{Zn} + F_{RnF} = 0 \end{cases} \tag{6.4}$$

式中，r_{ij} 为基本结构在附加约束 j 处的单位位移单独作用下，所引起的附加约束 i 处的约束力，称为劲度系数(或刚度系数)；自由项 F_{RiF} 为基本结构受荷载单独作用时在附加约束 i 处产生的约束力。它们可利用各因素单独作用下的结点力矩平衡条件和截面上力的投影平衡条件求出。劲度系数和自由项规定以与该附加约束所设位移方向一致为正，劲度系数具有如下特点：主系数 r_{ii} 恒大于零；副系数 $r_{ij}(i \neq j)$ 和自由项则可能为正、负或零，且根据反力互等定理有 $r_{ij} = r_{ji}$。典型方程的系数行列式不等于零，可求得唯一解答。

求解典型方程得到结点位移后，原结构的最后弯矩可用如下叠加公式计算：

$$M = \bar{M}_1 \Delta_{Z1} + \bar{M}_2 \Delta_{Z2} + \cdots + \bar{M}_n \Delta_{Zn} + M_F \tag{6.5}$$

6.3 位移法计算步骤与举例

6.3.1 位移法的计算步骤

根据以上所述，将位移法的计算步骤归纳如下：

(1) 确定基本未知量，建立基本系。判断结点角位移和线位移基本未知量，增加附加约束使原结构变为单跨超静定梁组合体，在其上作用原荷载和与基本未知量相应的结点位移，得到原结构的位移法基本系。

(2) 建立典型方程。根据基本系附加约束处约束力为零的条件，建立位移法的典型方程。

(3) 求系数与自由项。分别作出基本结构在各单位结点位移单独作用下的单位内力图和在荷载单独作用下的荷载内力图，根据平衡条件计算典型方程中的系数和自由项。

(4) 求解典型方程，得出各结点位移。

(5) 作内力图。由叠加法计算结构内力，绘制内力图。

(6) 校核。可通过结构整体或局部平衡条件，对内力图进行校核。

6.3.2 举例

【例 6.1】 用位移法计算如图 6.9(a)所示刚架，并作内力图，已知线刚度 $i = EI/l$。

【解】 (1) 确定基本未知量和基本系。

将刚结点 B 的角位移及结点 C 的水平线位移分别作为基本未知量 Δ_{Z1} 和 Δ_{Z2}，基本系如图 6.9(b)所示。

(2) 列典型方程。

根据基本系附加约束处约束力为零的条件，可建立典型方程

$$\begin{cases} r_{11}\Delta_{Z1} + r_{12}\Delta_{Z2} + F_{R1F} = 0 \\ r_{21}\Delta_{Z1} + r_{22}\Delta_{Z2} + F_{R2F} = 0 \end{cases} \tag{a}$$

(3) 作单位弯矩图和荷载弯矩图。

根据单跨梁两端约束情况，考虑单位位移 $\Delta_{Z1}=1$ 和 $\Delta_{Z2}=1$ 分别单独作用在基本结构上，利用表 5.4 计算各杆杆端弯矩后连以直线，即得各自的单位弯矩图 $\bar{M}_1$ 和 $\bar{M}_2$，如

图 6.9(c)、(d)所示。荷载弯矩图 M_F 可先由表 5.3 计算各杆杆端弯矩，再在两端弯矩连线的基础上，叠加同跨度同荷载简支梁的弯矩图得到，荷载弯矩图 M_F 如图 6.9(e)所示。

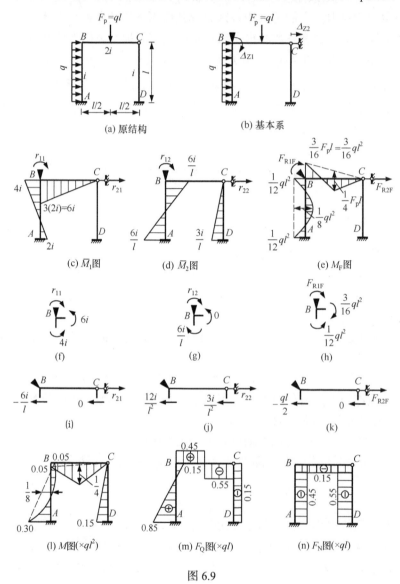

图 6.9

(4) 计算系数和自由项。

　　附加刚臂上约束反力矩可根据结点的力矩平衡条件求得，附加支座链杆上的约束反力可根据杆件隔离体上力的投影平衡条件求得。为求附加刚臂上的约束反力，取结点 B 为隔离体，其在 $\Delta_{Z1}=1$、$\Delta_{Z2}=1$ 和外荷载三个因素单独作用下的受力图分别如图 6.9(f)～(h)所示，为清楚起见，图中只标出了弯矩。由结点力矩平衡条件可求得

$$r_{11}=4i+6i=10i, \qquad r_{12}=-\frac{6i}{l}, \qquad F_{R1F}=\frac{1}{12}ql^2-\frac{3}{16}ql^2=-\frac{5ql^2}{48}$$

求支座链杆约束反力时，取 BC 为隔离体，在三个因素单独作用下的受力图分别如图 6.9(i)～(k)所示，基于同样的原因，这里只画出了剪力。其中的杆端剪力可根据 $\bar{M}_1$ 图、$\bar{M}_2$ 图、M_F 图由杆件的平衡条件求得或直接利用表 5.3、表 5.4 得到。分别考虑各隔离体水平方向力的投影平衡条件可得

$$r_{21}=-\frac{6i}{l}+0=-\frac{6i}{l}, \qquad r_{22}=\frac{12i}{l^2}+\frac{3i}{l^2}=\frac{15i}{l^2}, \qquad F_{R2F}=-\frac{ql}{2}+0=-\frac{ql}{2}$$

可见，$r_{21}=r_{12}=-\dfrac{6i}{l}$，这验证了反力互等定理。在实际计算中，两者只要计算一个即可，显然这里采用力矩平衡条件求 r_{12} 相对容易。

(5) 求未知位移。

将求得的系数和自由项代入典型方程(a)，得

$$\begin{cases} 10i\Delta_{Z1}-\dfrac{6i}{l}\Delta_{Z2}-\dfrac{5}{48}ql^2=0 \\ -\dfrac{6i}{l}\Delta_{Z1}+\dfrac{15i}{l^2}\Delta_{Z2}-\dfrac{1}{2}ql=0 \end{cases} \qquad (b)$$

解此线性方程组得

$$\Delta_{Z1}=0.040\frac{ql^2}{i}, \qquad \Delta_{Z2}=0.049\frac{ql^3}{i}$$

(6) 求最后内力和内力图。

按弯矩叠加公式 $M=\bar{M}_1\Delta_{Z1}+\bar{M}_2\Delta_{Z2}+M_F$ 计算各杆杆端弯矩，绘制最终弯矩图如图 6.9(l)所示；由各杆的平衡条件求出各杆杆端剪力，绘制剪力图如图 6.9(m)所示；由各结点平衡条件求出各杆杆端轴力，绘制轴力图如图 6.9(n)所示。

(7) 校核。

超静定结构计算必须同时满足静力平衡条件和位移协调条件。在位移法中，后一条件在确定未知量过程中已经满足(如汇交于同一刚结点的各杆杆端角位移均等于该结点的角位移)，故主要校核平衡条件，校核方法与前面相同。例如，考察整体平衡条件，利用内力图计算结果可确定原结构 A、D 处固定支座的约束反力，读者可试画出整体受力图，验证是否满足平面任意力系的三个独立平衡方程。

(8) 讨论。

在本例中，若刚架 B 结点上有集中力偶作用[图 6.10(a)]，或有水平集中力作用[图 6.10(b)]，在用位移法求解时，基本系分别如图 6.10(c)、(d)所示，单位弯矩图 $\bar{M}_i$ 均与图 6.9(c)、(d)相同，这样计算得到的系数 r_{ij} 也均相同。由于结点荷载在位移法基本结构中不产生弯矩，故荷载弯矩图 M_F 仍如图 6.9(e)所示，但计算自由项时需考虑结点荷载的影响，如对图 6.10(a)所示刚架，计算 F_{R1F} 时，B 结点受力图如图 6.10(e)所示，有

$$F_{R1F}=\frac{1}{12}ql^2-\frac{3}{16}ql^2-m=-\frac{5ql^2}{48}-m$$

对图 6.10(b)所示刚架，计算 F_{R2F} 时，杆件 BC 的隔离体受力图如图 6.10(f)所示，则

$$F_{R2F} = -\frac{ql}{2} - F_{p1}$$

对图 6.10(g)所示含有静定杆件的刚架，基本系中可以保留静定杆，如图 6.10(h)所示，在作荷载弯矩图 M_F 时，将静定杆弯矩图同时作出[图 6.10(i)]，这样计算自由项的隔离体受力图分别如图 6.10(j)、(k)所示。由于附加约束处发生单位位移时静定杆的内力为零，故劲度系数 r_{ij} 与无静定杆时相同。另一种常用处理方法是先不考虑静定杆，将静定杆 BE 上的荷载等效到结点 B 上，考虑图 6.10(l)所示结构，按照有结点荷载作用的情况进行计算，作出超静定部分杆件的弯矩图后再添加静定杆的弯矩图即可。

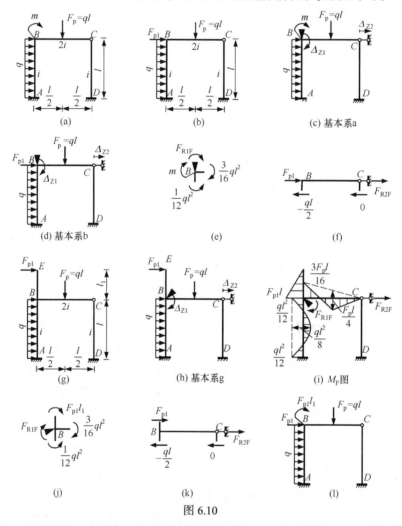

图 6.10

【例 6.2】　用位移法计算图 6.11(a)所示排架在结点水平荷载作用下的内力，并作弯矩图，已知 BD 杆抗弯刚度 $EI = \infty$，EG 杆轴向刚度 $EA = \infty$。

【解】　(1) 确定基本未知量和基本系。

因为 BD 杆的 $EI = \infty$，所以 BD 杆不产生弯曲变形，刚结点 B、D 无转角位移，两结点的水平位移相同；EG 杆的 $EA = \infty$，结点 E、G 水平位移相同。该结构只有结点 D、

G 的水平线位移两个独立的结点线位移未知量，分别记为 Δ_{Z1} 和 Δ_{Z2}，在结点 D、G 处附加水平支座链杆，此排架的基本系如图 6.11(b)所示。

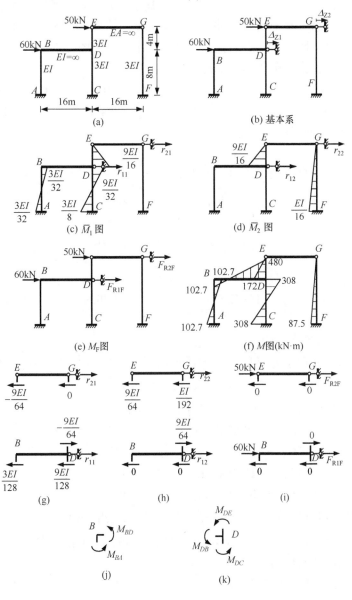

图 6.11

(2) 列典型方程。

由附加支座链杆的约束力为零的条件得

$$\begin{cases} r_{11}\Delta_{Z1}+r_{12}\Delta_{Z2}+F_{R1F}=0 \\ r_{21}\Delta_{Z1}+r_{22}\Delta_{Z2}+F_{R2F}=0 \end{cases} \tag{a}$$

(3) 作单位弯矩图和荷载弯矩图，计算系数和自由项。

首先计算各杆的线刚度，有 $i_{AB} = \dfrac{EI}{8}$ ， $i_{CD} = \dfrac{3EI}{8}$ ， $i_{DE} = \dfrac{3EI}{4}$ ， $i_{FG} = \dfrac{EI}{4}$ ，利用形常数表 5.4，作单位弯矩图 $\bar{M}_1$ 、 $\bar{M}_2$ ，如图 6.11(c)、(d)所示。因为基本系的荷载全部作用在结点上，所以整个排架所有杆件的弯矩均为零，荷载弯矩图 M_F 如图 6.11(e)所示。

取 BD、EG 杆为隔离体，在各因素单独作用下的受力图分别如图 6.11(g)～(i)所示，利用水平方向的力投影平衡条件可求得

$$r_{11} = \frac{15EI}{64\text{m}^3}, \qquad r_{21} = r_{12} = -\frac{9EI}{64\text{m}^3}, \qquad r_{22} = \frac{9EI}{64\text{m}^3} + \frac{EI}{192\text{m}^3} = \frac{7EI}{48\text{m}^3}$$

$$F_{R1F} = -60\text{kN}, \qquad F_{R2F} = -50\text{kN}$$

(4) 求未知位移。

将求得的系数和自由项代入典型方程(a)，得

$$\begin{cases} \dfrac{15EI}{64} \Delta_{Z1} - \dfrac{9EI}{64} \Delta_{Z2} - 60 = 0 \\[3mm] -\dfrac{9EI}{64} \Delta_{Z1} + \dfrac{7EI}{48} \Delta_{Z2} - 50 = 0 \end{cases} \qquad (b)$$

解此方程得

$$\Delta_{Z1} = \frac{1095\text{kN} \cdot \text{m}^3}{EI}, \qquad \Delta_{Z2} = \frac{1400\text{kN} \cdot \text{m}^3}{EI}$$

(5) 求最后内力和内力图。

按叠加公式 $M = \bar{M}_1 \Delta_{Z1} + \bar{M}_2 \Delta_{Z2} + M_F$ 计算杆端弯矩。由于 $M_F = 0$ ，故

$$M = \bar{M}_1 \Delta_{Z1} + \bar{M}_2 \Delta_{Z2}$$

利用上式，计算得 BA、DC、DE、FG 杆的杆端弯矩为

$$M_{AB} = -102.7\text{kN} \cdot \text{m}, \qquad M_{BA} = -102.7\text{kN} \cdot \text{m}$$
$$M_{CD} = -308\text{kN} \cdot \text{m}, \qquad M_{DC} = -308\text{kN} \cdot \text{m}$$
$$M_{DE} = -172\text{kN} \cdot \text{m}, \qquad M_{ED} = 0$$
$$M_{FG} = -87.5\text{kN} \cdot \text{m}, \qquad M_{GF} = 0$$

BD 杆的杆端弯矩可利用结点 B、D 的平衡条件计算，如图 6.11(j)、(k)所示，可得

$$M_{BD} = -M_{BA} = 102.7\text{kN} \cdot \text{m}, \qquad M_{DB} = -M_{DC} - M_{DE} = 480\text{kN} \cdot \text{m}$$

结构最后弯矩图如图 6.11(f)所示。

【例 6.3】　用位移法计算图 6.12(a)所示刚架，并作弯矩图，已知 A 支座发生顺时针转角位移 φ 与向下的线位移 $\Delta = \dfrac{5}{3} l\varphi$ ，各杆 EI=常数。

【解】　用位移法计算支座移动作用下的结构内力，与荷载作用时的不同仅在于典型方程中自由项的计算。在支座移动时，自由项表示基本结构在支座移动单独作用下，在附加约束处产生的约束力，记为 F_{Ric} 。

(1) 确定基本未知量和基本系。

以刚结点 B 的角位移为基本未知量 Δ_{Z1} ，建立基本系如图 6.12(b)所示。

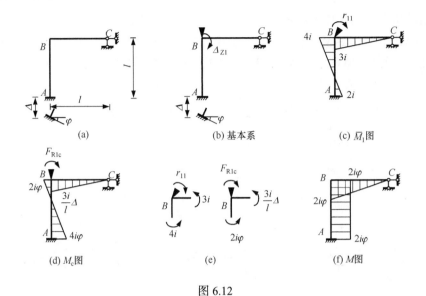

图 6.12

(2) 列典型方程。

根据附加刚臂的反力矩为零的条件可得位移法典型方程为

$$r_{11}\Delta_{Z1} + F_{R1c} = 0 \qquad\qquad (a)$$

(3) 作单位弯矩图和支座移动弯矩图，计算系数和自由项。

各杆线刚度均为 $i = \dfrac{EI}{l}$，单位弯矩图 $\bar{M}_1$ 如图 6.12(c)所示。支座移动含两个因素，在转角位移 φ 单独作用下只在 AB 杆上产生弯矩，在线位移 $\Delta = \dfrac{5}{3}l\varphi$ 单独作用下只在 BC 杆上产生弯矩，两者共同作用下的弯矩图 M_c 如图 6.12(d)所示。

基本结构在 B 结点单位转动和 A 支座已知位移单独作用下，结点 B 的隔离体受力如图 6.12(e)所示。由平衡条件求得

$$r_{11} = 7i, \qquad F_{R1c} = 2i\varphi + \frac{3i}{l}\Delta = 2i\varphi + \frac{3i}{l}\cdot\frac{5}{3}l\varphi = 7i\varphi$$

(4) 求未知位移。

将求得的系数和自由项代入典型方程(a)得

$$7i\Delta_{Z1} + 7i\varphi = 0 \qquad\qquad (b)$$

解得

$$\Delta_{Z1} = -\varphi$$

(5) 求最后内力和内力图。

按叠加公式 $M = \bar{M}_1\Delta_{Z1} + M_c$ 计算杆端弯矩，得

$$M_{AB} = 2i(-\varphi) + 4i\varphi = 2i\varphi, \qquad M_{BA} = 4i(-\varphi) + 2i\varphi = -2i\varphi$$

$$M_{BC} = 3i(-\varphi) + \frac{3i}{l}\Delta = -3i\varphi + 5i\varphi = 2i\varphi$$

结构最后弯矩图如图 6.12(f)所示。

【例 6.4】　　图 6.13(a)所示刚架受变温荷载作用，试用位移法计算并作弯矩图。已知刚架外侧温度升高 30℃，内侧温度升高 10℃，线膨胀系数为 α，杆件横截面为矩形，截面高度 $h=l/10$，抗弯刚度 $EI=$ 常数。

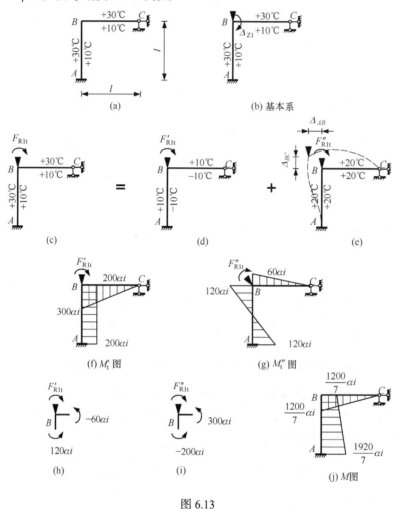

图 6.13

【解】　　与支座移动作用类似，用位移法计算变温因素的作用与荷载作用的区别也只是典型方程中自由项的计算不同。在变温因素作用时，自由项表示基本结构由于变温因素的单独作用，在附加约束处产生的约束力，记为 F_{Rit}。

(1) 确定基本未知量和基本系。

以刚结点 B 的角位移为基本未知量 Δ_{Z1}，建立基本系如图 6.13(b)所示。

(2) 列典型方程。

根据附加刚臂的反力矩为零的条件可得位移法典型方程为

$$r_{11}\Delta_{Z1}+F_{R1t}=0 \tag{a}$$

(3) 作单位弯矩图和变温作用弯矩图，计算系数和自由项。

　　单位弯矩图 $\bar{M}_1$ 图和劲度系数 r_{11} 与例 6.3 相同。基本结构在变温作用下产生的附加刚臂上的约束反力 F_{R1t} [图 6.13(c)]，可根据叠加原理分解为差异变温与均匀变温产生的附加刚臂上的约束反力，分别如图 6.13(d)、(e)所示。

　　差异变温只引起杆的弯曲变形，利用表 5.3 计算各杆杆端弯矩，得弯矩图 M_t'，如图 6.13(f)所示。均匀变温只引起杆的伸缩变形，但杆件的伸缩会引起其他与之相连杆件的两端发生相对线位移。如图 6.13(e)中虚线所示，AB 杆的伸长会引起 BC 杆两端产生横向相对位移 $\Delta_{BC} = 20\alpha l$，BC 杆的伸长会引起 AB 杆两端产生横向相对位移 $\Delta_{AB} = -20\alpha l$。利用表 5.4 计算各杆杆端弯矩，得弯矩图 M_t''，如图 6.13(g)所示。

　　基本结构在差异变温和均匀变温分别单独作用时，结点 B 的隔离体受力图如图 6.13(h)、(i)所示。由力矩平衡条件可得

$$F_{R1t}' = 60\alpha i, \qquad F_{R1t}'' = 100\alpha i$$

故

$$F_{R1t} = F_{R1t}' + F_{R1t}'' = 160\alpha i$$

　　(4) 求未知位移。

　　将求得的系数和自由项代入典型方程(a)得

$$7i\Delta_{Z1} + 160\alpha i = 0 \qquad\qquad\qquad (b)$$

解式(b)得

$$\Delta_{Z1} = -\frac{160}{7}\alpha$$

　　(5) 求最后内力和内力图。

　　按叠加公式 $M = \bar{M}_1\Delta_{Z1} + M_t = \bar{M}_1\Delta_{Z1} + M_t' + M_t''$ 计算杆端弯矩后，可作出原结构的最后弯矩图，如图 6.13(j)所示。从弯矩图中可知杆件在相对温降一侧受拉。

　　由例 6.3 与例 6.4 又一次看出，在支座移动、温度变化作用下，超静定结构的内力与杆件刚度的绝对值有关。

6.4　对称结构的计算

　　由第 5 章力法中关于对称性的分析可知，对称结构在对称荷载作用下只产生对称的内力、变形和位移，对称结构在反对称荷载作用下只产生反对称的内力、变形和位移。根据上述特性，只要能求得对称结构半边的内力和变形，其另一半边的内力和变形就可直接利用对称性获得。因此，若能找到与原结构在受力和变形上完全等效的半边结构代替原结构进行计算，将有效地减少计算工作量。这种半边结构法(简称半结构法)不仅适用于位移法求解，而且适用于力法求解，是一个通用的对称结构简化分析方法。

　　下面讨论如何选取对称结构的半边结构。

6.4.1　奇数跨对称结构

　　这里以单跨刚架为例，讨论奇数跨对称结构的半边结构取法。

首先讨论对称荷载作用情况。图 6.14(a)所示单跨对称刚架受对称荷载作用，其变形对称，如图 6.14(a)中虚线所示。此时对称轴上的截面 C 移至对称轴上的 C'，只有竖向位移，无转角和水平位移。同时，在对称荷载作用下对称轴处截面 C 上只有对称内力，即弯矩和轴力，而反对称的剪力等于零。因此，从对称轴切开取半边结构计算时，对称轴上截面 C 处的支座可取为定向滑移支座，计算简图如图 6.14(b)所示。若横梁对称轴处为铰结点，如图 6.14(c)所示，则铰 C 两侧截面会发生对称的转角，而弯矩为零。因此，半边结构如图 6.14(d)所示。

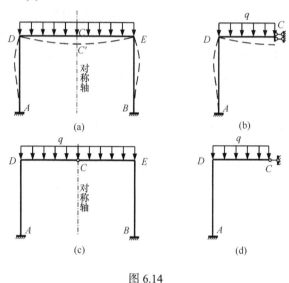

图 6.14

若结构受反对称荷载作用[图 6.15(a)]，其变形如图 6.15(a)中虚线所示，也为反对称。此时对称轴上截面 C 移至 C'，有转角和水平位移，无竖向位移。同时，在反对称荷载作用下对称轴处截面 C 上只有反对称内力(即剪力)，而对称内力(即弯矩和轴力)均等于零。因此，取半边结构计算时，C 端可取竖向链杆支座，计算简图如图 6.15(b)所示。在反对称荷载作用下，若 C 为铰结点，其半边结构仍如图 6.15(b)所示，读者可自行分析。

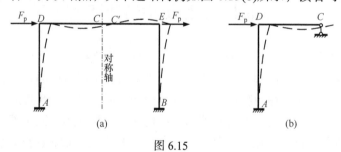

图 6.15

6.4.2 偶数跨对称结构

下面以两跨对称刚架为例，讨论偶数跨对称结构的半边结构简化。图 6.16(a)所示两跨对称刚架在对称荷载作用下将发生图 6.16(a)中虚线所示的对称变形。对称轴上有立柱 CD，若忽略其轴向变形，则 C 点竖向位移为零。同时，由变形的对称性可知，C 点的转角和水平位移也等于零，即 C 点既不能转动，也不能移动，相当于固定支座，此时，立柱 CD 无弯矩和剪力。因此，可取半边结构的计算简图如图 6.16(b)所示。

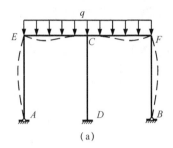 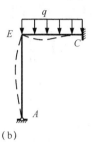

图 6.16

图 6.17(a)所示两跨结构受反对称荷载作用时将发生如图 6.17(a)中虚线所示的反对称变形。对称轴上各点无竖向位移，但由于 CD 杆的弯曲变形，C 点将产生转角和水平位移而移至 C'。可设想将立柱 CD 沿纵向切开，即将其分为两根位于对称轴两侧而抗弯刚度为原柱一半的分柱，如图 6.17(b)所示，则原来的两跨对称刚架相当于中跨跨度 Δ 趋近于零的三跨对称刚架。由前述分析可知，其半边结构计算简图如图 6.17(c)所示，当 $\Delta = 0$ 时，竖向支座链杆与 CD 杆重合，考虑到忽略立柱 CD 的轴向变形，原问题的半边结构计算简图可表示为图 6.17(d)。

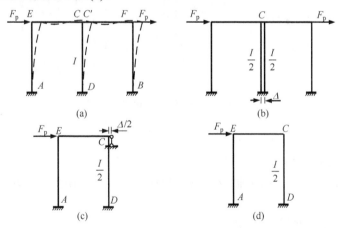

图 6.17

绘制出半边结构的内力图后，便可根据内力图的对称或反对称关系绘出另一半边结构的内力图，从而得到原结构的完整内力图。考虑到结构内力正负号的规定，对称结构在对称荷载作用下的弯矩图和轴力图是对称图形，剪力图是反对称图形；对称结构在反对称荷载作用下的弯矩图和轴力图是反对称图形，剪力图是对称图形。另外，还需注意的是偶数跨结构对称轴处立柱内力的求法。在对称荷载作用下，对称轴立柱有轴力。在轴力图中该轴力不能遗漏；在反对称荷载作用下，对称轴立柱的内力应为两个半刚架中分柱内力之和。因此，该立柱的弯矩和剪力分别为半边结构中对应分柱弯矩和剪力的两倍。

前面讨论了对称结构在对称荷载或反对称荷载作用下的半边结构简化计算方法。当对称结构受到一般荷载作用时，可将一般荷载分解为对称荷载和反对称荷载分别计算后再叠加。

【例 6.5】　　用位移法计算图 6.18(a)所示刚架，并作弯矩图。已知各杆 EI＝常数。

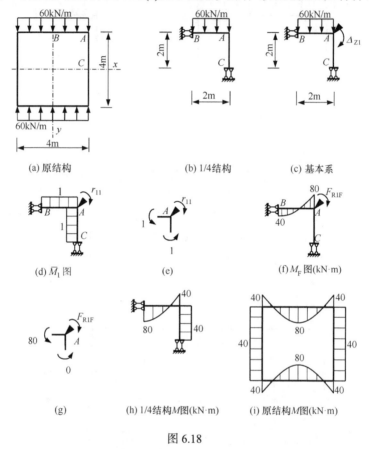

图 6.18

【解】　　(1) 结构简化。

此结构与荷载关于 x、y 两轴对称，利用对称性可取 1/4 结构简化计算，如图 6.18(b)所示。

(2) 确定基本未知量和基本系。

该 1/4 结构只有结点 A 的角位移未知量 Δ_{Z1}，其基本系如图 6.18(c)所示。

(3) 列典型方程。

$$r_{11}\Delta_{Z1} + F_{R1F} = 0 \tag{a}$$

(4) 作单位弯矩图和荷载弯矩图，计算系数和自由项。

因各杆线刚度相等，故可令 $i=1$，则单位弯矩图 $\overline{M}_1$、荷载弯矩图 M_F 如图 6.18(d)、(f)所示。利用图 6.18(e)、(g)所示结点的力矩平衡条件计算系数和自由项，得

$$r_{11} = 2, \qquad F_{R1F} = 80 \text{kN} \cdot \text{m}$$

(5) 求未知位移。

将求得的系数和自由项代入典型方程(a)，解得

$$\Delta_{Z1} = -40$$

(6) 求最后弯矩和弯矩图。

按弯矩叠加公式 $M = \overline{M}_1 \Delta_{Z1} + M_F$ 计算各杆杆端弯矩，并绘制 1/4 结构的弯矩图，如图 6.18(h)所示。由对称性可得原结构的弯矩图如图 6.18(i)所示。

6.5 直接平衡法建立位移法基本方程

前面通过在结构上增加附加约束，再根据附加约束上约束力为零的条件建立了位移法典型方程。可见，典型方程的实质是原结构的结点或杆件的静力平衡条件，因此可以直接利用杆件转角位移方程，写出杆端内力与结点位移的关系，再利用结构的平衡条件建立位移法基本方程。这样，计算过程更加简便。该方法称为直接平衡法或转角挠度法，主要步骤如下。

(1) 确定基本未知量：仍以刚结点的角位移和独立的结点线位移为基本未知量。

(2) 单元分析：对每根杆件利用转角位移方程写出杆端内力与基本未知量的关系式。

(3) 整体分析：分别考虑与角位移未知量相应的结点的力矩平衡条件和与线位移未知量相应的截面上力的投影平衡条件建立平衡方程，即得位移法基本方程。

下面以例 6.1 所求刚架[图 6.19(a)]为例，具体说明直接平衡法的求解过程。该结构有两个结点位移未知量，即 B 结点的角位移 φ_B 和 C 结点的水平线位移 Δ_C。相应于角位移未知量 φ_B，考虑刚结点 B 的力矩平衡条件[图 6.19(b)]，得

$$\sum M_B = M_{BA} + M_{BC} = 0 \tag{6.6}$$

相应于水平线位移未知量 Δ_C，以横梁下的水平截面截取 BC 杆为隔离体[图 6.19(c)]，考虑水平方向的力投影平衡条件，得

$$\sum F_x = F_{QBA} + F_{QCD} = 0 \tag{6.7}$$

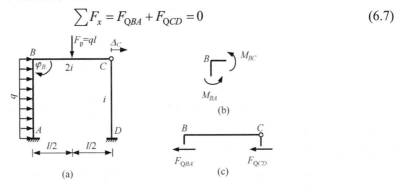

图 6.19

为确定杆端弯矩与杆端剪力，首先需要明确各杆受哪些外因共同作用。这里，杆 BA 受均布荷载 q、未知结点位移 φ_B 与 Δ_C 作用；杆 BC 受到集中荷载 F_p、未知结点位移 φ_B 作用；杆 CD 仅受到未知结点位移 Δ_C 作用。

利用转角位移方程可计算杆端弯矩与剪力，有

$$M_{BA} = 4i\varphi_B - \frac{6i}{l}\Delta_C + M_{BA}^{F} = 4i\varphi_B - \frac{6i}{l}\Delta_C + \frac{1}{12}ql^2$$

$$M_{BC} = 3(2i)\varphi_B - \frac{3}{16}F_p l = 6i\varphi_B - \frac{3}{16}ql^2$$

$$F_{QBA} = -\frac{6i}{l}\varphi_B + \frac{12i}{l^2}\Delta_C + F_{QBA}^{F} = -\frac{6i}{l}\varphi_B + \frac{12i}{l^2}\Delta_C - \frac{1}{2}ql$$

$$F_{QCD} = \frac{3i}{l^2}\Delta_C$$

将以上各式代入平衡方程式(6.6)、式(6.7)并整理得到

$$\begin{cases} 10i\varphi_B - \dfrac{6i}{l}\Delta_C - \dfrac{5}{48}ql^2 = 0 \\ -\dfrac{6i}{l}\varphi_B + \dfrac{15i}{l^2}\Delta_C - \dfrac{1}{2}ql = 0 \end{cases} \tag{6.8}$$

这与例 6.1 所建立的典型方程完全一样。由此可见，这两种方法本质相同，只是在计算手法上有差异。联立求解方程式(6.8)得

$$\varphi_B = 0.040\frac{ql^2}{i}, \qquad \Delta_C = 0.049\frac{ql^3}{i}$$

未知量 φ_B 与 Δ_C 求出后，再利用转角位移方程便可求得各杆的杆端弯矩与剪力，进而作出内力图。这里计算杆端弯矩如下：

$$M_{BA} = 4i\varphi_B - \frac{6i}{l}\Delta_C + \frac{1}{12}ql^2 = 0.05ql^2$$

$$M_{AB} = 2i\varphi_B - \frac{6i}{l}\Delta_C - \frac{1}{12}ql^2 = -0.30ql^2$$

$$M_{DC} = -\frac{3i}{l}\Delta_C = -0.15ql^2$$

*6.6　混合法的概念

力法和位移法是求解超静定结构的两种基本方法。力法以多余约束力为基本未知量，通过解除多余约束将超静定结构转化为静定结构进行求解，根据位移协调条件先求出多余约束力，进而计算结构内力。位移法以结点位移为基本未知量，通过增加约束将超静定结构转化为单跨超静定梁组合体，根据平衡条件求出未知结点位移，进而计算结构内力。可见力法和位移法是求解超静定结构的两种对偶的方法。在具体应用时，对于不同类型的结构，两种方法各有优劣，应注意合理选择。对于超静定次数低而结点位移多的刚架，适宜用力法计算，如图 6.20(a)所示刚架为 1 次超静定结构，含有 7 个未知的结点角位移和 7 个未知的结点线位移，显然用力法求解简便。相反，超静定次数高而结点位移少的刚架，适宜用位移法计算，如图 6.20(b)所示刚架为 21 次超静定结构，而未知的

结点位移只有 O 结点的转角位移，显然用位移法求解更简便。如果刚架的一部分超静定次数低而结点位移多，另一部分超静定次数高而结点位移少，则可对前者用力法求解，后者用位移法计算，即综合运用力法和位移法，基本未知量中同时包含有多余约束力和未知结点位移，这种方法称为混合法。

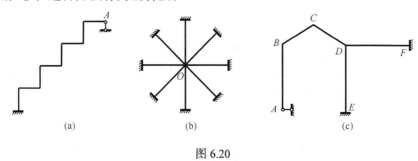

图 6.20

如图 6.20(c)所示刚架，左部 $ABCD$ 的超静定次数为 1，右部 EDF 的超静定次数为 3。若用力法求解，则多余约束力左部为 1，右部为 3，共 4 个未知量；若用位移法求解，结点角位移和线位移左部为 4，右部为 1，共 5 个未知量。进一步分析发现，若刚架 A 处的约束反力能求出，则左部 $ABCD$ 各杆内力即可求出，若结点 D 的转角位移能求出，则右部 EDF 各杆内力也可求出。因此，若用混合法只需以 A 处约束力和 D 处转角位移为未知量，显然更加简便。

【例 6.6】 用混合法计算如图 6.21(a)所示刚架，已知各杆 EI 为同一常数。

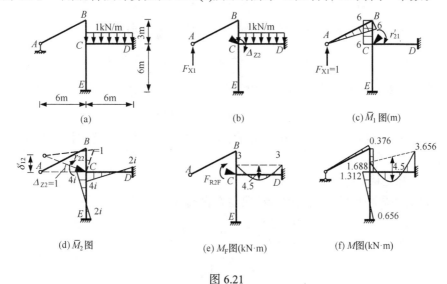

图 6.21

【解】 (1) 确定基本未知量和基本系。

选取 A 处支座链杆的约束力 F_{X1} 和刚结点 C 处的角位移 Δ_{Z2} 为基本未知量。去掉 A 处支座链杆，代之以约束力 F_{X1}，在结点 C 附加刚臂并使之转动 Δ_{Z2}，得基本系如图 6.21(b)所示。

(2) 列典型方程。

根据解除约束处的位移 $\Delta_1 = 0$ 和附加刚臂上的反力矩 $F_{R2} = 0$ 的条件，可得混合法典型方程为

$$\begin{cases} \delta_{11}F_{X1} + \delta_{12}'\Delta_{Z2} + \Delta_{1F} = 0 \\ r_{21}'F_{X1} + r_{22}\Delta_{Z2} + F_{R2F} = 0 \end{cases} \tag{a}$$

式中，δ_{11}、r_{21}' 分别为 $F_{X1} = 1$ 单独作用在基本结构上引起的 A 处沿 F_{X1} 方向的位移和附加刚臂上的反力矩；δ_{12}'、r_{22} 分别为 $\Delta_{Z2} = 1$ 单独作用在基本结构上引起的 A 处沿 F_{X1} 方向的位移和附加刚臂上的反力矩；Δ_{1F}、F_{R2F} 分别为外荷载单独作用在基本结构上引起的 A 处沿 F_{X1} 方向的位移和附加刚臂上的反力矩。

(3) 作单位弯矩图和荷载弯矩图，计算系数和自由项。

当 $F_{X1} = 1$ 单独作用时，因 C 处附加刚臂的约束作用，只在 ABC 部分产生内力，并引起附加刚臂上的约束反力，$\bar{M}_1$ 图如图 6.21(c)所示；当 $\Delta_{Z2} = 1$ 单独作用时，因 ABC 部分静定，只产生刚体位移，不产生内力，在 DCE 部分则产生内力，$\bar{M}_2$ 图如图 6.21(d)所示；荷载单独作用在 CD 杆上时的 M_F 图如图 6.21(e)所示。

系数 δ_{11} 与自由项 Δ_{1F} 可由 $\bar{M}_1$、M_F 图用图乘法求得，有

$$\delta_{11} = \frac{1}{EI}\left(\frac{1}{2} \times 6 \times \sqrt{45} \times \frac{2}{3} \times 6 + 6 \times 6 \times 3\right) = \frac{188.5\text{m}^3}{EI}$$

$$\Delta_{1F} = 0$$

在图 6.21(c)~(e)中根据结点 C 的力矩平衡条件，可分别求得

$$r_{22} = \frac{4}{3}EI, \qquad r_{21}' = -6\text{m}, \qquad F_{R2F} = -3\text{kN} \cdot \text{m}$$

δ_{12}' 可根据图 6.21(d)中虚线所示的位移图，由几何关系求出，有

$$\delta_{12}' = l_{AC} \times \Delta_{Z2} = 6 \times 1 = 6\text{m}$$

可见，$\delta_{12}' = -r_{21}'$。这反映了反力位移互等定理的要求，在具体计算时，δ_{12}' 也可据此直接得到。

(4) 求未知位移。

将求得的系数和自由项代入混合法典型方程式(a)，得到

$$\begin{cases} \dfrac{188.5}{EI}F_{X1} + 6\Delta_{Z2} = 0 \\ -6F_{X1} + \dfrac{4EI}{3}\Delta_{Z2} - 3 = 0 \end{cases} \tag{b}$$

解得

$$F_{X1} = -0.0627\text{kN}, \qquad \Delta_{Z2} = \frac{1.968\text{kN} \cdot \text{m}^2}{EI}$$

(5) 求最后内力和内力图。

按叠加公式 $M = \bar{M}_1F_{X1} + \bar{M}_2\Delta_{Z2} + M_F$ 计算杆端弯矩后，作弯矩图如图 6.21(f)所示。

思考题

6.1 位移法基本思路是什么？为什么说位移法是建立在力法的基础之上的？

6.2 位移法基本未知量与超静定次数有关吗？

6.3 力法和位移法分别是如何满足静力平衡条件和位移协调条件的？又是如何体现满足物理条件的？

6.4 在什么条件下独立的结点线位移数目等于使相应铰结体系成为几何不变体系所需添加的最少链杆数？

6.5 力法与位移法在原理与步骤上有何异同？试将两者从基本未知量、基本结构、基本系、典型方程的意义、每一系数和自由项的含义与求法等方面作一全面比较。

6.6 无侧移(即无结点线位移)刚架只承受结点集中荷载时，会不会产生弯矩？剪力和轴力呢？

6.7 结构对称但荷载不对称时，可否采用半边结构法计算？

6.8 试比较力法、位移法和混合法的特点，并说明各自适用的结构形式。

习题

6.1 试确定位移法基本未知量的数目，并绘出基本结构。

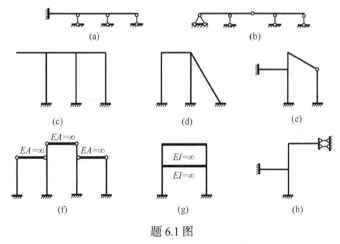

题 6.1 图

6.2 试用位移法计算图示结构，并作内力图。

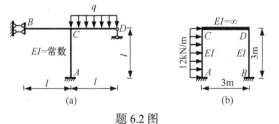

题 6.2 图

6.3　试用位移法计算图示结构，并作弯矩图。

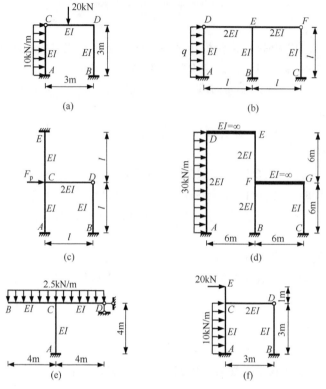

题 6.3 图

6.4　试用位移法计算图示对称结构，并作弯矩图。

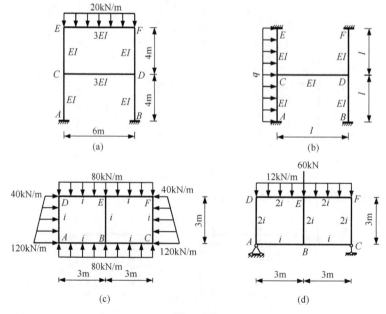

题 6.4 图

6.5　图示结构受支座位移作用，试用位移法计算并作弯矩图。

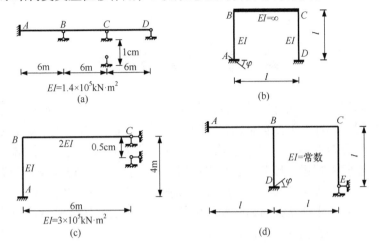

题 6.5 图

6.6　图示结构受变温作用，试用位移法计算并作弯矩图。已知各杆均为矩形截面，高度 h=0.4m，$EI = 2\times10^4\text{kN}\cdot\text{m}^2$，$\alpha=1\times10^{-5}\,^{\circ}\text{C}^{-1}$。

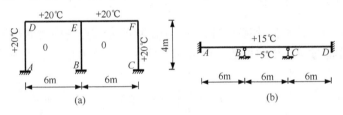

题 6.6 图

6.7　试用混合法计算图示结构并作弯矩图。已知各杆 EI 为同一常数。

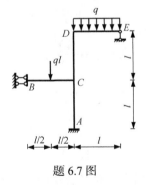

题 6.7 图

第7章 力矩分配法

力法和位移法是求解超静定结构的两种基本方法，它们均要组成和求解典型方程，当未知量较多时，其计算工作量是比较大的。力矩分配法是 20 世纪 30 年代提出的以位移法为基础的一种渐近解法。它避免了组成和求解典型方程，直接以杆端弯矩为计算对象，通过不断重复基本运算环节，逐步逼近精确解。该方法的物理概念生动形象，易于掌握，对于连续梁和无侧移(即无结点线位移)刚架的计算特别方便，是工程中常用的一种手算方法。另外，学习掌握力矩分配法中的一些概念有助于加深对结构受力特性的理解与判断，对工程实践也有一定指导意义。

7.1 力矩分配法基本原理

7.1.1 力矩分配法的基本概念

力矩分配法是以位移法为基础的。图 7.1(a)所示为结点集中力偶作用下的单结点无侧移刚架，下面通过分析该结构的位移法计算过程，介绍力矩分配法的基本概念。

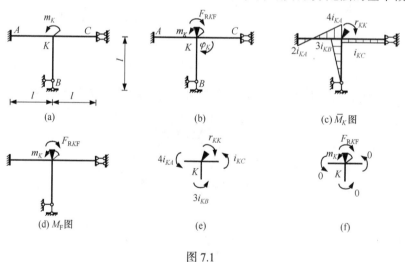

图 7.1

取 K 结点的角位移 φ_K 为基本未知量的位移法中，基本系如图 7.1(b)所示，典型方程为

$$r_{KK}\varphi_K + F_{RKF} = 0 \tag{7.1}$$

单位弯矩图 $\bar{M}_K$ 图和荷载弯矩图 M_F 图分别如图 7.1(c)、(d)所示。由 K 结点的力矩平衡条件[图 7.1(e)、(f)]，可求得

$$r_{KK} = 4i_{KA} + 3i_{KB} + i_{KC} = S_{KA} + S_{KB} + S_{KC} = \sum_{i=A,B,C} S_{Ki} \tag{7.2}$$

$$F_{RKF} = m_K \tag{7.3}$$

这里，S_{Ki} 称为杆端抗弯劲度(或转动刚度)，是 Ki 杆在 K 端发生单位转角时所产生的 K 端弯矩，或者说是使 Ki 杆 K 端发生单位转角时，需要在 K 端施加的力矩。为叙述方便，通常称发生转动的杆端 K 端为近端，而另一杆端 i 端为远端。杆端抗弯劲度 S_{Ki} 与杆件的线刚度 i_{Ki} 及远端的约束情况有关，对等截面直杆，有

$$\begin{cases} S_{Ki} = 4i_{Ki}(\text{远端固定}) \\ S_{Ki} = 3i_{Ki}(\text{远端铰支}) \\ S_{Ki} = i_{Ki}(\text{远端滑动}) \\ S_{Ki} = 0(\text{远端自由或轴向链杆支承}) \end{cases} \tag{7.4}$$

由式(7.2)可见，r_{KK} 在数值上等于汇交于 K 结点的各杆杆端抗弯劲度之和，称为 K 结点的结点抗弯劲度，表示使此结构的 K 结点发生单位转角时，在 K 结点所需施加的力矩。

将 r_{KK} 和 F_{RKF} 代入典型方程，解得

$$\varphi_K = -\frac{F_{RKF}}{r_{KK}} = -\frac{m_K}{\sum S_{Ki}} \tag{7.5}$$

利用叠加法，由公式 $M = \bar{M}_K \varphi_K + M_F$ 可求得各杆杆端弯矩为

$$M_{KA} = -\frac{4i_{KA}}{\sum S_{Ki}} m_K = -\frac{S_{KA}}{\sum S_{Ki}} m_K, \qquad M_{KB} = -\frac{S_{KB}}{\sum S_{Ki}} m_K, \qquad M_{KC} = -\frac{S_{KC}}{\sum S_{Ki}} m_K \tag{7.6}$$

$$M_{AK} = -\frac{2i_{KA}}{\sum S_{Ki}} m_K = 0.5 M_{KA}, \qquad M_{BK} = 0 = 0 \cdot M_{KB}, \qquad M_{CK} = \frac{i_{KC}}{\sum S_{Ki}} m_K = -1 \cdot M_{KC} \tag{7.7}$$

由式(7.6)可见，在结点集中力偶 m_K 作用下的近端弯矩是将 m_K 改变符号后按照杆端抗弯劲度与 K 结点的抗弯劲度之比进行分配。故把近端弯矩称为分配弯矩，用 M_{Ki}^D 表示，有

$$M_{Ki}^D = -\frac{S_{Ki}}{\sum S_{Ki}} m_K = -\mu_{Ki} m_K \tag{7.8}$$

式中，μ_{Ki} 为分配系数，其计算公式为

$$\mu_{Ki} = \frac{S_{Ki}}{\sum S_{Ki}} \tag{7.9}$$

显然，对于汇交于同一刚结点的所有杆端，有 $\sum \mu_{Ki} = 1$。

由式(7.7)可见，远端弯矩等于近端弯矩乘以一特定系数，可以想象为分配弯矩按一定的系数传递而来，故又称为传递弯矩，用 M_{iK}^C 表示，有

$$M_{iK}^C = C_{Ki} M_{Ki}^D \tag{7.10}$$

式中，C_{Ki} 为传递弯矩与分配弯矩的比值，称为传递系数，它与外来因素无关，仅与远端的约束有关。对等截面直杆，有

$$\begin{cases} C_{Ki} = 0.5(远端固定) \\ C_{Ki} = 0(远端铰支) \\ C_{Ki} = -1(远端滑动) \end{cases}$$ (7.11)

　　总结上面的分析可知，单结点无侧移刚架受结点集中力偶作用时，其近端弯矩为结点集中力偶改变符号后乘以分配系数，远端弯矩等于近端弯矩乘以传递系数。这里需要注意的是结点集中力偶规定以逆时针方向为正；杆端弯矩与附加刚臂反力矩的符号规定仍与位移法一致，即以顺时针方向为正。

　　下面以图 7.2(a)所示两跨连续梁为例，说明在杆上荷载作用下力矩分配法的计算方法。

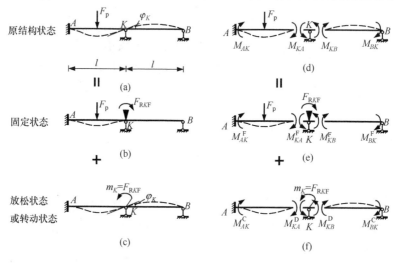

图 7.2

　　图 7.2(a)所示两跨连续梁在左跨受集中荷载作用时产生的变形如图 7.2(a)中虚线所示。此时 K 结点产生角位移 φ_K，同时杆端产生弯矩如图 7.2(d)所示。

　　首先设想在 K 结点附加刚臂以阻止其转动[图 7.2(b)]，这时在原荷载作用下只有 AK 杆产生图 7.2(b)中虚线所示的变形，而 KB 杆没有变形，即附加刚臂使 K 结点完全固定，连续梁变成两根完全独立的单跨梁，故此状态称为固定状态。固定状态下的杆端弯矩称为固端弯矩，用 M_{Ki}^{F} 表示[图 7.2(e)]。由 K 结点的力矩平衡条件可知附加刚臂上约束反力矩为

$$F_{RKF} = M_{KA}^{F} + M_{KB}^{F} = \sum M_{Ki}^{F}$$

此反力矩也就是为了阻止荷载作用下原结构 K 结点发生转动而在 K 点施加的约束力矩。

　　由于原结构在 K 结点可以转动，故应放松直至消除附加刚臂的约束。附加刚臂约束的放松相当于逐渐减小 F_{RKF}，K 结点随之转动，当转动到 φ_K 时，连续梁就恢复到原来的状态，附加刚臂上约束反力矩等于零，刚臂的约束作用也就消除了。这一过程也可以看成在原连续梁 K 结点作用与 F_{RKF} 大小相等、方向相反的结点集中力偶 m_K，此时 K 结点转动的角位移为 φ_K [图 7.2(c)]，此状态称为放松状态或转动状态。结点集中力偶 m_K 与 K 结点处各固端弯矩之和大小相等、方向相同，即 K 结点处各固端弯矩所不能平衡

的部分，故又称为结点不平衡力矩，有

$$m_K = F_{RKF} = \sum M_{Ki}^F$$

放松状态中各杆的杆端弯矩正是前述结点集中力偶作用下的分配弯矩与传递弯矩，即

$$M_{Ki}^D = -\mu_{Ki} m_K, \qquad M_{iK}^C = C_{Ki} M_{Ki}^D$$

将上述两个状态叠加就得到了超静定梁原来的结构状态[图 7.2(a)]，实际杆端弯矩[图 7.2(d)]也就是固定状态的杆端弯矩[图 7.2(e)]和转动状态的杆端弯矩[图 7.2(f)]之和。具体而言，近端弯矩为固端弯矩与分配弯矩之和，远端弯矩为固端弯矩与传递弯矩之和，即

$$M_{Ki} = M_{Ki}^F + M_{Ki}^D, \qquad M_{iK} = M_{iK}^F + M_{iK}^C$$

7.1.2 力矩分配法基本计算过程

总结以上分析，力矩分配法的求解思路就是将结构原状态转化为固定状态和转动状态的叠加，分别计算固定状态的固端弯矩和转动状态的分配弯矩、传递弯矩，再叠加得到原结构的杆端弯矩。具体计算过程可形象地归纳为以下几步：

首先，附加刚臂固定结点，在外因作用下各杆端产生固端弯矩，结点存在平衡力矩，它暂时由刚臂的反力矩平衡。

其次，取消刚臂，放松结点，即在结点上加上不平衡力矩以抵消刚臂的作用，从而使结点发生转动，此不平衡力矩按分配系数大小分配给联结于该结点的各杆近端，使结点达到平衡。近端得到分配弯矩的同时将其向远端进行传递，各远端得到传递弯矩。

最后，叠加计算原结构最后杆端弯矩。各杆的近端弯矩等于固端弯矩加分配弯矩，远端弯矩等于固端弯矩加传递弯矩。

上述整个计算过程可以在表格中进行，十分方便，既避免了作单位弯矩图和荷载弯矩图，又避免了建立和求解典型方程。现以图 7.3(a)所示两跨连续梁为例，说明计算表格的构成如下。

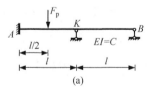

(a)

杆端	$AK \xrightarrow{0.5} KA$		$KB \xrightarrow{0} BK$	
分配系数 μ		0.571	0.429	
固端弯矩 M^F	−0.125	0.125	0	0
分配、传递	−0.036 ◄—	−0.071	−0.054 —►	0
杆端弯矩 M	−0.161	0.054	−0.054	0

(×$F_p l$)

(b)

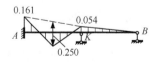

(c) M 图(×$F_p l$)

图 7.3

(1) 在计算表格[图 7.3(b)]的第一行填入各杆端名称，并根据远端约束情况确定传递系数。这里，$C_{KA}=0.5$，$C_{KB}=0$。

(2) 计算各杆端分配系数，并填入图 7.3(b)第二行相应杆端下方，这里，

$$\mu_{KA}=\frac{S_{KA}}{S_{KA}+S_{KB}}=\frac{4i}{4i+3i}=0.571,\qquad \mu_{KB}=\frac{S_{KB}}{S_{KA}+S_{KB}}=\frac{3i}{4i+3i}=0.429$$

(3) 利用载常数表，计算固端弯矩，填入图 7.3(b)第三行相应杆端下方，有

$$M_{AK}^{\mathrm{F}}=-\frac{1}{8}F_{\mathrm{p}}l=-0.125F_{\mathrm{p}}l,\qquad M_{KA}^{\mathrm{F}}=\frac{1}{8}F_{\mathrm{p}}l=0.125F_{\mathrm{p}}l,\qquad M_{BK}^{\mathrm{F}}=0,\qquad M_{KB}^{\mathrm{F}}=0$$

表中弯矩只写入了因子 $F_{\mathrm{p}}l$ 的系数，若固端弯矩为零，也可不填入数据。

(4) 计算结点不平衡力矩，并进行分配与传递，将分配弯矩和传递弯矩填入图 7.3(b)第四行中相应位置。这里，不平衡力矩为

$$m_K=\sum M_{Ki}^{\mathrm{F}}=\frac{1}{8}F_{\mathrm{p}}l+0=0.125F_{\mathrm{p}}l$$

分配弯矩为分配系数乘以结点不平衡力矩再改变正负号，有

$$M_{KA}^{\mathrm{D}}=-0.571\times0.125F_{\mathrm{p}}l=-0.071F_{\mathrm{p}}l$$

$$M_{KB}^{\mathrm{D}}=-0.429\times0.125F_{\mathrm{p}}l=-0.054F_{\mathrm{p}}l$$

分配结束后在分配弯矩下方画上单线表示该结点已平衡；将分配弯矩乘以传递系数向远端传递，有

$$M_{AK}^{\mathrm{C}}=C_{KA}M_{KA}^{\mathrm{D}}=\frac{1}{2}\times(-0.071F_{\mathrm{p}}l)=-0.036F_{\mathrm{p}}l$$

$$M_{BK}^{\mathrm{C}}=C_{KB}M_{KB}^{\mathrm{D}}=0\times(-0.054F_{\mathrm{p}}l)=0$$

图 7.3(b)第四行中单箭头所指为传递方向。

(5) 计算最后杆端弯矩，填入图 7.3(b)中第五行。

分配、传递全部结束后，将各杆端下的弯矩进行累加可得到最后的杆端弯矩为

$$M_{AK}=M_{AK}^{\mathrm{F}}+M_{AK}^{\mathrm{C}}=(-0.125-0.036)\times F_{\mathrm{p}}l=-0.161F_{\mathrm{p}}l$$

$$M_{KA}=M_{KA}^{\mathrm{F}}+M_{KA}^{\mathrm{D}}=(0.125-0.071)\times F_{\mathrm{p}}l=0.054F_{\mathrm{p}}l$$

$$M_{KB}=M_{KB}^{\mathrm{F}}+M_{KB}^{\mathrm{D}}=(0-0.054)\times F_{\mathrm{p}}l=-0.054F_{\mathrm{p}}l$$

$$M_{BK}=M_{BK}^{\mathrm{F}}+M_{BK}^{\mathrm{C}}=0$$

由计算结果可以发现 M_{KA} 与 M_{KB} 互为相反数，这可以作为结点上无集中外力偶作用情况下，对计算结果的一个校核条件，其实质是反映了结点 K 的力矩平衡条件，即 $M_{KA}+M_{KB}=0$。

求出各杆端弯矩后，便可作出连续梁弯矩图如图 7.3(c)所示。

7.2　力矩分配法计算连续梁和无侧移刚架

7.1 节针对单结点转动的结构说明了力矩分配法的基本运算环节。对多结点转动的

连续梁和无侧移刚架，只需要逐个结点轮流运用上述基本运算环节，就可以渐近的方式求出实际杆端弯矩。如图 7.4(a)所示三跨连续梁，含有两个未知结点角位移 φ_B、φ_C，在中跨受集中力作用时的变形曲线如图 7.4(a)中虚线所示，下面说明如何渐近地计算杆端弯矩。第一步，固定所有结点，得固定状态如图 7.4(b)所示。此时，附加刚臂把连续梁分成了三个单跨梁，仅中跨有变形，刚臂上约束反力为 F_{RBF}、F_{RCF}。第二步，保持 C 结点固定，放松 B 结点，如图 7.4(c)所示。此时相当于计算由 AB、BC 组成的两跨连续梁，在 B 结点上作用有与 F_{RBF} 大小相等、方向相反的不平衡力矩 $m_B = F_{RBF}$，将 m_B 在杆端分配后，B 结点达到平衡；同时 BC 杆 C 端产生的传递弯矩使 C 处附加刚臂上的约束反力矩增加了 F'_{RCF}。第三步，重新固定 B 结点，放松 C 结点，如图 7.4(d)所示。此时相当于计算由 BC、CD 组成的两跨连续梁受 C 结点的不平衡力矩 $m_C = F'_{RCF} + F_{RCF}$ 的作用，将其分配后，BC 杆 B 端的传递弯矩又会使 B 处的附加刚臂产生新的约束反力矩 F'_{RBF}。以此类推，重复第二步、第三步，即轮流放松 B 结点和 C 结点可以逐步消除刚臂的作用，连续梁的内力和变形将逐步收敛于实际状态。最后将以上各步骤所得到的杆端弯矩叠加，即得所求的连续梁杆端弯矩。需要说明的是由于每次只放松一个结点，故每一步都是单结点转动的力矩分配和传递运算。至于放松结点的先后次序，并没有本质的影响，但为了获得更高的精度，提高收敛速度，一般先放松结点不平衡力矩较大者。

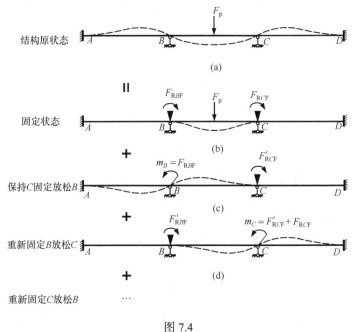

图 7.4

【例 7.1】　试用力矩分配法计算图 7.5(a)所示三跨连续梁，并作弯矩图。

【解】　(1) 绘制计算表格，计算分配系数与传递系数。

首先，各结点间的传递系数为 $C_{BA} = 0.5$，$C_{BC} = C_{CB} = 0.5$，$C_{CD} = 0$，将其与杆端名称一起写在图 7.5(b)表中第一行。

然后，计算分配系数。

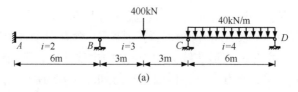

(a)

杆端	AB	0.5 ←	BA	BC	0.5 ←	CB	CD	0 →	DC
μ			0.4	0.6		0.5	0.5		
M^{F}				−300		300	−180		0
分与传 B1次	60 ←		120	180 →		90			
C1次				−52.5 ←		−105	−105 →		0
B2次	10.5 ←		21.0	31.5 →		15.8			
C2次				−4.0 ←		−7.9	−7.9 →		0
B分不传C	0.8 ←		1.6	2.4					
M	71.3		142.6	−142.6		292.9	−292.9		0

(b)

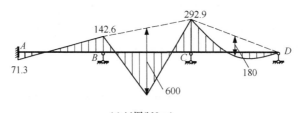

(c) M 图(kN·m)

图 7.5

对 B 结点，$S_{BA} = 4i_{BA} = 4 \times 2 = 8$，$S_{BC} = 4i_{BC} = 4 \times 3 = 12$，故

$$\mu_{BA} = \frac{S_{BA}}{S_{BA} + S_{BC}} = \frac{8}{8 + 12} = 0.4, \qquad \mu_{BC} = 0.6$$

对 C 结点，$S_{CB} = 4i_{CB} = 4 \times 3 = 12$，$S_{CD} = 3i_{CD} = 3 \times 4 = 12$，故

$$\mu_{CB} = \frac{S_{CB}}{S_{CB} + S_{CD}} = \frac{12}{12 + 12} = 0.5, \qquad \mu_{CD} = 0.5$$

分配系数分别写在图 7.5(b)表中第二行相应杆端下方。

(2) 计算固端弯矩。

BC 杆和 CD 杆受荷载作用，利用载常数表可求得

$$M_{BC}^{\mathrm{F}} = -\frac{1}{8}F_{\mathrm{p}}l = -\frac{400 \times 6}{8} = -300\mathrm{kN \cdot m}, \qquad M_{CB}^{\mathrm{F}} = \frac{1}{8}F_{\mathrm{p}}l = 300\mathrm{kN \cdot m}$$

$$M_{CD}^{\mathrm{F}} = -\frac{1}{8}ql^2 = -\frac{40 \times 6^2}{8} = -180\mathrm{kN \cdot m}, \qquad M_{DC}^{\mathrm{F}} = 0$$

将所得数据写在表中第三行相应位置。

(3) 力矩分配与传递。

在固定状态，B 结点和 C 结点的不平衡力矩分别为

$$m_B = \sum M_{Bi}^{\mathrm{F}} = -300\mathrm{kN \cdot m}$$

$$m_C = \sum M_{Ci}^{\mathrm{F}} = 300 - 180 = 120\mathrm{kN \cdot m}$$

可见，B 结点不平衡力矩较大，宜先放松 B 结点。

第一步，保持 C 结点固定，放松 B 结点，按照单结点的力矩分配法，在 B 结点进行不平衡力矩的分配与传递。

将 B 结点不平衡力矩乘以分配系数再改变正负号，即得 BA 杆和 BC 杆的分配弯矩为

$$M_{BA}^{\mathrm{D}} = -\mu_{BA} \times m_B = -0.4 \times (-300) = 120\mathrm{kN \cdot m}$$

$$M_{BC}^{\mathrm{D}} = -\mu_{BC} \times m_B = -0.6 \times (-300) = 180\mathrm{kN \cdot m}$$

将分配弯矩乘以传递系数得两杆的传递弯矩为

$$M_{AB}^{\mathrm{C}} = C_{BA} M_{BA}^{\mathrm{D}} = 0.5 \times 120 = 60\mathrm{kN \cdot m}$$

$$M_{CB}^{\mathrm{C}} = C_{BC} M_{BC}^{\mathrm{D}} = 0.5 \times 180 = 90\mathrm{kN \cdot m}$$

经过分配与传递，B 结点上不平衡力矩消除，力矩已经平衡，在分配弯矩的下方画一横线，表示横线以上的力矩之和为零。建议读者在计算过程中及时对此校核，以尽早发现可能出现的计算错误。

第二步，重新固定 B 结点，放松 C 结点，按照单结点的力矩分配法，在结点 C 进行不平衡力矩的分配与传递。

因第一次放松 B 结点时，BC 杆 C 端获得了传递弯矩，引起 C 结点处不平衡力矩产生变化，故附加刚臂上的约束反力也随之变化，此时的不平衡力矩除了固端弯矩外，还需叠加传递弯矩 M_{CB}^{C}，即

$$m_C' = 300 - 180 + 90 = 210\mathrm{kN \cdot m}$$

重新固定 B 结点，放松 C 结点，则分配弯矩为

$$M_{CB}^{\mathrm{D}} = -\mu_{CB} \times m_C' = -0.5 \times 210 = -105\mathrm{kN \cdot m}$$

$$M_{CD}^{\mathrm{D}} = -\mu_{CD} \times m_C' = -0.5 \times 210 = -105\mathrm{kN \cdot m}$$

传递弯矩为

$$M_{BC}^{\mathrm{C}} = C_{CB} M_{CB}^{\mathrm{D}} = 0.5 \times (-105) = -52.5\mathrm{kN \cdot m}$$

$$M_{DC}^{\mathrm{C}} = C_{CD} M_{CD}^{\mathrm{D}} = 0 \times (-105) = 0$$

此时，C 结点上不平衡力矩消除，力矩满足平衡条件。

第三步，第二次放松 B 结点。

上一步放松 C 结点时，传递弯矩 M_{BC}^{C} 又引起 B 结点不平衡，此时 B 结点不平衡力矩为

$$m_B' = M_{BC}^{\mathrm{C}} = -52.5\mathrm{kN \cdot m}$$

重新固定 C 结点，放松 B 结点，则分配弯矩为

$$M_{BA}'^{\mathrm{D}} = -\mu_{BA} \times m_B' = -0.4 \times (-52.5) = 21.0\mathrm{kN \cdot m}$$

$$M_{BC}'^{\mathrm{D}} = -\mu_{BC} \times m_B' = -0.6 \times (-52.5) = 31.5\mathrm{kN \cdot m}$$

传递弯矩为

$$M_{AB}'^{C} = C_{BA}M_{BA}'^{D} = 0.5 \times 21.0 = 10.5 \text{kN} \cdot \text{m}$$

$$M_{CB}'^{C} = C_{BC}M_{BC}'^{D} = 0.5 \times 31.5 = 15.8 \text{kN} \cdot \text{m}$$

第四步，第二次放松 C 结点。

此时 C 结点不平衡力矩为传递弯矩，即

$$m_{C}'' = M_{CB}'^{C} = 15.8 \text{kN} \cdot \text{m}$$

重新固定 B 结点，放松 C 结点，则分配弯矩为

$$M_{CB}'^{D} = -\mu_{CB} \times m_{C}'' = -0.5 \times 15.8 = -7.9 \text{kN} \cdot \text{m}$$

$$M_{CD}'^{D} = -\mu_{CD} \times m_{C}'' = -0.5 \times 15.8 = -7.9 \text{kN} \cdot \text{m}$$

传递弯矩为

$$M_{BC}'^{C} = C_{CB}M_{CB}'^{D} = 0.5 \times (7.9) = -4.0 \text{kN} \cdot \text{m}$$

$$M_{DC}'^{C} = C_{CD}M_{CD}'^{D} = 0 \times (-7.9) = 0$$

第五步，第三次放松 B 结点。

随着在 B、C 结点交替进行不平衡力矩的分配与传递，结点不平衡力矩逐渐减小，刚臂作用也逐渐消除，何时结束力矩分配传递过程，需要根据计算精度要求来决定。本例经过两轮力矩分配与传递，B 结点不平衡力矩减小为 $m_{B}'' = M_{BC}'^{C} = -4.0 \text{kN} \cdot \text{m}$，约为固定状态不平衡力矩的 1.33%，可以结束力矩分配传递过程。但为了使 B 结点的力矩达到平衡，还需对其不平衡力矩进行分配，同时为了使邻近结点不再产生新的不平衡力矩，不应再向邻近结点进行传递，即应增加半轮只分配不传递的计算。如图 7.5(b)中"B 分不传 C"所在行所示，重新固定 C 结点，放松 B 结点，将 B 结点不平衡力矩 m_{B}'' 进行分配后，不再向 C 结点传递，但可以向 A 端传递，以使 A 端弯矩更精确。

(4) 计算最后杆端弯矩。

将各杆端的固端弯矩与历次的分配弯矩和传递弯矩相加，即得最后的杆端弯矩。根据杆端弯矩作出最终弯矩图如图 7.5(c)所示。

【例 7.2】 试用力矩分配法计算如图 7.6(a)所示刚架，并作弯矩图。

【解】 图示刚架为对称结构受对称荷载作用，可取半边结构如图 7.6(b)所示。采用相对线刚度计算，令 $i_{BE} = \dfrac{EI}{8\text{m}} = 1$，则 $i_{AB} = \dfrac{8}{3}$，$i_{BC} = 2$，$i_{CF} = \dfrac{4}{5}$，$i_{CD} = 4$。

(1) 绘制计算表格，确定分配系数、传递系数。

由于刚架中存在竖向杆件，B、C 结点均联结三根杆件，分配与传递在多根杆件中进行，相对于连续梁，运算表格略复杂一些。

各杆端间的传递系数为

$$C_{BA} = 0 , \quad C_{BC} = C_{CB} = 0.5 , \quad C_{CD} = -1 , \quad C_{BE} = 0.5 , \quad C_{CF} = 0.5$$

B 结点的分配系数为

$$\mu_{BA} = \frac{3i_{AB}}{3i_{AB} + 4i_{BC} + 4i_{BE}} = \frac{8}{8 + 8 + 4} = 0.4, \qquad \mu_{BE} = 0.2, \qquad \mu_{BC} = 0.4$$

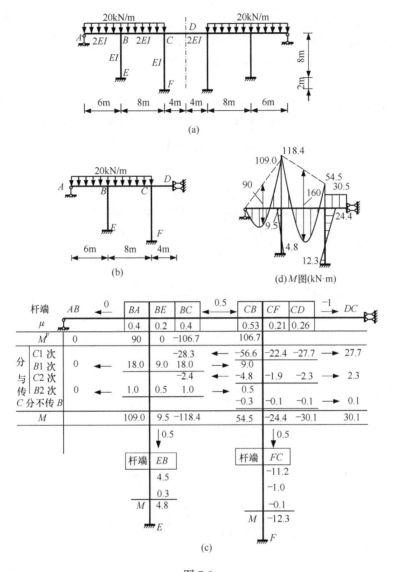

图 7.6

C 结点的分配系数为

$$\mu_{CB}=\frac{4i_{BC}}{4i_{BC}+4i_{CF}+i_{CD}}=\frac{8}{8+3.2+4}=0.53, \qquad \mu_{CF}=0.21, \qquad \mu_{CD}=0.26$$

(2) 计算固端弯矩。

查载常数表(表 5.3)可得

$$M_{BA}^{\mathrm{F}}=\frac{1}{8}ql^2=\frac{20\times6^2}{8}=90\mathrm{kN\cdot m}, \quad M_{BC}^{\mathrm{F}}=-\frac{1}{12}ql^2=-\frac{20\times8^2}{12}=-106.7\mathrm{kN\cdot m}$$

$$M_{CB}^{\mathrm{F}}=\frac{1}{12}ql^2=\frac{20\times8^2}{12}=106.7\mathrm{kN\cdot m}$$

其他均为零。

(3) 力矩分配与传递。

C结点不平衡力矩较大，先放松C结点。分配与传递过程与连续梁类似，如图 7.6(c)所示，只需注意竖杆BE、CF分配后向远端传递。

(4) 计算最后杆端弯矩。

将各杆端的固端弯矩和历次分传得到的分配弯矩与传递弯矩相加，得最后杆端弯矩。半边结构的弯矩图如图 7.6(d)所示，利用对称性不难作出整个结构的弯矩图。

【例 7.3】 用力矩分配法计算图 7.7(a)所示连续梁，并作弯矩图。设各杆线刚度i为同一常数。

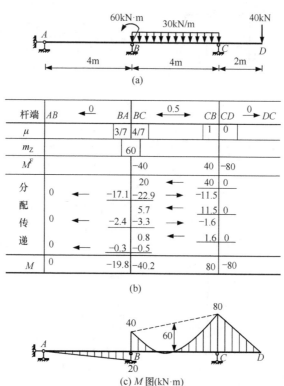

(a)

(b)

(c) M 图(kN·m)

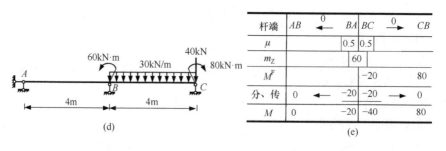

(d)

(e)

图 7.7

【解】 与例 7.1、例 7.2 不同，本例有两个特点，一是结点B受到集中外力偶作用，二是结构中有外伸悬臂部分CD段。下面介绍两种用力矩分配法求解包含静定外伸段结构的常用方法。

方法一：以 B、C 结点为刚结点轮流放松，进行力矩分配与传递。

(1) 确定分配系数与传递系数。

三根杆件的杆端抗弯劲度分别为 $S_{BA}=3i$，$S_{BC}=4i$，$S_{CB}=4i$，$S_{CD}=0$，可以求得 B、C 结点的分配系数为

$$\mu_{BA}=\frac{3}{7}，\quad \mu_{BC}=\frac{4}{7}，\quad \mu_{CB}=1，\quad \mu_{CD}=0$$

杆端间的传递系数为

$$C_{BA}=0，\quad C_{BC}=C_{CB}=0.5，\quad C_{CD}=0$$

(2) 计算固端弯矩。

$$M_{BC}^{\mathrm{F}}=-\frac{ql_{BC}^2}{12}=-40\text{kN}\cdot\text{m}，\qquad M_{CB}^{\mathrm{F}}=\frac{ql_{BC}^2}{12}=40\text{kN}\cdot\text{m}$$

$$M_{CD}^{\mathrm{F}}=-F_{\mathrm{p}}l_{CD}=-40\times 2=-80\text{kN}\cdot\text{m}$$

(3) 力矩分配与传递。

分配传递过程如图 7.7(b)所示，需要注意的是 B 结点作用有集中外力偶 60kN·m，表格中应增加一结点集中力偶行(第三行)并将其写在 B 结点下方，第一次计算 B 结点不平衡力矩时需包含此结点外力偶，而最后计算最终杆端弯矩时，不能将其叠加到任一杆端上，B 结点处两个杆端弯矩之和为 −60kN·m，与结点外力偶平衡。求出杆端弯矩后，便可作出连续梁弯矩图，如图 7.7(c)所示。

方法二：该连续梁中外伸段 CD 段是静定的，可将该段静定杆去除而把其所受荷载等效至 BC 杆的 C 端，如图 7.7(d)所示。这时只有 B 结点是刚结点，杆端抗弯劲度 $S_{BA}=S_{BC}=3i$，分配系数 $\mu_{BA}=\mu_{BC}=0.5$。BC 杆的固端弯矩是由杆上均布荷载 $q=30\text{kN/m}$ 和 C 端集中力偶 $m=80\text{kN}\cdot\text{m}$ 共同作用产生的，利用载常数表可得

$$M_{BC}^{\mathrm{F}}=-\frac{ql_{BC}^2}{8}+\frac{m}{2}=-60+40=-20\text{kN}\cdot\text{m}$$

$$M_{CB}^{\mathrm{F}}=0+m=80\text{kN}\cdot\text{m}$$

力矩分配传递过程属于单结点转动问题，如图 7.7(e)所示。根据杆端弯矩作出 AB、BC 杆的弯矩图后再补上静定段 CD 杆的弯矩图即得原连续梁的弯矩图，如图 7.7(c)所示。

对比以上两种解法，显然方法二更简洁，且在本例中可以得到精确解。

7.3　有侧移刚架的计算

7.3.1　无剪力分配法

前面介绍的力矩分配法只能用于连续梁和无侧移刚架，不能用于有结点线位移(即有侧移)刚架。但对某些特殊的有侧移刚架(图 7.8)，可以用与力矩分配法类似的无剪力分配法计算。这些刚架的一个共同特点是其中所有存在杆端相对线位移的杆件的剪力都

是静定的。工程中常见的单跨对称刚架在反对称荷载作用时的半刚架即属于此类结构(图 7.9)。

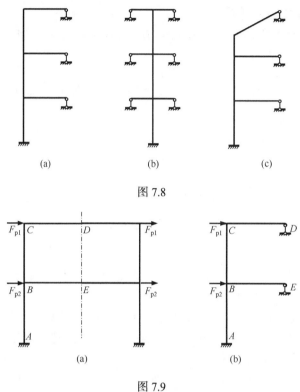

图 7.8

图 7.9

下面以图 7.10(a)所示含剪力静定杆件的刚架为例,说明无剪力分配法的基本思想。该刚架中竖杆 AB 的剪力是静定的,根据静力平衡条件可知 A 端的剪力 $F_{QAB} = ql$。解除 AB 杆 A 端与剪力对应的约束而用剪力 F_{QAB} 等效代替如图 7.10(b)所示,该体系与原刚架具有相同的内力和变形,但可以产生水平方向的刚体位移。为此可在 C 结点附加水平支座链杆如图 7.10(c)所示,显然该支座链杆的反力为零,只起到消除刚体位移的作用,对结构的内力和变形无任何影响。因此,图 7.10(a)所示刚架可转化为图 7.10(c)所示无侧移刚架,用力矩分配法求解。AB 杆传递系数 $C_{BA} = -1$,杆端抗弯劲度为 i,于是 B 结点的分配系数为

$$\mu_{BA} = \frac{S_{BA}}{S_{BA} + S_{BC}} = \frac{i}{i + 3i} = 0.25, \qquad \mu_{BC} = 0.75$$

AB 杆的固端弯矩为

$$M_{AB}^{\mathrm{F}} = \frac{ql^2}{6} - \frac{F_{QAB}l}{2} = -\frac{ql^2}{3}$$

$$M_{BA}^{\mathrm{F}} = \frac{ql^2}{3} - \frac{F_{QAB}l}{2} = -\frac{ql^2}{6}$$

其余计算过程见图 7.10(d),最后弯矩图如图 7.10(e)所示。

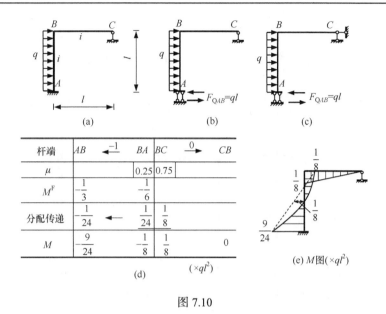

图 7.10

在以上计算过程中，由于 AB 杆上的传递系数是 -1，在放松 B 结点时，竖杆 AB 上新增弯矩为常数，新增剪力为零，故这种方法称为无剪力力矩分配法，简称无剪力分配法。

总结以上分析，可以得出无剪力分配法的基本思想就是将结构中的剪力静定杆看成远端滑移杆件，再用力矩分配法计算，但在确定剪力静定杆固端弯矩时，除了要考虑杆上原荷载的作用外，在滑移端还作用有静定的杆端剪力。

上述方法同样适用于多层的情况，下面结合一具体算例加以说明。

【例 7.4】 图 7.11(a)所示为水闸钢筋混凝土工作桥支架受反对称荷载作用的计算简图，各杆 EI 为常数。试用无剪力分配法计算各杆端弯矩，并作弯矩图。

【解】 利用对称性，取图 7.11(b)所示半边结构计算，其中线刚度 $i = \dfrac{EI}{2\text{m}}$。各竖柱为剪力静定杆件，根据静力平衡条件可求出竖柱杆端剪力值。

(1) 分配系数和传递系数。

将竖柱看成远端滑移杆件来确定传递系数并与横梁一起计算各结点处的分配系数。例如，对 B 结点，BA、BC 杆如图 7.11(c)所示，则传递系数和分配系数为

$$C_{BA} = -1, \qquad C_{BC} = -1, \qquad C_{BE} = 0$$

$$\mu_{BA} = \frac{S_{BA}}{S_{BA} + S_{BC} + S_{BE}} = \frac{i}{i + i + 3 \times (2i)} = 0.125, \qquad \mu_{BC} = 0.125, \qquad \mu_{BE} = 0.75$$

类似地，对 C 结点和 D 结点，有

$$C_{CB} = -1, \qquad C_{CD} = -1, \qquad C_{CF} = 0$$

$$\mu_{CB} = 0.125, \qquad \mu_{CD} = 0.125, \qquad \mu_{CF} = 0.75$$

和

$$C_{DC} = -1, \qquad C_{DG} = 0$$

$$\mu_{DC} = \frac{S_{DC}}{S_{DC} + S_{DG}} = \frac{i}{i + 3 \times (2i)} = 0.143, \qquad \mu_{DG} = 0.857$$

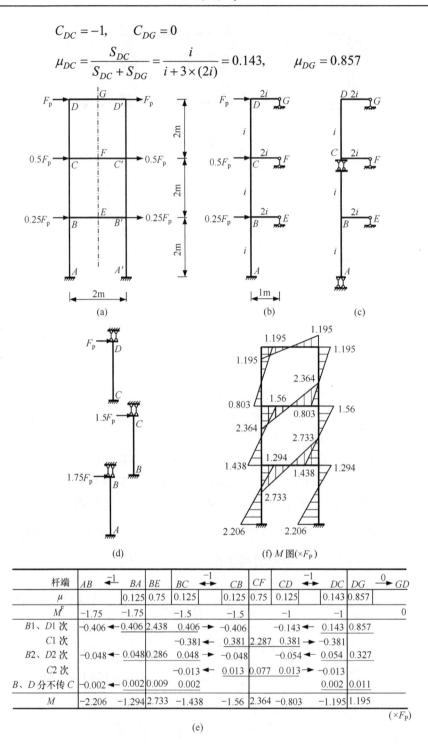

图 7.11

杆端	AB ←−1	BA	BE	BC ←−1→	CB	CF	CD ←−1→	DC	DG −0→ GD
μ		0.125	0.75	0.125	0.125	0.75	0.125	0.143	0.857
M^F	−1.75	−1.75		−1.5	−1.5		−1	−1	0
B1、D1 次	−0.406 ← 0.406		2.438	0.406 → −0.406			−0.143 ← 0.143		0.857
C1 次				−0.381 ← 0.381		2.287	0.381 → −0.381		
B2、D2 次	−0.048 ← 0.048		0.286	0.048 → −0.048			−0.054 ← 0.054		0.327
C2 次				−0.013 ← 0.013		0.077	0.013 → −0.013		
B、D 分不传 C	−0.002 ← 0.002		0.009	0.002				0.002	0.011
M	−2.206	−1.294	2.733	−1.438	−1.56	2.364	−0.803	−1.195	1.195

(×F_P)

(e)

(2) 固端弯矩。

分别截取各横梁下侧立柱截面，并取上部分为隔离体，由静力平衡条件得

$$F_{QDC} = F_p$$

$$F_{QCB} = F_p + 0.5F_p = 1.5F_p$$

$$F_{QBA} = F_p + 0.5F_p + 0.25F_p = 1.75F_p$$

计算固端弯矩时竖柱均为一端固定一端滑移的杆件在滑移端受集中力作用，如图 7.11(d)所示，则

$$M_{CD}^F = M_{DC}^F = -\frac{F_{QDC}l}{2} = -\frac{F_p \times 2}{2} = -F_p$$

$$M_{CB}^F = M_{BC}^F = -\frac{F_{QCB}l}{2} = -\frac{1.5F_p \times 2}{2} = -1.5F_p$$

$$M_{BA}^F = M_{AB}^F = -\frac{F_{QBA}l}{2} = -\frac{1.75F_p \times 2}{2} = -1.75F_p$$

(3) 力矩分配与传递。

本结构涉及三个结点的转动，为了加速收敛，可采用相间结点同时放松的方法，即在固定 C 结点的同时放松 B、D 两个结点。而放松 C 结点时，同时固定 B、D 结点，如此交替进行。分配与传递过程如图 7.11(e)所示。根据各杆最后杆端弯矩即可作出半边结构的最后弯矩图，然后利用对称性作出整个刚架的弯矩图，如图 7.11(f)所示。

7.3.2 附加链杆法

力矩分配法只能用于连续梁或无结点线位移的刚架，无剪力分配法可用于所有存在杆端相对线位移的杆件均为剪力静定杆的有侧移刚架。对于一般有侧移的刚架，力矩分配法和无剪力分配法均不适用。这时，可联合应用力矩分配法和位移法求解，用力矩分配法考虑角位移的影响，用位移法考虑线位移的影响。这种联合方法称为附加链杆法。下面以图 7.12(a)所示刚架为例，说明该方法的具体应用。该刚架的未知结点位移有 2 个角位移和 1 个线位移，选取结点 C 的水平线位移为基本未知量 Δ_{Z1}，在结点 C 处附加水平支座链杆，基本系如图 7.12(b)所示。基本系承受荷载与未知的结点线位移 Δ_{Z1} 作用，其受力和变形均与原结构等效，由附加支座链杆的约束力 $F_{R1} = 0$ 得位移法典型方程

$$r_{11}\Delta_{Z1} + F_{R1F} = 0$$

基本结构为无侧移刚架，M_F 图、$\bar{M}_1$ 图可用力矩分配法计算。在 $\Delta_{Z1}=1$ 作用下，相当于无侧移刚架在支座 C 发生向右的单位位移。固端弯矩通过查形常数表得

$$M_{AB}^F = M_{BA}^F = -\frac{6i_{AB}}{l_{AB}} = -\frac{6 \times 1}{4} = -1.5, \qquad M_{BC}^F = M_{CB}^F = 0$$

$$M_{CD}^F = M_{DC}^F = -\frac{6i_{CD}}{l_{CD}} = -\frac{6 \times 3}{4} = -4.5$$

分配与传递计算过程如图 7.12(e)所示，由此可作出 $\bar{M}_1$ 图，如图 7.12(c)所示。

基本结构在荷载作用下，仍可用力矩分配法计算并作出 M_F 图，如图 7.12(d)所示，读者可自行练习。

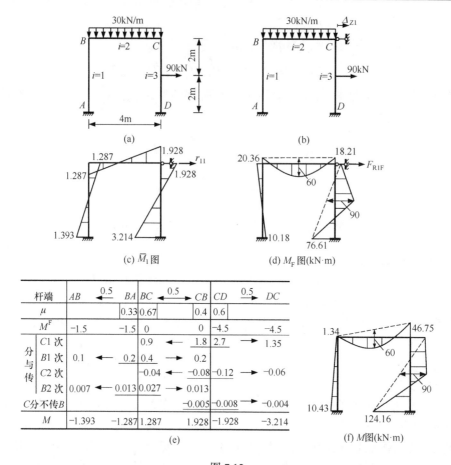

图 7.12

杆端	AB	$\xleftarrow{0.5}$	BA	BC	$\xleftarrow{0.5}$	CB	CD	$\xrightarrow{0.5}$	DC
μ			0.33	0.67		0.4	0.6		
M^{F}	−1.5		−1.5	0		0	−4.5		−4.5
分与传 C1 次				0.9	$\leftarrow$	1.8	2.7	$\rightarrow$	1.35
分与传 B1 次	0.1	$\leftarrow$	0.2	0.4	$\rightarrow$	0.2			
分与传 C2 次				−0.04	$\leftarrow$	−0.08	−0.12	$\rightarrow$	−0.06
分与传 B2 次	0.007	$\leftarrow$	0.013	0.027	$\rightarrow$	0.013			
C分不传B						−0.005	−0.008	$\rightarrow$	−0.004
M	−1.393		−1.287	1.287		1.928	−1.928		−3.214

(e)

(f) M图(kN·m)

由 $\bar{M}_1$ 图和 M_{F} 图可求出竖杆的杆端剪力，再利用结构在水平方向的力投影平衡条件，可求出系数 $r_{11} = 1.955$ 与自由项 $F_{\mathrm{R1F}} = 28.92\mathrm{kN}$，代入典型方程解得 $\Delta_{\mathrm{Z1}} = 14.79$，由叠加公式 $M = \bar{M}_1 \Delta_{\mathrm{Z1}} + M_{\mathrm{F}}$ 求得各杆杆端弯矩后，可作出最终弯矩图如图 7.12(f)所示。

以上讨论的是一个线位移的简单情况，对于具有多个结点线位移的情况(如多层刚架)，也可采用同样的方法处理，不过此时仍需联立方程组求解未知线位移，比较麻烦。

思考题

7.1 什么是杆端抗弯劲度？它与哪些因素有关？

7.2 什么是分配系数？为什么汇交于同一刚结点的所有杆端的分配系数之和等于 1？

7.3 什么是传递系数？它与哪些因素有关？

7.4 什么是结点不平衡力矩？如何计算？

7.5 力矩分配法的基本运算步骤有哪些？每一步骤的物理意义是什么？

7.6 用力矩分配法计算连续梁如无侧移刚架时，计算过程为什么是收敛的？

7.7 力矩分配法计算过程中，可以同时放松多个结点吗？如可以，在什么条件下，可以同时放松多个结点？

7.8 无剪力分配法的适用条件是什么？为什么称作无剪力分配法？

习题

7.1 试用力矩分配法计算图示连续梁，并作弯矩图。

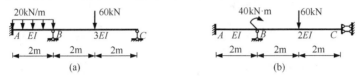

题 7.1 图

7.2 试用力矩分配法计算图示连续梁，并作弯矩图。

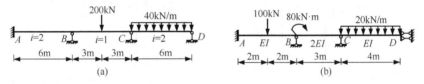

题 7.2 图

7.3 试用力矩分配法计算图示连续梁，并作弯矩图。

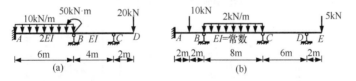

题 7.3 图

7.4 图示连续梁 B 支座下降 1cm，C 支座下降 1.5cm，试用力矩分配法计算并作弯矩图。已知各杆刚度相同，为 $EI = 4.2 \times 10^4 \text{kN} \cdot \text{m}^2$。

7.5 图示连续梁上部温度升高 20℃，下部温度降低 5℃，试用力矩分配法计算并作弯矩图。已知各杆横截面均为矩形，高 h=10cm，宽 b=30cm，$\alpha = 1 \times 10^{-5}℃^{-1}$，$E = 2 \times 10^7 \text{kN} / \text{m}^2$。

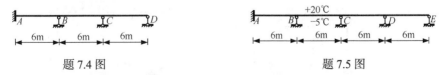

题 7.4 图   题 7.5 图

7.6 试用力矩分配法计算图示刚架，并作弯矩图。

7.7 试用力矩分配法计算图示对称刚架，并作弯矩图。

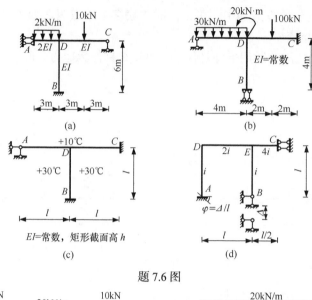

题 7.6 图

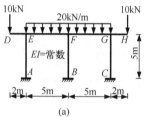

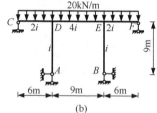

题 7.7 图

7.8 试用无剪力分配法计算图示刚架，并作弯矩图。

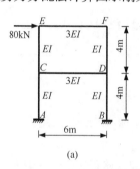

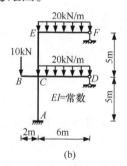

题 7.8 图

7.9 试用附加链杆法计算图示对称刚架，并作弯矩图。已知各杆 EI 为常数。

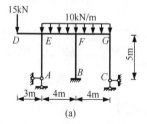

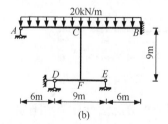

题 7.9 图

第8章　影响线及其应用

8.1　概　　述

工程结构承受的荷载，按作用位置变化与否可分为固定荷载和移动荷载。固定荷载是指在结构上具有固定位置的荷载，如结构的自重、固定设备的重量等，其大小、方向与作用位置一般保持固定不变，这种性质的荷载在工程上称为恒载。移动荷载是指在结构空间的一定范围内作用位置可任意移动的荷载，一般其大小、方向不变，如桥梁上行驶的汽车荷载[图 8.1(a)]，厂房中吊车梁上行驶的吊车荷载，结构上的人群、货物或非固定的设备等可以任意布置的分布荷载[图 8.1(b)]。这类荷载属于工程中的活载。

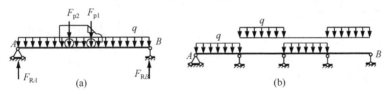

图 8.1

结构在固定荷载作用下的受力状态通常是不变的，如图 8.1(a)所示简支桥梁，在自重荷载 q 作用下结构上的某一量值，如支座反力、截面内力、位移等，是不变的。若作出所求量值的分布图(如弯矩图等)，便可知该量值在结构中的分布情况。

当结构受到移动荷载[如图 8.1(a)中车辆轮压 F_{p1}、F_{p2}]作用时，结构的受力状态将随荷载作用位置的不同而变化，在结构计算中也将面临一系列新问题。

(1) 结构上某一量值，如指定截面的内力、反力或位移，随荷载作用位置移动而变化的规律。

(2) 结构上某一量值达到最大时移动荷载的作用位置，即该量值的最不利荷载位置。

(3) 结构上某一量值的变化范围，即该量值的上、下限。

工程实际中常见的移动荷载通常是间距保持不变的平行集中荷载或分布荷载，同时具有大小、方向保持不变的特点。移动荷载类型多种多样，为研究方便，先研究结构在移动单位集中荷载 $F_p = 1$ 作用下某一量值的变化规律，然后根据叠加原理，可求得实际移动荷载作用下该量值的变化规律。

表示某一量值在指向不变的移动单位集中荷载作用下的变化规律的图形，称为该量值的影响线。影响线是研究移动荷载作用的基本工具，应用它可以解决上面提出的移动荷载作用下结构计算中所面临的新问题。绘制影响线有两种基本方法——静力法和机动法。

8.2　静力法作静定梁的影响线

静力法以移动单位集中荷载 $F_p = 1$ 的作用位置 x 为变量，由静力平衡条件列出指定量值(内力、反力)的影响函数(影响线方程)，并作出影响函数的图像。此图像即该量值的影响线。

8.2.1　简支梁的影响线

图 8.2(a)所示简支梁受方向向下的移动单位集中荷载 $F_p = 1$ 作用，以 A 点为坐标原点，建立图示坐标系 Axy ，设荷载 $F_p = 1$ 作用位置为 x。

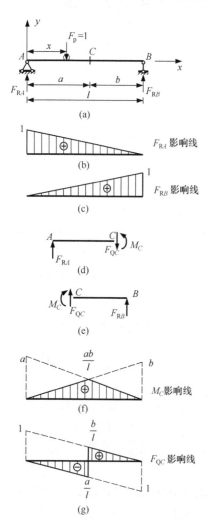

图 8.2

1) 反力影响线

若取反力 F_{RA} 与 F_{RB} 向上为正，由静力平衡条件可列出影响线方程如下。

$$\sum M_B = 0 :$$

$$F_{RA} \times l - F_p \times (l - x) = 0$$

$$F_{RA} = \frac{l - x}{l} \quad (0 \leqslant x \leqslant l)$$

$$\sum M_A = 0 :$$

$$F_{RB} \times l - F_p \times x = 0$$

$$F_{RB} = \frac{x}{l} \quad (0 \leqslant x \leqslant l)$$

可见，反力 F_{RA} 与 F_{RB} 的影响线方程均为荷载位置参数 x 的一次函数，其图像为直线，如图 8.2(b)、(c)所示。支座反力的影响线表示单位集中荷载 $F_p = 1$ 在梁上移动时，支座反力的变化规律，影响线上任一位置 x 处的竖标 y 表示单位荷载 $F_p = 1$ 移动到该处时支座反力的数值，即影响系数。因为单位荷载 $F_p = 1$ 的量纲为 1，所以支座反力影响线竖标的量纲也为 1。

2) 内力影响线

简支梁内力的影响线一般包括弯矩与剪力的影响线。弯矩与剪力的正负号仍按第 3 章中的规定。截面 C 的弯矩 M_C 和剪力 F_{QC} 的影响线与移动单位集中荷载 $F_p = 1$ 作用位置在截面 C 的左、右侧有关，需分段建立影响线方程。

当 $F_p = 1$ 在 CB 段移动时，取 AC 段为隔离体，当 $F_p = 1$ 在 AC 段移动时，取 CB 段

为隔离体，分别如图 8.2(d)、(e)所示。由静力平衡条件可建立影响线方程

$$M_C = F_{RB} \cdot b = \frac{x}{l}b, \qquad F_{QC} = -F_{RB} = -\frac{x}{l} \quad (0 \leqslant x \leqslant a)$$

$$M_C = F_{RA} \cdot a = \frac{l-x}{l}a, \qquad F_{QC} = F_{RA} = \frac{l-x}{l} \quad (a \leqslant x \leqslant l)$$

可见，左段梁与右段梁上 M_C、F_{QC} 的影响线方程均为一次函数，其图像为直线，如图 8.2(f)、(g)所示。弯矩影响线竖标的量纲为长度量纲 L，剪力影响线竖标的量纲为 1。

从 M_C 的影响线方程可见，M_C 的影响线是由两段直线组成的，其相交点就在截面 C 处。左直线方程为 $M_C = F_{RB} \cdot b$，M_C 的影响线可由反力 F_{RB} 的影响线放大 b 倍而成；右直线方程为 $M_C = F_{RA} \cdot a$，M_C 的影响线可由反力 F_{RA} 的影响线放大 a 倍而成。因此，可利用反力 F_{RA} 与 F_{RB} 的影响线来绘制弯矩 M_C 的影响线。绘制方法是：首先绘出影响线的基线(即荷载移动线，这里就是杆轴线)，然后，在左、右支座处分别向上量取竖标 a、b，再将它们的顶点分别与另一端支座处零点用直线相连，则此两条直线与基线围成的三角形部分即 M_C 的影响线，两条直线的交点必定在截面 C 处，其竖标为 $\frac{ab}{l}$，如图 8.2(f)所示。这种利用已知影响线作其他量值影响线的方法是很方便的，经常会采用。剪力 F_{QC} 的影响线也可以类似利用反力 F_{RA} 与 F_{RB} 的影响线来绘制，如图 8.2(g)所示，左、右两段直线相互平行，在截面 C 处有突变，突变值为 1。

8.2.2 外伸梁的影响线

图 8.3(a)所示外伸梁受单位移动荷载 $F_p = 1$ 作用，建立图示坐标系。

1) 反力影响线

取整体为隔离体，由静力平衡条件建立影响线方程

$$F_{RA} = \frac{l-x}{l} \quad (-d_1 \leqslant x \leqslant l + d_2)$$

$$F_{RB} = \frac{x}{l} \quad (-d_1 \leqslant x \leqslant l + d_2)$$

以上两个影响线方程与相应简支梁的反力影响线完全相同，因此外伸梁支座反力的影响线在跨中部分 AB 段与相应简支梁的反力影响线显然是一样的，至于外伸部分只要注意到当荷载 $F_p = 1$ 位于支座 A 以左时，x 取负值，则上面两个影响线方程仍能适用。因此只需将相应简支梁的反力影响线向两个外伸部分延长，即可绘出其反力 F_{RA} 与 F_{RB} 的影响线，如图 8.3(b)、(c)

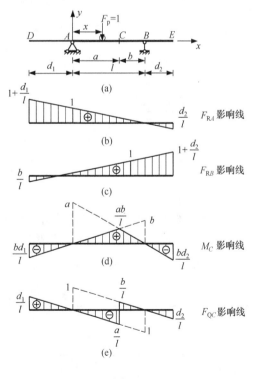

图 8.3

所示。

2) 跨间截面内力影响线

有伸臂的简支梁，其跨间任一截面 C 的弯矩 M_C 和剪力 F_{QC} 的影响线方程与前述简支梁相同。因此，外伸梁跨间截面内力的影响线在跨中部分与简支梁相应截面的内力影响线相同；在外伸段只需将简支梁的影响线向伸臂部分延伸即可。跨间截面 C 的弯矩 M_C、剪力 F_{QC} 的影响线分别如图 8.3(d)、(e)所示。

3) 外伸段截面内力影响线

图 8.4(a)所示外伸梁受单位移动荷载 $F_p = 1$ 作用，若绘制左悬臂上截面 K 的内力影响线，为方便起见，取 K 截面为坐标原点，建立图示坐标系 Kxy。

取截面 K 以左部分为隔离体，考虑其静力平衡条件可知：当 $F_p = 1$ 位于 K 以左部分时，有

$$M_K = -x, \qquad F_{QK} = -1$$

当 $F_p = 1$ 位于 K 以右部分时，有

$$M_K = 0, \qquad F_{QK} = 0$$

因此，M_K、F_{QK} 的影响线分别如图 8.4(b)、(c)所示。

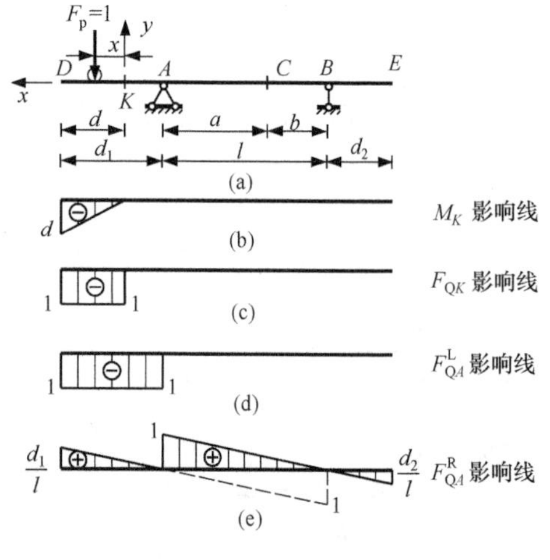

因在支座处剪力会发生突变，若绘制支座处截面的剪力影响线，则需按支座左侧和右侧两个截面分别考虑，注意到这两个截面分别位于外伸段和跨间部分，则支座 A 处左截面剪力 F_{QA}^L 的影响线，可由图 8.4(c)所示的 F_{QK} 影响线，使截面 K 趋近于支座 A 的左截面而得到，如图 8.4(d)所示；右截面剪力 F_{QA}^R 的影响线，则可由图 8.3(e)所示的 F_{QC} 影响线，使截面 C 趋于支座 A 处右截面而得到，如图 8.4(e)所示。

图 8.4

由简支梁与外伸梁内力影响线分析可看出，内力影响线与内力图是两个完全不同的概念。内力影响线反映了结构上某截面内力随单位荷载 $F_p = 1$ 位置移动而变化的规律，内力图则反映实际固定荷载作用下各截面内力的分布情况。两者的区别见表 8.1。

表 8.1　内力影响线与内力图比较

	内力影响线	内力图
荷载	单位集中荷载 $F_p = 1$	实际荷载
横坐标	表示移动荷载 $F_p = 1$ 的位置	表示横截面的位置
竖标	表示指定截面内力的影响系数	表示不同截面内力的大小

	内力影响线	内力图
图形范围	移动荷载 $F_p = 1$ 移动的范围	整个结构
作图一般规定	正号量值绘在基线上侧，并注明正负号	M 图绘在受拉侧，不标符号；F_Q、F_N 图，正值绘在杆轴线上侧，并注明正负号
量纲	M 为 L，F_Q、F_N 为 1	M 为 L^2MT^{-2}，F_Q、F_N 为 LMT^{-2}

8.3　间接荷载作用下的影响线

前面绘制的影响线针对的是移动单位集中荷载 $F_p = 1$ 直接作用于梁上的情况，称为直接荷载作用下的影响线。但是，在实际工程中还会遇到移动荷载不直接作用在梁上的情况。如桥面体系、楼盖体系等(图 8.5)，主梁之上有横梁，横梁之上又有小纵梁(结间梁)，移动荷载 $F_p = 1$ 在小纵梁上移动时，它对主梁的影响是通过横梁处结点传递到主梁上的，对主梁来说这种荷载为间接荷载或结点荷载。

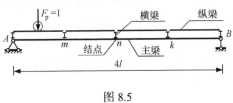

图 8.5

分析图 8.5 中的梁段 mn 如图 8.6(a)所示，当移动单位集中荷载 $F_p = 1$ 移动到结点 m 或 n 时，荷载就相当于直接作用在主梁上，因此影响线与主梁在直接荷载作用下的影响线具有相同的竖标，设为 y_m、y_n，如图 8.6(c)所示；当移动荷载 $F_p = 1$ 在结点 m、n 之间移动时，可根据叠加原理求得主梁影响线竖标 y 与移动荷载位置 x 之间的变化规律。

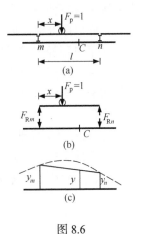

图 8.6

如图 8.6(b)所示，设单位集中荷载到结点 m 的距离为 x，根据平衡条件可求得纵梁在结点 m、n 处的支座反力为

$$F_{Rm} = \frac{l-x}{l}, \qquad F_{Rn} = \frac{x}{l}$$

将这两个支座反力直接反作用于主梁上，即主梁的结点荷载，其位置不变，大小随移动单位集中荷载 $F_p = 1$ 的位置 x 而变化，由叠加原理可得主梁影响线在结点 m、n 之间的竖标为

$$y = F_{Rm}y_m + F_{Rn}y_n = \frac{l-x}{l} \cdot y_m + \frac{x}{l} \cdot y_n$$

由上式可见，对于简支的结间梁，结点之间主梁的影响线为直线。因此，绘制间接

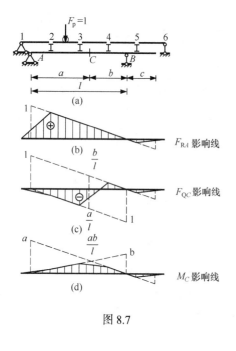

图 8.7

荷载作用下主梁的影响线时，可先作出主梁在直接移动荷载 $F_p = 1$ 作用下的影响线，然后取各结点处的竖标，并将相邻两结点处竖标顶点之间连以直线(称为渡引线或修正线)，即得主梁在间接荷载作用下的影响线。这里需要强调的是，间接荷载作用下主梁影响线基线的长度是纵梁的总长度(即单位集中荷载移动范围的长度)。

【例 8.1】　　试作图 8.7(a)所示主梁 AB 在间接荷载作用下 F_{RA}、F_{QC}、M_C 的影响线。

【解】　　先作出外伸梁 AB 在直接荷载作用下 F_{RA}、F_{QC}、M_C 的影响线，如图 8.7 (b)～(d) 中虚线所示，并确定结点 2～5 对应的竖标，当移动荷载 $F_p = 1$ 作用于结点 1 与结点 6 时，在主梁上均不产生反力与内力，故影响线竖标为零。将相邻竖标顶点分别连以直线，即得该量值在间接荷载作用下的影响线，分别如图 8.7(b)～(d)中实线所示。

8.4　静力法作桁架的影响线

在实际工程中，桁架上的荷载一般是通过纵梁、横梁作用于结点上的，故有关间接荷载作用下主梁影响线的一些特点，对于桁架来说也是适用的，也就是说，桁架杆件内力的影响线在任意两个相邻结点之间也为直线。

下面以图 8.8(a)所示单跨平行弦桁架为例，说明作静定桁架影响线的静力法。

对于单跨静定梁式桁架，其支座反力的计算与相应单跨静定梁相同，故两者的支座反力影响线也完全一样，如图 8.8(b)、(c)所示。

用静力法作桁架内力影响线时，需利用结点法或截面法根据静力平衡条件建立其影响线方程。

1) 上弦杆 1 杆轴力的影响线

上弦杆 1 杆在结点 C'、D' 之间，当移动荷载 $F_p = 1$ 在结点 C' 左侧移动时，选取截面 m—m 右侧部分为隔离体，如图 8.8(d)所示，由力矩平衡方程 $\sum M_D = 0$ 得

$$F_{N1} \cdot h + F_{RB} \cdot 2d = 0$$

即

$$F_{N1} = -\frac{2d}{h} F_{RB} \tag{8.1}$$

在结点 D' 右侧移动时，选取截面 m—m 左侧部分为隔离体，如图 8.8(e)所示，由力矩平衡方程 $\sum M_D = 0$ 得

$$F_{N1} \cdot h + F_{RA} \cdot 2d = 0$$

即

$$F_{N1} = -\frac{2d}{h}F_{RA} \tag{8.2}$$

式(8.1)、式(8.2)表明，F_{N1} 的影响线在 $A'C'$ 范围内可由 F_{RB} 的影响线乘以系数 $-\frac{2d}{h}$ 得到，在 $D'E'$ 范围内可由 F_{RA} 的影响线乘以系数 $-\frac{2d}{h}$ 得到，在 $C'D'$ 之间的影响线按照间接荷载作用下主梁影响线的特点，将结点 C'、D' 对应竖标顶点用直线连接进行修正。其影响线如图 8.8(f)所示。

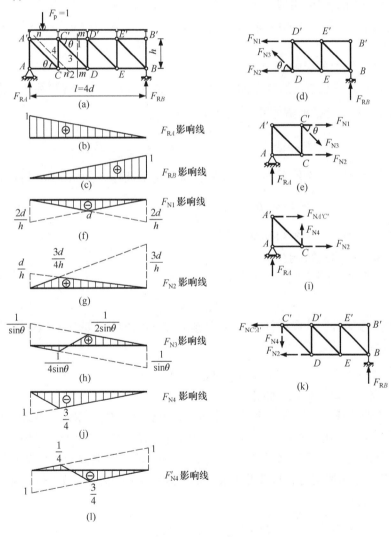

图 8.8

2) 下弦杆 2 杆轴力的影响线

当移动荷载 $F_p = 1$ 在结点 C' 左侧移动时，选取截面 m—m 右侧部分为隔离体，如图 8.8(d)所示，由力矩平衡条件 $\sum M_{C'} = 0$ 可得

$$F_{N2} \cdot h - F_{RB} \cdot 3d = 0, \qquad F_{N2} = \frac{3d}{h} F_{RB}$$

当 $F_p = 1$ 在结点 D' 右侧移动时，选取截面 m—m 左侧部分为隔离体，如图 8.8(e)所示，由力矩平衡条件 $\sum M_{C'} = 0$ 可得

$$F_{N2} \cdot h - F_{RA} \cdot d = 0, \qquad F_{N2} = \frac{d}{h} F_{RA}$$

与上弦杆影响线作法类似，F_{N2} 的影响线在结点 C' 左侧、D' 右侧的影响线，分别由 F_{RB} 与 F_{RA} 的影响线乘以相应系数得到，在 $C'D'$ 之间连直线进行修正。其影响线如图 8.8(g)所示。

3) 斜杆 3 杆轴力的影响线

当移动荷载 $F_p = 1$ 在结点 C' 左侧移动时，选取截面 m—m 右侧部分为隔离体，如图 8.8(d)所示，考虑投影平衡方程 $\sum F_y = 0$，有

$$F_{N3} \cdot \sin\theta + F_{RB} = 0, \qquad F_{N3} = -\frac{1}{\sin\theta} F_{RB}$$

在结点 D' 右侧移动时，选取截面 m—m 左侧部分为隔离体，如图 8.8(e)所示，有

$$F_{N3} \cdot \sin\theta - F_{RA} = 0, \qquad F_{N3} = \frac{1}{\sin\theta} F_{RA}$$

可类似作出其影响线，如图 8.8(h)所示。

4) 竖杆 4 杆轴力的影响线

当移动荷载 $F_p = 1$ 在结点 A' 时，显然

$$F_{N4} = 0$$

在结点 C' 右侧移动时，选取截面 n—n 左侧部分为隔离体，如图 8.8(i)所示，由平衡条件 $\sum F_y = 0$ 可得

$$F_{N4} + F_{RA} = 0, \qquad F_{N4} = -F_{RA}$$

类似地，作出其影响线，如图 8.8(j)所示。

桁架上移动荷载的作用方式有两种形式：在上弦杆上移动称为上承式，在下弦杆上移动称为下承式。作用方式不同，对于同一根杆件的内力影响线也不尽相同。例如，若移动荷载为下承式，作竖杆 4 杆轴力 F'_{N4} 的影响线时，作类似分析可知：当移动荷载 $F_p = 1$ 在结点 C 左侧移动时，选取截面 n—n 右侧部分为隔离体，如图 8.8(k)所示，由平衡条件 $\sum F_y = 0$ 可得

$$F'_{N4} - F_{RB} = 0, \qquad F'_{N4} = F_{RB}$$

在结点 D 右侧移动时，选取截面 n—n 左侧部分为隔离体，如图 8.8(i)所示，由平衡条件 $\sum F_y = 0$ 可得

$$F_{N4}' + F_{RA} = 0, \qquad F_{N4}' = -F_{RA}$$

据此可作出 F_{N4}' 的影响线如图 8.8(l)所示,可见其与上承式移动荷载作用下的竖杆 4 杆轴力 F_{N4} 的影响线[图 8.8(j)]有所不同。

8.5 机动法作静定梁的影响线

静力法由影响线方程可确定移动荷载作用在不同位置时指定量值影响线竖标的精确数值,但建立影响线方程较麻烦,一般也不易直观、迅速地确定影响线的形状特点和零点位置等。而在结构设计时,为了提供活荷载最不利位置的布局,常常要求不经计算就能迅速勾绘出影响线的大致形状,此时用机动法作影响线就较为方便,机动法也可用来判断与校核用静力法绘制的影响线是否正确。

机动法作静定结构的影响线是以刚体虚位移原理为理论基础的,它将作影响线的静力问题转化为作刚体虚位移图的几何问题。根据虚位移原理,刚体体系在力系作用下处于平衡的充分必要条件是:对于任何微小的虚位移,力系所做的虚功总和等于零。

下面用机动法分别绘制简支梁、多跨静定梁在直接荷载作用下的影响线。

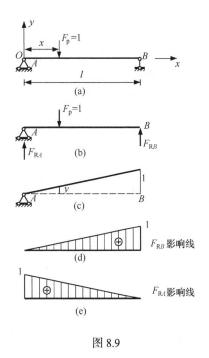

8.5.1 简支梁的影响线

1) 反力影响线

图 8.9(a)所示简支梁受移动单位集中荷载 $F_p = 1$ 作用,现用机动法作其反力 F_{RB} 的影响线。首先解除与反力 F_{RB} 相应的约束,并代之以约束反力 F_{RB} 作用[图 8.9(b)],这样,结构变成具有一个运动自由度的机构。其次,使 B 点沿 F_{RB} 正方向发生微小的单位虚位移 $\delta_B = 1$(这时 AB 杆绕 A 点做微小转动),虚位移图如图 8.9(c)所示,这里竖标 y 以向上为正,则在移动荷载 $F_p = 1$ 作用处产生沿 $F_p = 1$ 方向(即向下)的虚位移 $\delta_F = -y$。根据虚位移原理,可建立虚功方程:

图 8.9

$$F_{RA} \times \delta_A + F_{RB} \times \delta_B + F_p \times \delta_F = 0$$

将 $\delta_A = 0$、$\delta_B = 1$、$\delta_F = -y$、$F_p = 1$ 代入上式,可得

$$F_{RB} = y \tag{8.3}$$

式(8.3)表明,单位集中荷载 $F_p = 1$ 作用于梁上任意位置时,反力 F_{RB} 恰好等于虚位移图上荷载作用点处所对应的竖标。故单位虚位移 $\delta_B = 1$ 所引起的刚体虚位移图就是移动单位集中荷载 $F_p = 1$ 所引起的反力 F_{RB} 的影响线。这也体现了反力位移互等定理,即单位力引起的某一支座的反力,等于因该支座发生单位位移所引起的单位力作用点沿作用力

方向上的位移，但符号相反。这里就是 $F_{RB} = -\delta_F = y$。

由以上分析可以看出，欲绘制某量值的影响线，只需解除相应的约束并代之以约束力，使结构变成具有一个自由度的机构，然后沿着约束力的正方向给予单位虚位移，由此得到的体系虚位移图即代表该量值的影响线。虚位移图在基线上方时，影响线数值为正值；虚位移图在基线下方时，影响线数值为负值。这种绘制影响线的方法称为机动法。

2) 弯矩影响线

用机动法作图 8.10(a)所示简支梁的弯矩 M_C 影响线时，首先解除 C 截面与弯矩相应的约束，代之以一对正向(即使梁下侧受拉)的弯矩 M_C 作用，使结构成为具有一个自由度的机构，如图 8.10(b)所示；其次，使 C 左、右两侧截面沿 M_C 的正方向产生相对单位虚位移 $\alpha + \beta = 1$，这里，α 是左侧截面逆时针方向的转角，β 是右侧截面顺时针方向的转角，相应的虚位移图如图 8.10(c)所示。这时在 $F_p = 1$ 作用点处产生的沿其作用方向的虚位移 $\delta_F = -y$。根据虚位移原理，可建立虚功方程：

$$M_C \cdot \alpha + M_C \cdot \beta + F_p \cdot (-y) = 0$$

得

$$M_C = \frac{F_p \cdot y}{\alpha + \beta} = y \tag{8.4}$$

式(8.4)表明，由此得到的虚位移图即表示 M_C 的影响线，如图 8.10(d)所示。

3) 剪力影响线

用机动法作图 8.11(a)所示简支梁的剪力 F_{QC} 影响线时，首先解除 C 截面与剪力相应的约束，代之以一对正向的剪力 F_{QC} 作用，使结构成为具有一个自由度的机构，如图 8.11(b)所示。其次，在 C 截面左、右两侧沿 F_{QC} 正方向给以微小的虚位移 $\overline{CC_1}$、$\overline{CC_2}$，使 C 截面左、右两侧产生的虚相对线位移 $\overline{CC_1} + \overline{CC_2} = 1$，虚位移图如图 8.11(c)所示。在 $F_p = 1$ 作用点处产生的沿其作用方向的虚位移 $\delta_F = -y$，根据虚位移原理，可建立虚功方程：

$$F_{QC} \cdot \overline{CC_1} + F_{QC} \cdot \overline{CC_2} + F_p \cdot (-y) = 0$$

得

$$F_{QC} = -\frac{F_p \cdot (-y)}{\overline{CC_1} + \overline{CC_2}} = y \tag{8.5}$$

式(8.5)同样表明，所得到的虚位移图即表示 F_{QC} 的影响线，如图 8.11(d)所示。

8.5.2 多跨静定梁的影响线

用机动法作多跨静定梁的影响线，其原理、方法、步骤与单跨静定梁相同。首先，解除与指定量值相应的约束并代之以约束力；其次，沿约束力的正方向给予单位虚位移，在分析指定量值所在跨内(或外伸段)的位移情况的基础上，根据相邻跨的主从关系，按照位移传递特性(基本部分移动时会带动附属部分移动，而附属部分移动时基本部分保持静止)绘制相邻跨的虚位移图，进而得到整个体系的虚位移图，即该量值的影响线。

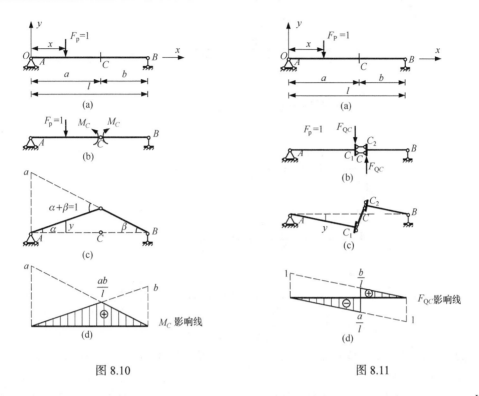

图 8.10　　　　　　　　　　　　　　　图 8.11

【例 8.2】　　多跨静定梁如图 8.12(a)所示，试用机动法作 F_{RA}、F_{RD}、M_H、F_{QE}^L、F_{QE}^R 的影响线。

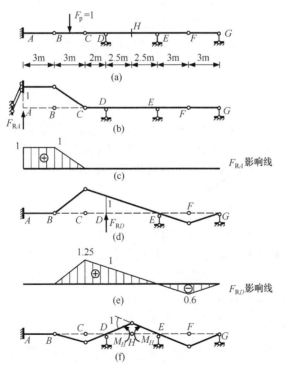

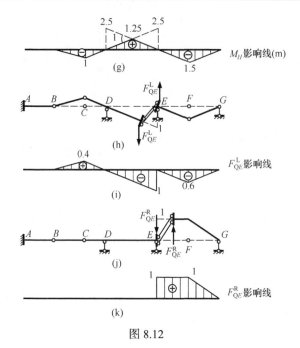

图 8.12

【解】　该多跨静定梁由基本部分 AB、CF 与附属部分 BC、FG 四根梁组成。

(1) 作 F_{RA} 影响线。

解除 F_{RA} 对应的约束，代之以约束力 F_{RA}，这时固定支座转换成滑移支座。当沿 F_{RA} 正向给以单位虚位移时，由滑移支座的约束性质知，AB 杆的 A 端不产生转角位移，AB 杆只能向上平移，并且带动附属部分 BC 杆移动，由于 C 点位于右边基本部分 CF 上，D、E 两点因约束的作用，不能上下移动，故基本部分 CF 静止不动，BC 杆只能绕 C 点转动，F、G 点也不动，FG 杆静止。故 C 点以右所有杆件的虚位移均为零，整个体系的虚位移图如图 8.12(b)所示，据此虚位移图作出 F_{RA} 的影响线，如图 8.12(c)所示。

(2) 作 F_{RD} 影响线。

解除 F_{RD} 对应的约束，代之以约束力 F_{RD}，沿 F_{RD} 正向给以单位虚位移，可作其所在跨 $CDEF$ 部分的虚位移图，再根据位移传递特性(基本部分 AB 不动，G 点不动)，作出相邻跨 BC、FG 杆的虚位移图，整个体系的虚位移图如图 8.12(d)所示。据此作出 F_{RD} 的影响线，如图 8.12(e)所示。

(3) 作 M_H 影响线。

解除与 M_H 相应的约束，代之以约束力，即在 H 点插入单铰，并在铰的两侧作用弯矩 M_H。令铰两侧截面沿 M_H 正向发生单位虚位移，作出其所在跨 $CDEF$ 部分的虚位移图，再根据位移传递特性，作出相邻跨 BC、FG 杆的虚位移图，整个体系的虚位移图如图 8.12(f)所示。故 M_H 的影响线如图 8.12(g)所示。

(4) 作 E 支座左侧截面(位于 DE 简支跨内)的剪力 F_{QE}^L 影响线。

解除与剪力 F_{QE}^L 对应的约束，代之以约束力，即在 E 点左侧插入滑移结点，并在其

两侧作用剪力 F_{QE}^L。使滑移结点左、右两侧沿 F_{QE}^L 正向发生单位相对虚位移，右侧由于 E 支座链杆的约束作用，不能上下移动，故只能使左侧向下移动单位虚位移；D 点由于竖向链杆支座的作用，不能上下移动，故 CDE 杆绕 D 点转动；由于滑移结点左、右侧不能产生相对的转动，故在 CDE 杆转动的过程中，EF 杆也绕 E 点发生转动，并保持与 CDE 杆平行，这样就得到 $CDEF$ 部分的虚位移图。再根据位移传递特性可知，基本部分 AB 不动，BC 杆绕 B 点转动，G 点不动，FG 杆绕 G 转动，故可作出相邻跨 BC、FG 杆的虚位移图，从而得到整个体系的虚位移图，如图 8.12(h)所示。由此作出 F_{QE}^L 的影响线，如图 8.12(i)所示。

(5) 作 E 支座右侧截面(位于 EF 外伸段)的剪力 F_{QE}^R 影响线。

在 E 点右侧插入滑移结点，并在其两侧作用剪力 F_{QE}^R。使滑移结点左、右侧沿 F_{QE}^R 正向发生单位相对虚位移，左侧由于 E 支座链杆的约束作用，不能上下移动，故只能右侧向上移动单位虚位移，因 D、E 支座的约束，CDE 部分不动，E 截面不会转动，而滑移结点两侧杆件在位移的过程中始终保持平行，故 EF 杆只能整体向上平移，与 CDE 杆平行。作好 $CDEF$ 部分的虚位移图，再根据位移传递特性知，基本部分 AB 不动，C 点不动，故 BC 杆也不动；G 点不动，FG 杆绕 G 点转动。整个体系的虚位移图如图 8.12(j)所示，F_{QE}^R 的影响线如图 8.12(k)所示。

*8.6　超静定梁的影响线

绘制超静定结构影响线的方法也有静力法和机动法两种，这里以超静定梁的影响线为例进行讨论。

8.6.1　静力法作超静定梁的影响线

静力法作静定结构指定量值的影响线仅由静力平衡条件即可求得，但对于超静定结构，需要根据静力平衡条件与位移协调条件，才能求解指定量值的数值，应该利用超静定结构的计算方法，如力法、位移法或力矩分配法等，建立超静定结构某一量值的影响线方程。下面以力法为例，介绍用静力法作图 8.13(a)所示单跨超静定梁的 F_{RB}、M_A 的影响线。

解除 B 支座约束，代之以约束力 F_{X1}(即 F_{RB})，基本系如图 8.13(b)所示，力法典型方程为

$$\delta_{11}F_{X1} + \Delta_{1F} = 0$$

作 $\bar{M}_1$、M_F 图，如图 8.13(c)、(d)所示。由图乘法可得

$$\delta_{11} = \frac{1}{EI}\left(\frac{1}{2}\times l\times l\times\frac{2}{3}l\right) = \frac{l^3}{3EI}$$

$$\Delta_{1F} = \frac{1}{EI}\left[-\frac{1}{2} \times x \times x \times \left(l - \frac{x}{3}\right)\right] = -\frac{x^2(3l - x)}{6EI}$$

将 δ_{11}、Δ_{1F} 代入力法典型方程，解得

$$F_{X1} = -\frac{\Delta_{1F}}{\delta_{11}} = \frac{x^2(3l - x)}{2l^3}$$

上式即 F_{RB} 的影响线方程，影响线如图 8.13(e)所示。

由叠加原理，可得 M_A 的影响线方程为

$$M_A = \bar{M}_1 F_{X1} + M_F = l \times \frac{x^2(3l - x)}{2l^3} - x = \frac{1}{2l^2}(3lx^2 - x^3 - 2l^2 x)$$

M_A 影响线如图 8.13(f)所示。

8.6.2　机动法作超静定梁的影响线

机动法作超静定结构影响线的步骤与静定结构相同，先解除与指定量值相应的约束，代之以约束力，再沿约束力正向给以单位虚位移，由此得到的虚位移图为所求量值的影响线。其区别是静定结构的虚位移图形是由单自由度几何可变体系运动得到的折线图形，而超静定结构在解除一个约束后仍为几何不变体系，虚位移图是通过强迫弹性变形而得到的曲线图形。

下面以图 8.14(a)所示单跨超静定梁的 F_{RB} 和 M_A 的影响线为例，说明机动法作超静定梁影响线的方法。

作 F_{RB} 影响线时，解除 B 支座链杆的约束，代之以约束力 F_{RB}，如图 8.14(b)所示，此体系(悬臂梁)仍为几何不变体系。当沿 F_{RB} 正向给以单位虚位移时，AB 杆不能产生刚体位移，只能产生弹性变形，相当于原结构由于 B 支座发生向上的单位位移所产生的变形图，如图 8.14(c)所示。

根据虚功互等定理可得

$$F_p \times \delta_F + F_{RB} \times \delta_B = 0$$

将 $\delta_B = 1$、$\delta_F = -y$、$F_p = 1$ 代入上式，可得

$$F_{RB} = y$$

上式表明，单位荷载 $F_p = 1$ 作用于超静定梁上任意位置时，反力 F_{RB} 恰好等于虚位移图上荷载作用点所对应的竖标。故单位虚位移 $\delta_B = 1$ 所引起的虚位移图就是单位移动荷载 $F_p = 1$ 引起的反力 F_{RB} 的影响线，如图 8.14(d)所示。

作 M_A 影响线时，解除 A 支座的抗弯约束，代之以约束力 M_A，如图 8.14(e)所示，当沿 M_A 正向给以单位虚位移时，产生的弹性变形虚位移如图 8.14(f)所示，故 M_A 的影响线如图 8.14(g)所示。

用机动法可以快速草绘出超静定结构影响线的大致形状，但不易精确确定竖标值。对工程中的一些只需作定性分析的问题(如确定最大影响量的荷载布局)，用机动法具有明显的优越性。

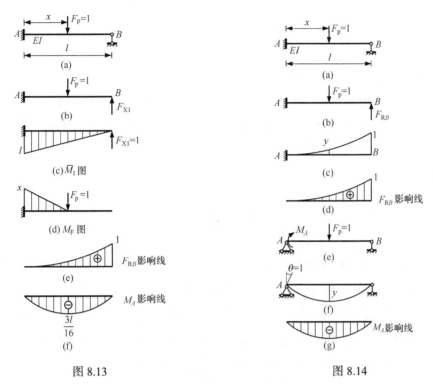

图 8.13

图 8.14

【例8.3】　如图 8.15(a)所示的多跨连续梁，试用机动法作出 F_{RC}、M_1 影响线的形状。

【解】　作 F_{RC} 影响线时，先解除 F_{RC} 对应的约束，代之以约束力 F_{RC}，如图 8.15(b)所示。当沿 F_{RC} 正向给以单位虚位移时，根据支承条件可直接勾绘出弹性变形曲线的大致形状，得到如图 8.15(b)所示的弹性变形虚位移图，即 F_{RC} 的影响线，如图 8.15(c)所示。弯矩 M_1 的影响线可类似地通过解除 1 截面抗弯约束并给以单位相对转角得到，由图 8.15(d)所示弹性变形虚位移图可得到 M_1 的影响线，如图 8.15(e)所示。

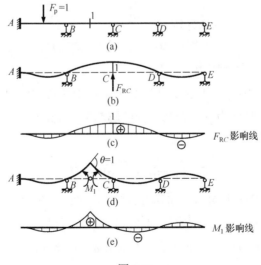

图 8.15

8.7 影响线的应用

影响线是研究结构受移动荷载作用的基本工具，其应用主要包含两个方面：一是计算影响量，即利用某量值的影响线，求实际移动荷载移动到结构某一固定位置时该量值的数值，也可求固定荷载作用下某个截面的内力；二是确定最不利的荷载位置，即利用某量值的影响线，确定实际移动荷载使该量值达到最大值(或最小值)的荷载位置。

8.7.1 影响量的计算

实际荷载作用在结构上某一位置时某指定量值的大小，称为该量值的影响量。这里介绍实际工程中最常见的集中荷载和均布荷载作用下的影响量的计算。

1) 集中荷载作用下影响量的计算

图 8.16(a)所示简支梁作用一移动集中荷载系 F_{p1}、F_{p2}、F_{p3}，现利用影响线来计算当荷载移动到图示位置时，C 截面剪力 F_{QC} 的影响量。

首先作出 F_{QC} 的影响线，并计算出各荷载作用位置处影响线上对应的竖标 y_1、y_2、y_3，如图 8.16(b)所示。根据影响线的定义可知，当 F_{pi} ($i=1,2,3$)单独作用时，C 截面的剪力为 $F_{pi}y_i$ ($i=1,2,3$)。于是，由叠加原理可知，简支梁在集中荷载系共同作用下，C 截面的剪力等于各力单独作用时产生的剪力之和，即

$$F_{QC} = F_{p1}y_1 + F_{p2}y_2 + F_{p3}y_3$$

推广到 n 个集中力的情况，并统一用 Z 表示计算量值的影响量，则

$$Z = F_{p1}y_1 + F_{p2}y_2 + F_{p3}y_3 + \cdots + F_{pn}y_n = \sum_{i=1}^{n} F_{pi}y_i \tag{8.6}$$

式中，F_{pi} 与单位力 $F_p = 1$ 方向一致(即向下)为正，反之为负，y_i 在基线上侧取正值，反之为负。

2) 均布荷载作用下影响量的计算

下面以如图 8.17(a)所示简支梁在均布荷载 q 作用下的剪力 F_{QC} 为例，说明如何利用影响线计算均布荷载作用下的影响量。

首先作出 F_{QC} 的影响线，如图 8.17(b)所示。将微段 dx 上的荷载合力 qdx 看成一集中力，影响线上对应的竖标为 y，则其产生的影响量为 $yqdx$，于是在 mn 区间内的分布荷载对 F_{QC} 的总影响量为

$$Z = \int_m^n yqdx = q\int_m^n ydx = q\Omega_{mn} \tag{8.7}$$

式中，Ω_{mn} 为 mn 区间内影响线图形面积的代数和，在影响线基线以上的面积为正，反之为负；q 与单位集中荷载 $F_p = 1$ 方向一致为正，反之为负。

【例 8.4】 图 8.18(a)所示简支梁受均布荷载 $q = 10\text{kN/m}$ 和集中力 $F_p = 20\text{kN}$ 作用。试利用影响线求 C 截面的弯矩 M_C 及 D 截面的剪力 F_{QD}。

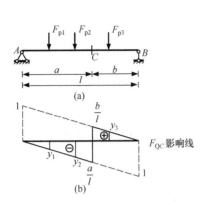

图 8.16　　　　　　　　　　图 8.17

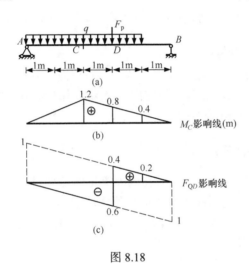

图 8.18

【解】　(1) 作影响线图。

分别作出 M_C 和 F_{QD} 的影响线，并求出有关的影响线竖标值，如图 8.18(b)、(c)所示。

(2) 计算 M_C。

$$Z_1 = M_C = \sum_{i=1}^{n} F_{pi}y_i + q\Omega$$

$$= 20 \times 0.8 + 10 \times \left[\frac{1}{2} \times 1.2 \times 2 + \frac{1}{2} \times (1.2 + 0.4) \times 2 \right]$$

$$= 46 \text{kN} \cdot \text{m}$$

(3) 计算 F_{QD}。

D 处有集中力作用，截面 D 处剪力有突变，计算 F_{QD} 的影响量应分别计算集中力作用点 D 左侧截面的剪力 F_{QD}^{L} 及右侧截面的剪力 F_{QD}^{R} 的影响量。左侧截面的剪力 F_{QD}^{L} 为

$$Z_2 = F_{QD}^L = \sum_{i=1}^n F_{pi}y_i + q\Omega$$

$$= 20 \times 0.4 + 10 \times \left[-\frac{1}{2} \times 0.6 \times 3 + \frac{1}{2} \times (0.4 + 0.2) \times 1 \right]$$

$$= 2\text{kN}$$

这里需要注意的是，剪力 F_{QD} 的影响线在 D 截面处有突变，对应的竖标有两个值 0.4 和 −0.6。计算 F_{QD}^L 时集中力 F_p 作用在考察截面的右侧，故与之对应的竖标为 0.4。

同理，右侧截面的剪力 F_{QD}^R 为

$$Z_3 = F_{QD}^R = \sum_{i=1}^n F_{pi}y_i + q\Omega$$

$$= -20 \times 0.6 + 10 \times \left[-\frac{1}{2} \times 0.6 \times 3 + \frac{1}{2} \times (0.4 + 0.2) \times 1 \right]$$

$$= -18\text{kN}$$

由计算结果可见，截面 D 左边剪力为 2kN，右边剪力为−18kN，截面 D 处剪力突变值为 20kN，与集中力 F_p 大小相等，自左向右其数值由大变小，与集中力 F_p 方向一致。读者可用平衡条件验证各影响量值。

8.7.2　最不利荷载位置的确定

结构在移动荷载作用下，支座反力和内力等量值随荷载位置的改变而变化。若荷载移动到某位置而使某量值达到最大值或最小值(即最大负值)，则称此荷载位置为该量值的最不利荷载位置。最不利荷载位置确定后，即可按照计算固定荷载影响量的方法求出该量值的最大值或最小值。

1) 单个移动集中荷载的最不利位置

静定结构的影响线图形一般均为折线型图形，现以三段折线的影响线为例，讨论如何确定最不利荷载位置，其方法可以推广应用到多边形影响线的情况。

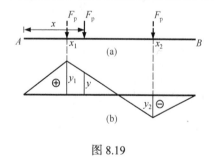

图 8.19

图 8.19(a)所示单个集中力 F_p 在梁 AB 上移动，某一量值的影响线如图 8.19(b)所示，单个集中力 F_p 移动到位置 x 时，影响量 $Z = F_p y$。由直观可知：当 F_p 移动到基线上方三角形顶点的位置 x_1 时，其影响量最大，为 $Z_{max} = F_p y_1$，当 F_p 移动到基线下方三角形顶点的位置 x_2 时，其影响量最小，为 $Z_{min} = F_p y_2$。影响量最值对应的最不利的荷载位置如图 8.19(a)中的虚线箭头所示。

2) 多个移动集中荷载的最不利位置

对图 8.20(a)所示一组间距保持不变的多个移动集中荷载系，若某一量值的多折线型影响线如图 8.20(b)所示，各直线段的倾角分别为 α_1、α_2、$\cdots$、α_n，这里 α_i 以逆时针为正。

设作用在各直线段上集中力荷载系的合力分别为 F_{R1}、F_{R2}、$\cdots$、F_{Rn}，当合力 F_{Rn} 移动到位置 x 时，各合力对应的影响线竖标分别为 y_1、y_2、$\cdots$、y_n，由力系等效及叠加原理可知，移动集中荷载系产生的影响量为

$$Z_1 = F_{R1}y_1 + F_{R2}y_2 + \cdots + F_{Rn}y_n$$

当移动荷载系向右移动一微小距离 $\mathrm{d}x$ 时，设不引起影响线各直线段上荷载数量变化，则该量值的影响量变为

$$Z_2 = F_{R1}(y_1 + \mathrm{d}y_1) + F_{R2}(y_2 + \mathrm{d}y_2) + \cdots + F_{Rn}(y_n + \mathrm{d}y_n)$$

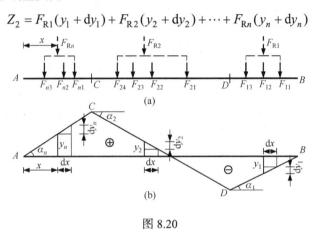

图 8.20

量值 Z 的增量为

$$\mathrm{d}Z = Z_2 - Z_1 = F_{R1}\mathrm{d}y_1 + F_{R2}\mathrm{d}y_2 + \cdots + F_{Rn}\mathrm{d}y_n = \sum_{i=1}^{n} F_{Ri}\mathrm{d}y_i$$

将 $\mathrm{d}y_i = \mathrm{d}x \tan\alpha_i$ 代入上式，得

$$\mathrm{d}Z = \sum_{i=1}^{n} F_{Ri}\mathrm{d}x \tan\alpha_i = \mathrm{d}x \sum_{i=1}^{n} F_{Ri} \tan\alpha_i$$

$$\frac{\mathrm{d}Z}{\mathrm{d}x} = \sum_{i=1}^{n} F_{Ri} \tan\alpha_i \tag{8.8}$$

由高等数学知识可知，变量 Z 取极值的位置 x 应使 $\dfrac{\mathrm{d}Z}{\mathrm{d}x} = 0$ 或 $\dfrac{\mathrm{d}Z}{\mathrm{d}x}$ 的值在其左、右侧改变符号(图 8.21)。静定结构影响量 Z 是荷载位置 x 的一次函数，不存在 $\dfrac{\mathrm{d}Z}{\mathrm{d}x} = 0$ 的情况，因此影响量产生极值的充要条件是 $\dfrac{\mathrm{d}Z}{\mathrm{d}x}$ (即 $\sum\limits_{i=1}^{n} F_{Ri} \tan\alpha_i$)在位置 x 左、右侧变号。由于各段影响线的倾角 α_i 均为已知的常量，欲使 $\sum\limits_{i=1}^{n} F_{Ri} \tan\alpha_i$ 改变符号，只有当荷载系中某一个集中力从影响线某一个顶点的一侧移动到另一侧时才有可能。当某个集中力

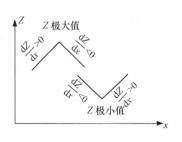

图 8.21

分别作用于影响线顶点两侧时 $\sum\limits_{i=1}^{n}F_{Ri}\tan\alpha_i$ 改变符号，则称该集中荷载为临界荷载，用 F_{cr} 表示，其处于影响线顶点时所对应的位置称为临界位置。

　　确定临界荷载一般需通过试算，即分别将每一个集中力作用于影响线某一顶点的两侧，看其是否满足产生极值的条件，从而找出临界荷载。为了减少试算次数，宜事先估计最不利的荷载位置。通常将移动荷载系中数值较大且相对密集部分的荷载置于影响线最大竖标附近，同时注意位于同符号影响线范围内的荷载应尽可能较多。临界荷载确定后，就可以从各临界位置所对应的影响量极值中选出最大值或最小值，并可同时确定最不利的荷载位置。

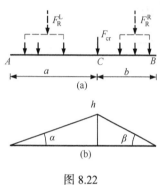

图 8.22

　　对于三角形影响线，临界荷载判别式可以进一步简化。如图 8.22 所示，设临界荷载 F_{cr} 位于影响线顶点处，分别以 F_R^L 和 F_R^R 表示 F_{cr} 以左和以右荷载的合力。以求最大影响量为例，若满足临界荷载条件，则当 F_{cr} 位于顶点左侧时，

$$\frac{\mathrm{d}Z}{\mathrm{d}x}=\sum_{i=1}^{n}F_{Ri}\tan\alpha_i=(F_R^L+F_{cr})\tan\alpha-F_R^R\tan\beta\geqslant0$$

当 F_{cr} 位于顶点右侧时，

$$\frac{\mathrm{d}Z}{\mathrm{d}x}=\sum_{i=1}^{n}F_{Ri}\tan\alpha_i=F_R^L\tan\alpha-(F_{cr}+F_R^R)\tan\beta\leqslant0$$

将 $\tan\alpha=\dfrac{h}{a}$，$\tan\beta=\dfrac{h}{b}$ 代入以上两式，可得

$$\begin{cases}\dfrac{F_R^L+F_{cr}}{a}\geqslant\dfrac{F_R^R}{b}\\[3mm]\dfrac{F_R^L}{a}\leqslant\dfrac{F_{cr}+F_R^R}{b}\end{cases}\tag{8.9}$$

式(8.9)就是三角形影响线临界荷载位置的判别式。由判别式可见，最大影响量的临界荷载计入顶点哪一侧，哪一侧的平均荷载就大，即临界荷载具有举足轻重的作用。

　　【例 8.5】　图 8.23(a)所示简支梁，受一组间距不变的移动集中荷载系作用，试求 C 截面的最大弯矩。

　　【解】　(1) 作 M_C 的影响线，如图 8.23(b)所示。

　　(2) 临界荷载位置判别，根据式(8.9)可知判别条件为

$$\frac{F_R^L+F_{cr}}{6}\geqslant\frac{F_R^R}{10},\qquad\frac{F_R^L}{6}\leqslant\frac{F_{cr}+F_R^R}{10}$$

依次假定各集中力为临界荷载，并移至影响线顶点，列表(表 8.2)计算并判定临界荷载位置。

表 8.2 临界荷载的判别

左侧合力 F_R^L	临界荷载 F_{cr}	右侧合力 F_R^R	判别条件		结论
$F_{p2}=2$	$F_{p1}=4.5$	0	$\dfrac{6.5}{6}>\dfrac{0}{10}$,	$\dfrac{2}{6}<\dfrac{4.5}{10}$	满足
$F_{p3}=7$	$F_{p2}=2$	$F_{p1}=4.5$	$\dfrac{9}{6}>\dfrac{4.5}{10}$,	$\dfrac{7}{6}>\dfrac{6.5}{10}$	不满足
$F_{p4}=3$	$F_{p3}=7$	$F_{p2}+F_{p1}=6.5$	$\dfrac{10}{6}>\dfrac{6.5}{10}$,	$\dfrac{3}{6}<\dfrac{13.5}{10}$	满足
0	$F_{p4}=3$	$F_{p3}+F_{p2}=9$	$\dfrac{3}{6}<\dfrac{9}{10}$,	$\dfrac{0}{6}<\dfrac{12}{10}$	不满足

由表 8.2 可见，只有 F_{p1}、F_{p3} 满足判别式，为临界荷载。将 F_{p1}、F_{p3} 分别置于影响线顶点，得到临界荷载位置，如图 8.23(c)、(d)所示。

当 F_{p1} 置于影响线顶点时，梁上只有 F_{p1}、F_{p2} 两个集中力。先确定各集中力对应的影响线竖标，再计算影响量极值，有

$$Z_1 = M_{C1} = \sum_{i=1}^{n} F_{pi}y_i = 4.5\times3.75 + 2\times1.25 = 19.375\text{kN}\cdot\text{m}$$

当 F_{p3} 置于影响线顶点时，梁上同时作用有 F_{p1}、F_{p2}、F_{p3}、F_{p4}，影响量极值为

$$Z_2 = M_{C2} = \sum_{i=1}^{n} F_{pi}y_i = 4.5\times0.38 + 2\times1.68 + 7\times3.75 + 3\times1.25 = 35.47\text{kN}\cdot\text{m}$$

可见，Z_2 为 M_C 的最大值，对应的荷载位置即最不利荷载位置。

3) 一段移动均布荷载的最不利位置

码头的小平车、滑道上托船的平车，轮数较多，轮距较小，为了简化计算，工程中往往把这种移动荷载折算成一段等效的移动均布荷载。对于分布长度 s 固定不变的移动均布荷载[图 8.24(a)]，当影响线为三角形[图 8.24(b)]时，其最不利位置可用一般的求极值方法确定。由前述均布荷载影响量计算式(8.7)可知，当移动荷载右移 dx 时，影响量的增量 dZ 可根据图 8.24(b)所示的面积增量确定，即

$$dZ = q(y_n - y_m)dx$$

令 $\dfrac{dZ}{dx} = 0$，可得

$$y_m = y_n$$

上式表明一段移动均布荷载的最不利位置是使其两端所对应的影响线竖标相等的位置。这也可通过如下作图的方法确定：如图 8.24(c)所示，在影响线基线上由 A 点量取长度 $\overline{AK}=s$ 得 K 点，再由 K 点作 AC 的平行线与 BC 交于 E 点，过 E 点作基线 AB 的平行线与 AC 交于 D 点。作图得到的 D、E 点所对应的影响线竖标满足 $y_m = y_n$，均布荷载作用在 DE 之间的位置即最不利的荷载位置，最大影响量为两竖标线之间影响线图形的面积与均布荷载集度 q 的乘积。

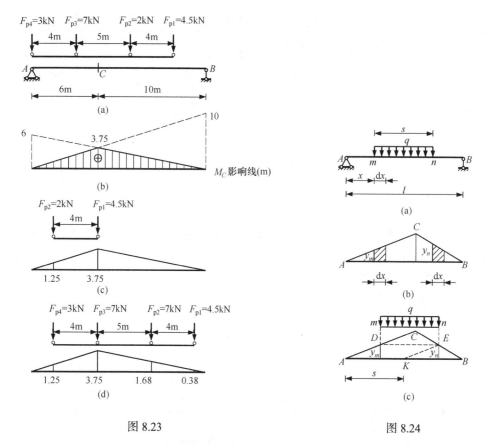

图 8.23　　　　　　　　　　　　　　图 8.24

4) 任意布置均布荷载的最不利位置

在工程实际问题中，对于客运码头或桥梁上的人群及仓库中的堆物等荷载一般可看成均布的，而且可以任意地布置。确定这类荷载的最不利位置比较简单。由均布荷载影响量计算式(8.7)可知，当均布荷载布满影响线正号面积区段时产生最大影响量 Z_{max}；反之，当均布荷载布满影响线负号面积区段时产生最小影响量 Z_{min}。如图 8.25(a)所示外伸梁，截面 C 的弯矩 M_C 影响线如图 8.25(d)所示，求其最大影响量只需在影响线正号面积区段 AB 上布满均布荷载，如图 8.25(b)所示；求最小影响量只需在负号面积所在 DA、BE 段上布满均布荷载，如图 8.25(c)所示。剪力 F_{QC} 的影响线如图 8.25(g)所示，类似地可确定其最不利的荷载布置方式分别如图 8.25(e)、(f)所示。

【例 8.6】 图 8.26(a)所示五跨连续梁承受任意布置的均布荷载作用，欲求 C 支座反力和截面 1 弯矩的最大值、最小值，试确定相应的最不利的荷载布置。

【解】 (1) 用机动法大致勾绘出 F_{RC}、M_1 的影响线，分别如图 8.26(d)、(g)所示。

(2) 布置最不利的均布荷载位置。欲求最大影响量，在影响线正号面积区段上布满均布荷载，欲求最小的影响量，在负号面积区段上布满均布荷载。如求 $F_{RC\,max}$，在 BD 和 EF 段上布满均布荷载，如图 8.26(b)所示。其他量值最不利的荷载布置位置读者可自行分析。

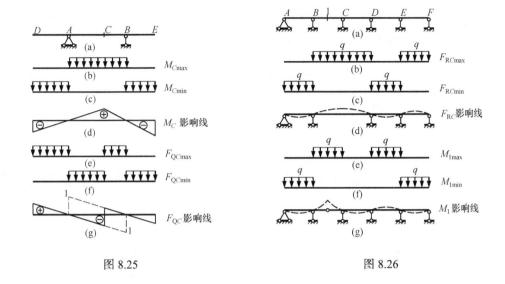

图 8.25　　　　　　　　　　　图 8.26

8.8　简支梁的绝对最大弯矩

利用前述方法不难求出简支梁在移动荷载作用下任一指定截面的最大弯矩。但若要确定简支梁所有截面的最大弯矩中的最大者，即绝对最大弯矩，还面临两个需要解决的问题：

(1) 荷载位置问题，即荷载移到什么位置时产生绝对最大弯矩；

(2) 截面位置问题，即在哪一个截面上产生绝对最大弯矩。

相对于求指定截面的最大弯矩来说，确定绝对最大弯矩时荷载位置和截面位置均是未知的。为了解决上述问题，需要把每个截面的最大弯矩都求出来，然后加以比较确定。但是梁上的截面有无穷多个，不可能一一计算，因此只能选取有限个截面进行计算比较，求得问题的近似解答。当然，即使计算有限个指定截面的最大弯矩也十分烦琐。

当梁上作用的移动荷载均是集中荷载时，此问题可以简化。因为简支梁某一截面的弯矩影响线为三角形，该截面产生最大弯矩时，一定有一个集中力位于影响线顶点处。故绝对最大弯矩一定产生在某一个集中荷载作用的截面上。由于移动荷载的个数有限，可以依次假定每一个荷载为最不利的荷载，求出该荷载移动到什么位置时，与之重合的截面上的弯矩为最大，然后比较得出绝对最大弯矩。该方法相对简捷，且可以得到精确的结果。

图 8.27(a)所示简支梁承受一组间距不变的移动集中荷载系作用，假定 $F_{\mathrm{p}i}$ 为最不利的荷载，位于截面 x 处。设梁上合力为 F_{R}，与 $F_{\mathrm{p}i}$ 之间的距离为 d，则 $F_{\mathrm{p}i}$ 作用截面的弯矩为

$$M_i(x) = F_{\mathrm{R}A}x - M_i^{\mathrm{L}} \tag{8.10}$$

式中，M_i^L 为梁上 F_{pi} 以左的荷载对 F_{pi} 作用截面的力矩的代数和；F_{RA} 为支座 A 的反力，由梁的整体平衡条件 $\sum M_B = 0$ 可得

$$F_{RA} = \frac{F_R}{l}(l - x - d) \tag{8.11}$$

将式(8.11)代入式(8.10)，得

$$M_i(x) = \frac{F_R}{l}(l - x - d)x - M_i^L$$

当荷载移动时，梁上的荷载数目若无增减，则 F_R、M_i^L 均为常量，与 F_{pi} 作用位置 x 无关。

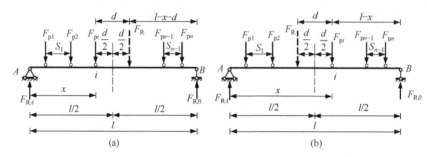

图 8.27

根据极值条件有

$$\frac{dM_i(x)}{dx} = \frac{F_R}{l}(l - 2x - d) = 0$$

故

$$x = \frac{l}{2} - \frac{d}{2} \tag{8.12}$$

式(8.12)表明，当 F_{pi} 与合力 F_R 对称于梁跨中截面时，F_{pi} 作用截面上的弯矩达到最大值，为

$$M_{max} = \frac{F_R}{l}\left(\frac{l}{2} - \frac{d}{2}\right)^2 - M_i^L \tag{8.13}$$

需要说明的是，前面的推导假设 F_R 在 F_{pi} 的右侧，当 F_R 在 F_{pi} 的左侧[图 8.27(b)]时，只需将 d 取为负值，式(8.12)、式(8.13)仍然适用。

利用上述结论，可求出各个荷载作用点截面的最大弯矩，再将它们加以比较就可得到绝对最大弯矩。不过，当荷载数目较多时，仍比较麻烦。实际计算时，宜事先估计发生绝对最大弯矩的临界荷载。因为简支梁的绝对最大弯矩总是发生在梁的中点附近，所以可假设使梁中点截面产生最大弯矩的临界荷载，也就是发生绝对最大弯矩的临界荷载。经验表明，这种假设在通常情况下都是正确的。据此，计算简支梁绝对最大弯矩可按下述步骤进行：首先，确定使跨中截面发生最大弯矩的临界荷载 F_{cr}，然后，将 F_{cr} 与

合力 F_R 对称于梁的中点布置，并计算 F_{cr} 所在截面的弯矩，即得绝对最大弯矩。但将 F_{cr} 与合力 F_R 对称于梁的中点布置时，应检查梁上荷载是否有增减，若有变化，则合力 F_R 也会发生改变，应重新计算。

【例 8.7】　试求图 8.28(a)所示简支梁在吊车移动荷载作用下的绝对最大弯矩。

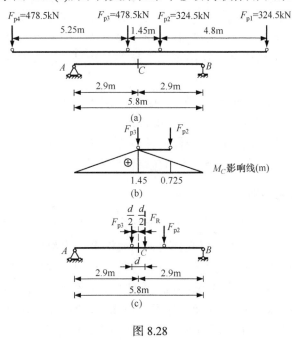

图 8.28

【解】　(1) 确定跨中弯矩的最不利荷载。作出 M_C 的影响线如图 8.28(b)所示。移动荷载系中 F_{p2}、F_{p3} 间距较近，且 F_{p3} 较大，不难估计当 F_{p3} 作用于跨中时，跨中截面弯矩最大，即 F_{p3} 为临界荷载，其位置如图 8.28(b)所示。跨中截面最大弯矩为

$$M_{C\max} = 478.5 \times 1.45 + 324.5 \times 0.725 = 929 \text{kN} \cdot \text{m}$$

(2) 将 F_{p3} 作为绝对最大弯矩的临界荷载 F_{cr}，并将其与合力 F_R 对称于梁的中点布置，如图 8.28(c)所示。其中

$$F_R = F_{p2} + F_{p3} = 478.5 + 324.5 = 803 \text{kN}$$

$$d = \frac{F_{p2} \times 1.45}{F_R} = \frac{324.5 \times 1.45}{803} = 0.586 \text{m}$$

根据式(8.13)，求出 F_{cr} 所在截面的弯矩，即绝对最大弯矩为

$$M_{\max} = \frac{F_R}{l}\left(\frac{l}{2} - \frac{d}{2}\right)^2 - M_i^L = \frac{803}{5.8}\left(\frac{5.8}{2} - \frac{0.586}{2}\right)^2 - 0 = 941 \text{kN} \cdot \text{m}$$

可见，例 8.7 中绝对最大弯矩比跨中最大弯矩仅大了 1.29%。在实际工作中，有时也用跨中最大弯矩近似代替绝对最大弯矩以简化计算，也可满足工程精度要求。

8.9　内力包络图

工程结构一般均受到恒载和活载的共同作用，设计时必须考虑两者的共同影响，求出各个截面可能产生的最大和最小内力值以作为设计的依据。反映各截面的内力变化范围的图形称为内力包络图。无论活荷载作用于何位置，恒载与活载共同引起的内力不会超过内力包络图表示的范围。在吊车梁、楼盖及桥梁等结构的设计中常常用到内力包络图。

由于无法将结构所有截面上内力的最大值与最小值都计算出来，通常的作法是：先将杆件分成若干等份，求出各等分点所在截面的最大、最小内力值，然后按适当的比例用竖标标出，并将最大、最小内力竖标的顶点分别连成曲线，便得到结构的内力包络图。下面以简支梁、连续梁为例介绍内力包络图绘制方法。

8.9.1　简支梁的内力包络图

图 8.29(a)所示简支吊车梁承受两台桥式吊车的荷载，且 $F_{p1} = F_{p2} = F_{p3} = F_{p4} = 280\text{kN}$。由于吊车梁上活载的影响一般比恒载(梁自重)大得多，为简化计算，在作内力包络图时，可略去恒载的影响。这里将梁分成 10 等份，利用对称性，只需计算左半部分即可。由于不考虑恒载的影响，简支梁各截面弯矩的最小值均为 0，为了计算各截面弯矩的最大值，作各截面弯矩影响线并确定最不利荷载位置如图 8.29(b)所示。求出各截面的最大弯矩后，在梁上按同一比例尺用竖标标出弯矩最大值并连成曲线，就得到该梁的弯矩包络图，如图 8.29(c)所示。

各截面剪力的影响线及剪力最大值的最不利荷载位置分别如图 8.29(d)所示，剪力最小值的最不利荷载位置读者可类似布置。求出各截面剪力的最大值与最小值后，便可作出梁的剪力包络图，如图 8.29(e)所示。

*8.9.2　连续梁的内力包络图

连续梁内力包络图的作法与简支梁相同。先选取足够多的截面，一一作出各截面的内力影响线，然后利用影响线计算在恒载和活载共同作用下各截面的最大、最小内力，最后，将各截面的最大、最小内力分别连线，绘制内力包络图。由于连续梁的影响线是曲线，在相关专业教材或结构计算手册中常将它制成表格以供查用。一般移动集中荷载系作用下的内力包络图的作法可参考相关专业书籍，本节只介绍可任意布置的均布荷载作用下内力包络图的作法。

连续梁内力影响线的竖标在同一跨内一般不变号。因此，对于任意布置的均布活载，其最不利的荷载布置方式就是将均布活载布满影响线正号面积区段时产生最大影响量 Z_{max}；反之，将均布活载布满影响线负号面积区段时产生最小影响量 Z_{min}。对于某一跨内截面的剪力，其影响线竖标在跨内会变号，因此求最大值或最小值时在该跨上不应满跨加载，但为了简便，实际工程中也可满跨加载，这种近似处理产生的误差一般是容许的。

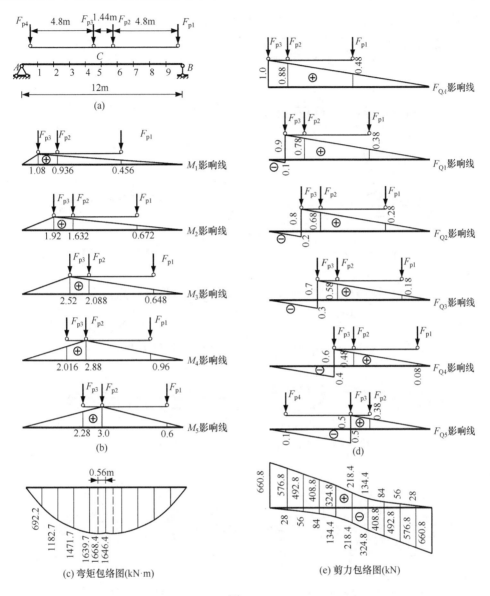

图 8.29

简化处理后,各截面内力的最不利荷载位置都可看成在若干跨内布满活载。具体计算时也可不绘制影响线以确定最不利的活载布置形式,只需分别作出每一跨单独布满均布荷载时连续梁的内力图,然后将各截面在均布活载作用下产生的所有正的内力(负的内力)和恒载作用下产生的内力叠加,即得各截面内力的最大值(最小值)。

【例 8.8】 图 8.30(a)所示三跨等截面连续梁,承受恒载 $q_1 = 20$kN/m ,活载 $q_2 = 40$kN/m 。试作其弯矩及剪力包络图。

【解】 (1) 弯矩包络图。

分别作出在恒载作用及各跨单独布满活载时的弯矩图,如图 8.30(b)~(e)所示,这里将每跨分成4等份, 图中标出了各等分点对应的竖标。

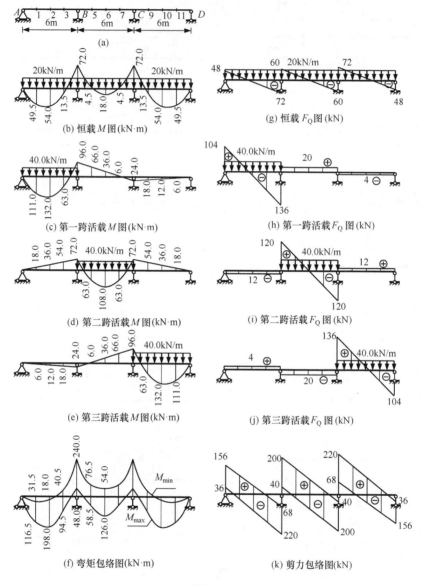

图 8.30

分别将同一截面在活载作用下产生的正弯矩(负弯矩)叠加, 再与恒载作用下产生的弯矩叠加, 即可得到各截面弯矩的最大值(最小值)。以1截面为例计算如下:

$$M_{1\max} = 49.5 + 111 + 6 = 116.5\text{kN} \cdot \text{m}$$

$$M_{1\min} = 49.5 - 18 = 31.5\text{kN} \cdot \text{m}$$

类似地, 求出其他截面弯矩最大值与最小值后, 分别连接各截面弯矩最大值与最小值, 得弯矩包络图, 如图8.30(f)所示。

(2) 剪力包络图。

连续梁在恒载及各跨单独布满活载作用下的剪力图如图 8.30(g)～(j)所示。

由于在支座处产生的剪力值一般比较大，在设计中用到的主要是支座附近截面上的剪力。工程中常将各支座两侧截面上的最大剪力值与最小剪力值分别用直线相连，得到近似的剪力包络图。各支座两侧截面上的最大、最小剪力值仍用叠加法计算。以 B 支座两侧截面为例，有

$$F_{QB\,max}^{L} = -72 + 4 = -68\text{kN}, \qquad F_{QB\,min}^{L} = -72 - 136 - 12 = -220\text{kN}$$

$$F_{QB\,max}^{R} = 60 + 20 + 120 = 200\text{kN}, \qquad F_{QB\,min}^{R} = 60 - 20 = 40\text{kN}$$

类似地，求出其他支座两侧截面的最大与最小剪力值后，可作出近似剪力包络图，如图 8.30(k)所示。

思考题

8.1　什么是影响线？影响线上任一点的横坐标与纵坐标各代表什么意义？

8.2　用静力法作某内力影响线与在固定荷载作用下求该内力有何异同？

8.3　为什么静定结构内力、反力的影响线一定是由直线段组成的图形？

8.4　什么是间接荷载？如何作间接荷载下的影响线？

8.5　桁架影响线为何要区分上弦承载与下弦承载？在什么情况下两种承载方式的影响线是相同的？

8.6　机动法作静定结构影响线的原理是什么？其中 δ_F 代表什么意义？

8.7　某截面的剪力影响线在该截面处是否一定有突变？突变处左、右两竖标各代表什么意义？突变处两侧的线段为何必定平行？

8.8　为什么多跨静定梁附属部分的内力(或反力)影响线在基本部分上的线段与基线重合？

8.9　对于三角形或多边形影响线，临界荷载和临界位置如何确定？

8.10　当影响线竖标有突变时，能不能用判别式(8.9)来判断临界位置？为什么？

8.11　简支梁的绝对最大弯矩与跨中截面最大弯矩是否相等？在什么情况下两者会相等？

8.12　机动法作超静定结构内力(反力)影响线与作静定结构的影响线有何异同？

习题

8.1　试用静力法作图示结构中指定量值的影响线。

8.2　试用机动法作图示结构中指定量值的影响线。

8.3　试用机动法作图示结构中指定量值的影响线。

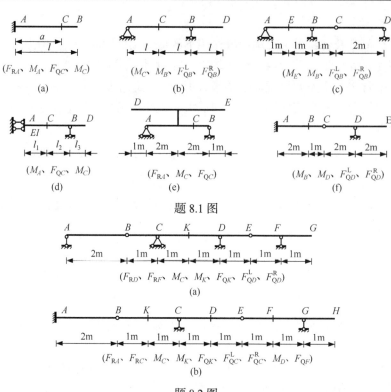

题 8.1 图

题 8.2 图

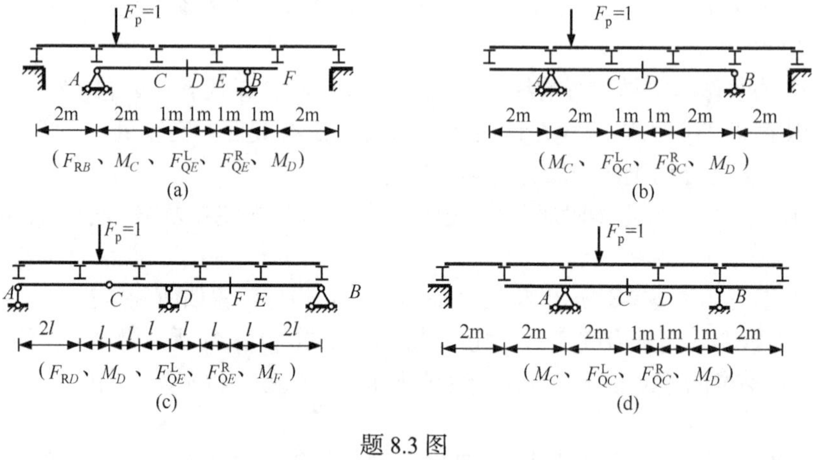

题 8.3 图

8.4 试用静力法作图示桁架结构中指定杆件轴力的影响线。

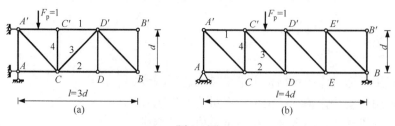

题 8.4 图

8.5 试利用影响线求下列结构在图示固定荷载作用下指定量值的大小。

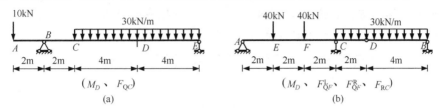

$(M_D \text{、} F_{QC})$

(a)

$(M_D \text{、} F_{QF}^{\mathrm{L}} \text{、} F_{QF}^{\mathrm{R}} \text{、} F_{RC})$

(b)

题 8.5 图

8.6 试求图示简支梁在移动荷载作用下截面 C 的最大弯矩、最大正剪力和最大负剪力。

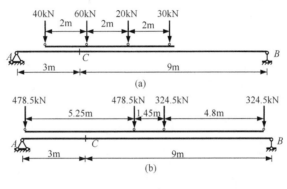

(a)

(b)

题 8.6 图

8.7 试求图示简支梁在移动荷载作用下的绝对最大弯矩。

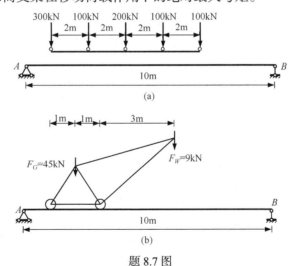

(a)

(b)

题 8.7 图

8.8 试草绘图示连续梁 M_K、F_{RC} 的影响线。

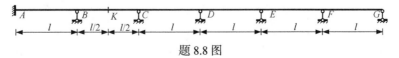

题 8.8 图

8.9　图示三等跨等截面连续梁为某楼盖系统中的主梁，设永久荷载 $q_1 = 15\text{kN/m}$ 均匀布满全梁，移动均布荷载 $q_2 = 35\text{kN/m}$ 可以作用在任意组合的几个整跨上。试分别绘制弯矩包络图和剪力包络图。取各跨三等分截面为计算截面。

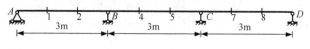

题 8.9 图

第9章 矩阵位移法

9.1 概　　述

前面介绍的力法、位移法、力矩分配法等传统结构力学方法均以手算为计算手段。对大型复杂结构，由于计算工作量过于庞大，传统的结构力学分析方法与手段已难以适应。随着电子计算机技术的发展，以其为计算手段、以传统结构力学方法为理论基础、以矩阵为数学表达形式的结构矩阵分析方法应运而生。与传统的力法、位移法相对应，结构矩阵分析方法也有矩阵力法和矩阵位移法，前者又称柔度法，后者又称劲度法或刚度法。矩阵位移法由于分析过程更加规格化，更容易程序实现，成为最重要、最常用的一种结构矩阵分析方法。

矩阵位移法是以位移法为理论基础的结构矩阵分析方法，就其原理而言，与传统的位移法并无差别，但在具体处理方法上又有所不同。手算怕繁，电算怕乱。以刚架分析为例，传统的位移法取独立的结点位移为基本未知量，把结构归结为三类基本的单跨超静定梁，同时为了减少未知量数目，通常忽略受弯杆件的轴向变形。矩阵位移法进行结构分析时，一般计及杆件轴向变形的影响，而且取所有结点位移为未知量，将构成刚架的所有杆件(包括静定杆件)均归结为两端固定杆件。这样就可以很容易地确定矩阵位移法基本未知量的数目，分析和计算过程也更加趋于规格化。

采用矩阵位移法进行结构分析时，首先需要把结构分解为由若干根杆件通过若干个结点联结而成的体系，将其中每一根杆件称为一个单元。这一过程常被称为结构的离散化。其次需要对每个单元建立单元杆端力与杆端位移之间的关系，表示这种关系的数学式称为单元劲度方程，相应的关系矩阵称为单元劲度矩阵。这一过程称为单元分析。再次对整个结构考虑各结点的平衡条件建立平衡方程，同时利用位移连续性条件可以得到结构各结点外力与结点位移之间的关系，相应的关系式称为结构整体劲度方程，关系矩阵称为结构整体劲度矩阵。这一过程称为整体分析。在具体计算时，结构的整体劲度矩阵可以由单元劲度矩阵按一定的规则集合而成。最后在整体劲度方程中引入位移边界条件，便可求得结构的结点位移进而计算结构的内力。总之，矩阵位移法就是在一分一合，先拆后搭的过程中，把复杂结构的计算问题转化为简单的单元分析和集成问题。

9.2　结构离散化与单元划分

用矩阵位移法进行结构分析，首先需将结构离散成为若干个单元。杆系结构由一系列杆件组成，一般把每个等截面直杆划分成为一个单元，单元的联结点称为结点。结构中的构造结点(如转折点、汇交点、支承点和截面的突变点等)均应取为结点。结构的所有结点取定后，相关结点之间的单元也就随之确定了。离散化的杆系结构需用数字进行标识，即对各结点和单元进行编号，通常用①、②、⋯表示单元编号，用 1、2、⋯表示结点编号。如图 9.1(a)所示的平面刚架，共有 4 个结点，可划分为 3 个单元；图 9.1(b)所示平面排架，立柱的截面突变处也需作为结点，共有 6 个结点，划分成 5 个单元。

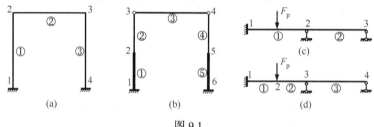

图 9.1

在有些情况下，集中力作用点等非构造点也可作为结点处理。如图 9.1(c)所示连续梁，一般可看成 3 个结点，划分为 2 个单元。也可以将荷载作用点作为一个结点，将连续梁划分为 3 个单元，如图 9.1(d)所示。这样处理的优点是将杆件跨中荷载转化为结点荷载，缺点是增加了结点与单元的个数，也就增加了计算工作量。对于一般的变截面杆或曲杆，可以近似地将其看成由若干个分段等截面直杆构成，依靠加密结点来提高求解精度。

矩阵位移法分析结构时，为了分析方便，需要设定两套坐标系。一套是整体坐标系(结构坐标系)，用来确定结点和单元的位置，统一描述力和位移的方向，以便利用位移协调条件和静力平衡条件进行整体分析。如图 9.2 所示，整体坐标系一般可采用右手坐标系，记为 Oxy。此时，结点位移和结点力均取与整体坐标的方向一致为正，其中结点角位移和结点力矩均按右手法则取逆时针方向为正。以下用 u、v 和 φ 分别表示结点沿整体坐标系 x、y 轴的线位移和沿逆时针方向的角位移；用 F_x、F_y 和 M 分别表示沿上述方向的结点力。另一套坐标系是建立在单元内部的局部坐标系。单元局部坐标系也采用右手坐标系，记为 $i\bar{x}\bar{y}$，其原点设在单元的一个端点，$\bar{x}$ 轴与杆件的轴线相重合并指向另一个端点。局部坐标系相对于整体坐标系的方位角用 α 表示，α 角以由整体坐标系的 x 轴沿逆时针方向转至局部坐标系的 $\bar{x}$ 轴方向为正值。局部坐标系中单元的杆端位移和杆端力分别用 $\bar{u}$、$\bar{v}$、$\bar{\varphi}$ 和 $\bar{F}_x$、$\bar{F}_y$、$\bar{M}$ 表示，它们均以与该单元的局部坐标方向一致为正，这样，在局部坐标系中单元的杆端位移和杆端力与杆件在基本变形情况下的位移和内力相一致，导出的单元劲度矩阵具有最简单的形式。需要注意的是，关于物理量的正负号规定，矩阵位移法与传统位移法存在一定的差异。

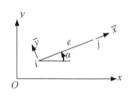

图 9.2

9.3　单元劲度矩阵

9.3.1　局部坐标系中的单元劲度矩阵

在进行单元分析时，首先是建立局部坐标系中单元的杆端位移与杆端力之间的关系。图 9.3(a)所示从结构中取出的任一等截面直杆单元，设其在结构中单元编号为 e，杆端结点编号为 i、j，单元局部坐标系为 $i\bar{x}\bar{y}$，原点为结点 i，此时 i、j 分别称为单元的始端和末端。一般情况下，平面杆件单元两端各有三个位移分量[图 9.3(b)]与三个杆端力分量[图 9.3(c)]，分别用单元杆端位移向量 $\bar{\boldsymbol{\varDelta}}^e$ 与单元杆端力向量 $\bar{\boldsymbol{F}}^e$ 表示为

$$\bar{\boldsymbol{\varDelta}}^e = \begin{pmatrix} \bar{\boldsymbol{\varDelta}}_i^e \\ \hline \bar{\boldsymbol{\varDelta}}_j^e \end{pmatrix} = \begin{pmatrix} \bar{u}_i^e \\ \bar{v}_i^e \\ \bar{\varphi}_i^e \\ \bar{u}_j^e \\ \bar{v}_j^e \\ \bar{\varphi}_j^e \end{pmatrix}, \qquad \bar{\boldsymbol{F}}^e = \begin{pmatrix} \bar{\boldsymbol{F}}_i^e \\ \hline \bar{\boldsymbol{F}}_j^e \end{pmatrix} = \begin{pmatrix} \bar{F}_{xi}^e \\ \bar{F}_{yi}^e \\ \bar{M}_i^e \\ \bar{F}_{xj}^e \\ \bar{F}_{yj}^e \\ \bar{M}_j^e \end{pmatrix} \qquad (9.1)$$

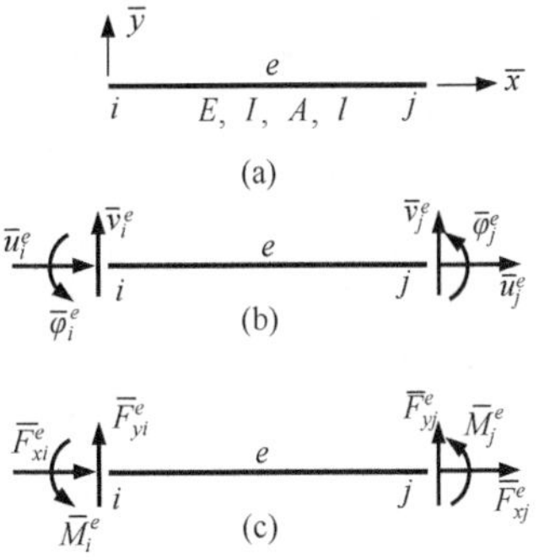

式中，$\bar{\boldsymbol{\varDelta}}_i^e = \begin{pmatrix} \bar{u}_i^e \\ \bar{v}_i^e \\ \bar{\varphi}_i^e \end{pmatrix}$、$\bar{\boldsymbol{\varDelta}}_j^e = \begin{pmatrix} \bar{u}_j^e \\ \bar{v}_j^e \\ \bar{\varphi}_j^e \end{pmatrix}$ 分别为局部坐标系中结点

图 9.3

i、j 处的单元杆端位移子向量；$\bar{\boldsymbol{F}}_i^e = \begin{pmatrix} \bar{F}_{xi}^e \\ \bar{F}_{yi}^e \\ \bar{M}_i^e \end{pmatrix}$、$\bar{\boldsymbol{F}}_j^e = \begin{pmatrix} \bar{F}_{xj}^e \\ \bar{F}_{yj}^e \\ \bar{M}_j^e \end{pmatrix}$ 分别为局部坐标系中结点 i、j

处的单元杆端力子向量。

图 9.3 所示单元通常称为平面一般单元或自由单元或两端固结单元。忽略轴向受力状态和弯曲受力状态的相互影响，利用胡克定律和形常数表(表 5.4)可知，在本章关于位移与力的符号规定下，平面一般单元在杆端发生单位位移时产生的杆端力如图 9.4(a)～(f)所示。

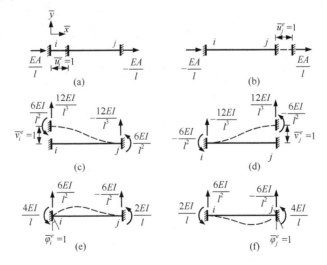

图 9.4

若平面一般单元的六个杆端位移 $\bar{\boldsymbol{\varDelta}}^e$ 已知，且杆上无荷载作用，则可根据叠加原理计算出单元的六个杆端力 $\bar{\boldsymbol{F}}^e$：

$$
\begin{cases}
\bar{F}_{xi}^e = \dfrac{EA}{l}\bar{u}_i^e - \dfrac{EA}{l}\bar{u}_j^e \\[2mm]
\bar{F}_{yi}^e = \dfrac{12EI}{l^3}\bar{v}_i^e + \dfrac{6EI}{l^2}\bar{\varphi}_i^e - \dfrac{12EI}{l^3}\bar{v}_j^e + \dfrac{6EI}{l^2}\bar{\varphi}_j^e \\[2mm]
\bar{M}_i^e = \dfrac{6EI}{l^2}\bar{v}_i^e + \dfrac{4EI}{l}\bar{\varphi}_i^e - \dfrac{6EI}{l^2}\bar{v}_j^e + \dfrac{2EI}{l}\bar{\varphi}_j^e \\[2mm]
\bar{F}_{xj}^e = -\dfrac{EA}{l}\bar{u}_i^e + \dfrac{EA}{l}\bar{u}_j^e \\[2mm]
\bar{F}_{yj}^e = -\dfrac{12EI}{l^3}\bar{v}_i^e - \dfrac{6EI}{l^2}\bar{\varphi}_i^e + \dfrac{12EI}{l^3}\bar{v}_j^e - \dfrac{6EI}{l^2}\bar{\varphi}_j^e \\[2mm]
\bar{M}_j^e = \dfrac{6EI}{l^2}\bar{v}_i^e + \dfrac{2EI}{l}\bar{\varphi}_i^e - \dfrac{6EI}{l^2}\bar{v}_j^e + \dfrac{4EI}{l}\bar{\varphi}_j^e
\end{cases}
\tag{9.2}
$$

写成矩阵形式为

$$
\begin{pmatrix}
\bar{F}_{xi}^e \\[1mm]
\bar{F}_{yi}^e \\[1mm]
\bar{M}_i^e \\[1mm]
\bar{F}_{xj}^e \\[1mm]
\bar{F}_{yj}^e \\[1mm]
\bar{M}_j^e
\end{pmatrix}
=
\begin{pmatrix}
\dfrac{EA}{l} & 0 & 0 & -\dfrac{EA}{l} & 0 & 0 \\[2mm]
0 & \dfrac{12EI}{l^3} & \dfrac{6EI}{l^2} & 0 & -\dfrac{12EI}{l^3} & \dfrac{6EI}{l^2} \\[2mm]
0 & \dfrac{6EI}{l^2} & \dfrac{4EI}{l} & 0 & -\dfrac{6EI}{l^2} & \dfrac{2EI}{l} \\[2mm]
-\dfrac{EA}{l} & 0 & 0 & \dfrac{EA}{l} & 0 & 0 \\[2mm]
0 & -\dfrac{12EI}{l^3} & -\dfrac{6EI}{l^2} & 0 & \dfrac{12EI}{l^3} & -\dfrac{6EI}{l^2} \\[2mm]
0 & \dfrac{6EI}{l^2} & \dfrac{2EI}{l} & 0 & -\dfrac{6EI}{l^2} & \dfrac{4EI}{l}
\end{pmatrix}
\begin{pmatrix}
\bar{u}_i^e \\[1mm]
\bar{v}_i^e \\[1mm]
\bar{\varphi}_i^e \\[1mm]
\bar{u}_j^e \\[1mm]
\bar{v}_j^e \\[1mm]
\bar{\varphi}_j^e
\end{pmatrix}
\tag{9.3}
$$

式(9.3)反映了单元局部坐标系中杆端力与杆端位移的关系，称为局部坐标系中的单元劲度方程。它可简写为

$$
\bar{\boldsymbol{F}}^e = \bar{\boldsymbol{k}}^e \bar{\boldsymbol{\varDelta}}^e
\tag{9.4}
$$

式中，

$$
\begin{array}{cccccc}
(1) & (2) & (3) & (4) & (5) & (6) \\
\bar{u}_i^e & \bar{v}_i^e & \bar{\varphi}_i^e & \bar{u}_j^e & \bar{v}_j^e & \bar{\varphi}_j^e
\end{array}
$$

$$
\bar{k}^e =
\left[
\begin{array}{ccc|ccc}
\dfrac{EA}{l} & 0 & 0 & -\dfrac{EA}{l} & 0 & 0 \\[2mm]
0 & \dfrac{12EI}{l^3} & \dfrac{6EI}{l^2} & 0 & -\dfrac{12EI}{l^3} & \dfrac{6EI}{l^2} \\[2mm]
0 & \dfrac{6EI}{l^2} & \dfrac{4EI}{l} & 0 & -\dfrac{6EI}{l^2} & \dfrac{2EI}{l} \\[1mm]
\hline
-\dfrac{EA}{l} & 0 & 0 & \dfrac{EA}{l} & 0 & 0 \\[2mm]
0 & -\dfrac{12EI}{l^3} & -\dfrac{6EI}{l^2} & 0 & \dfrac{12EI}{l^3} & -\dfrac{6EI}{l^2} \\[2mm]
0 & \dfrac{6EI}{l^2} & \dfrac{2EI}{l} & 0 & -\dfrac{6EI}{l^2} & \dfrac{4EI}{l}
\end{array}
\right]
\begin{array}{cc}
(1) & \bar{F}_{xi}^e \\[2mm]
(2) & \bar{F}_{yi}^e \\[2mm]
(3) & \bar{M}_i^e \\[2mm]
(4) & \bar{F}_{xy}^e \\[2mm]
(5) & \bar{F}_{yj}^e \\[2mm]
(6) & \bar{M}_j^e
\end{array}
\qquad (9.5)
$$

为局部坐标系中的单元劲度矩阵。$\bar{k}^e$ 的行数等于杆端力向量的分量数，而列数则等于杆端位移向量的分量数。由于杆端力和相应的杆端位移的数目始终相等，故 $\bar{k}^e$ 是一方阵。为清楚起见，式(9.5)上侧与右侧分别标出了杆端位移分量与杆端力分量并进行了编号。若杆端位移分量与杆端力分量排列顺序发生改变，则 $\bar{k}^e$ 中各行、列元素的排列顺序也必须随之改变。显然，单元劲度矩阵中每一元素的物理意义就是当其所在列对应的杆端位移分量等于 1(其余杆端位移分量均为零)时，所引起的其所在行对应的杆端力分量的数值。例如，其中第 6 行第 3 列元素 $\bar{k}_{(6)(3)}^e$ $\left(\text{即}\dfrac{2EI}{l}\right)$ 表示第 3 个杆端位移分量 $\bar{\varphi}_i^e = 1$ 时引起的第 6 个杆端力分量 $\bar{M}_j^e$。

不难看出，单元劲度矩阵具有如下重要性质。

(1) 对称性。由反力互等定理可知 $\bar{k}_{(i)(j)}^e = \bar{k}_{(j)(i)}^e$ $(i \neq j)$，故单元劲度矩阵 $\bar{k}^e$ 是一个对称矩阵。

(2) 奇异性。对单元劲度矩阵 $\bar{k}^e$ 进行矩阵变换，若将矩阵第 1 行(列)所有元素均加上第 4 行(列)元素，则所得一行(列)各元素全为零，由此可得到 $\left|\bar{k}^e\right| = 0$，故 $\bar{k}^e$ 是奇异矩阵。因此，若给定了单元的杆端位移 $\bar{\varDelta}^e$，可由单元劲度方程式(9.4)确定杆端力 $\bar{F}^e$；但给定杆端力 $\bar{F}^e$ 时，却不能由式(9.4)反求杆端位移 $\bar{\varDelta}^e$。从物理概念上来说，由于所讨论的是一个自由单元，两端没有任何支承约束，杆端位移除了有杆端力引起的相对位移外，还可能有任意的刚体位移，故由给定的 $\bar{F}^e$ 不能求得 $\bar{\varDelta}^e$ 的唯一解。

对于只考虑某些杆端位移和某些杆端力的一些特殊单元，其单元劲度矩阵可类似推导，也可由一般单元的劲度矩阵根据已知条件退化得到。

1) 平面弯曲单元

在进行梁和刚架的分析时，若只考虑弯曲变形而不考虑轴向变形，则只需将一般单元劲度矩阵中与轴向位移对应的第 1、4 列及与杆端轴力对应的第 1、4 行的元素划去，即得平面弯曲单元的劲度矩阵：

$$\bar{k}^e = \begin{pmatrix} \dfrac{12EI}{l^3} & \dfrac{6EI}{l^2} & -\dfrac{12EI}{l^3} & \dfrac{6EI}{l^2} \\ \dfrac{6EI}{l^2} & \dfrac{4EI}{l} & -\dfrac{6EI}{l^2} & \dfrac{2EI}{l} \\ -\dfrac{12EI}{l^3} & -\dfrac{6EI}{l^2} & \dfrac{12EI}{l^3} & -\dfrac{6EI}{l^2} \\ \dfrac{6EI}{l^2} & \dfrac{2EI}{l} & -\dfrac{6EI}{l^2} & \dfrac{4EI}{l} \end{pmatrix} \tag{9.6}$$

2）连续梁单元

连续梁中各结点只有角位移，没有线位移，故连续梁单元的杆端既无轴向位移也无横向位移，即 $\bar{u}_i^e = 0$、$\bar{v}_i^e = 0$、$\bar{u}_j^e = 0$、$\bar{v}_j^e = 0$。将一般单元劲度矩阵与线位移分量对应的第 1、2、4、5 列，与杆端轴力、剪力对应的第 1、2、4、5 行元素划去，可得连续梁单元劲度矩阵为

$$\bar{k}^e = \begin{pmatrix} \dfrac{4EI}{l} & \dfrac{2EI}{l} \\ \dfrac{2EI}{l} & \dfrac{4EI}{l} \end{pmatrix} \tag{9.7}$$

3）桁架式杆单元

桁架式杆只发生轴向变形，杆端力只有轴力。故只需将一般单元劲度矩阵中与弯曲变形受力状态对应的第 2、3、5、6 列和第 2、3、5、6 行元素划去，即可得桁架式杆单元劲度矩阵：

$$\bar{k}^e = \begin{pmatrix} \dfrac{EA}{l} & -\dfrac{EA}{l} \\ -\dfrac{EA}{l} & \dfrac{EA}{l} \end{pmatrix} \tag{9.8}$$

为了便于进行坐标变换，实际运用时常通过增加零元素的行和列，将其扩展为 4×4 阶单元劲度矩阵：

$$\bar{k}^e = \begin{pmatrix} \dfrac{EA}{l} & 0 & -\dfrac{EA}{l} & 0 \\ 0 & 0 & 0 & 0 \\ -\dfrac{EA}{l} & 0 & \dfrac{EA}{l} & 0 \\ 0 & 0 & 0 & 0 \end{pmatrix} \tag{9.9}$$

以上给出了几种特殊单元的单元劲度矩阵。对于其他类型的杆件单元，如一端固结一端铰结或滑移的杆件，它们的单元劲度矩阵也可类似地由一般单元的劲度矩阵退化而来。但在矩阵位移法中为了分析过程的程序化、规格化，常统一采用一般单元，对特

殊单元则由计算程序根据各自的特点自动处理。

9.3.2 整体坐标系中的单元劲度矩阵

对于整个结构而言，各单元的局部坐标系不尽相同，而在研究结构的位移连续条件和静力平衡条件时，必须在统一的坐标系中进行。因此，在进行结构整体分析之前，需将单元在局部坐标系中的杆端力、杆端位移和单元劲度矩阵转换到统一的整体坐标系中，以建立整体坐标系中的单元劲度方程。

设单元 e 在局部坐标系中的杆端位移向量与杆端力向量仍如 9.3.1 节中式(9.1)所示，则相应的整体坐标系中的杆端位移向量和杆端力向量分别为

$$\boldsymbol{\Delta}^e = \begin{pmatrix} u_i^e \\ v_i^e \\ \varphi_i^e \\ \hline u_j^e \\ v_j^e \\ \varphi_j^e \end{pmatrix}, \qquad \boldsymbol{F}^e = \begin{pmatrix} F_{xi}^e \\ F_{yi}^e \\ M_i^e \\ \hline F_{xj}^e \\ F_{yj}^e \\ M_j^e \end{pmatrix}$$

单元 e 在局部坐标系和整体坐标系中的杆端力分别如图 9.5(a)、(b)所示，设两种坐标系之间的夹角为 α，由投影关系可得

$$\begin{cases} \bar{F}_{xi}^e = F_{xi}^e \cos\alpha + F_{yi}^e \sin\alpha \\ \bar{F}_{yi}^e = -F_{xi}^e \sin\alpha + F_{yi}^e \cos\alpha \\ \bar{M}_i^e = M_i^e \\ \bar{F}_{xj}^e = F_{xj}^e \cos\alpha + F_{yj}^e \sin\alpha \\ \bar{F}_{yj}^e = -F_{xj}^e \sin\alpha + F_{yj}^e \cos\alpha \\ \bar{M}_j^e = M_j^e \end{cases}$$

用矩阵形式表示为

$$\begin{pmatrix} \bar{F}_{xi}^e \\ \bar{F}_{yi}^e \\ \bar{M}_i^e \\ \hline \bar{F}_{xj}^e \\ \bar{F}_{yj}^e \\ \bar{M}_j^e \end{pmatrix} = \left(\begin{array}{ccc|ccc} \cos\alpha & \sin\alpha & 0 & 0 & 0 & 0 \\ -\sin\alpha & \cos\alpha & 0 & 0 & 0 & 0 \\ 0 & 0 & 1 & 0 & 0 & 0 \\ \hline 0 & 0 & 0 & \cos\alpha & \sin\alpha & 0 \\ 0 & 0 & 0 & -\sin\alpha & \cos\alpha & 0 \\ 0 & 0 & 0 & 0 & 0 & 1 \end{array} \right) \begin{pmatrix} F_{xi}^e \\ F_{yi}^e \\ M_i^e \\ \hline F_{xj}^e \\ F_{yj}^e \\ M_j^e \end{pmatrix} \tag{9.10}$$

上式可简写为

$$\bar{\boldsymbol{F}}^e = \boldsymbol{T}\boldsymbol{F}^e \tag{9.11}$$

式中，

$$T=\begin{pmatrix} \begin{array}{ccc|c} \cos\alpha & \sin\alpha & 0 & \\ -\sin\alpha & \cos\alpha & 0 & \mathbf{O} \\ 0 & 0 & 1 & \\ \hline & & & \cos\alpha \quad \sin\alpha \quad 0 \\ \mathbf{O} & & & -\sin\alpha \quad \cos\alpha \quad 0 \\ & & & \quad\quad 0 \quad\quad\quad 0 \quad\quad 1 \end{array} \end{pmatrix}$$ 　(9.12)

为坐标转换矩阵，它是一个正交矩阵，其逆矩阵等于它的转置矩阵，即

$$\boldsymbol{T}^{-1}=\boldsymbol{T}^{\mathrm{T}}$$ 　(9.13)

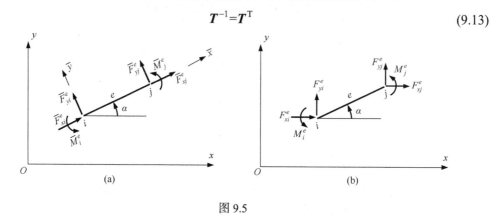

图 9.5

　　显然，杆端力之间的坐标转换关系，同样适用于杆端位移之间的坐标转换，即

$$\overline{\boldsymbol{\varDelta}}^e = \boldsymbol{T}\boldsymbol{\varDelta}^e$$ 　(9.14)

将式(9.11)、式(9.14)代入局部坐标系中的单元劲度方程式(9.4)有

$$\boldsymbol{T}\boldsymbol{F}^e=\overline{\boldsymbol{k}}^e\boldsymbol{T}\boldsymbol{\varDelta}^e$$

等式两边左乘 $\boldsymbol{T}^{-1}$，并利用关系式(9.13)，可得

$$\boldsymbol{F}^e=\boldsymbol{T}^{\mathrm{T}}\overline{\boldsymbol{k}}^e\boldsymbol{T}\boldsymbol{\varDelta}^e$$ 　(9.15)

或写为

$$\boldsymbol{F}^e=\boldsymbol{k}^e\boldsymbol{\varDelta}^e$$ 　(9.16)

式(9.16)称为整体坐标系中的单元劲度方程，其中 $\boldsymbol{k}^e$ 称为整体坐标系中的单元劲度矩阵，有

$$\boldsymbol{k}^e=\boldsymbol{T}^{\mathrm{T}}\overline{\boldsymbol{k}}^e\boldsymbol{T}$$ 　(9.17)

　　式(9.17)就是单元劲度矩阵由局部坐标系到整体坐标系的转换式，将式(9.5)、式(9.12)代入可得

$$k^e = \begin{pmatrix} \left(\dfrac{EA}{l}c^2 + \dfrac{12EI}{l^3}s^2\right) & \left(\dfrac{EA}{l} - \dfrac{12EI}{l^3}\right)cs & -\dfrac{6EI}{l^2}s & \left(-\dfrac{EA}{l}c^2 - \dfrac{12EI}{l^3}s^2\right) & \left(-\dfrac{EA}{l} + \dfrac{12EI}{l^3}\right)cs & -\dfrac{6EI}{l^2}s \\[2mm] \left(\dfrac{EA}{l} - \dfrac{12EI}{l^3}\right)cs & \left(\dfrac{EA}{l}s^2 + \dfrac{12EI}{l^3}c^2\right) & \dfrac{6EI}{l^2}c & \left(-\dfrac{EA}{l} + \dfrac{12EI}{l^3}\right)cs & \left(-\dfrac{EA}{l}s^2 - \dfrac{12EI}{l^3}c^2\right) & \dfrac{6EI}{l^2}c \\[2mm] -\dfrac{6EI}{l^2}s & \dfrac{6EI}{l^2}c & \dfrac{4EI}{l} & \dfrac{6EI}{l^2}s & -\dfrac{6EI}{l^2}c & \dfrac{2EI}{l} \\[2mm] \left(-\dfrac{EA}{l}c^2 - \dfrac{12EI}{l^3}s^2\right) & \left(-\dfrac{EA}{l} + \dfrac{12EI}{l^3}\right)cs & \dfrac{6EI}{l^2}s & \left(\dfrac{EA}{l}c^2 + \dfrac{12EI}{l^3}s^2\right) & \left(\dfrac{EA}{l} - \dfrac{12EI}{l^3}\right)cs & \dfrac{6EI}{l^2}s \\[2mm] \left(-\dfrac{EA}{l} + \dfrac{12EI}{l^3}\right)cs & \left(-\dfrac{EA}{l}s^2 - \dfrac{12EI}{l^3}c^2\right) & -\dfrac{6EI}{l^2}c & \left(\dfrac{EA}{l} - \dfrac{12EI}{l^3}\right)cs & \left(\dfrac{EA}{l}s^2 + \dfrac{12EI}{l^3}c^2\right) & -\dfrac{6EI}{l^2}c \\[2mm] -\dfrac{6EI}{l^2}s & \dfrac{6EI}{l^2}c & \dfrac{2EI}{l} & \dfrac{6EI}{l^2}s & -\dfrac{6EI}{l^2}c & \dfrac{4EI}{l} \end{pmatrix}$$

$$(9.18)$$

式中，$c=\cos\alpha$，$s=\sin\alpha$。

不难看出，整体坐标系中的单元劲度矩阵 k^e 与局部坐标系中的单元劲度矩阵 $\bar{k}^e$ 具有相同的性质，即具有对称性与奇异性。

由于以后在整体分析中，需要对结构的每一个结点分别建立平衡方程，为了讨论方便，可将式(9.16)按单元的始末端结点 i、j 进行分块，写成如下形式：

$$\left(\begin{array}{c} F_i^e \\ \hline F_j^e \end{array}\right) = \left(\begin{array}{c|c} k_{ii}^e & k_{ij}^e \\ \hline k_{ji}^e & k_{jj}^e \end{array}\right)\left(\begin{array}{c} \Delta_i^e \\ \hline \Delta_j^e \end{array}\right) \tag{9.19}$$

展开可得

$$F_i^e = k_{ii}^e \Delta_i^e + k_{ij}^e \Delta_j^e \tag{9.20}$$

$$F_j^e = k_{ji}^e \Delta_i^e + k_{jj}^e \Delta_j^e \tag{9.21}$$

以上各式中，$F_i^e = \begin{pmatrix} F_{xi}^e \\ F_{yi}^e \\ M_i^e \end{pmatrix}$、$F_j^e = \begin{pmatrix} F_{xj}^e \\ F_{yj}^e \\ M_j^e \end{pmatrix}$ 和 $\Delta_i^e = \begin{pmatrix} u_i^e \\ v_i^e \\ \varphi_i^e \end{pmatrix}$、$\Delta_j^e = \begin{pmatrix} u_j^e \\ v_j^e \\ \varphi_j^e \end{pmatrix}$ 分别为整体坐标系中单

元结点 i、j 处的杆端力子向量和杆端位移子向量；k_{ii}^e、k_{ij}^e、k_{ji}^e、k_{jj}^e 称为单元劲度矩阵的结点子矩阵或子块。其中 k_{ii}^e 表示单元的结点 i 发生各单位位移时在结点 i 处产生的各杆端力，称为主子块；k_{ij}^e 表示单元的结点 j 发生各单位位移时在结点 i 处产生的各杆端力，称为副子块。根据单元劲度矩阵的对称性可知，副子块之间满足 $k_{ij}^e = k_{ji}^e$。

【例 9.1】 试求图 9.6 所示刚架中各单元在整体坐标系中的单元劲度矩阵。设各杆的几何尺寸及材料参数相同，杆长 $l=4\text{m}$，横截面积 $A=0.01\text{m}^2$，截面惯性矩 $I=32\times10^{-5}\text{m}^4$，弹性模量 $E=200\text{GPa}$。

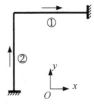

图 9.6

【解】 (1) 建立整体坐标系，进行单元编号，并确定各单元的局部坐标系，如图 9.6 所示。

(2) 求局部坐标系中各单元的劲度矩阵。局部坐标系中单元劲度矩阵各元素计算如下：

$$\frac{EA}{l}=500\times10^3\,\text{kN/m}, \qquad \frac{12EI}{l^3}=12\times10^3\,\text{kN/m}, \qquad \frac{6EI}{l^2}=24\times10^3\,\text{kN}$$

$$\frac{4EI}{l}=64\times10^3\,\text{kN/m}, \qquad \frac{2EI}{l}=32\times10^3\,\text{kN/m}$$

将以上计算结果代入式(9.5)，可得

$$\bar{k}^{①}=\bar{k}^{②}=10^3\times\begin{pmatrix} 500\text{kN/m} & 0 & 0 & -500\text{kN/m} & 0 & 0 \\ 0 & 12\text{kN/m} & 24\text{kN} & 0 & -12\text{kN/m} & 24\text{kN} \\ 0 & 24\text{kN} & 64\text{kN}\cdot\text{m} & 0 & -24\text{kN} & 32\text{kN/m} \\ -500\text{kN/m} & 0 & 0 & 500\text{kN/m} & 0 & 0 \\ 0 & -12\text{kN/m} & -24\text{kN} & 0 & 12\text{kN/m} & -24\text{kN} \\ 0 & 24\text{kN} & 32\text{kN}\cdot\text{m} & 0 & -24\text{kN} & 64\text{kN}\cdot\text{m} \end{pmatrix}$$

(3) 求整体坐标系中各单元的劲度矩阵。对于单元①，$\alpha=0°, \cos\alpha=1, \sin\alpha=0$，转换矩阵

$$T=\left(\begin{array}{ccc|ccc} \cos\alpha & \sin\alpha & 0 & & & \\ -\sin\alpha & \cos\alpha & 0 & & \boldsymbol{O} & \\ 0 & 0 & 1 & & & \\ \hline & & & \cos\alpha & \sin\alpha & 0 \\ & \boldsymbol{O} & & -\sin\alpha & \cos\alpha & 0 \\ & & & 0 & 0 & 1 \end{array}\right)=\left(\begin{array}{ccc|ccc} 1 & 0 & 0 & & & \\ 0 & 1 & 0 & & \boldsymbol{O} & \\ 0 & 0 & 1 & & & \\ \hline & & & 1 & 0 & 0 \\ & \boldsymbol{O} & & 0 & 1 & 0 \\ & & & 0 & 0 & 1 \end{array}\right)=\boldsymbol{I}$$

代入式(9.17)可得

$$\boldsymbol{k}^{①}=\boldsymbol{I}^{\text{T}}\bar{\boldsymbol{k}}^{①}\boldsymbol{I}=\bar{\boldsymbol{k}}^{①}=10^3\times\begin{pmatrix} 500\text{kN/m} & 0 & 0 & -500\text{kN/m} & 0 & 0 \\ 0 & 12\text{kN/m} & 24\text{kN} & 0 & -12\text{kN/m} & 24\text{kN} \\ 0 & 24\text{kN} & 64\text{kN}\cdot\text{m} & 0 & -24\text{kN} & 32\text{kN/m} \\ -500\text{kN/m} & 0 & 0 & 500\text{kN/m} & 0 & 0 \\ 0 & -12\text{kN/m} & -24\text{kN} & 0 & 12\text{kN/m} & -24\text{kN} \\ 0 & 24\text{kN} & 32\text{kN}\cdot\text{m} & 0 & -24\text{kN} & 64\text{kN}\cdot\text{m} \end{pmatrix}$$

对于单元②，$\alpha=90°, \cos\alpha=0, \sin\alpha=1$，转换矩阵

$$T=\left(\begin{array}{ccc|ccc} \cos\alpha & \sin\alpha & 0 & & & \\ -\sin\alpha & \cos\alpha & 0 & & \boldsymbol{O} & \\ 0 & 0 & 1 & & & \\ \hline & & & \cos\alpha & \sin\alpha & 0 \\ & \boldsymbol{O} & & -\sin\alpha & \cos\alpha & 0 \\ & & & 0 & 0 & 1 \end{array}\right)=\left(\begin{array}{ccc|ccc} 0 & 1 & 0 & & & \\ -1 & 0 & 0 & & \boldsymbol{O} & \\ 0 & 0 & 1 & & & \\ \hline & & & 0 & 1 & 0 \\ & \boldsymbol{O} & & -1 & 0 & 0 \\ & & & 0 & 0 & 1 \end{array}\right)$$

代入式(9.17)得

$$k^{②}=T^{\mathrm{T}}\overline{k}^{②}T=10^{3}\times\begin{pmatrix}12\text{kN/m} & 0 & -24\text{kN} & -12\text{kN/m} & 0 & -24\text{kN}\\ 0 & 500\text{kN/m} & 0 & 0 & -500\text{kN/m} & 0\\ -24\text{kN} & 0 & 64\text{kN}\cdot\text{m} & 24\text{kN} & 0 & 32\text{kN}\cdot\text{m}\\ -12\text{kN/m} & 0 & 24\text{kN} & 12\text{kN/m} & 0 & 24\text{kN}\\ 0 & -500\text{kN/m} & 0 & 0 & 500\text{kN/m} & 0\\ -24\text{kN} & 0 & 32\text{kN}\cdot\text{m} & 24\text{kN} & 0 & 64\text{kN}\cdot\text{m}\end{pmatrix}$$

以上结果也可以直接用公式(9.18)计算得到。

9.4 结构原始劲度矩阵

整体分析是在单元分析的基础上，利用各结点的位移协调条件和静力平衡条件，建立结构的结点外力和结点位移之间的关系式，即结构的劲度方程。下面以一平面刚架为例作具体说明。

图 9.7(a)所示为一仅承受结点荷载作用的平面刚架，假设刚架的各几何、物理参数均已知。刚架的结点和单元编号及整体坐标系与各单元局部坐标系如图 9.7(a)所示。

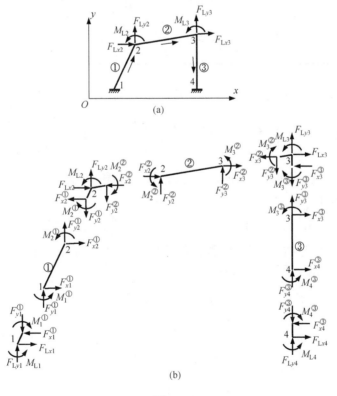

图 9.7

此结构含有 4 个结点、12 个结点位移分量与 12 个结点外力分量(包括结点外荷载与结点支座反力)。按照结点编号次序排成一列向量，结点位移向量与结点外力向

量分别为

$$\mathbf{\Delta} = \begin{pmatrix} \mathbf{\Delta}_1 \\ \mathbf{\Delta}_2 \\ \mathbf{\Delta}_3 \\ \mathbf{\Delta}_4 \end{pmatrix}, \qquad \mathbf{\Delta}_i = \begin{pmatrix} u_i \\ v_i \\ \theta_i \end{pmatrix} (i = 1, 2, 3, 4)$$

和

$$\mathbf{F}_{\mathrm{L}} = \begin{pmatrix} \mathbf{F}_{\mathrm{L}1} \\ \mathbf{F}_{\mathrm{L}2} \\ \mathbf{F}_{\mathrm{L}3} \\ \mathbf{F}_{\mathrm{L}4} \end{pmatrix}, \qquad \mathbf{F}_{\mathrm{L}i} = \begin{pmatrix} F_{\mathrm{L}xi} \\ F_{\mathrm{L}yi} \\ M_{\mathrm{L}i} \end{pmatrix} (i = 1, 2, 3, 4)$$

其中，$\mathbf{\Delta}_i$、$\mathbf{F}_{\mathrm{L}i}$ 分别为第 i 个结点的位移子向量和外力子向量，它们均是整体坐标系中的量，其分量与整体坐标系的方向一致为正。

各单元两端点 i、j 所对应的结点编号如表 9.1 所示。

表 9.1 单元端点的结点编号

单元号	①		②		③	
端点	i	j	i	j	i	j
结点编号	1	2	2	3	3	4

将整体坐标系中各单元劲度矩阵子块的下标用对应的结点编号表示，有

$$\mathbf{k}^{①} = \begin{pmatrix} \mathbf{k}_{11}^{①} & \mathbf{k}_{12}^{①} \\ \hline \mathbf{k}_{21}^{①} & \mathbf{k}_{22}^{①} \end{pmatrix}, \qquad \mathbf{k}^{②} = \begin{pmatrix} \mathbf{k}_{22}^{②} & \mathbf{k}_{23}^{②} \\ \hline \mathbf{k}_{32}^{②} & \mathbf{k}_{33}^{②} \end{pmatrix}, \qquad \mathbf{k}^{③} = \begin{pmatrix} \mathbf{k}_{33}^{③} & \mathbf{k}_{34}^{③} \\ \hline \mathbf{k}_{43}^{③} & \mathbf{k}_{44}^{③} \end{pmatrix} \qquad (9.22)$$

同样，各单元杆端位移和杆端力向量子块的下标也用相应的结点编号表示，并考虑到结构的位移协调条件，有

$$\mathbf{\Delta}_1^{①} = \mathbf{\Delta}_1 , \quad \mathbf{\Delta}_2^{①} = \mathbf{\Delta}_2^{②} = \mathbf{\Delta}_2 , \quad \mathbf{\Delta}_3^{②} = \mathbf{\Delta}_3^{③} = \mathbf{\Delta}_3 , \quad \mathbf{\Delta}_4^{③} = \mathbf{\Delta}_4 \qquad (9.23)$$

结构各单元和各结点的隔离体受力图如图 9.7(b) 所示。对结点 2，由平衡条件 $\sum F_x = 0$、$\sum F_y = 0$、$\sum M = 0$ 可得

$$F_{\mathrm{L}x2} = F_{x2}^{①} + F_{x2}^{②}$$
$$F_{\mathrm{L}y2} = F_{y2}^{①} + F_{y2}^{②}$$
$$M_{\mathrm{L}2} = M_2^{①} + M_2^{②}$$

写成矩阵形式有

$$\begin{pmatrix} F_{\mathrm{L}x2} \\ F_{\mathrm{L}y2} \\ M_{\mathrm{L}2} \end{pmatrix} = \begin{pmatrix} F_{x2}^{①} \\ F_{y2}^{①} \\ M_2^{①} \end{pmatrix} + \begin{pmatrix} F_{x2}^{②} \\ F_{y2}^{②} \\ M_2^{②} \end{pmatrix}$$

上式左边即结点 2 的荷载列向量 $\boldsymbol{F}_{\text{L2}}$，右边两列阵分别为单元①和单元②与结点 2 相联杆端的杆端力向量 $\boldsymbol{F}_2^{①}$、$\boldsymbol{F}_2^{②}$，上式简写为

$$\boldsymbol{F}_{\text{L2}} = \boldsymbol{F}_2^{①} + \boldsymbol{F}_2^{②} \tag{9.24}$$

利用式(9.20)、式(9.21)并考虑到①、②单元杆端的结点编号，可得

$$\boldsymbol{F}_2^{①} = \boldsymbol{k}_{21}^{①}\boldsymbol{\varDelta}_1^{①} + \boldsymbol{k}_{22}^{①}\boldsymbol{\varDelta}_2^{①} \tag{9.25}$$

$$\boldsymbol{F}_2^{②} = \boldsymbol{k}_{22}^{②}\boldsymbol{\varDelta}_2^{②} + \boldsymbol{k}_{23}^{②}\boldsymbol{\varDelta}_3^{②} \tag{9.26}$$

将式(9.25)、式(9.26)代入式(9.24)，并根据结点的位移协调条件式(9.23)，则有

$$\boldsymbol{F}_{\text{L2}} = \boldsymbol{k}_{21}^{①}\boldsymbol{\varDelta}_1^{①} + \boldsymbol{k}_{22}^{①}\boldsymbol{\varDelta}_2^{①} + \boldsymbol{k}_{22}^{②}\boldsymbol{\varDelta}_2^{②} + \boldsymbol{k}_{23}^{②}\boldsymbol{\varDelta}_3^{②} = \boldsymbol{k}_{21}^{①}\boldsymbol{\varDelta}_1 + (\boldsymbol{k}_{22}^{①} + \boldsymbol{k}_{22}^{②})\boldsymbol{\varDelta}_2 + \boldsymbol{k}_{23}^{②}\boldsymbol{\varDelta}_3$$

对其他结点作类似推导，可得结构所有结点外力与结点位移之间的关系式为

$$\boldsymbol{F}_{\text{L1}} = \boldsymbol{k}_{11}^{①}\boldsymbol{\varDelta}_1 + \boldsymbol{k}_{12}^{①}\boldsymbol{\varDelta}_2$$

$$\boldsymbol{F}_{\text{L2}} = \boldsymbol{k}_{21}^{①}\boldsymbol{\varDelta}_1 + (\boldsymbol{k}_{22}^{①} + \boldsymbol{k}_{22}^{②})\boldsymbol{\varDelta}_2 + \boldsymbol{k}_{23}^{②}\boldsymbol{\varDelta}_3$$

$$\boldsymbol{F}_{\text{L3}} = \boldsymbol{k}_{32}^{②}\boldsymbol{\varDelta}_2 + (\boldsymbol{k}_{33}^{②} + \boldsymbol{k}_{33}^{③})\boldsymbol{\varDelta}_3 + \boldsymbol{k}_{34}^{③}\boldsymbol{\varDelta}_4$$

$$\boldsymbol{F}_{\text{L4}} = \boldsymbol{k}_{43}^{③}\boldsymbol{\varDelta}_3 + \boldsymbol{k}_{44}^{③}\boldsymbol{\varDelta}_4$$

写成矩阵形式有

$$\begin{pmatrix} \boldsymbol{F}_{\text{L1}} \\ \boldsymbol{F}_{\text{L2}} \\ \boldsymbol{F}_{\text{L3}} \\ \boldsymbol{F}_{\text{L4}} \end{pmatrix} = \begin{pmatrix} \boldsymbol{k}_{11}^{①} & \boldsymbol{k}_{12}^{①} & \boldsymbol{O} & \boldsymbol{O} \\ \boldsymbol{k}_{21}^{①} & \boldsymbol{k}_{22}^{①} + \boldsymbol{k}_{22}^{②} & \boldsymbol{k}_{23}^{②} & \boldsymbol{O} \\ \boldsymbol{O} & \boldsymbol{k}_{32}^{②} & \boldsymbol{k}_{33}^{②} + \boldsymbol{k}_{33}^{③} & \boldsymbol{k}_{34}^{③} \\ \boldsymbol{O} & \boldsymbol{O} & \boldsymbol{k}_{43}^{③} & \boldsymbol{k}_{44}^{③} \end{pmatrix} \begin{pmatrix} \boldsymbol{\varDelta}_1 \\ \boldsymbol{\varDelta}_2 \\ \boldsymbol{\varDelta}_3 \\ \boldsymbol{\varDelta}_4 \end{pmatrix} \tag{9.27}$$

式(9.27)为用结点位移表示的所有结点的平衡方程，称为结构的整体劲度方程或原始劲度方程。"原始"是指尚未进行支承边界条件的处理，可用上标"0"加以区别。式 (9.27)可简写为

$$\boldsymbol{F}_{\text{L}}^0 = \boldsymbol{K}^0 \boldsymbol{\varDelta}^0 \tag{9.28}$$

式中，

$$\boldsymbol{K}^0 = \begin{pmatrix} \boldsymbol{K}_{11} & \boldsymbol{K}_{12} & \boldsymbol{K}_{13} & \boldsymbol{K}_{14} \\ \boldsymbol{K}_{21} & \boldsymbol{K}_{22} & \boldsymbol{K}_{23} & \boldsymbol{K}_{24} \\ \boldsymbol{K}_{31} & \boldsymbol{K}_{32} & \boldsymbol{K}_{33} & \boldsymbol{K}_{34} \\ \boldsymbol{K}_{41} & \boldsymbol{K}_{42} & \boldsymbol{K}_{43} & \boldsymbol{K}_{44} \end{pmatrix} = \begin{pmatrix} \boldsymbol{k}_{11}^{①} & \boldsymbol{k}_{12}^{①} & \boldsymbol{O} & \boldsymbol{O} \\ \boldsymbol{k}_{21}^{①} & \boldsymbol{k}_{22}^{①} + \boldsymbol{k}_{22}^{②} & \boldsymbol{k}_{23}^{②} & \boldsymbol{O} \\ \boldsymbol{O} & \boldsymbol{k}_{32}^{②} & \boldsymbol{k}_{33}^{②} + \boldsymbol{k}_{33}^{③} & \boldsymbol{k}_{34}^{③} \\ \boldsymbol{O} & \boldsymbol{O} & \boldsymbol{k}_{43}^{③} & \boldsymbol{k}_{44}^{③} \end{pmatrix} \tag{9.29}$$

为结构的原始劲度矩阵或整体劲度矩阵。它的每一个子块都是 3×3 阶方阵，故 $\boldsymbol{K}^0$ 为 12×12 阶方阵，其中每一元素的物理意义就是当其所在列对应的结点位移分量等于 1(其余结点位移分量为零)时，其所在行对应的结点外力分量所应有的值。与单元劲度矩阵类似，结构的原始劲度矩阵也具有对称性与奇异性。

对照式(9.22)和式(9.29)，不难看出，只需将整体坐标系中各个单元劲度矩阵的四个

子块按其两个下标的结点编号逐一送到结构原始劲度矩阵中相应的行和列的位置上去，就能得到结构的原始劲度矩阵。简单地说就是将各单元劲度矩阵的子块按其下标的结点编号"对号入座"就形成了结构的原始劲度矩阵。这种方法称为直接劲度法。下面给出"对号入座"形成原始劲度矩阵的一般规律。

为了讨论方便，将主对角线上的子块称为主子块，其余子块称为副子块。以某结点为一个端点的单元称为该结点的相关单元；属于同一个单元的两个结点称为相关结点；不属于同一单元的两个结点称为非相关结点。于是，有如下结论。

(1) 整体劲度矩阵中的主子块 $\boldsymbol{K}_{ii}$ 由结点 i 的各相关单元的主子块 $\boldsymbol{k}_{ii}^e$ 叠加求得，即 $\boldsymbol{K}_{ii} = \sum \boldsymbol{k}_{ii}^e$。

(2) 整体劲度矩阵中的副子块 $\boldsymbol{K}_{ij}$，当结点 i、j 为相关结点时，为它们所属单元的相应副子块，即 $\boldsymbol{K}_{ij} = \boldsymbol{k}_{ij}^e$；当结点 i、j 为非相关结点时则为零子块，即 $\boldsymbol{K}_{ij} = \boldsymbol{O}$。

图 9.8(a)中单元 e 和单元 e' 均为结点 i 的相关单元；结点 i 与 j 同属于单元 e，结点 i 与 m 同属于单元 e'，分别互为相关结点；结点 j 与 m 为非相关结点。设结点编号 $i < j < m$，则单元 e 和单元 e' 的劲度矩阵子块对号入座如图 9.8(b)所示。

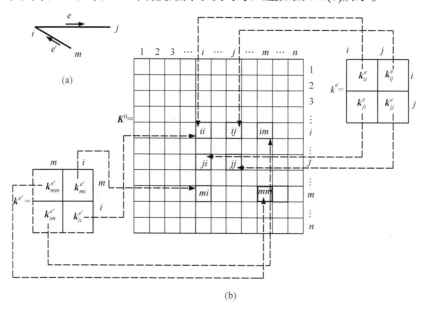

图 9.8

【例 9.2】 求图 9.9 所示刚架的原始劲度矩阵。各杆几何尺寸及材料参数同例 9.1。

【解】 (1) 对结点、单元进行编号，选定整体坐标系、局部坐标系，如图 9.9 所示。

(2) 求整体坐标系中单元劲度矩阵。见例 9.1，这里仅列出具体结果，并将子块下标用结点编号表示。

对于单元①，结点编号 $i=2, j=3$，故

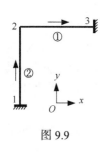

图 9.9

$$\boldsymbol{k}^{\textcircled{1}}=\begin{pmatrix}\boldsymbol{k}_{22}^{\textcircled{1}}&\boldsymbol{k}_{23}^{\textcircled{1}}\\\hline\boldsymbol{k}_{32}^{\textcircled{1}}&\boldsymbol{k}_{33}^{\textcircled{1}}\end{pmatrix}=10^{3}\times\left(\begin{array}{ccc|ccc}500\mathrm{kN/m}&0&0&-500\mathrm{kN/m}&0&0\\0&12\mathrm{kN/m}&24\mathrm{kN}&0&-12\mathrm{kN/m}&24\mathrm{kN}\\0&24\mathrm{kN}&64\mathrm{kN\cdot m}&0&-24\mathrm{kN}&32\mathrm{kN\cdot m}\\\hline-500&0&0&500&0&0\\0&-12\mathrm{kN/m}&-24\mathrm{kN}&0&12\mathrm{kN/m}&-24\mathrm{kN}\\0&24\mathrm{kN}&32\mathrm{kN\cdot m}&0&-24\mathrm{kN}&64\mathrm{kN\cdot m}\end{array}\right)$$

对于单元②，结点编号 $i=1, j=2$，故

$$\boldsymbol{k}^{\textcircled{2}}=\begin{pmatrix}\boldsymbol{k}_{11}^{\textcircled{2}}&\boldsymbol{k}_{12}^{\textcircled{2}}\\\hline\boldsymbol{k}_{21}^{\textcircled{2}}&\boldsymbol{k}_{22}^{\textcircled{2}}\end{pmatrix}=10^{3}\times\left(\begin{array}{ccc|ccc}12\mathrm{kN/m}&0&-24\mathrm{kN}&-12\mathrm{kN/m}&0&-24\mathrm{kN}\\0&500\mathrm{kN/m}&0&0&-500\mathrm{kN/m}&0\\-24\mathrm{kN}&0&64\mathrm{kN\cdot m}&24\mathrm{kN}&0&32\mathrm{kN\cdot m}\\\hline-12\mathrm{kN/m}&0&24\mathrm{kN}&12\mathrm{kN/m}&0&24\mathrm{kN}\\0&-500\mathrm{kN/m}&0&0&500\mathrm{kN/m}&0\\-24\mathrm{kN}&0&32\mathrm{kN\cdot m}&24\mathrm{kN}&0&64\mathrm{kN\cdot m}\end{array}\right)$$

(3) 求结构的原始劲度矩阵。将整体坐标系中各单元劲度矩阵的子块"对号入座"叠加到结构的原始劲度矩阵相应的子块上，得

$$\boldsymbol{K}^{0}=\begin{pmatrix}\boldsymbol{K}_{11}&\boldsymbol{K}_{12}&\boldsymbol{K}_{13}\\\hline\boldsymbol{K}_{21}&\boldsymbol{K}_{22}&\boldsymbol{K}_{23}\\\hline\boldsymbol{K}_{31}&\boldsymbol{K}_{32}&\boldsymbol{K}_{33}\end{pmatrix}=\begin{pmatrix}\boldsymbol{k}_{11}^{\textcircled{2}}&\boldsymbol{k}_{12}^{\textcircled{2}}&\boldsymbol{O}\\\hline\boldsymbol{k}_{21}^{\textcircled{2}}&\boldsymbol{k}_{22}^{\textcircled{1}}+\boldsymbol{k}_{22}^{\textcircled{2}}&\boldsymbol{k}_{23}^{\textcircled{1}}\\\hline\boldsymbol{O}&\boldsymbol{k}_{32}^{\textcircled{1}}&\boldsymbol{k}_{33}^{\textcircled{1}}\end{pmatrix}$$

$$=10^{3}\times\left(\begin{array}{ccc|ccc|ccc}12\mathrm{kN/m}&0&-24\mathrm{kN}&-12\mathrm{kN/m}&0&-24\mathrm{kN}&&&\\0&500\mathrm{kN/m}&0&0&-500\mathrm{kN/m}&0&&\boldsymbol{O}&\\-24\mathrm{kN}&0&64\mathrm{kN\cdot m}&24\mathrm{kN}&0&32\mathrm{kN\cdot m}&&&\\\hline-12\mathrm{kN/m}&0&24\mathrm{kN}&512\mathrm{kN/m}&0&24\mathrm{kN}&-500\mathrm{kN/m}&0&0\\0&-500\mathrm{kN/m}&0&0&512\mathrm{kN/m}&24\mathrm{kN}&0&-12\mathrm{kN/m}&24\mathrm{kN}\\-24\mathrm{kN}&0&32\mathrm{kN\cdot m}&24\mathrm{kN}&24\mathrm{kN}&128\mathrm{kN\cdot m}&0&-24\mathrm{kN}&32\mathrm{kN\cdot m}\\\hline&&&-500\mathrm{kN/m}&0&0&500\mathrm{kN/m}&0&0\\&\boldsymbol{O}&&0&-12\mathrm{kN/m}&-24\mathrm{kN}&0&12\mathrm{kN/m}&-24\mathrm{kN}\\&&&0&24\mathrm{kN}&32\mathrm{kN\cdot m}&0&-24\mathrm{kN}&64\mathrm{kN\cdot m}\end{array}\right)$$

9.5　非结点荷载的处理

结构所受到的荷载既有直接作用在结点上的结点荷载，也有作用在杆件上的非结点荷载。前面讨论的是只有结点荷载作用的情况。对于非结点荷载作用的情况，可以采用叠加法来处理。如图 9.10(a)所示刚架，首先，与位移法一样，加上附加链杆和刚臂阻止所有结点的线位移和角位移，如图 9.10(b)所示。此时各单元为两端固定杆件，单元杆端内力(即固端力)很容易由现成的公式计算得到，表 9.2 给出了等截面直杆单元在常见荷载和变温作用下的固端力计算公式。由结点平衡条件可知，附加链杆和刚臂上的

附加反力与反力矩等于汇交于该结点的各单元相应杆端的固端力的代数和。其次，为了与原结构的实际情况相符，应取消附加链杆和刚臂，故将上述附加反力和反力矩反号后作为结点荷载加于结点上，如图 9.10(c)所示。图 9.10(b)、(c)两种状态叠加就得到图 9.10(a)所示结构的实际状态。因为图 9.10(b)所示状态的结点位移为零，所以图 9.10(c)与图 9.10(a)两种状态的结点位移是相等的，也就是说，仅就结点位移而言，这两种状态下的荷载是等效的。故称图 9.10(c)中的结点荷载为图 9.10(a)中非结点荷载的等效结点荷载，用 $\boldsymbol{F}_{\mathrm{L}}^{\mathrm{E}}$ 表示。

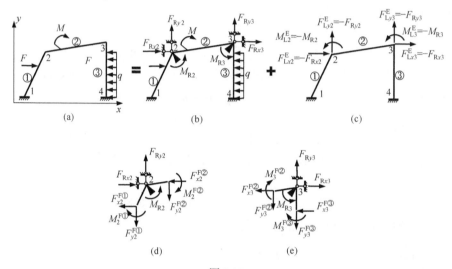

图 9.10

表 9.2　等截面直杆单元固端力

序号	荷载	固端力	始端 i	末端 j
1		$\bar{F}_x^{\mathrm{F}}$	$-\dfrac{F_1 b}{l}$	$-\dfrac{F_1 a}{l}$
		$\bar{F}_y^{\mathrm{F}}$	$-\dfrac{F_2 b^2 (l+2a)}{l^3}$	$-\dfrac{F_2 a^2 (l+2b)}{l^3}$
		$\bar{M}^{\mathrm{F}}$	$-\dfrac{F_2 ab^2}{l^2}$	$\dfrac{F_2 a^2 b}{l^2}$
2		$\bar{F}_x^{\mathrm{F}}$	$-\dfrac{q_1 a(l+b)}{2l}$	$-\dfrac{q_1 a^2}{2l}$
		$\bar{F}_y^{\mathrm{F}}$	$-\dfrac{q_2 a(2l^3 - 2la^2 + a^3)}{2l^3}$	$-\dfrac{q_2 a^3 (2l-a)}{2l^3}$
		$\bar{M}^{\mathrm{F}}$	$-\dfrac{q_2 a^2 (6l^2 - 8la + 3a^2)}{12l^2}$	$\dfrac{q_2 a^3 (4l - 3a)}{12l^2}$
3		$\bar{F}_x^{\mathrm{F}}$	0	0
		$\bar{F}_y^{\mathrm{F}}$	$\dfrac{6Mab}{l^3}$	$-\dfrac{6Mab}{l^3}$
		$\bar{M}^{\mathrm{F}}$	$\dfrac{Mb(3a-l)}{l^2}$	$\dfrac{Ma(3b-l)}{l^2}$

续表

序号	荷载	固端力	始端 i	末端 j
4	矩形截面高为 h	$\bar{F}_x^{\mathrm{F}}$	$\dfrac{EA\alpha(t_1+t_2)}{2}$	$-\dfrac{EA\alpha(t_1+t_2)}{2}$
		$\bar{F}_y^{\mathrm{F}}$	0	0
		$\bar{M}^{\mathrm{F}}$	$\dfrac{EI\alpha(t_2-t_1)}{h}$	$-\dfrac{EI\alpha(t_2-t_1)}{h}$

综合以上分析可知，对非结点荷载作用的情况，只要将非结点荷载转换为等效结点荷载便可按 9.4 节的方法建立结构的整体劲度方程。下面以图 9.10(a)所示刚架为例，给出等效结点荷载计算的有关公式。

由表 9.2 可求得单元局部坐标系中的杆端内力即固端力向量 $\bar{\boldsymbol{F}}^{Fe}$，上标"F"表示固端情况，利用坐标转换矩阵，可得到单元在整体坐标系中的固端力向量：

$$\boldsymbol{F}^{Fe}=\boldsymbol{T}^{\mathrm{T}}\bar{\boldsymbol{F}}^{Fe} \tag{9.30}$$

由结点的平衡条件，可求得图 9.10(b)中附加约束处的约束反力与反力矩。结点 2、3 的隔离体受力如图 9.10(d)、(e)所示，以 2 结点为例，建立其平衡方程可得

$$F_{Rx2}=F_{x2}^{F①}+F_{x2}^{F②}, \qquad F_{Ry2}=F_{y2}^{F①}+F_{y2}^{F②}, \qquad M_{R2}=M_2^{F①}+M_2^{F②}$$

可见，某一结点 i 处附加约束上的约束反力 $\boldsymbol{F}_{Ri}$ 为

$$\boldsymbol{F}_{Ri}=\sum\boldsymbol{F}_i^{Fe} \tag{9.31}$$

因此，结点 i 处等效结点荷载 $\boldsymbol{F}_{Li}^{\mathrm{E}}$ 为

$$\boldsymbol{F}_{Li}^{\mathrm{E}}=-\boldsymbol{F}_{Ri}=-\sum\boldsymbol{F}_i^{Fe} \tag{9.32}$$

若结构在结点 i 还有直接作用在结点上的荷载 $\boldsymbol{F}_{Li}^{\mathrm{D}}$，则结点 i 处总的结点荷载 $\boldsymbol{F}_{Li}$ 为

$$\boldsymbol{F}_{Li}=\boldsymbol{F}_{Li}^{\mathrm{D}}+\boldsymbol{F}_{Li}^{\mathrm{E}} \tag{9.33}$$

式中，$\boldsymbol{F}_{Li}$ 为结点 i 的综合结点荷载。将所有结点的综合结点荷载按次序排成一列阵即得到整个结构的综合结点荷载列阵：

$$\boldsymbol{F}_{\mathrm{L}}=\boldsymbol{F}_{\mathrm{L}}^{\mathrm{D}}+\boldsymbol{F}_{\mathrm{L}}^{\mathrm{E}} \tag{9.34}$$

式中，$\boldsymbol{F}_{\mathrm{L}}^{\mathrm{D}}$ 为直接结点荷载列阵；$\boldsymbol{F}_{\mathrm{L}}^{\mathrm{E}}$ 为等效结点荷载列阵。

【**例 9.3**】 试求图 9.11 所示平面刚架结点 2 处的综合结点荷载。

【**解**】 (1) 对结点、单元进行编号，选定整体坐标系、局部坐标系，如图 9.11 所示。

(2) 求局部坐标系中的单元固端力。利用表 9.2，可求得单元①、②的固端力为

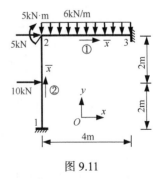

图 9.11

$$\overline{F}^{F①}=\left(\frac{\overline{F}_2^{F①}}{\overline{F}_3^{F①}}\right)=\begin{pmatrix} 0 \\ 12kN \\ 8kN \cdot m \\ \hline 0 \\ 12kN \\ -8kN \cdot m \end{pmatrix}, \qquad \overline{F}^{F②}=\left(\frac{\overline{F}_1^{F②}}{\overline{F}_2^{F②}}\right)=\begin{pmatrix} 0 \\ 5kN \\ 5kN \cdot m \\ \hline 0 \\ 5kN \\ -5kN \cdot m \end{pmatrix}$$

(3) 求整体坐标系中的单元固端力。单元①、②的转换矩阵分别为

$$T^①=\left(\begin{array}{ccc|ccc} 1 & 0 & 0 & & & \\ 0 & 1 & 0 & & \boldsymbol{O} & \\ 0 & 0 & 1 & & & \\ \hline & & & 1 & 0 & 0 \\ & \boldsymbol{O} & & 0 & 1 & 0 \\ & & & 0 & 0 & 1 \end{array}\right)=\boldsymbol{I}, \qquad T^②=\left(\begin{array}{ccc|ccc} 0 & 1 & 0 & & & \\ -1 & 0 & 0 & & \boldsymbol{O} & \\ 0 & 0 & 1 & & & \\ \hline & & & 0 & 1 & 0 \\ & \boldsymbol{O} & & -1 & 0 & 0 \\ & & & 0 & 0 & 1 \end{array}\right)$$

利用转换公式 $\boldsymbol{F}^{Fe}=\boldsymbol{T}^{T}\overline{\boldsymbol{F}}^{Fe}$，可得到单元在整体坐标系中的固端力为

$$\boldsymbol{F}^{F①}=\boldsymbol{T}^{①T}\overline{\boldsymbol{F}}^{F①}=\left(\frac{\boldsymbol{F}_2^{F①}}{\boldsymbol{F}_3^{F①}}\right)=\begin{pmatrix} 0 \\ 12kN \\ 8kN \cdot m \\ \hline 0 \\ 12kN \\ -8kN \cdot m \end{pmatrix}, \qquad \boldsymbol{F}^{F②}=\boldsymbol{T}^{②T}\overline{\boldsymbol{F}}^{F②}=\left(\frac{\boldsymbol{F}_1^{F②}}{\boldsymbol{F}_2^{F②}}\right)=\begin{pmatrix} -5kN \\ 0 \\ 5kN \cdot m \\ \hline -5kN \\ 0 \\ -5kN \cdot m \end{pmatrix}$$

(4) 计算等效结点荷载。由式(9.32)计算结点 2 的等效结点荷载为

$$\boldsymbol{F}_{L2}^E = -\boldsymbol{F}_2^{F①}-\boldsymbol{F}_2^{F②}=-\begin{pmatrix} 0 \\ 12kN \\ 8kN \cdot m \end{pmatrix}-\begin{pmatrix} -5kN \\ 0 \\ -5kN \cdot m \end{pmatrix}=\begin{pmatrix} 5kN \\ -12kN \\ -3kN \cdot m \end{pmatrix}$$

(5) 形成直接结点荷载。结点 2 的直接结点荷载为

$$\boldsymbol{F}_{L2}^D=\begin{pmatrix} 5kN \\ 0 \\ -5kN \cdot m \end{pmatrix}$$

(6) 计算综合结点荷载。结点 2 的综合结点荷载为

$$\boldsymbol{F}_{L2}=\boldsymbol{F}_{L2}^D+\boldsymbol{F}_{L2}^E=\begin{pmatrix} 5kN \\ 0 \\ -5kN \cdot m \end{pmatrix}+\begin{pmatrix} 5kN \\ -12kN \\ -3kN \cdot m \end{pmatrix}=\begin{pmatrix} 10kN \\ -12kN \\ -8kN \cdot m \end{pmatrix}$$

9.6　位移边界条件的引入

　　前面导出结构原始劲度方程时并没有考虑支座的位移约束条件，原始劲度矩阵是一个奇异矩阵。因此，还不能直接由式(9.28)求得各结点位移。从物理上讲，如果结构

所受到的所有结点外力均为已知，结构的变形虽已完全确定，但此时结构还可以发生刚体运动，结点位移仍为不定值。为了使结点位移具有确定的值，必须引入结构的支座位移条件，即位移边界条件。

引入位移边界条件的常用方法有直接代入法、划零置一法和放大主元素法等。

9.6.1　直接代入法

实际结构的结点位移可分为两类：一类结点位移是未知的，将由结构的变形决定，在这些位移方向上的结点外力即结点荷载是已知的；另一类结点位移是已知的支座位移(包括已知的零与非零位移)，在这些位移方向上的结点外力即支座反力是未知的。按照线性代数的理论，可以在式(9.28)所示的原始劲度方程中，将第一类结点位移和它们对应的结点外力移到结点位移向量和结点外力向量的前部，分别记为 Δ_a、F_{La}；将第二类位移和它们对应的支座反力移到结点位移向量和结点外力向量的后部，分别记为 Δ_b、F_{Lb}。与此同时，通过换行换列对原始劲度矩阵进行相应的调整，所得方程与原始劲度方程等价。将调整后的原始劲度矩阵按对应未知结点位移和已知结点位移子向量进行分块，则原始劲度方程式(9.28)可改为如下形式：

$$\left(\frac{F_{La}}{F_{Lb}}\right)=\left(\frac{K_{aa}\mid K_{ab}}{K_{ba}\mid K_{bb}}\right)\left(\frac{\Delta_a}{\Delta_b}\right) \tag{9.35}$$

按矩阵运算规则展开式(9.35)，得

$$F_{La}=K_{aa}\Delta_a+K_{ab}\Delta_b \tag{9.36}$$

$$F_{Lb}=K_{ba}\Delta_a+K_{bb}\Delta_b \tag{9.37}$$

记 $K=K_{aa}$，$\Delta=\Delta_a$，$F_L=F_{La}-K_{ab}\Delta_b$，则式(9.36)可写为

$$F_L=K\Delta \tag{9.38}$$

式(9.38)即引入位移边界条件之后的结构劲度方程，实际上就是位移法的典型方程。

对支座已知位移均为零的情况，直接代入法非常方便，只需将原始劲度矩阵中对应于支座已知位移的行和列删除，同时仅保留与未知位移相应的方程即可。例如，图 9.7(a)所示刚架中结点 1、4 为固定端约束，故支承条件为

$$\left(\frac{\Delta_1}{\Delta_4}\right)=\left(\frac{0}{0}\right)$$

在原始劲度方程式(9.27)中只保留与未知结点位移 Δ_2、Δ_3 相应的方程，同时删除原始劲度矩阵中与 Δ_1、Δ_4 相应的行和列，可得考虑支座位移条件后的结构劲度方程为

$$\left(\frac{F_2}{F_3}\right)=\left(\frac{k_{22}^{①}+k_{22}^{②}\mid k_{23}^{②}}{k_{32}^{②}\mid k_{33}^{②}+k_{33}^{③}}\right)\left(\frac{\Delta_2}{\Delta_3}\right)$$

9.6.2　划零置一法与放大主元素法

直接代入法处理位移边界条件，修改后的结构劲度矩阵的阶数虽然降低，但劲度

矩阵原来的行列编号也发生了改变，这给电算编程带来了不便。另外，在支座位移为已知的非零值时，还需对结点荷载向量进行修正，这涉及矩阵乘法的运算，也增加了计算工作量。常用的"划零置一法"和"放大主元素法"把对位移边界条件的处理归结为对原始劲度矩阵和结点外力向量中相关元素的修改，在引入位移边界条件的同时保持原始劲度矩阵的阶数和编号次序不变。

设结构的原始劲度方程用分量元素形式表示为

$$
\begin{pmatrix} F_{L1} \\ F_{L2} \\ \vdots \\ F_{Li} \\ \vdots \\ F_{Lj} \\ \vdots \\ F_{Ln} \end{pmatrix} = \begin{pmatrix} K_{11} & K_{12} & \cdots & K_{1i} & \cdots & K_{1j} & \cdots & K_{1n} \\ K_{21} & K_{22} & \cdots & K_{2i} & \cdots & K_{2j} & \cdots & K_{2n} \\ \vdots & \vdots & & \vdots & & \vdots & & \vdots \\ K_{i1} & K_{i2} & \cdots & K_{ii} & \cdots & K_{ij} & \cdots & K_{in} \\ \vdots & \vdots & & \vdots & & \vdots & & \vdots \\ K_{j1} & K_{j2} & \cdots & K_{ji} & \cdots & K_{jj} & \cdots & K_{jn} \\ \vdots & \vdots & & \vdots & & \vdots & & \vdots \\ K_{n1} & K_{n2} & \cdots & K_{ni} & \cdots & K_{nj} & \cdots & K_{nn} \end{pmatrix} \begin{pmatrix} \Delta_1 \\ \Delta_2 \\ \vdots \\ \Delta_i \\ \vdots \\ \Delta_j \\ \vdots \\ \Delta_n \end{pmatrix} \tag{9.39}
$$

若某一结点位移分量 Δ_j 为已知量 C_j（C_j 可以为零或非零），则将原始劲度矩阵中的主元素 K_{jj} 置换为 1，j 行和 j 列的其他元素均改为零，同时将外力向量中的分量 F_{Lj} 改为 C_j，其余分量 F_{Li} 改为 $F_{Li} - K_{ij}C_j$。修改后的方程组为

$$
\begin{pmatrix} F_{L1} - K_{1j}C_j \\ F_{L2} - K_{2j}C_j \\ \vdots \\ F_{Li} - K_{ij}C_j \\ \vdots \\ C_j \\ \vdots \\ F_{Ln} - K_{nj}C_j \end{pmatrix} = \begin{pmatrix} K_{11} & K_{12} & \cdots & K_{1i} & \cdots & 0 & \cdots & K_{1n} \\ K_{21} & K_{22} & \cdots & K_{2i} & \cdots & 0 & \cdots & K_{2n} \\ \vdots & \vdots & & \vdots & & \vdots & & \vdots \\ K_{i1} & K_{i2} & \cdots & K_{ii} & \cdots & 0 & \cdots & K_{in} \\ \vdots & \vdots & & \vdots & & \vdots & & \vdots \\ 0 & 0 & \cdots & 0 & \cdots & 1 & \cdots & 0 \\ \vdots & \vdots & & \vdots & & \vdots & & \vdots \\ K_{n1} & K_{n2} & \cdots & K_{ni} & \cdots & 0 & \cdots & K_{nn} \end{pmatrix} \begin{pmatrix} \Delta_1 \\ \Delta_2 \\ \vdots \\ \Delta_i \\ \vdots \\ \Delta_j \\ \vdots \\ \Delta_n \end{pmatrix} \tag{9.40}
$$

其中，第 j 个方程

$$
C_j = 0 \cdot \Delta_1 + 0 \cdot \Delta_2 + \cdots + 0 \cdot \Delta_i + \cdots + 1 \cdot \Delta_j + \cdots + 0 \cdot \Delta_n
$$

即给定的支承条件 $\Delta_j = C_j$，而其他方程并未发生改变，如第 i 个方程为

$$
F_{Li} - K_{ij}C_j = K_{i1}\Delta_1 + K_{i2}\Delta_2 + \cdots + K_{ii}\Delta_i + \cdots + 0 \cdot \Delta_j + \cdots + K_{in}\Delta_n
$$

与原方程相比，只是将 $K_{ij}\Delta_j$（$\Delta_j = C_j$）移项到等式的左边，这样处理的目的是保持修改后劲度矩阵的对称性。

上述方法称为"划零置一法"，它精确反映了位移边界条件，故得到的结果是精确解。与之相比，"放大主元素法"处理位移边界条件更加简便，但得到的是近似解。

设某一结点位移分量 Δ_j 为已知量 C_j，"放大主元素法"将原始劲度矩阵中的主元素 K_{jj} 置换为一个充分大的数 N(如 10^{30} 或更大，只要不使计算机运算时产生溢出即可)，同时将结点外力向量中对应的分量 F_{Lj} 置换为 NC_j。修改后的方程组为

$$\begin{pmatrix} F_{L1} \\ F_{L2} \\ \vdots \\ F_{Li} \\ \vdots \\ NC_j \\ \vdots \\ F_{Ln} \end{pmatrix} = \begin{pmatrix} K_{11} & K_{12} & \cdots & K_{1i} & \cdots & K_{1j} & \cdots & K_{1n} \\ K_{21} & K_{22} & \cdots & K_{2i} & \cdots & K_{2j} & \cdots & K_{2n} \\ \vdots & \vdots & & \vdots & & \vdots & & \vdots \\ K_{i1} & K_{i2} & \cdots & K_{ii} & \cdots & K_{ij} & \cdots & K_{in} \\ \vdots & \vdots & & \vdots & & \vdots & & \vdots \\ K_{j1} & K_{j2} & \cdots & K_{ji} & \cdots & N & \cdots & K_{jn} \\ \vdots & \vdots & & \vdots & & \vdots & & \vdots \\ K_{n1} & K_{n2} & \cdots & K_{ni} & \cdots & K_{nj} & \cdots & K_{nn} \end{pmatrix} \begin{pmatrix} \Delta_1 \\ \Delta_2 \\ \vdots \\ \Delta_i \\ \vdots \\ \Delta_j \\ \vdots \\ \Delta_n \end{pmatrix} \tag{9.41}$$

其中，第 j 个方程

$$NC_j = K_{j1}\Delta_1 + K_{j2}\Delta_2 + \cdots + K_{ji}\Delta_i + \cdots + N\Delta_j + \cdots + K_{jn}\Delta_n$$

当 N 为充分大的数时，等式中其他项相对于 NC_j、$N\Delta_j$ 充分小，可忽略不计，等式近似为 $NC_j = N\Delta_j$，即有 $\Delta_j = C_j$。这样就引入了边界支承条件，而其他方程保持不变。

引入位移边界条件消除了刚体位移后，结构的劲度矩阵成为非奇异矩阵，由修改后的结构劲度方程式(9.38)、式(9.40)、式(9.41)可解出未知的结点位移。整体坐标系中的结点位移一旦求出后，可由各单元的劲度方程求其杆端力。为了便于内力图的绘制和在设计中应用，一般希望得到局部坐标系中的单元杆端力，因为这些杆端力直接对应于杆端的轴力、剪力和弯矩。当从结构的结点位移向量中取出每一单元的结点位移向量 Δ^e 后，可采用以下两种方法得到局部坐标系中的单元杆端力。

一种方法是先利用整体坐标系中的单元劲度方程求得整体坐标系中各单元的杆端力，然后将其转换成局部坐标系中的单元杆端力，即

$$\overline{F}^e = TF^e = Tk^e\Delta^e \tag{9.42}$$

另一种方法是先将单元整体坐标系的结点位移转换成局部坐标系中的结点位移，然后利用局部坐标系中的劲度方程求得单元杆端力，即

$$\overline{F}^e = \overline{k}^e\overline{\Delta}^e = \overline{k}^e T^e \Delta^e \tag{9.43}$$

式(9.42)和式(9.43)计算的是与结点位移相应的单元杆端力，即综合结点荷载作用下产生的杆端力。当单元上有非结点荷载作用时，单元的最后杆端力还应在式(9.42)和式(9.43)计算结果的基础上叠加单元固端力，即

$$\overline{F}^e = \overline{F}^{Fe} + Tk^e\Delta^e \tag{9.44}$$

或

$$\overline{F}^e = \overline{F}^{Fe} + \overline{k}^e T\Delta^e \tag{9.45}$$

最后说明一下，在求出未知的结点位移后，还可利用式(9.37)计算支座反力，但对电算来说这样做并不方便，一般不采用。因为所有单元杆端内力求出后，针对支座结点应用静力平衡方程就可很方便地求得支座反力。

9.7　矩阵位移法计算步骤及示例

通过上面的讨论，可将矩阵位移法的计算步骤归纳如下：

(1) 对结点和单元进行编号，建立整体坐标系和局部坐标系；

(2) 计算整体坐标系中的单元劲度矩阵；

(3) 形成结构原始劲度矩阵；

(4) 计算结构的综合结点荷载列阵；

(5) 引入位移边界条件，修改结构原始劲度方程；

(6) 求解修改后的结构劲度方程，得结点位移；

(7) 根据结点位移计算单元的杆端力。

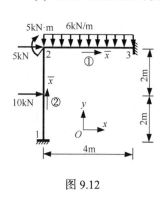

图 9.12

【例 9.4】　试用矩阵位移法分析图 9.12 所示刚架的内力。已知各杆材料及截面相同，具体数据见例 9.1。

【解】　(1) 将单元、结点编号，确定坐标系，如图 9.12 所示。

(2) 进行单元分析，求出单元在局部坐标系及整体坐标系中的单元劲度矩阵，见例 9.1。

(3) 将各单元劲度矩阵的子块对号入座，形成结构原始劲度矩阵，见例 9.2。

(4) 求结构的综合结点荷载。

例 9.3 中已求出结点 2 的综合结点荷载为

$$F_{L2}=\begin{pmatrix} 10\text{kN} \\ -12\text{kN} \\ -8\text{kN}\cdot\text{m} \end{pmatrix}$$

结构总的综合结点荷载列阵为

$$F_L=\begin{pmatrix} F_{Lx1} & F_{Ly1} & M_{L1} & | & 10\text{kN} & -12\text{kN} & -8\text{kN}\cdot\text{m} & | & F_{Lx3} & F_{Ly3} & M_{L3} \end{pmatrix}^T$$

其中，结点 1、3 的综合结点荷载包含未知的支座反力，而且在后面引入位移边界条件时将被删除或修改，故不必计算支座结点的综合结点荷载。

(5) 引入位移边界条件，修改结构原始劲度方程。

结构原始劲度方程为

$$
10^3 \times \begin{pmatrix} 12 & 0 & -24 & -12 & 0 & -24 & & & \\ 0 & 500 & 0 & 0 & -500 & 0 & & \boldsymbol{O} & \\ -24 & 0 & 64 & 24 & 0 & 32 & & & \\ -12 & 0 & 24 & 512 & 0 & 24 & -500 & 0 & 0 \\ 0 & -500 & 0 & 0 & 512 & 24 & 0 & -12 & 24 \\ -24 & 0 & 32 & 24 & 24 & 128 & 0 & -24 & 32 \\ & & & -500 & 0 & 0 & 500 & 0 & 0 \\ & \boldsymbol{O} & & 0 & -12 & -24 & 0 & 12 & -24 \\ & & & 0 & 24 & 32 & 0 & -24 & 64 \end{pmatrix} \begin{pmatrix} u_1 \\ v_1 \\ \varphi_1 \\ u_2 \\ v_2 \\ \varphi_2 \\ u_3 \\ v_3 \\ \varphi_3 \end{pmatrix} = \begin{pmatrix} F_{Lx1} \\ F_{Ly1} \\ M_{L1} \\ 10 \\ -12 \\ -8 \\ F_{Lx3} \\ F_{Ly3} \\ M_{L3} \end{pmatrix} \quad \text{(a)}
$$

结点 1、3 为固定端，位移边界条件为

$$
\boldsymbol{\Delta}_1 = \begin{pmatrix} u_1 \\ v_1 \\ \varphi_1 \end{pmatrix} = \begin{pmatrix} 0 \\ 0 \\ 0 \end{pmatrix}, \qquad \boldsymbol{\Delta}_3 = \begin{pmatrix} u_3 \\ v_3 \\ \varphi_3 \end{pmatrix} = \begin{pmatrix} 0 \\ 0 \\ 0 \end{pmatrix} \quad \text{(b)}
$$

采用直接代入法，在式(a)中只考虑与未知结点位移相应的第 4、5、6 个方程，同时将系数矩阵中与式(b)中位移相对应的行和列删除。修改后的方程为

$$
10^3 \times \begin{pmatrix} 512 & 0 & 24 \\ 0 & 512 & 24 \\ 24 & 24 & 128 \end{pmatrix} \begin{pmatrix} u_2 \\ v_2 \\ \varphi_2 \end{pmatrix} = \begin{pmatrix} 10 \\ -12 \\ -8 \end{pmatrix} \quad \text{(c)}
$$

(6) 计算未知结点位移。

求解修改后的劲度方程式(c)，得未知结点位移

$$
\begin{pmatrix} u_2 \\ v_2 \\ \varphi_2 \end{pmatrix} = 10^{-6} \times \begin{pmatrix} 22.48\text{m} \\ -20.48\text{m} \\ -62.87\text{rad} \end{pmatrix}
$$

(7) 计算单元杆端力。

局部坐标系中单元最后的杆端力按式(9.44)计算如下：

$$
\overline{\boldsymbol{F}}^{\textcircled{1}} = \overline{\boldsymbol{F}}^{F\textcircled{1}} + \boldsymbol{T}^{\textcircled{1}} \boldsymbol{k}^{\textcircled{1}} \boldsymbol{\Delta}^{\textcircled{1}}
$$

$$
= \begin{pmatrix} 0 \\ 12 \\ 8 \\ 0 \\ 12 \\ -8 \end{pmatrix} + \begin{pmatrix} 1 & 0 & 0 & & & \\ 0 & 1 & 0 & & \boldsymbol{O} & \\ 0 & 0 & 1 & & & \\ & & & 1 & 0 & 0 \\ & \boldsymbol{O} & & 0 & 1 & 0 \\ & & & 0 & 0 & 1 \end{pmatrix} \times 10^3 \times \begin{pmatrix} 500 & 0 & 0 & -500 & 0 & 0 \\ 0 & 12 & 24 & 0 & -12 & 24 \\ 0 & 24 & 64 & 0 & -24 & 32 \\ -500 & 0 & 0 & 500 & 0 & 0 \\ 0 & -12 & -24 & 0 & 12 & -24 \\ 0 & 24 & 32 & 0 & -24 & 64 \end{pmatrix} \times 10^{-6} \times \begin{pmatrix} 22.48 \\ -20.49 \\ -62.87 \\ 0 \\ 0 \\ 0 \end{pmatrix}
$$

$$
= \begin{pmatrix} 11.24\text{kN} \\ 10.25\text{kN} \\ 3.48\text{kN} \cdot \text{m} \\ \hline -11.24\text{kN} \\ 13.75\text{kN} \\ -10.50\text{kN} \cdot \text{m} \end{pmatrix}
$$

$$\bar{\boldsymbol{F}}^{②} = \bar{\boldsymbol{F}}^{\text{F}②} + \boldsymbol{T}^{②}\boldsymbol{k}^{②}\boldsymbol{\varDelta}^{②}$$

$$
= \begin{pmatrix} 0 \\ 5 \\ 5 \\ \hline 0 \\ 5 \\ -5 \end{pmatrix} + \begin{pmatrix} 0 & 1 & 0 & & & \\ -1 & 0 & 0 & & \boldsymbol{O} & \\ 0 & 0 & 1 & & & \\ \hline & & & 0 & 1 & 0 \\ & \boldsymbol{O} & & -1 & 0 & 0 \\ & & & 0 & 0 & 1 \end{pmatrix} \times 10^3 \times \begin{pmatrix} 12 & 0 & -24 & -12 & 0 & -24 \\ 0 & 500 & 0 & 0 & -500 & 0 \\ -24 & 0 & 64 & 24 & 0 & 32 \\ \hline -12 & 0 & 24 & 12 & 0 & 24 \\ 0 & -500 & 0 & 0 & 500 & 0 \\ -24 & 0 & 32 & 24 & 0 & 64 \end{pmatrix} \times 10^{-6} \times \begin{pmatrix} 0 \\ 0 \\ 0 \\ \hline 22.48 \\ -20.49 \\ -62.87 \end{pmatrix}
$$

$$
= \begin{pmatrix} 10.25\text{kN} \\ -3.76\text{kN} \\ 3.53\text{kN} \cdot \text{m} \\ \hline -10.25\text{kN} \\ -6.24\text{kN} \\ -8.48\text{kN} \cdot \text{m} \end{pmatrix}
$$

根据求出的各单元局部坐标系中的杆端力，并结合单元上的荷载情况，可作出刚架的内力图，如图 9.13 所示。

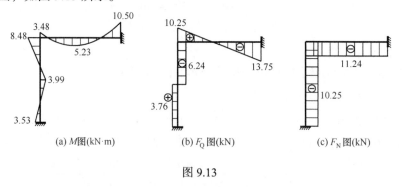

(a) M图(kN·m)　　　　　(b) F_Q 图(kN)　　　　　(c) F_N 图(kN)

图 9.13

9.8　先处理直接劲度法

前面介绍的矩阵位移法是在用直接劲度法形成原始劲度矩阵后，再考虑支座位移条件对其进行修改。这种方法称为后处理法。采用后处理法引入位移边界条件时，若采用直接代入法，需要对劲度矩阵的行和列的次序进行调整，给电算带来不便；若采用

"划零置一法"或"放大主元素法"，则在结构劲度方程中包括了支座位移方向的平衡方程，故劲度矩阵的阶数较高，需占用较多的计算机存储量，也影响线性方程组的求解速度，在结构的支座约束数量较多时就显得不够经济。另外，当结构中存在关联位移时，后处理法也不太方便，往往要增加专门的特殊单元。

先处理直接劲度法在形成结构劲度方程时，先考虑支座位移约束条件，只针对结构中的非零位移建立与之相应的平衡方程，这样得到的结构劲度方程的阶数常会大大降低。下面仍结合后处理法中的刚架(图 9.14)，介绍先处理直接劲度法形成结构劲度矩阵的具体方法。

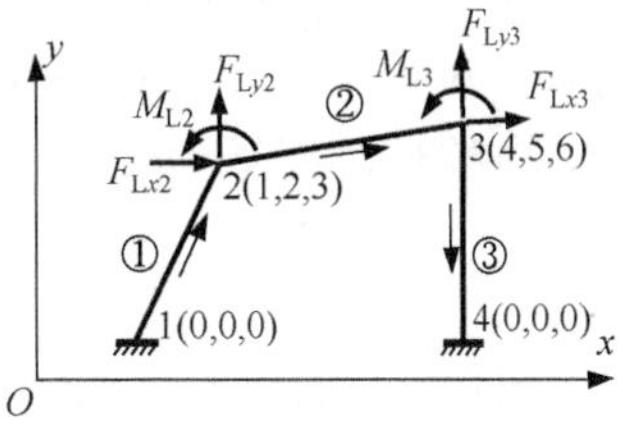

在对结构离散化之后，考虑支座约束条件，对结点位移进行如下编号：将非零位移分量依次按 1、2、3、… 进行编号，而零位移分量统一编号为 0，该编号称为结点位移整体编号。图 9.14 中给出了各结点位移分量的整体编号。结构中的非零位移又称为可动结点位移或自由度，它就是先处理直接劲度法中的未知量。这里，可动结点位移向量为

图 9.14

$$\boldsymbol{\Delta} = \begin{pmatrix} u_2 \\ v_2 \\ \varphi_2 \\ u_3 \\ v_3 \\ \varphi_3 \end{pmatrix} = \begin{pmatrix} \Delta_1 \\ \Delta_2 \\ \Delta_3 \\ \Delta_4 \\ \Delta_5 \\ \Delta_6 \end{pmatrix}$$

与之相应的可动结点外力向量为

$$\boldsymbol{F}_{\mathrm{L}} = \begin{pmatrix} F_{\mathrm{L}x2} \\ F_{\mathrm{L}y2} \\ M_{\mathrm{L}2} \\ F_{\mathrm{L}x3} \\ F_{\mathrm{L}y3} \\ M_{\mathrm{L}3} \end{pmatrix} = \begin{pmatrix} F_{\mathrm{L}1} \\ F_{\mathrm{L}2} \\ F_{\mathrm{L}3} \\ F_{\mathrm{L}4} \\ F_{\mathrm{L}5} \\ F_{\mathrm{L}6} \end{pmatrix}$$

先处理直接劲度法中的结构劲度方程反映的就是上述结点外力与结点位移之间的关系，有

$$\begin{pmatrix} K_{11} & K_{12} & K_{13} & K_{14} & K_{15} & K_{16} \\ K_{21} & K_{22} & K_{23} & K_{24} & K_{25} & K_{26} \\ K_{31} & K_{32} & K_{33} & K_{34} & K_{35} & K_{36} \\ K_{41} & K_{42} & K_{43} & K_{44} & K_{45} & K_{46} \\ K_{51} & K_{52} & K_{53} & K_{54} & K_{55} & K_{56} \\ K_{61} & K_{62} & K_{63} & K_{64} & K_{65} & K_{66} \end{pmatrix} \begin{pmatrix} \Delta_1 \\ \Delta_2 \\ \Delta_3 \\ \Delta_4 \\ \Delta_5 \\ \Delta_6 \end{pmatrix} = \begin{pmatrix} F_{\mathrm{L}1} \\ F_{\mathrm{L}2} \\ F_{\mathrm{L}3} \\ F_{\mathrm{L}4} \\ F_{\mathrm{L}5} \\ F_{\mathrm{L}6} \end{pmatrix}$$

简写为

$$K\Delta = F_{\mathrm{L}}$$

式中，K 为可动结点劲度矩阵。

对平面一般单元而言，两个杆端各有 3 个位移分量，故共有 6 个位移分量，也将其按次序编号，并令始端位移分量的编号为(1)、(2)、(3)，末端位移分量的编号为(4)、(5)、(6)，该编号称为单元局部编号。将单元始末两端位移分量所对应的结构整体编号按单元局部编号次序排列成一列向量，该向量称为单元的定位向量或自由度指示向量。例如，对于单元①，始端结点位移分量对应的整体编号为(0，0，0)，末端结点位移分量对应的整体编号为(1，2，3)，故其定位向量为

$$\lambda^{①} = (0 \quad 0 \quad 0 \quad 1 \quad 2 \quad 3)^{\mathrm{T}}$$

同理可得单元②、③的定位向量为

$$\lambda^{②} = (1 \quad 2 \quad 3 \quad 4 \quad 5 \quad 6)^{\mathrm{T}}, \qquad \lambda^{③} = (4 \quad 5 \quad 6 \quad 0 \quad 0 \quad 0)^{\mathrm{T}}$$

在形成结构可动结点劲度矩阵时，只需利用单元定位向量，采用"对号入座"的方法，将单元劲度矩阵中各元素按其下标局部编号所对应的整体编号，叠加到结构可动结点劲度矩阵中相应位置的元素上去即可。例如，单元①的劲度矩阵为

$$k^{①} = \begin{pmatrix} k_{(1)(1)}^{①} & k_{(1)(2)}^{①} & k_{(1)(3)}^{①} & k_{(1)(4)}^{①} & k_{(1)(5)}^{①} & k_{(1)(6)}^{①} \\ k_{(2)(1)}^{①} & k_{(2)(2)}^{①} & k_{(2)(3)}^{①} & k_{(2)(4)}^{①} & k_{(2)(5)}^{①} & k_{(2)(6)}^{①} \\ k_{(3)(1)}^{①} & k_{(3)(2)}^{①} & k_{(3)(3)}^{①} & k_{(3)(4)}^{①} & k_{(3)(5)}^{①} & k_{(3)(6)}^{①} \\ k_{(4)(1)}^{①} & k_{(4)(2)}^{①} & k_{(4)(3)}^{①} & k_{(4)(4)}^{①} & k_{(4)(5)}^{①} & k_{(4)(6)}^{①} \\ k_{(5)(1)}^{①} & k_{(5)(2)}^{①} & k_{(5)(3)}^{①} & k_{(5)(4)}^{①} & k_{(5)(5)}^{①} & k_{(5)(6)}^{①} \\ k_{(6)(1)}^{①} & k_{(6)(2)}^{①} & k_{(6)(3)}^{①} & k_{(6)(4)}^{①} & k_{(6)(5)}^{①} & k_{(6)(6)}^{①} \end{pmatrix}$$

共 $6 \times 6 = 36$ 个元素。其中元素 $k_{(4)(5)}^{①}$ 的下标为(4)、(5)，单元定位向量 $\lambda^{①}$ 中的第 4、5 个元素分别为整体编号 1、2，故 $k_{(4)(5)}^{①}$ 应叠加到结构可动结点劲度矩阵的元素 K_{12} 上。不难得出，图 9.14 中刚架的可动结点劲度矩阵为

$$K = \begin{pmatrix} k_{(4)(4)}^{①}+k_{(1)(1)}^{②} & k_{(4)(5)}^{①}+k_{(1)(2)}^{②} & k_{(4)(6)}^{①}+k_{(1)(3)}^{②} & k_{(1)(4)}^{②} & k_{(1)(5)}^{②} & k_{(1)(6)}^{②} \\ k_{(5)(4)}^{①}+k_{(2)(1)}^{②} & k_{(5)(5)}^{①}+k_{(2)(2)}^{②} & k_{(5)(6)}^{①}+k_{(2)(3)}^{②} & k_{(2)(4)}^{②} & k_{(2)(5)}^{②} & k_{(2)(6)}^{②} \\ k_{(6)(4)}^{①}+k_{(3)(1)}^{②} & k_{(6)(5)}^{①}+k_{(3)(2)}^{②} & k_{(6)(6)}^{①}+k_{(3)(3)}^{②} & k_{(3)(4)}^{②} & k_{(3)(5)}^{②} & k_{(3)(6)}^{②} \\ k_{(4)(1)}^{②} & k_{(4)(2)}^{②} & k_{(4)(3)}^{②} & k_{(4)(4)}^{②}+k_{(1)(1)}^{③} & k_{(4)(5)}^{②}+k_{(1)(2)}^{③} & k_{(4)(6)}^{②}+k_{(1)(3)}^{③} \\ k_{(5)(1)}^{②} & k_{(5)(2)}^{②} & k_{(5)(3)}^{②} & k_{(5)(4)}^{②}+k_{(2)(1)}^{③} & k_{(5)(5)}^{②}+k_{(2)(2)}^{③} & k_{(5)(6)}^{②}+k_{(2)(3)}^{③} \\ k_{(6)(1)}^{②} & k_{(6)(2)}^{②} & k_{(6)(3)}^{②} & k_{(6)(4)}^{②}+k_{(3)(1)}^{③} & k_{(6)(5)}^{②}+k_{(3)(2)}^{③} & k_{(6)(6)}^{②}+k_{(3)(3)}^{③} \end{pmatrix}$$

先处理法只计算可动结点位移，与后处理法相比，其未知量的数量少，占用的计算机存储量与计算量也少。而且，先处理直接劲度法中由单元劲度矩阵形成可动结点劲度矩阵时，是基于元素而不是子块进行"对号入座"的，这也给结构中存在相关联位移时的处理带来了方便。

例如，图 9.15(a)所示刚架，铰结点 2 处有两个转角未知量，故 2 结点的位移分量有 4 个，结构的结点位移分量整体编号如图 9.15(a)所示，其中第 3、4 个位移分量分别为铰结点 2 左、右两侧杆端的角位移 φ_2^L 和 φ_2^R。可见，这时各结点位移分量的数目不再相同，不便于程序统一处理。更常用的方法是通过设立"主从关系"来处理，也就是在铰结点处增设结点的数量，把每个铰结杆端都作为一个结点，而令它们的线位移相等，角位移各自独立。如图 9.15(b)所示，在铰结点处有分属于单元①和②的两个结点 2 与 3，它们各有三个位移分量 u_2、v_2、φ_2 和 u_3、v_3、φ_3，同时令

$$u_3 = u_2, \qquad v_3 = v_2$$

这里 u_2、v_2 称为"主位移"，u_3、v_3 则称为"从位移"。在进行可动结点位移整体编号时使从位移的编号等于对应主位移的编号，于是结点位移整体编号如图 9.15(b)所示，它们仍与图 9.15(a)相同。除铰结点外，主从关系还可以用来处理单元间和结点间的其他关联位移约束条件。例如，对图 9.16 所示刚架，若不计轴向变形，则各结点线位移不再全部独立。为此，可将 2、3 结点的竖向位移 v_2、v_3 分别设为 1、4 结点竖向位移 v_1、v_4 的从位移；将 3 结点的水平位移 u_3 设为 2 结点的水平位移 u_2 的从位移。这样，结构各结点位移的整体编号如图 9.16 所示。但当刚架中有斜杆时，关联结点位移之间的关系比较复杂，这样处理并不方便。忽略轴向变形更常用的一种简便方法是仍将每个结点位移分量独自编号，但将杆件的截面面积设为一个很大的数(如比实际面积大 $10^3 \sim 10^6$ 倍)，这样可以得到满意的结果。

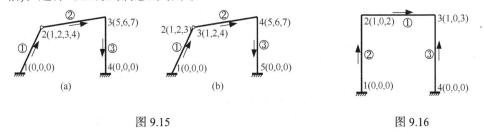

图 9.15　　　　　　　　　　　　　　　　　图 9.16

最后将先处理直接劲度法的计算步骤归纳如下：
(1) 对结点和单元进行编号，建立整体坐标系和局部坐标系；
(2) 对结点位移进行编号，建立可动结点位移向量，形成单元定位向量；
(3) 计算可动结点的综合结点荷载向量；
(4) 计算整体坐标系中单元劲度矩阵；
(5) 形成结构可动结点劲度矩阵；
(6) 求解结构可动结点劲度方程，得结点位移；
(7) 计算各单元杆端力。

【例 9.5】　试用先处理直接劲度法分析图 9.17 所示刚架的内力。已知各杆的材料

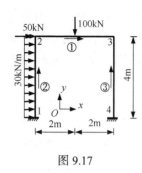

图 9.17

及截面相同，具体数据同例 9.1。

【解】 (1) 将单元、结点编号，确定坐标系，如图 9.17 所示。

(2) 建立可动结点位移向量及单元定位向量。

结点 1、4 为固定端，位移已知为零；结点 2、3 为可动结点，共有 6 个未知的结点位移分量。故可动结点位移向量为

$$\boldsymbol{\Delta} = \left(u_2 \ \ v_2 \ \ \varphi_2 \ \ u_3 \ \ v_3 \ \ \varphi_3\right)^{\mathrm{T}} = \left(\Delta_1 \ \ \Delta_2 \ \ \Delta_3 \ \ \Delta_4 \ \ \Delta_5 \ \ \Delta_6\right)^{\mathrm{T}}$$

三个单元的定位向量分别为

$$\boldsymbol{\lambda}^{\textcircled{1}} = (1 \ 2 \ 3 \ 4 \ 5 \ 6)^{\mathrm{T}}, \qquad \boldsymbol{\lambda}^{\textcircled{2}} = (0 \ 0 \ 0 \ 1 \ 2 \ 3)^{\mathrm{T}}, \qquad \boldsymbol{\lambda}^{\textcircled{3}} = (0 \ 0 \ 0 \ 4 \ 5 \ 6)^{\mathrm{T}}$$

(3) 求可动结点的综合结点荷载向量。

单元①、②受到非结点荷载作用，利用表 9.2 可求得两个单元局部坐标系中单元固端力为

$$\overline{\boldsymbol{F}}^{\mathrm{F}\textcircled{1}} = \left(\frac{\overline{\boldsymbol{F}}_2^{\mathrm{F}\textcircled{1}}}{\overline{\boldsymbol{F}}_3^{\mathrm{F}\textcircled{1}}}\right) = \begin{pmatrix} 0 \\ 50\mathrm{kN} \\ 50\mathrm{kN\cdot m} \\ \hline 0 \\ 50\mathrm{kN} \\ -50\mathrm{kN\cdot m} \end{pmatrix}, \qquad \overline{\boldsymbol{F}}^{\mathrm{F}\textcircled{2}} = \left(\frac{\overline{\boldsymbol{F}}_1^{\mathrm{F}\textcircled{2}}}{\overline{\boldsymbol{F}}_2^{\mathrm{F}\textcircled{2}}}\right) = \begin{pmatrix} 0 \\ 60\mathrm{kN} \\ 40\mathrm{kN\cdot m} \\ \hline 0 \\ 60\mathrm{kN} \\ -40\mathrm{kN\cdot m} \end{pmatrix}$$

单元①和单元②的转换矩阵分别为

$$\boldsymbol{T}^{\textcircled{1}} = \left(\begin{array}{ccc|ccc} 1 & 0 & 0 & & & \\ 0 & 1 & 0 & & \boldsymbol{O} & \\ 0 & 0 & 1 & & & \\ \hline & & & 1 & 0 & 0 \\ & \boldsymbol{O} & & 0 & 1 & 0 \\ & & & 0 & 0 & 1 \end{array}\right) = \boldsymbol{I}, \qquad \boldsymbol{T}^{\textcircled{2}} = \left(\begin{array}{ccc|ccc} 0 & 1 & 0 & & & \\ -1 & 0 & 0 & & \boldsymbol{O} & \\ 0 & 0 & 1 & & & \\ \hline & & & 0 & 1 & 0 \\ & \boldsymbol{O} & & -1 & 0 & 0 \\ & & & 0 & 0 & 1 \end{array}\right)$$

利用转换公式 $\boldsymbol{F}^{\mathrm{F}e} = \boldsymbol{T}^{\mathrm{T}}\overline{\boldsymbol{F}}^{\mathrm{F}e}$，可得到单元在整体坐标系中的固端力

$$\boldsymbol{F}^{\mathrm{F}\textcircled{1}} = \boldsymbol{T}^{\textcircled{1}\mathrm{T}}\overline{\boldsymbol{F}}^{\mathrm{F}\textcircled{1}} = \begin{pmatrix} 0 \\ 50\mathrm{kN} \\ 50\mathrm{kN\cdot m} \\ \hline 0 \\ 50\mathrm{kN} \\ -50\mathrm{kN\cdot m} \end{pmatrix}, \qquad \boldsymbol{F}^{\mathrm{F}\textcircled{2}} = \boldsymbol{T}^{\textcircled{2}\mathrm{T}}\overline{\boldsymbol{F}}^{\mathrm{F}\textcircled{2}} = \begin{pmatrix} -60\mathrm{kN} \\ 0 \\ 40\mathrm{kN\cdot m} \\ \hline -60\mathrm{kN} \\ 0 \\ -40\mathrm{kN\cdot m} \end{pmatrix}$$

结点 2、3 的等效结点荷载为

$$\boldsymbol{F}_{\mathrm{L2}}^{\mathrm{E}} = -\sum \boldsymbol{F}_2^{\mathrm{F}e} = -\boldsymbol{F}_2^{\mathrm{F}\textcircled{1}} - \boldsymbol{F}_2^{\mathrm{F}\textcircled{2}} = -\begin{pmatrix} 0 \\ 50\mathrm{kN} \\ 50\mathrm{kN\cdot m} \end{pmatrix} - \begin{pmatrix} -60\mathrm{kN} \\ 0 \\ -40\mathrm{kN\cdot m} \end{pmatrix} = \begin{pmatrix} 60\mathrm{kN} \\ -50\mathrm{kN} \\ -10\mathrm{kN\cdot m} \end{pmatrix}$$

$$F_{L3}^{E} = -\sum F_3^{Fe} = -F_3^{F①} = -\begin{pmatrix} 0 \\ 50kN \\ -50kN \cdot m \end{pmatrix} = \begin{pmatrix} 0 \\ -50kN \\ 50kN \cdot m \end{pmatrix}$$

根据已知的结点荷载情况，可写出结点 2、3 的直接结点荷载为

$$F_{L2}^{D} = \begin{pmatrix} 50kN \\ 0 \\ 0 \end{pmatrix}, \qquad F_{L3}^{D} = \begin{pmatrix} 0 \\ 0 \\ 0 \end{pmatrix}$$

故结点 2、3 的综合结点荷载为

$$F_2 = F_{L2}^{D} + F_{L2}^{E} = \begin{pmatrix} 50kN \\ 0 \\ 0 \end{pmatrix} + \begin{pmatrix} 60kN \\ -50kN \\ -10kN \cdot m \end{pmatrix} = \begin{pmatrix} 110kN \\ -50kN \\ -10kN \cdot m \end{pmatrix}$$

$$F_3 = F_{L3}^{D} + F_{L3}^{E} = \begin{pmatrix} 0 \\ 0 \\ 0 \end{pmatrix} + \begin{pmatrix} 0 \\ -50kN \\ 50kN \cdot m \end{pmatrix} = \begin{pmatrix} 0 \\ -50kN \\ 50kN \cdot m \end{pmatrix}$$

可动结点的综合结点荷载向量为

$$F_L = (110kN \quad -50kN \quad -10kN \cdot m \quad 0 \quad -50kN \quad 50kN \cdot m)^T$$

(4) 进行单元分析，求整体坐标系中的单元劲度矩阵。

单元①的劲度矩阵与例 9.1 中单元①的相同；单元②、③的劲度矩阵与例 9.1 中单元②的相同，即

$$k^{①} = 10^3 \times \begin{pmatrix} 500kN/m & 0 & 0 & -500kN/m & 0 & 0 \\ 0 & 12kN/m & 24kN & 0 & -12kN/m & 24kN \\ 0 & 24kN & 64kN \cdot m & 0 & -24kN & 32kN \cdot m \\ -500kN/m & 0 & 0 & 500kN/m & 0 & 0 \\ 0 & -12kN/m & -24kN & 0 & 12kN/m & -24kN \\ 0 & 24kN & 32kN \cdot m & 0 & -24kN & 64kN \cdot m \end{pmatrix}$$

$$k^{②} = k^{③} = 10^3 \times \begin{pmatrix} 12kN/m & 0 & -24kN & -12kN/m & 0 & -24kN \\ 0 & 500kN/m & 0 & 0 & -500kN/m & 0 \\ -24kN & 0 & 64kN \cdot m & 24kN & 0 & 32kN \cdot m \\ -12kN/m & 0 & 24kN & 12kN/m & 0 & 24kN \\ 0 & -500kN/m & 0 & 0 & 500kN/m & 0 \\ -24kN & 0 & 32kN \cdot m & 24kN & 0 & 64kN \cdot m \end{pmatrix}$$

(5) 形成可动结点劲度矩阵。

利用单元定位向量，按"对号入座"的原则形成可动结点劲度矩阵，有

$$\boldsymbol{K} = \begin{pmatrix} k_{(1)(1)}^{①}+k_{(4)(4)}^{②} & k_{(1)(2)}^{①}+k_{(4)(5)}^{②} & k_{(1)(3)}^{①}+k_{(4)(6)}^{②} & k_{(1)(4)}^{①} & k_{(1)(5)}^{①} & k_{(1)(6)}^{①} \\ k_{(2)(1)}^{①}+k_{(5)(4)}^{②} & k_{(2)(2)}^{①}+k_{(5)(5)}^{②} & k_{(2)(3)}^{①}+k_{(5)(6)}^{②} & k_{(2)(4)}^{①} & k_{(2)(5)}^{①} & k_{(2)(6)}^{①} \\ k_{(3)(1)}^{①}+k_{(6)(4)}^{②} & k_{(3)(2)}^{①}+k_{(6)(5)}^{②} & k_{(3)(3)}^{①}+k_{(6)(6)}^{②} & k_{(3)(4)}^{①} & k_{(3)(5)}^{①} & k_{(3)(6)}^{①} \\ k_{(4)(1)}^{①} & k_{(4)(2)}^{①} & k_{(4)(3)}^{①} & k_{(4)(4)}^{①}+k_{(4)(4)}^{③} & k_{(4)(5)}^{①}+k_{(4)(5)}^{③} & k_{(4)(6)}^{①}+k_{(4)(6)}^{③} \\ k_{(5)(1)}^{①} & k_{(5)(2)}^{①} & k_{(5)(3)}^{①} & k_{(5)(4)}^{①}+k_{(5)(4)}^{③} & k_{(5)(5)}^{①}+k_{(5)(5)}^{③} & k_{(5)(6)}^{①}+k_{(5)(6)}^{③} \\ k_{(6)(1)}^{①} & k_{(6)(2)}^{①} & k_{(6)(3)}^{①} & k_{(6)(4)}^{①}+k_{(6)(4)}^{③} & k_{(6)(5)}^{①}+k_{(6)(5)}^{③} & k_{(6)(6)}^{①}+k_{(6)(6)}^{③} \end{pmatrix}$$

$$= 10^3 \times \begin{pmatrix} 512\text{kN/m} & 0 & 24\text{kN} & -500\text{kN/m} & 0 & 0 \\ 0 & 512\text{kN/m} & 24\text{kN} & 0 & -12\text{kN/m} & 24\text{kN} \\ 24\text{kN} & 24\text{kN} & 128\text{kN}\cdot\text{m} & 0 & -24\text{kN} & 32\text{kN}\cdot\text{m} \\ -500\text{kN/m} & 0 & 0 & 512\text{kN/m} & 0 & 24\text{kN} \\ 0 & -12\text{kN/m} & -24\text{kN} & 0 & 512\text{kN/m} & -24\text{kN} \\ 0 & 24\text{kN} & 32\text{kN}\cdot\text{m} & 24\text{kN} & -24\text{kN} & 128\text{kN}\cdot\text{m} \end{pmatrix}$$

(6) 求未知结点位移。

可动结点劲度方程为

$$10^3 \times \begin{pmatrix} 512 & 0 & 24 & -500 & 0 & 0 \\ 0 & 512 & 24 & 0 & -12 & 24 \\ 24 & 24 & 128 & 0 & -24 & 32 \\ -500 & 0 & 0 & 512 & 0 & 24 \\ 0 & -12 & -24 & 0 & 512 & -24 \\ 0 & 24 & 32 & 24 & -24 & 128 \end{pmatrix} \begin{pmatrix} \varDelta_1 \\ \varDelta_2 \\ \varDelta_3 \\ \varDelta_4 \\ \varDelta_5 \\ \varDelta_6 \end{pmatrix} = \begin{pmatrix} 110 \\ -50 \\ -10 \\ 0 \\ -50 \\ 50 \end{pmatrix}$$

解得

$$\begin{pmatrix} \varDelta_1 \\ \varDelta_2 \\ \varDelta_3 \\ \varDelta_4 \\ \varDelta_5 \\ \varDelta_6 \end{pmatrix} = 10^{-6} \times \begin{pmatrix} 6318\text{m} \\ -23.38\text{m} \\ -1164\text{rad} \\ 6194\text{m} \\ -176.6\text{m} \\ -508.4\text{rad} \end{pmatrix}$$

(7) 计算单元杆端力。

利用式(9.44)可以求得各单元在局部坐标系中最后的杆端力。对单元①，有

$$\bar{F}^{①}=\bar{F}^{F①}+T^{①}k^{①}\Delta^{①}$$

$$=\begin{pmatrix} 0 \\ 50 \\ 50 \\ \hline 0 \\ 50 \\ -50 \end{pmatrix}+\begin{pmatrix} 1 & 0 & 0 & & \\ 0 & 1 & 0 & & \boldsymbol{O} \\ 0 & 0 & 1 & & \\ \hline & & & 1 & 0 & 0 \\ & \boldsymbol{O} & & 0 & 1 & 0 \\ & & & 0 & 0 & 1 \end{pmatrix}\times10^{3}\times\begin{pmatrix} 500 & 0 & 0 & -500 & 0 & 0 \\ 0 & 12 & 24 & 0 & -12 & 24 \\ 0 & 24 & 64 & 0 & -24 & 32 \\ \hline -500 & 0 & 0 & 500 & 0 & 0 \\ 0 & -12 & -24 & 0 & 12 & -24 \\ 0 & 24 & 32 & 0 & -24 & 64 \end{pmatrix}\times10^{-6}\times\begin{pmatrix} 6318 \\ -23.38 \\ -1164 \\ 6194 \\ -176.6 \\ -508.4 \end{pmatrix}$$

$$=\begin{pmatrix} 62.0\text{kN} \\ 11.7\text{kN} \\ -37.1\text{kN}\cdot\text{m} \\ \hline -62.0\text{kN} \\ 88.3\text{kN} \\ -116.1\text{kN}\cdot\text{m} \end{pmatrix}$$

同理，单元②、③的杆端力分别为

$$\bar{F}^{②}=\begin{pmatrix} 11.7\text{kN} \\ 107.9\text{kN} \\ 154.4\text{kN}\cdot\text{m} \\ \hline -11.7\text{kN} \\ 12.1\text{kN} \\ 37.1\text{kN}\cdot\text{m} \end{pmatrix},\qquad \bar{F}^{③}=\begin{pmatrix} 88.3\text{kN} \\ 62.1\text{kN} \\ 132.4\text{kN}\cdot\text{m} \\ \hline -88.3\text{kN} \\ -62.1\text{kN} \\ 116.1\text{kN}\cdot\text{m} \end{pmatrix}$$

最后，可作出刚架的内力图，如图 9.18 所示。

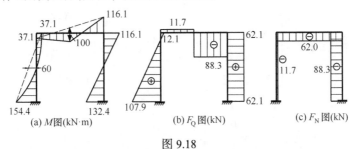

图 9.18

【例 9.6】　试用矩阵位移法分析图 9.19(a)所示桁架的内力。

【解】　本例采用桁架单元分析，每个结点只考虑两个线位移未知量。

(1) 将单元、结点位移统一编号，确定坐标系，如图 9.19(a)所示。

(2) 建立可动结点位移向量。

$$\Delta=\begin{pmatrix} u_2 \\ v_2 \\ u_3 \\ v_3 \end{pmatrix}=\begin{pmatrix} \Delta_1 \\ \Delta_2 \\ \Delta_3 \\ \Delta_4 \end{pmatrix}$$

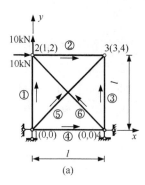
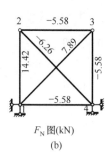

图 9.19

(3) 求可动结点的综合结点荷载向量。

$$F_L=F_L^D=\begin{pmatrix}10\text{kN}\\10\text{kN}\\0\\0\end{pmatrix}$$

(4) 进行单元分析，求整体坐标系中的单元劲度矩阵。

局部坐标系中各单元的劲度矩阵为

$$\bar{k}^①=\bar{k}^②=\bar{k}^③=\bar{k}^④=\frac{EA}{l}\begin{pmatrix}1&0&-1&0\\0&0&0&0\\-1&0&1&0\\0&0&0&0\end{pmatrix},\qquad \bar{k}^⑤=\bar{k}^⑥=\frac{EA}{\sqrt{2}l}\begin{pmatrix}1&0&-1&0\\0&0&0&0\\-1&0&1&0\\0&0&0&0\end{pmatrix}$$

各单元的转换矩阵分别为

$$T^①=T^③=\begin{pmatrix}0&1&0&0\\-1&0&0&0\\0&0&0&1\\0&0&-1&0\end{pmatrix},\qquad T^②=T^④=\begin{pmatrix}1&0&0&0\\0&1&0&0\\0&0&1&0\\0&0&0&1\end{pmatrix}=I$$

$$T^⑤=\frac{1}{\sqrt{2}}\begin{pmatrix}1&1&0&0\\-1&1&0&0\\0&0&1&1\\0&0&-1&1\end{pmatrix},\qquad T^⑥=\frac{1}{\sqrt{2}}\begin{pmatrix}-1&1&0&0\\-1&-1&0&0\\0&0&-1&1\\0&0&-1&-1\end{pmatrix}$$

由 $k^e=T^T\bar{k}^eT$，可得整体坐标系中单元劲度矩阵为

$$k^①=k^③=\frac{EA}{l}\begin{pmatrix}0&0&0&0\\0&1&0&-1\\0&0&0&0\\0&-1&0&1\end{pmatrix},\qquad k^②=k^④=\frac{EA}{l}\begin{pmatrix}1&0&-1&0\\0&0&0&0\\-1&0&1&0\\0&0&0&0\end{pmatrix}$$

$$k^{⑤} = \frac{EA}{2\sqrt{2}l} \begin{pmatrix} 1 & 1 & -1 & -1 \\ 1 & 1 & -1 & -1 \\ -1 & -1 & 1 & 1 \\ -1 & -1 & 1 & 1 \end{pmatrix}, \qquad k^{⑥} = \frac{EA}{2\sqrt{2}l} \begin{pmatrix} 1 & -1 & -1 & 1 \\ -1 & 1 & 1 & -1 \\ -1 & 1 & 1 & -1 \\ 1 & -1 & -1 & 1 \end{pmatrix}$$

(5) 形成结构可动结点劲度矩阵。

各单元定位向量分别为

$$\lambda^{①} = \begin{pmatrix} 0 & 0 & 1 & 2 \end{pmatrix}^{T}, \qquad \lambda^{②} = \begin{pmatrix} 1 & 2 & 3 & 4 \end{pmatrix}^{T}, \qquad \lambda^{③} = \begin{pmatrix} 0 & 0 & 3 & 4 \end{pmatrix}^{T}$$

$$\lambda^{④} = \begin{pmatrix} 0 & 0 & 0 & 0 \end{pmatrix}^{T}, \qquad \lambda^{⑤} = \begin{pmatrix} 0 & 0 & 3 & 4 \end{pmatrix}^{T}, \qquad \lambda^{⑥} = \begin{pmatrix} 0 & 0 & 1 & 2 \end{pmatrix}^{T}$$

利用单元定位向量集成结构可动结点劲度矩阵，有

$$K = \frac{EA}{l} \begin{pmatrix} 1.35 & -0.35 & -1 & 0 \\ -0.35 & 1.35 & 0 & 0 \\ -1 & 0 & 1.35 & 0.35 \\ 0 & 0 & 0.35 & 1.35 \end{pmatrix}$$

(6) 求未知结点位移。

结构可动结点劲度方程为

$$\frac{EA}{l} \begin{pmatrix} 1.35 & -0.35 & -1 & 0 \\ -0.35 & 1.35 & 0 & 0 \\ -1 & 0 & 1.35 & 0.35 \\ 0 & 0 & 0.35 & 1.35 \end{pmatrix} \begin{pmatrix} \Delta_1 \\ \Delta_2 \\ \Delta_3 \\ \Delta_4 \end{pmatrix} = \begin{pmatrix} 10 \\ 10 \\ 0 \\ 0 \end{pmatrix}$$

解得

$$\begin{pmatrix} \Delta_1 \\ \Delta_2 \\ \Delta_3 \\ \Delta_4 \end{pmatrix} = \frac{l}{EA} \begin{pmatrix} 26.94 \\ 14.42 \\ 21.36 \\ -5.58 \end{pmatrix}$$

(7) 计算各单元局部坐标系中的杆端力。

$$\overline{F}^{①} = T^{①} k^{①} \Delta^{①} = \begin{pmatrix} 0 & 1 & 0 & 0 \\ -1 & 0 & 0 & 0 \\ 0 & 0 & 0 & 1 \\ 0 & 0 & -1 & 0 \end{pmatrix} \times \frac{EA}{l} \begin{pmatrix} 0 & 0 & 0 & 0 \\ 0 & 1 & 0 & -1 \\ 0 & 0 & 0 & 0 \\ 0 & -1 & 0 & 1 \end{pmatrix} \times \frac{l}{EA} \begin{pmatrix} 0 \\ 0 \\ 26.94 \\ 14.42 \end{pmatrix} = \begin{pmatrix} -14.42\text{kN} \\ 0 \\ 14.42\text{kN} \\ 0 \end{pmatrix}$$

其他单元类似计算可得

$$\overline{F}^{②} = \begin{pmatrix} 5.58\text{kN} \\ 0 \\ -5.58\text{kN} \\ 0 \end{pmatrix}, \qquad \overline{F}^{③} = \begin{pmatrix} 5.58\text{kN} \\ 0 \\ -5.58\text{kN} \\ 0 \end{pmatrix}, \qquad \overline{F}^{④} = \begin{pmatrix} 0 \\ 0 \\ 0 \\ 0 \end{pmatrix}$$

$$\overline{F}^{⑤} = \begin{pmatrix} -7.89\text{kN} \\ 0 \\ \hline 7.89\text{kN} \\ 0 \end{pmatrix}, \qquad \overline{F}^{⑥} = \begin{pmatrix} 6.26\text{kN} \\ 0 \\ \hline -6.26\text{kN} \\ 0 \end{pmatrix}$$

桁架的轴力图如图 9.19(b)所示。

 思考题

9.1 矩阵位移法的基本思路是什么?

9.2 试述矩阵位移法与传统位移法的异同。

9.3 矩阵位移法中杆端力、杆端位移和结点力、结点位移的正负号是如何规定的?

9.4 矩阵位移法中为什么要建立两种坐标系?

9.5 什么叫单元劲度矩阵? 其每一元素的物理意义是什么?

9.6 什么是结构的原始劲度方程? 它是如何形成的? 有何特点? 其每一元素的物理意义是什么?

9.7 矩阵位移法计算中引入支承条件的目的是什么? 如何引入?

9.8 什么叫等效结点荷载? 如何求得? "等效"是指什么效果相等?

习题

9.1 试写出始端为铰结、末端为固结的平面等截面直杆单元的单元劲度矩阵。

9.2 试对图示刚架的结点和单元进行编号,并以子块的形式写出结构的原始劲度矩阵。

9.3 试以子块形式写出图示刚架原始劲度矩阵中的子块 $\boldsymbol{K}_{22}$、$\boldsymbol{K}_{33}$、$\boldsymbol{K}_{13}$。

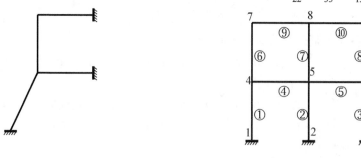

题 9.2 图   题 9.3 图

9.4 计算图示结构结点 3 的等效结点荷载列阵 $\boldsymbol{F}_3^{\text{E}}$。

9.5 试用矩阵位移法计算图示刚架并作内力图。各杆的材料及截面均相同,
$A = 1 \times 10^{-2}\text{m}^2$, $I = 32 \times 10^{-5}\text{m}^4$, $E = 200\text{GPa}$。

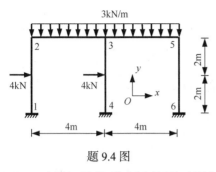

题 9.4 图

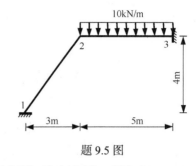

题 9.5 图

9.6　试用矩阵位移法计算图示刚架，并绘制刚架的内力图，设各杆 E、A、I 均为常数，$A = 1000 I/l^2$。

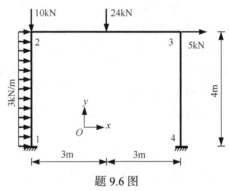

题 9.6 图

9.7　试用矩阵位移法计算图示连续梁的内力。已知各杆 EI=常数。

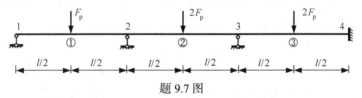

题 9.7 图

9.8　试分别用后处理法和先处理法分析图示桁架。已知各杆 EA=常数。

9.9　试忽略轴向变形影响用矩阵位移法计算图示刚架，并绘制内力图。

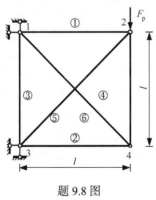

题 9.8 图

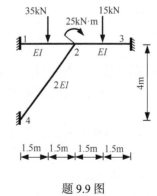

题 9.9 图

第10章　结构的动力计算

10.1　概　　述

前面讨论的都是结构在静力荷载作用下的内力、位移计算问题。静力荷载的大小、方向和位置不随时间而变化，或者虽随时间变化，但变化速度很缓慢，不至于使结构产生显著加速度，因而可以忽略惯性力的影响，由其引起的结构内力、位移等各种量值均不随时间变化。若结构所受荷载随时间迅速变化，使结构产生显著加速度，必须考虑惯性力的影响，则称该荷载为动力荷载。在动力荷载下结构将发生振动，引起的各种量值均随时间而变化。本章将讨论结构在动力荷载作用下的振动问题，即结构的动力分析。结构动力分析与静力分析的主要区别在于是否考虑惯性力的影响。

工程结构中，动力荷载按其随时间变化的规律，主要可分为以下几类。

1) 周期荷载

周期荷载是指随时间按一定规律周期性变化的动力荷载。按正弦函数或余弦函数变化的周期性动力荷载称为简谐荷载，如图10.1(a)所示。简谐荷载在工程中十分常见，如有旋转构件的机器在匀速运转时其偏心质量产生的离心力对结构的作用。其他的周期性荷载称为非简谐周期荷载或一般周期荷载[图10.1(b)]。一般周期性荷载可以按傅里叶级数展开为几项简谐荷载之和。

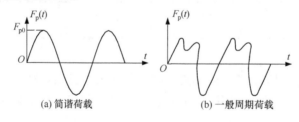

(a) 简谐荷载　　　　　　　(b) 一般周期荷载

图 10.1

2) 冲击荷载

冲击荷载是指在很短的时间内骤然增减的荷载，如图 10.2 所示。落锤、打桩机工作时所产生的冲击作用及爆炸对建筑物的冲击作用等都属于冲击荷载。

3) 突加荷载

突加荷载是指外部作用以某定值突然施加于结构，并在相当长的一段时间内(与结构基本周期相比)基本保持不变，如吊车制动力对厂房的水平荷载，如图 10.3 所示。突加荷载也包括突然卸载。

4) 随机荷载

凡是无法表达为时间的确定性函数的荷载称为随机荷载。例如，脉动风压的作用

[图 10.4(a)]、地震对建筑物的作用[图 10.4(b)]。

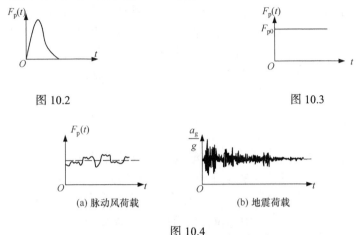

图 10.2　　　　　　　　　　　　　　图 10.3

(a) 脉动风荷载　　　　(b) 地震荷载

图 10.4

以上第 1)、2)与 3)类动力荷载均可以表达为时间的确定性函数，称为确定性荷载，而第 4)类动力荷载的变化极不规则，其在任一时刻的数值无法预测，一般只能用概率的方法寻求其统计规律。

如果结构受到外部因素干扰而发生振动，而在以后的振动过程中不再受外部干扰力作用，这种振动就称为自由振动；若在振动过程中还不断受到外部干扰力作用，则称为受迫振动。

结构因动力作用而产生的动位移、动内力与结构振动的速度和加速度等统称为动力响应。结构动力学的基本任务就在于剖析结构动力响应的规律，提出动力响应的分析方法，为结构设计提供可靠的依据。因此，研究受迫振动就成为动力计算的一项根本任务。

结构的动力响应除与外部作用有关外，还与结构本身的动力特性密切相关。结构的动力特性包括自振频率、振型和阻尼。自振频率是指结构受到某种初位移或初速度作用后发生自由振动时的角频率；振型是指结构按某个自振频率做无阻尼自由振动时的位移形态；而阻尼是指结构振动过程中的能量耗散。了解自由振动的规律是结构动力响应分析的基础，也是研究受迫振动的前提。本章将首先讨论结构的自由振动，然后讨论结构的受迫振动。

10.2　结构体系振动的自由度

结构动力分析需要考虑惯性力的作用，而惯性力与运动体系中质量的大小、分布和运动情况相关，因此，体系质量的大小、分布及其运动情况是决定结构动力特性的关键因素。在动力学中，确定体系运动过程中任一时刻全部质量位置所需的独立几何参数数目，称为体系的动力自由度，简称为自由度。根据动力自由度的数目，结构可分为单自由度体系、多自由度体系和无限自由度体系。

实际结构的质量都是连续分布的，因此均是无限自由度体系。若将所有动力计算问题都按无限自由度考虑，则计算会十分复杂，有时甚至是不可能的，对于实际工程问题往往也是没有必要的。在确定动力计算简图时，常略去次要因素，通过一定的方法将实际结构简化为有限自由度体系。常用的简化方法有集中质量法、广义坐标法及有限单元法。在确定体系的动力自由度时，一般忽略受弯杆件的轴向变形及集中质量转动惯量的影响。

10.2.1　集中质量法

集中质量法是将体系连续分布的质量按一定规则集中到结构的某个或某些位置上，视为若干个质点，而其余位置上不再存在质量的近似处理方法。例如，在分析图10.5(a)所示具有分布质量梁的振动时，根据计算精度的要求，可以采用图 10.5(b)~(d)所示的计算简图，图中每一个集中质量的位置(不含支座处)只需一个竖向位移参数便可确定。又如，对图 10.6(a)所示的多层房屋框架结构，由于楼面的刚度和质量较大，在作动力分析时常假设横梁是无限刚性的，并可将柱子的质量分别集中到柱两端的横梁上，采用如图 10.6(b)所示的计算简图。

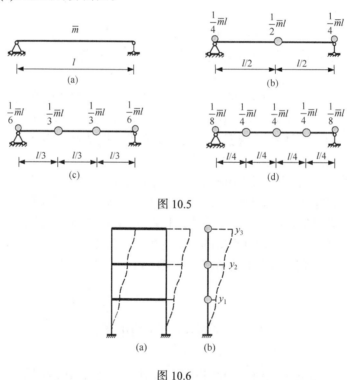

图 10.5

图 10.6

对于简单的体系，动力自由度的数目可以用观察法确定。如图 10.7(a)~(c)所示平面体系，不难通过观察确定，其动力自由度数分别为 2 个、1 个、3 个，若为空间问题则动力自由度数分别为 3 个、3 个、5 个。对于较为复杂的体系，可以采用在集中质量处附加刚性约束限制其运动的方法来确定动力自由度数。此时，约束所有质量的运动所需增加的最少约束数即体系振动的自由度数。如图 10.8(a)所示平面体系，要限制 3 个质点运动，需增加 4 个支座链杆[图 10.8(b)]，故体系有 4 个动力自由度。如图 10.9(a)所示平面体系，只要增加 2 个支座链杆[图 10.9(b)]，3 个质点运动即全部受到限制，故体系有 2 个动力自由度。

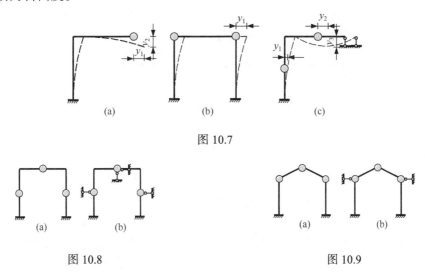

图 10.7

图 10.8　　　　　　　　　　　　　　图 10.9

确定体系动力自由度时，应当注意以下几点：

(1) 体系动力自由度数不一定等于质点数。

如图 10.8(a)与图 10.9(a)所示体系质点数均为 3，但动力自由度数分别为 4 个与 2 个。

(2) 体系动力自由度与其超静定次数无关。

如图 10.10(a)～(c)所示单跨梁，其超静定次数分别为 0 次、1 次、3 次，但动力自由度数均为 1 个。

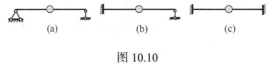

图 10.10

(3) 采用集中质量法时，体系质量集中的程度影响结构动力计算的精度。

如图 10.5(a)所示具有分布质量的梁振动时，采用图 10.5(b)～(d)所示的计算简图得到的动力计算精度不同，后者精度相对高，但计算相对复杂。

10.2.2　广义坐标法

集中质量法对处理实际质量大部分集中在几个离散点上的体系是非常有效的。但若体系质量的分布相当均匀，这时为了减少动力自由度数目可采用广义坐标法。广义坐标法是通过对体系运动的位移形态从数学的角度施加一定内在约束，从而使体系的振动由无限自由度转化为有限自由度。这种约束位移形态的数学表达式称为位移函数，位移函数中所包含的独立参数称为广义坐标。

如图 10.11(a)所示的分布质量简支梁，可假定其竖向振动的位移形态为正弦曲线，考虑满足支承边界条件，取位移函数 $y = a\sin\dfrac{\pi x}{l}$，此时仅 a 一个参数便可以完全确定梁上所有质量的位置，体系的振动转化为单自由度的振动，系数 a 就称为广义坐标。又如，图 10.11(b) 所示分布质量的悬臂梁，考虑满足支承边界条件，取三次抛物线 $y = x^2(a_1 + a_2 x)$ 近似描述其竖向振动的位移形态，此时体系的振动就转化为以广义坐标 a_1、a_2 为独立参数的两个自由度的振动问题。

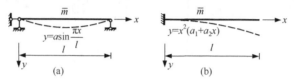

图 10.11

实际工程问题中，有时为了满足计算精度要求，位移函数可取更一般的形式：

$$y(x) = \sum_{k=1}^{n} a_k \varphi_k(x) \tag{10.1}$$

式中，$\varphi_k(x)$ 为满足位移边界条件和位移连续性的给定函数；a_k 为广义坐标，是待定参数。此时，由 n 个广义坐标 $a_k(k = 1, 2, \cdots, n)$ 可完全确定体系的位移形态 $y(x)$，体系的振动就简化为 n 个动力自由度的振动问题。

10.2.3　有限单元法

有限单元法综合了集中质量法和广义坐标法两者的某些特点，可以看作广义坐标法的一种特殊应用，两者的区别仅在于有限单元法是通过有限数量的分段描述变形，从而使位移函数更容易符合结构变形的实际情况。如图 10.12(a) 所示的具有分布质量的梁进行动力计算时，可将梁划分为四个单元[图 10.12(b)]，联结单元的结点为 2、3、4，这些结点的位移就成为广义坐标。此时，梁的振动就只有 6 个动力自由度，即结点 2、3、4 的竖向线位移和角位移。

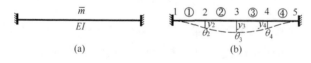

图 10.12

10.3　单自由度体系运动方程的建立

在结构动力学中，描述体系质量的运动随时间变化规律的方程，称为体系的运动方程。建立体系运动方程可根据达朗贝尔原理，引入惯性力，认为质点在运动的每一瞬时，处于动力平衡状态，由动力平衡条件建立体系的运动方程。这种将建立体系运动方程的问题转化为静力学问题的方法，称为动静法。

采用动静法建立体系的运动方程时，若从力系平衡的角度出发，则称为劲度法；若从位移协调的角度出发，则称为柔度法。

10.3.1 劲度法

劲度法取运动质点为隔离体，由隔离体的动力平衡条件建立质点的运动方程。图 10.13(a)所示的悬臂立柱顶端有一集中质量 m，并受到动力荷载 $F_p(t)$ 作用。设柱本身的质量较集中质量 m 小得多，可以忽略不计，体系只有一个动力自由度。为分析方便，对于各种单自由度体系的振动状态，均可用如图 10.13(b)所示的质点弹簧模型来描述。其中，阻尼器 c 反映振动过程中的能量耗散，无质量的弹簧提供立柱对质点的弹性力。因此，弹簧的劲度系数 k(使弹簧伸长单位长度所需施加的拉力)应与立柱的侧移劲度系数(使柱顶产生单位水平位移时在柱顶所需施加的水平力)相等。

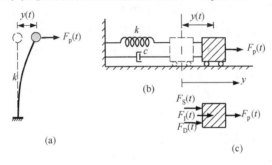

图 10.13

现以质点的静平衡位置为坐标原点，以 y 表示质点的动位移，速度 $\dot{y}$ 和加速度 $\ddot{y}$ 均取与 y 方向相同为正。取任一瞬时的质点为隔离体，如图 10.13(c)所示。沿运动方向作用于隔离体上的力有动荷载 $F_p(t)$ 及由运动引起的以下三个抗力。

(1) 弹性恢复力 F_S，即弹簧对质点的作用力。F_S 的大小与质点位移 y 成正比，但方向相反，其关系式为

$$F_S(t) = -ky \tag{10.2}$$

式中，k 为弹簧的劲度系数。

(2) 阻尼力 F_D，它反映体系振动过程中引起能量耗散的力。产生阻尼的因素很多，如结构与支承之间的外摩擦、材料之间的内摩擦、周围介质的作用等。阻尼产生的因素不同，阻尼力的计算也不同，黏性阻尼(黏滞阻尼)，认为在振动过程中，物体所受的阻尼力与其振动速度成正比，方向相反；滞变阻尼(结构阻尼、材料阻尼)较好地反映了材料内摩擦的耗能机理，认为阻尼力与位移成正比，但其相位与速度相同；摩擦阻尼(干摩擦阻尼)，一般认为在振动过程中，摩擦阻尼力大小不变，方向与速度相反。在结构振动分析时，常采用黏性阻尼理论，其阻尼力为

$$F_D(t) = -c\dot{y} \tag{10.3}$$

式中，c 为黏滞阻尼系数。

(3) 惯性力 F_I，惯性力的大小等于质量 m 与加速度 $\ddot{y}$ 的乘积，而方向与加速度方向

相反，可表示为

$$F_I(t) = -m\ddot{y} \tag{10.4}$$

根据达朗贝尔原理，可列出图 10.13(c)所示隔离体的动力平衡方程为

$$F_I(t) + F_D(t) + F_S(t) + F_p(t) = 0 \tag{10.5}$$

将式(10.2)~式(10.4)代入式(10.5)，可得

$$m\ddot{y} + c\dot{y} + ky = F_p(t) \tag{10.6}$$

式(10.6)为单自由度体系运动的一般方程，它是一个二阶常系数线性微分方程。

在应用运动一般方程式(10.6)时，需注意以下两点：

(1) 动力平衡方程中各力均作用在质点上，并且是沿质点运动自由度的方向。若动荷载不是作用在质点上，如图 10.14(a)所示振动体系，其动力响应可以视为图 10.14(b)(在质点处沿振动位移方向附加支座链杆)与图 10.14(c)两种状态的叠加。此时动力平衡方程可认为是附加约束处支座反力为零。前一种状态中无质点运动但发生杆件内力，而后一种状态则两者均有发生。图 10.14(c)中质点的动位移将与原体系中完全相同，通常将此时作用于质点上的动力荷载 $F_E(t)$ 称为等效动力荷载。

(2) 式(10.6)中质点的动位移 y 是由静平衡位置起算的位移。常量力产生的静位移和静内力对体系的动位移和动内力无影响。图 10.15(a)所示体系，质点总的竖向位移是由重力作用下的静位移 y_{st} 和由静力平衡位置起算的动位移 y 两部分组成的。隔离体受力图如图 10.15(b)所示，质点上的作用力有动荷载 $F_p(t)$、重力 W、弹性恢复力 $F_S(t) = -k(y_{st} + y)$、惯性力 $F_I(t) = -m(\ddot{y}_{st} + \ddot{y})$、阻尼力 $F_D(t) = -c(\dot{y}_{st} + \dot{y})$，其动力平衡方程为

$$m(\ddot{y}_{st} + \ddot{y}) + c(\dot{y}_{st} + \dot{y}) + k(y_{st} + y) = F_p(t) + W$$

由于静位移 $y_{st} = \dfrac{W}{k}$ 为常量，与时间无关，故 $\ddot{y}_{st} = 0$、$\dot{y}_{st} = 0$，将它们代入上式可得

$$m\ddot{y} + c\dot{y} + ky = F_p(t)$$

由此可见，按总位移导出的质点运动方程与按动位移导出的质点运动方程是相同的，计算得到的动位移和动内力均不受重力(静荷载)的影响。结构的总位移和总内力可由动力分析的结果与静力分析结果叠加得到。

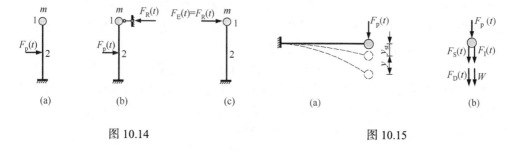

图 10.14　　　　　　　　图 10.15

【例 10.1】　试用劲度法建立图 10.16(a)所示体系的运动方程。已知质量为 m，阻尼系数为 c，杆件抗弯刚度为 EI。

图 10.16

【解】　体系的动荷载不直接作用在质点上，其动力响应为图 10.16(b)、(c)两种状态的叠加。图 10.16(b)所示体系在动荷载 $F_p(t)$ 作用下，支座 C 处的动反力可由超静定结构内力分析方法求得，为 $F_R(t)=\dfrac{1}{4}F_p(t)$，故图 10.16(c)中等效动力荷载 $F_E(t)=\dfrac{1}{4}F_p(t)$。计算弹性恢复力 $F_S(t)$ 所需的劲度系数 k 即图 10.16(d)所示体系当支座 C 发生单位位移时的支座反力，由超静定结构分析可得 $k=\dfrac{EI}{l^3}$。代入单自由度运动一般方程式(10.6)可得体系的运动方程为

$$m\ddot{y}+c\dot{y}+\frac{EI}{l^3}y=\frac{1}{4}F_p(t)$$

10.3.2　柔度法

柔度法是由位移协调条件导出体系的运动方程。对于图 10.17 所示的体系，使质点产生动位移的外力有动荷载 $F_p(t)$、惯性力 $F_I(t)$ 和阻尼力 $F_D(t)$。设柔度系数(质点受沿振动方向的单位力作用时产生的位移)为 δ，利用叠加原理，质量的位移 $y(t)$ 为

$$y(t)=\delta[F_I(t)+F_D(t)+F_p(t)]$$

将惯性力 $F_I(t)=-m\ddot{y}$，阻尼力 $F_D(t)=-c\dot{y}$ 代入上式可得用柔度系数 δ 表达的体系运动方程为

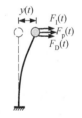

图 10.17

$$m\ddot{y}+c\dot{y}+\frac{1}{\delta}y=F_p(t) \tag{10.7}$$

对于单自由度体系，柔度系数 δ 与劲度系数 k 互为倒数。由此可见，柔度法与劲度法导出的体系运动方程是相同的。

当动荷载不是沿运动自由度方向作用于质点上时，计算动荷载引起的动位移所采用的柔度系数与计算惯性力、阻尼力引起的动位移采用的柔度系数不同。如图 10.14(a)所示体系，动荷载作用下，质点沿振动方向产生的动位移为 $F_p(t)\delta_{12}$，这里 δ_{12} 为动荷载作用点 2 处作用单位力所引起的质点 1 处沿振动位移方向上产生的位移；而与惯性力、阻尼力对应的柔度系数仍为 δ_{11}。

【例 10.2】　试用柔度法建立例 10.1 中图 10.16(a)所示体系的运动方程。

【解】　使质点产生动位移的外力有动荷载 $F_p(t)$、惯性力 $F_I(t)$、阻尼力 $F_D(t)$。由

叠加法计算动位移，有

$$y(t) = [F_I(t) + F_D(t)]\delta_{11} + F_p(t)\delta_{12} \tag{a}$$

柔度系数可由图乘法计算得到，先作出 $\bar{M}_1$、$\bar{M}_2$ 图如图 10.18 所示，则

$$\delta_{11} = \frac{1}{EI} \times \frac{1}{2} \times 2l \times l \times \frac{2}{3}l + \frac{1}{2} \times l \times l \times \frac{2}{3}l = \frac{l^3}{EI} \tag{b}$$

$$\delta_{12} = \frac{1}{EI} \times \frac{1}{2} \times 2l \times \frac{l}{2} \times \frac{l}{2} = \frac{l^3}{4EI} \tag{c}$$

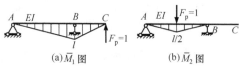

(a) $\bar{M}_1$ 图　　　　　　　　(b) $\bar{M}_2$ 图

图 10.18

将式(b)、式(c)代入式(a)，同时将惯性力 $F_I(t) = -m\ddot{y}$、阻尼力 $F_D(t) = -c\dot{y}$ 代入，可得体系的运动方程为

$$m\ddot{y} + c\dot{y} + \frac{EI}{l^3}y = \frac{1}{4}F_p(t)$$

上式与例 10.1 中采用劲度法导出的运动方程完全一致。

10.4　单自由度体系的自由振动

自由振动是指结构在振动过程中不受外部干扰力作用的振动。产生自由振动的原因只是在初始时刻的干扰。初始的干扰有两种因素，一是由于结构具有初始位移，二是由于结构具有初始速度。当然这两种干扰同时作用时也可产生振动。自由振动时的规律反映了体系的动力特性，而体系在动力荷载作用下的响应又是与其动力特性密切相关的。所以，分析自由振动的规律具有重要的意义。单自由度体系的振动是最简单的情况，它具有一些一般振动体系所共有的特性，且多自由度体系的振动常可利用振型分解的方法由多个单自由度体系振动的叠加来表达，因此，研究单自由度体系振动问题是分析复杂动力学问题的基础。

体系的自由振动可分为无阻尼和有阻尼两种情况，以下分别讨论单自由度体系无阻尼自由振动与有阻尼自由振动。

10.4.1　无阻尼自由振动

在式(10.6)单自由度体系运动一般方程中，令动荷载 $F_p(t)=0$，阻尼系数 $c = 0$，可得单自由度体系无阻尼自由振动方程为

$$m\ddot{y} + ky = 0 \tag{10.8}$$

令

$$\omega^2 = \frac{k}{m} \tag{10.9}$$

则有

$$\ddot{y} + \omega^2 y = 0 \tag{10.10}$$

式(10.10)是一个二阶常系数齐次线性微分方程，其通解为

$$y(t) = C_1 \cos \omega t + C_2 \sin \omega t \tag{10.11}$$

取 $y(t)$ 对时间 t 的一阶导数，可得质点在任一时刻的速度

$$v(t) = \dot{y}(t) = -\omega C_1 \sin \omega t + \omega C_2 \cos \omega t \tag{10.12}$$

式(10.11)、式(10.12)中 C_1 和 C_2 为积分常数，可由振动的初始条件确定。设初始时刻 $t=0$ 时，初始位移 $y(0) = y_0$，初始速度 $v(0) = \dot{y}(0) = v_0$，则有

$$C_1 = y_0, \qquad C_2 = \frac{v_0}{\omega}$$

将积分常数 C_1 和 C_2 代入式(10.11)，可得动位移 $y(t)$ 为

$$y(t) = y_0 \cos \omega t + \frac{v_0}{\omega} \sin \omega t \tag{10.13}$$

由式(10.13)可见，自由振动时质点的动位移一般由两部分组成：一部分由初始位移 y_0 引起，按余弦规律振动，振幅为 y_0，如图 10.19(a)所示；另一部分由初速度 v_0 引起，按正弦规律振动，振幅为 $\dfrac{v_0}{\omega}$，如图 10.19(b)所示。两者之间存在一相位差，后者落后于前者 $\dfrac{\pi}{2}$。

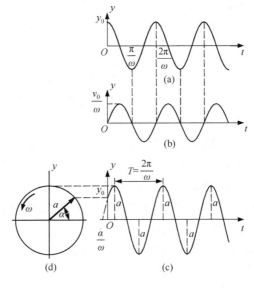

图 10.19

由三角函数变换规律，式(10.13)可写为

$$y(t) = a\sin(\omega t + \alpha) \tag{10.14}$$

式中，a 为振幅，表示质点振动时的最大位移；α 为初始相位角。

$$a = \sqrt{y_0{}^2 + \frac{v_0{}^2}{\omega^2}} \tag{10.15}$$

$$\alpha = \arctan\frac{y_0\omega}{v_0} \tag{10.16}$$

由式(10.14)可见，由初始位移 y_0 引起的振动与由初速度 v_0 引起的振动叠加后的振动是简谐振动，其动位移随时间变化的规律(即位移时程曲线)如图 10.19(c)所示。

质点的运动规律也可以用一旋转向量的端点在 y 轴上的投影来表示，如图 10.19(d)所示。该向量的模为 a，初始倾角为 α，沿逆时针方向旋转角速度为 ω。旋转向量转动一周所需的时间，也就是质点完成一周简谐运动所需的时间为

$$T = \frac{2\pi}{\omega} \tag{10.17}$$

T 称为体系的自振周期，在自由振动过程中，质点每隔一段时间 T 又回到原来位置。周期 T 的常用单位为 s (秒)。

体系在单位时间内振动的次数(即其振动频率)为

$$f = \frac{1}{T} \tag{10.18}$$

f 常称为工程频率，其常用单位为 s^{-1} 或 Hz(赫兹)。

由式(10.17)可见，$\omega = \dfrac{2\pi}{T} = 2\pi f$，旋转向量的角速度 ω 也就是体系 $2\pi s$ 内完成的振动次数，故将 ω 称为角频率或圆频率，其单位为 rad/s 或 s^{-1}。在结构动力学中，常将体系做无阻尼自由振动时的角频率称为自振频率。由式(10.9)可得 ω 的相关计算式为

$$\omega = \sqrt{\frac{k}{m}} = \sqrt{\frac{1}{m\delta}} = \sqrt{\frac{g}{W\delta}} = \sqrt{\frac{g}{\Delta_{st}}} \tag{10.19}$$

式中，$W = mg$ 为质点的重力；Δ_{st} 为将重力 W 沿振动方向作用于质点时产生的质点沿振动方向的静位移。

自振频率(自振周期)是结构重要的动力特性之一，由以上分析可知：

(1) 自振频率仅与结构的质量和刚度有关，是结构固有的动力特性，故其也称为固有频率。外部干扰力只能影响振幅和初始相位角的大小，而不能改变结构的固有频率。两个结构若具有相同的自振频率，则它们对动荷载的反应也是相同的；外表相似的结构，若自振频率相差较大，则其动力性能相差也较大。

(2) 单自由度体系的自振频率与劲度系数和质量的比值的平方根成正比，刚度越大或质量越小，自振频率越高，反之自振频率越低。在结构设计中可利用此规律，通过改变结构的质量和刚度，调整体系的自振频率以达到减振的目的。

(3) 同一结构，若把质量置于结构上最大静位移 Δ_{st} 处，则可得到最低的自振频率和最大的自振周期。

【例 10.3】　试求图 10.20 中三种支承约束情况下梁的自振频率，已知质点质量为 m ，梁的质量不计。

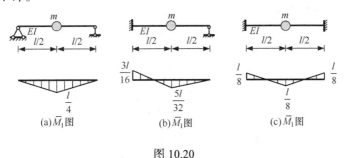

图 10.20

【解】　由式(10.19)可知，在计算单自由度体系的自振频率时可先求出其柔度系数 δ ，为此作出三根梁在质点处沿振动方向上作用单位力时的弯矩图 $\overline{M}_1$ ，分别如图 10.20(a)~(c)所示，利用图乘法可求得三种情况下的柔度系数分别为

$$\delta_a = \frac{l^3}{48EI}, \qquad \delta_b = \frac{7l^3}{768EI}, \qquad \delta_c = \frac{l^3}{192EI}$$

利用式(10.19)中 $\omega = \sqrt{\dfrac{1}{m\delta}}$ ，即可求得三种情况的自振频率分别为

$$\omega_a = \sqrt{\frac{48EI}{ml^3}}, \qquad \omega_b = \sqrt{\frac{768EI}{7ml^3}}, \qquad \omega_c = \sqrt{\frac{192EI}{ml^3}}$$

据此可得

$$\omega_a : \omega_b : \omega_c = 1.00 : 1.51 : 2.00$$

此例说明，随着结构刚度的加大，其自振频率也相应增高。

【例 10.4】　试求图 10.21(a)所示刚架的自振频率，各杆件质量不计。

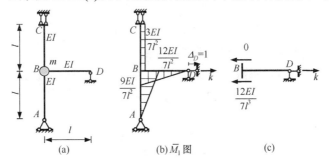

图 10.21

【解】　集中质量 m 具有一个水平方向的动力自由度。该体系为超静定结构，其侧移劲度系数 k 较柔度系数 δ 更容易求得。沿质点振动方向附加水平支座链杆，如

图 10.21(b)所示，当水平支座链杆发生单位位移时，在附加支座链杆上产生的反力即侧移劲度系数 k。

附加水平支座链杆后的超静定结构，只有 B 结点的转角位移未知，可以用力矩分配法或位移法作出其弯矩图，如图 10.21(b)所示。取隔离体 BD 杆[图 10.21(c)]，由平衡条件可求得刚架侧移劲度系数 k 为

$$k = \frac{12EI}{7l^3}$$

代入式(10.19)可得

$$\omega = \sqrt{\frac{k}{m}} = \sqrt{\frac{12EI}{7ml^3}}$$

一般地，若静定结构因单位荷载作用下的内力容易计算，其柔度系数也就比较容易求得；而对于超静定结构来说，劲度系数的计算通常比较方便，可以在体系沿质点振动方向附加相应约束，当此附加约束发生单位位移时其产生的反力即所求的劲度系数。

10.4.2 有阻尼自由振动

体系在做无阻尼自由振动时由于能量无耗散，其振动将按照简谐振动永不停止地无限延续下去。但实际结构的振动不可避免地会受到阻尼的作用，振动过程中能量不断耗散，振幅逐渐衰减，最终振动趋于停止。

在单自由度体系运动一般方程式(10.6)中，令动荷载 $F_p(t)=0$，可得有黏滞阻尼的单自由度体系自由振动方程为

$$m\ddot{y} + c\dot{y} + ky = 0 \tag{10.20}$$

仍令 $\omega^2 = \dfrac{k}{m}$，并记

$$\xi = \frac{c}{2m\omega} \tag{10.21}$$

则有

$$\ddot{y} + 2\xi\omega\dot{y} + \omega^2 y = 0 \tag{10.22}$$

式中，ξ 为阻尼比或阻尼因子，它反映了阻尼的大小。

式(10.22)是一个二阶常系数齐次线性微分方程，它的特征方程为

$$\lambda^2 + 2\xi\omega\lambda + \omega^2 = 0$$

其特征根为

$$\lambda = \omega(-\xi \pm \sqrt{\xi^2 - 1})$$

由常微分方程理论可知，式(10.22)的解根据特征根的性质不同而不同，下面对此作具体讨论。

1) 低阻尼(小阻尼)情况，即 $\xi<1$

此时特征根 $\lambda = -\xi\omega \pm \mathrm{i}\omega_r$ 为两共轭的复根，微分方程(10.22)的通解为

$$y(t) = \mathrm{e}^{-\xi\omega t}\left(C_1\cos\omega_r t + C_2\sin\omega_r t\right)$$

式中,

$$\omega_r = \omega\sqrt{1-\xi^2} \tag{10.23}$$

为有阻尼的自振频率。积分常数 C_1、C_2 可由振动的初始条件确定。设 $t=0$ 时，$y(0)=y_0$，$\dot{y}(0)=v_0$，则有

$$C_1 = y_0, \qquad C_2 = \frac{v_0 + \xi\omega y_0}{\omega_r}$$

则动位移为

$$y(t) = \mathrm{e}^{-\xi\omega t}\left(y_0\cos\omega_r t + \frac{v_0 + \xi\omega y_0}{\omega_r}\sin\omega_r t\right) \tag{10.24}$$

式(10.24)也可写为

$$y(t) = a\,\mathrm{e}^{-\xi\omega t}\sin(\omega_r t + \alpha) \tag{10.25}$$

其中,

$$a = \sqrt{y_0^2 + \frac{(v_0 + \xi\omega y_0)^2}{\omega_r^2}} \tag{10.26}$$

$$\tan\alpha = \frac{y_0\omega_r}{v_0 + \xi\omega y_0} \tag{10.27}$$

由式(10.25)可知低阻尼自由振动的动位移时程曲线(图 10.22)是一条逐渐衰减的波动曲线。

由以上分析可看出，低阻尼自由振动的主要特征如下。

(1) 体系的振动是一种随时间衰减的正弦振动。振幅 $a\mathrm{e}^{-\xi\omega t}$ 因含有衰减因子 $\mathrm{e}^{-\xi\omega t}$，随时间按指数规律减小，阻尼比越大，衰减越快。

(2) 有阻尼自由振动频率相对于无阻尼自由振动频率有所减小，但很接近。

一般工程结构阻尼比 ξ 均较小，为 $0.01\sim0.2$，如一般钢筋混凝土杆系结构 $\xi=0.05$，拱坝 $\xi=0.03\sim0.05$，重力坝 $\xi=0.05\sim0.1$，土坝、堆石坝 $\xi=0.1\sim0.2$。因此，在实际工程计算中可近似取

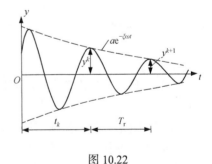

图 10.22

$$\omega_r \approx \omega, \qquad T_r \approx T$$

(3) 相邻两个振幅之间的比值不变，为

$$\frac{y_k}{y_{k+1}} = \frac{\mathrm{e}^{-\xi\omega t_k}}{\mathrm{e}^{-\xi\omega(t_k+T_r)}} = \mathrm{e}^{\xi\omega T_r} \tag{10.28}$$

式(10.28)两边取对数，有

$$\ln \frac{y_k}{y_{k+1}} = \ln e^{\xi \omega T_r} = \xi \omega T_r = \xi \omega \frac{2\pi}{\omega_r} = \frac{2\pi \xi}{\sqrt{1-\xi^2}} \approx 2\pi \xi \tag{10.29}$$

式中，$\ln \dfrac{y_k}{y_{k+1}}$ 为振幅的对数衰减率。经过 n 次周期波动后，有

$$\ln \frac{y_k}{y_{k+n}} \approx 2n\pi \xi$$

故阻尼比 ξ 可表示为

$$\xi = \frac{1}{2\pi n} \ln \frac{y_k}{y_{k+n}} \tag{10.30}$$

式(10.30)提供了一种通过试验确定振动体系阻尼比的方法，即通过试验测定 y_k 与 y_{k+n} 后，便可由此式计算振动体系的阻尼比 ξ。

2) 临界阻尼情况，即 $\xi = 1$

此时，特征方程的根是一对重实根，$\lambda_1 = \lambda_2 = -\omega$，微分方程(10.22)的通解为

$$y(t) = e^{-\omega t}(C_1 + C_2 t)$$

设 $t=0$ 时，$y(0) = y_0$，$\dot{y}(0) = v_0$，则有

$$y(t) = e^{-\omega t}[y_0(1 + \omega t) + v_0 t]$$

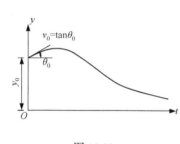

图 10.23

位移时程曲线如图 10.23 所示。可见，此时体系的运动仍具有衰减性，但不具有波动性，故体系不产生振动。

将阻尼比 $\xi = 1$ 时所对应的阻尼系数称为临界阻尼系数，记为 c_{cr}，则由式(10.21)可得

$$c_{cr} = 2m\omega = 2\sqrt{mk} \tag{10.31}$$

可见临界阻尼系数与体系质量和劲度系数乘积的平方根成正比。此时，阻尼比可表示为

$$\xi = \frac{c}{c_{cr}} \tag{10.32}$$

式(10.32)表明，阻尼比 ξ 为实际阻尼系数 c 与临界阻尼系数 c_{cr} 之比，这也就是阻尼比名称的由来。

3) 超阻尼(过阻尼)情况，即 $\xi > 1$

此时特征方程的根是两个负的实数根，微分方程(10.22)的通解为

$$y(t) = e^{-\xi \omega t}\left(C_1 \sinh \sqrt{\xi^2 - 1}\, \omega t + C_2 \cosh \sqrt{\xi^2 - 1}\, \omega t\right) \tag{10.33}$$

式(10.33)不含有简谐振动的因子，是一个非周期性函数，系统的运动为按指数衰减的非周期运动。这说明体系在受到初始干扰后，其能量在恢复平衡位置的过程中全部消耗于克服阻尼，不足以引起体系的振动。当初位移 $y_0 > 0$ 且初速度 $v_0 > 0$ 时，其 $y\text{-}t$ 曲线仍大致如图 10.23 所示。

对于 $\xi < 0$ 的负阻尼情况，系统在振动过程中不断有能量加入，这种情况下系统的

振动是不稳定的，振动越来越大，直至系统破坏失效。$\xi=0$ 即前述的无阻尼自由振动问题。

【例 10.5】　图 10.24 表示一屋盖系统，施加一水平力 $F_p=12\text{kN}$，测得侧向位移 $y_0=0.6\text{cm}$，然后突然卸载使结构发生水平自由振动，测得周期 $T_r=1.5\text{s}$，一个周期后的侧移 $y_1=0.4\text{cm}$。试求结构的阻尼比 ξ、阻尼系数 c 及振幅衰减到初始位移的 10%以下所需的时间(以整周期计算)。

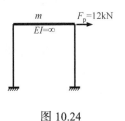

图 10.24

【解】　由式(10.30)可得阻尼比

$$\xi=\frac{1}{2\pi}\ln\frac{y_0}{y_1}=\frac{1}{2\pi}\ln\frac{0.6}{0.4}=0.065$$

体系的侧移劲度系数

$$k=\frac{F_p}{y_0}=\frac{12\times10^3}{0.6\times10^{-2}}=2\times10^6\text{kN/m}$$

因低阻尼对频率和周期的影响较小，可取

$$\omega\approx\omega_r=\frac{2\pi}{T_r}=\frac{2\pi}{1.5}=4.19\text{s}^{-1}$$

由式(10.21)可知阻尼系数

$$c=2\xi m\omega=\frac{2\xi k}{\omega}=\frac{2\times0.065\times2\times10^6}{4.19}=6.21\times10^5\text{kg/s}$$

由式(10.30)可知振幅衰减到初始位移的 10%所经历的周期数为

$$n=\frac{1}{2\pi\xi}\ln\frac{y_0}{y_n}=\frac{1}{2\pi\times0.065}\ln\frac{1}{0.1}=5.6$$

可见经过 6 周期后，振幅就降到了初始位移的 10%以下。

10.5　单自由度体系的受迫振动

体系在动力荷载作用下产生的振动称为受迫振动或强迫振动，研究受迫振动的规律是结构动力学的主要目的。下面从简谐荷载作用下的无阻尼受迫振动入手，先讨论无阻尼受迫振动，再分析有阻尼受迫振动。

10.5.1　简谐荷载作用下的无阻尼受迫振动

在单自由度体系运动一般方程式(10.6)中，令阻尼系数 $c=0$，可得单自由度体系无阻尼受迫振动方程

$$m\ddot{y}+ky=F_p(t) \tag{10.34}$$

或

$$\ddot{y} + \omega^2 y = \frac{F_p(t)}{m} \tag{10.35}$$

设动力荷载 $F_p(t)$ 为简谐荷载，一般表示为

$$F_p(t) = F_{p0} \sin\theta t \tag{10.36}$$

式中，θ 为简谐荷载的角频率；F_{p0} 为动荷载的幅值。

将式(10.36)代入式(10.35)，得简谐荷载作用下的单自由度体系无阻尼受迫振动方程为

$$\ddot{y} + \omega^2 y = \frac{F_{p0} \sin\theta t}{m} \tag{10.37}$$

式(10.37)为一个二阶常系数非齐次微分方程，其通解为相应的齐次方程的通解与非齐次方程的一个特解之和。

设式(10.37)的一个特解为

$$y(t) = A\sin\theta t \tag{10.38}$$

将式(10.38)代入式(10.37)，并消去共同因子 $\sin\theta t$ 后得

$$A = \frac{F_{p0}}{m(\omega^2 - \theta^2)}$$

故特解可表示为

$$y(t) = \frac{F_{p0}}{m(\omega^2 - \theta^2)} \sin\theta t \tag{10.39}$$

将 10.4.1 节得到的齐次方程的通解与以上特解叠加，可得到微分方程式(10.37)的通解为

$$y(t) = C_1 \cos\omega t + C_2 \sin\omega t + \frac{F_{p0}}{m(\omega^2 - \theta^2)} \sin\theta t \tag{10.40}$$

式中，积分常数 C_1、C_2 可由初始条件确定，设 $t=0$ 时，$y(0) = y_0$，$v(0) = v_0$，则有

$$C_1 = y_0, \qquad C_2 = \frac{v_0}{\omega} - \frac{F_{p0}}{m(\omega^2 - \theta^2)} \cdot \frac{\theta}{\omega}$$

因此，运动方程的全解为

$$y(t) = y_0 \cos\omega t + \frac{v_0}{\omega} \sin\omega t - \frac{F_{p0}}{m(\omega^2 - \theta^2)} \cdot \frac{\theta}{\omega} \sin\omega t + \frac{F_{p0}}{m(\omega^2 - \theta^2)} \sin\theta t \tag{10.41}$$

式中前三项都是频率为 ω 的自由振动，其中第一、二两项是由初始条件引起的；第三项与初始条件无关，是伴随干扰力的作用而产生的，称为伴生自由振动；第四项是由干扰力引起的与其相同频率的振动，称为纯受迫振动。因实际振动过程中阻尼的存在，前三项所代表的自由振动都会很快衰减掉，最后只剩下纯受迫振动。在振动开始的较短时间内，几种振动同时存在的阶段称为过渡阶段。后期纯受迫振动阶段称为平稳阶段，这个阶段的振动称为稳态受迫振动。在实际问题中，过渡阶段较短，因而平稳阶段的稳态受迫振动更为重要。

单自由度体系在简谐荷载作用下的稳态位移响应为

$$y(t)=\frac{F_{p0}}{m(\omega^2-\theta^2)}\sin\theta t=\frac{y_{st}}{1-\dfrac{\theta^2}{\omega^2}}\sin\theta t=\beta y_{st}\sin\theta t \tag{10.42}$$

式中,

$$y_{st}=\frac{F_{p0}}{m\omega^2}=F_{p0}\delta=\frac{F_{p0}}{k} \tag{10.43}$$

$$\beta=\frac{y_{max}}{y_{st}}=\frac{1}{1-\dfrac{\theta^2}{\omega^2}} \tag{10.44}$$

以上各式中 y_{st} 为将动荷载的幅值 F_{p0} 作为静荷载沿振动方向作用于体系时, 集中质量沿振动方向产生的静位移; β 称为动力系数, 它反映了惯性力的影响, 为最大动位移 y_{max} 与静位移 y_{st} 的比值。

由式(10.44)可知, 动力系数 β 的值取决于干扰力频率 θ 与自振频率 ω 的比值, 两者之间的关系如图 10.25 所示, 图中横坐标为 $\dfrac{\theta}{\omega}$, 纵坐标为 $|\beta|\left(\text{当}\dfrac{\theta}{\omega}{>}1\text{时},\ \beta{<}0\right)$。

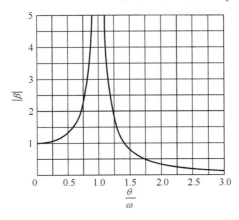

图 10.25

由式(10.44)和图 10.25 可见, 简谐荷载作用下无阻尼稳态振动的主要特性如下:

(1) 当 $\dfrac{\theta}{\omega}{\to}0$ 时, 动力系数 $\beta{\to}1$。这时动荷载变化频率小, 周期长, 相对于自振周期来说, 荷载变化缓慢, 相当于静力荷载。通常当 $\dfrac{\theta}{\omega}{\leqslant}\dfrac{1}{5}$ 时可按静力荷载计算。

(2) 当 $0{<}\dfrac{\theta}{\omega}{<}1$ 时, $\beta{>}1$, 动位移 $y(t)$ 与动荷载 $F_p(t)$ 方向相同, β 随 $\dfrac{\theta}{\omega}$ 增大而增大。

(3) 当 $\dfrac{\theta}{\omega}{>}1$ 时, $\beta{<}0$, 动位移 $y(t)$ 与动荷载 $F_p(t)$ 方向相反, $|\beta|$ 随 $\dfrac{\theta}{\omega}$ 增大而减小。

(4) 当 $\dfrac{\theta}{\omega}{\to}1$ 时, $|\beta|{\to}\infty$, 体系的振幅将趋于无穷大, 这种现象称为共振。实际结构由于阻尼的存在, 振幅不会出现无穷大的情况, 但共振时体系产生的位移仍然会远大

于静力作用产生的位移。在进行工程设计时应尽量避免共振现象的发生，一般应控制 $\dfrac{\theta}{\omega}$ 的值避开 $0.75<\dfrac{\theta}{\omega}<1.25$ 的共振区。为减小振幅，在共振前区 $\left(0.75<\dfrac{\theta}{\omega}<1\right)$，可设法增大结构的自振频率 ω，使 $\dfrac{\theta}{\omega}\leqslant 0.75$，这种方法称为刚性方案；在共振后区 $\left(1<\dfrac{\theta}{\omega}<1.25\right)$，则应设法减小结构的自振频率 ω，使 $\dfrac{\theta}{\omega}\geqslant 1.25$，这种方法称为柔度方案。

最后需要注意的是，对于单自由度体系，当动力荷载作用于质点上时，体系各处的动位移及动内力均可看作由质点的位移引起，因此具有相同的动力系数。否则，就会有不同的动力系数。

【例 10.6】 图 10.26(a)所示简支梁，跨度 $l=3\text{m}$，横截面惯性矩 $I=4570\text{cm}^4$，弹性模量 $E=2.1\times10^5\text{MPa}$，质点的重力 $W=35\text{kN}$，动荷载 $F_\text{p}(t)=F_\text{p0}\sin\theta t$，$F_\text{p0}=10\text{kN}$，$\theta=60\text{s}^{-1}$，忽略梁本身的质量和阻尼的影响。试求位移动力系数、质点最大位移及梁的最大弯矩。

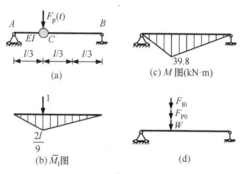

图 10.26

【解】 （1）柔度系数。

单位力作用下的弯矩图 $\bar{M}_1$ 如图 10.26(b)所示，利用图乘法可得柔度系数为

$$\delta=\frac{4l^3}{243EI}=4.63\times10^{-8}\,\text{m/N}$$

(2) 自振频率。

利用式(10.19)，可得自振频率为

$$\omega=\sqrt{\frac{g}{W\delta}}=\sqrt{\frac{9.8}{35\times10^3\times4.63\times10^{-8}}}=77.77\text{s}^{-1}$$

(3) 动力系数。

由式(10.44)可得动力系数

$$\beta=\frac{1}{1-\dfrac{\theta^2}{\omega^2}}=\frac{1}{1-\dfrac{60^2}{77.77^2}}=2.47$$

(4) 质点最大位移及梁的最大弯矩。

质点最大位移与简支梁最大弯矩由质点的自重与动荷载共同引起，位移与内力的动力系数相同，故

$$y_{\max} = y_W + \beta y_F = (W + \beta F_{p0})\delta$$

$$= (35 \times 10^3 + 2.47 \times 10 \times 10^3) \times 4.63 \times 10^{-8} = 276 \times 10^{-5}\,\text{m} = 2.76\,\text{mm}$$

$$M_{\max} = \frac{2(W + \beta F_{p0})l}{9} = \frac{2 \times (35 + 2.47 \times 10) \times 3}{9} = 39.8\,\text{kN}\cdot\text{m}$$

简支梁在自重与动荷载共同作用下的最大弯矩图如图 10.26(c)所示。

(5) 讨论。

质点最大位移与简支梁最大弯矩也可以直接由重力 W、惯性力 $F_I(t)$ 的幅值与动荷载 $F_p(t)$ 的幅值计算后叠加得到，但需注意惯性力的方向。

由动位移方程(10.42)可求得加速度为

$$\ddot{y} = -\frac{F_{p0}\theta^2}{m(\omega^2 - \theta^2)}$$

故惯性力为

$$F_I(t) = -m\ddot{y} = \frac{F_{p0}\theta^2}{(\omega^2 - \theta^2)}\sin\theta t = F_{I0}\sin\theta t$$

与位移及动荷载同向。

所以重力、惯性力幅值与动荷载幅值三者同时作用的受力图如图 10.26(d)所示，叠加可得到最大位移为

$$y_{\max} = (W + F_{I0} + F_{p0})\delta = \left(W + \frac{F_{p0}\theta^2}{\omega^2 - \theta^2} + F_{p0}\right)\delta = (W + \beta F_{p0})\delta$$

可见，以上叠加计算结果与直接运用公式计算结果相同。

【例 10.7】　图 10.27(a)所示刚架，已知质点 1 的质量为 m，各杆抗弯刚度为 EI，忽略各杆本身的质量和阻尼的影响，动荷载 $F_p(t) = F_{p0}\sin\theta t$，试求质点的动位移与动荷载作用点 2 的竖向位移幅值，并作弯矩的幅值图。

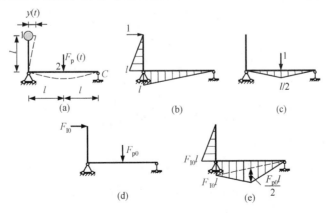

图 10.27

【解】　由于动荷载不作用于质量上，不能直接采用式(10.44)和式(10.42)计算动力系数和动位移。需先分别建立质量动位移和点 2 的竖向动位移方程，可采用柔度法。

(1) 柔度系数。

单位力作用下的弯矩图如图 10.27(b)、(c)所示，各项柔度系数为

$$\delta_{11} = \frac{l^3}{EI}, \quad \delta_{12} = \delta_{21} = \frac{l^3}{4EI}, \quad \delta_{22} = \frac{l^3}{6EI} \tag{a}$$

(2) 质点动位移幅值。

质点的动位移在动荷载和惯性力共同作用下产生，由叠加原理得

$$y(t) = F_I(t)\delta_{11} + F_p(t)\delta_{12} = -m\ddot{y}\delta_{11} + F_p(t)\delta_{12}$$

考虑到 $k = \dfrac{1}{\delta_{11}}$，可得运动方程为

$$m\ddot{y} + ky = \frac{\delta_{12}}{\delta_{11}} F_p(t)$$

可见，只需将 $\dfrac{\delta_{12}}{\delta_{11}} F_p(t)$ 作为沿振动方向直接作用在质点上的动荷载，上述方程仍符合式(10.34)所示的单自由度体系受迫振动一般方程的形式。对于求质点的动位移，原动荷载 $F_p(t)$ 可以用沿振动方向作用于质点上的动荷载 $\dfrac{\delta_{12}}{\delta_{11}} F_p(t)$ 代替。当 $F_p(t) = F_{p0} \sin\theta t$ 时，等效代替后可由式(10.42)得到动位移方程为

$$y(t) = \beta y_{st} \sin\theta t$$

其中，静位移

$$y_{st} = \frac{\dfrac{\delta_{12}}{\delta_{11}} F_{p0}}{k} = \left(\frac{\delta_{12}}{\delta_{11}} F_{p0}\right) \cdot \delta_{11} = F_{p0}\delta_{12} = \frac{F_{p0}l^3}{4EI}$$

也就是将动荷载幅值以静力方式作用于体系时，质点沿振动方向产生的静位移。

动力系数仍可由式(10.44)计算，即

$$\beta = \frac{1}{1 - \dfrac{\theta^2}{\omega^2}}$$

质点动位移幅值为

$$y_{max} = \beta y_{st} = \beta F_{p0}\delta_{12} = \frac{\beta F_{p0}l^3}{4EI}$$

(3) 点 2 的竖向位移幅值。

点 2 的竖向动位移也在动荷载和惯性力共同作用下产生，由叠加原理得

$$y_2(t) = F_I(t)\delta_{21} + F_p(t)\delta_{22} = -m\ddot{y}\delta_{21} + F_p(t)\delta_{22}$$

将质点加速度

$$\ddot{y} = -\beta y_{\text{st}}\theta^2 \sin\theta t = -\frac{\delta_{12}}{\delta_{11}}F_{\text{p0}}\beta\frac{\theta^2}{m\omega^2}\sin\theta t$$

及柔度系数等代入上式可得

$$y_2(t) = \frac{F_{\text{p0}}l^3}{6EI}\frac{1-\dfrac{5}{8}\dfrac{\theta^2}{\omega^2}}{1-\dfrac{\theta^2}{\omega^2}}\sin\theta t = \frac{F_{\text{p0}}l^3}{6EI}\beta_2\sin\theta t$$

式中，

$$\beta_2 = \frac{1-\dfrac{5}{8}\dfrac{\theta^2}{\omega^2}}{1-\dfrac{\theta^2}{\omega^2}}$$

称为点 2 竖向位移的动力系数，与质点动位移的动力系数 β 并不相同。

点 2 的竖向动位移幅值为 $\beta_2\dfrac{F_{\text{p0}}l^3}{6EI}$，其中 $\dfrac{F_{\text{p0}}l^3}{6EI}$ 为动荷载幅值引起的点 2 的竖向静位移。

(4) 弯矩幅值图。

结构上作用的力有惯性力、动荷载与质点重力，但质点自重不引起弯矩。惯性力为

$$F_{\text{I}}(t) = -m\ddot{y} = m\beta y_{\text{st}}\theta^2\sin\theta t = F_{\text{I0}}\sin\theta t$$

与位移同向。将惯性力的幅值与动荷载的幅值同时作用于体系，如图 10.27(d)所示。由叠加法可得任意截面的弯矩为

$$M = F_{\text{I0}}\bar{M}_1 + F_{\text{p0}}\bar{M}_2$$

作出弯矩幅值图，如图 10.27(e)所示。

由此例的分析可看出，单自由度体系受迫振动中，当动力荷载不作用于质点上时，对于求质点的动位移来说，只需将原动荷载 $F_{\text{p}}(t)$ 用沿振动方向作用于质点上的动荷载 $\dfrac{\delta_{12}}{\delta_{11}}F_{\text{p}}(t)$ 代替，此时质点位移的动力系数仍与原荷载作用于质点上时相同，但体系其他部位的位移及内力的动力系数通常不相同，因此不能采用统一的动力系数。

10.5.2　一般动荷载作用下的无阻尼受迫振动

体系在一般动荷载 $F_{\text{p}}(t)$ 作用下的响应，在线弹性情况下可运用叠加原理计算，将一般动荷载作用下的响应视在一系列独立瞬时冲量连续作用下的响应之总和。为此，先讨论瞬时冲量的响应，然后在此基础上，对瞬时冲量所引起的微分响应进行积分，便可得到体系在一般动力荷载作用下的响应。

图 10.28(a)所示为一瞬时荷载 F_{p}，在 $\mathrm{d}t$ 时间内其形成的瞬时冲量 $\mathrm{d}S=F_{\text{p}}\mathrm{d}t$，如图 10.28(a)中阴影部分所示。设体系初始位移和速度均为零，根据动量定理，有

$$m\mathrm{d}v = F_\mathrm{p}\mathrm{d}t$$

即

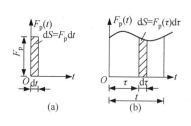

图 10.28

$$\mathrm{d}v = \frac{F_\mathrm{p}\mathrm{d}t}{m}$$

式中，$\mathrm{d}v$ 为瞬时冲量引起的速度增量。

体系因瞬时冲量作用引起速度增量后，将以速度 $\mathrm{d}v$ 为初始速度产生自由振动，此瞬时初始位移仍为零。由无阻尼自由振动方程式(10.13)可得仅由初始速度 $\mathrm{d}v$ 引起的自由振动运动方程为

$$\mathrm{d}y(t) = \frac{\mathrm{d}v}{\omega}\sin \omega t = \frac{F_\mathrm{p}\mathrm{d}t}{m\omega}\sin \omega t$$

对于图 10.28(b)所示的一般动荷载，在 $t=\tau$ 时刻作用的荷载为 $F_\mathrm{p}(\tau)$，在 $\mathrm{d}\tau$ 微分时段内产生的冲量 $\mathrm{d}S=F_\mathrm{p}(\tau)\mathrm{d}\tau$，其所引起的在 $t>\tau$ 时刻的微分响应，可由上式得到，为

$$\mathrm{d}y(t) = \frac{F_\mathrm{p}(\tau)\mathrm{d}\tau}{m\omega}\sin \omega(t-\tau)$$

在任意动荷载作用下的位移响应，可认为是一系列微分冲量连续作用的结果，对上式积分可得

$$y(t) = \frac{1}{m\omega}\int_0^t F_\mathrm{p}(\tau)\sin \omega(t-\tau)\mathrm{d}\tau \tag{10.45}$$

式(10.45)在动力学中称为杜阿梅尔(J. M. C. Duhamel)积分。这就是单自由度体系当初始位移与速度均为零时，在任意动荷载作用下的质点位移计算公式。如初始位移 y_0 和初始速度 v_0 不为零，则位移响应为

$$y(t) = y_0\cos \omega t + \frac{v_0}{\omega}\sin \omega t + \frac{1}{m\omega}\int_0^t F_\mathrm{p}(\tau)\sin \omega(t-\tau)\mathrm{d}\tau \tag{10.46}$$

运用杜阿梅尔积分可以得到几种常见动荷载作用下单自由度体系的位移响应公式。

(1) 突加荷载。突加荷载指突然施加于结构上并保持不变的荷载。其变化规律如图 10.29(a)所示，荷载表达式为

$$F_\mathrm{p}(t) = \begin{cases} 0, & t < 0 \\ F_\mathrm{p0}, & t \geqslant 0 \end{cases}$$

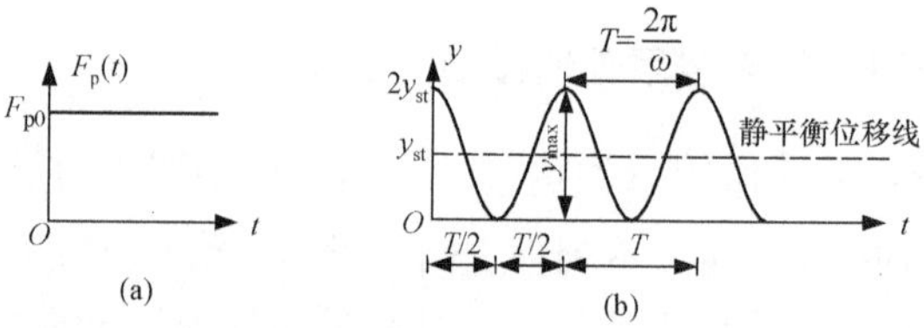

图 10.29

若 $t=0$ 时刻，体系处于静止状态，将 $F_\mathrm{p}(t)=F_\mathrm{p0}$ 代入式(10.46)并积分，可得位移响

应为

$$y(t)=\frac{1}{m\omega}\int_0^t F_{p0}\sin\omega(t-\tau)\mathrm{d}\tau=\frac{F_{p0}}{m\omega^2}(1-\cos\omega t)=y_{st}(1-\cos\omega t) \tag{10.47}$$

式中，$y_{st}=\dfrac{F_{p0}}{m\omega^2}=F_{p0}\delta$ ，为荷载 F_{p0} 以静荷载方式沿振动方向作用于体系时质点沿振动方向产生的静位移。

位移时程曲线如图 10.29(b)所示，质点是以其静平衡位置为中心做简谐振动，振动的频率 ω 和周期 T 均与自由振动时相同，最大动位移 $y_{max}=2y_{st}$ ，动力系数为

$$\beta=\frac{y_{max}}{y_{st}}=\frac{2y_{st}}{y_{st}}=2 \tag{10.48}$$

可见突加荷载所引起的最大动位移是静位移的 2 倍，这反映了惯性力的影响。

(2) 突加短时荷载。突加短时荷载指在短时间内停留于结构上的荷载，结构短时间内突然加载又突然卸载，其荷载形式如图 10.30(a)所示，荷载表达式为

$$F_p(t)=\begin{cases}0, & t<0\\F_{p0}, & 0\leqslant t\leqslant t_1\\0, & t>t_1\end{cases}$$

对于这种情况，位移响应需按两个阶段分别计算。

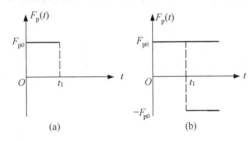

图 10.30

第一阶段($0\leqslant t\leqslant t_1$)，此阶段的荷载情况与前面的突加荷载相同，动位移仍由式(10.47)给出，即

$$y(t)=y_{st}(1-\cos\omega t)$$

第二阶段($t>t_1$)，由式(10.45)杜阿梅尔积分可得

$$y(t)=\frac{1}{m\omega}\int_0^{t_1} F_{p0}\sin\omega(t-\tau)\mathrm{d}\tau=\frac{F_{p0}}{m\omega^2}[\cos\omega(t-t_1)-\cos\omega t]$$

即有

$$y(t)=2y_{st}\sin\frac{\omega t_1}{2}\sin\omega\left(t-\frac{t_1}{2}\right) \tag{10.49}$$

此阶段的位移响应，还可以由另外两种方法求得。一种方法是荷载卸除后，质量以 $t=t_1$ 时刻的位移 $y(t_1)$ 和速度 $\dot{y}(t_1)$ 为初位移和初速度做自由振动，由式(10.13)可求得

动位移。另外一种方法是将加载过程看成 $t=0$ 时刻突加荷载 F_{p0} 并保持不变，再在 $t=t_1$ 时刻，反向突加荷载 $-F_{p0}$，如图 10.30(b)所示，由式(10.47)计算两种情况下的动位移再叠加可得到式(10.49)。

由式(10.49)可见，突加短时荷载作用下质量的最大动位移与荷载作用的时间 t_1 有关。

当 $t_1 \geqslant \dfrac{T}{2}$ 时，荷载停留于结构上的时间不小于结构自振周期的一半，最大动位移发生在第一阶段，相应的动力系数仍为式(10.48)，即

$$\beta=2$$

当 $t_1 < \dfrac{T}{2}$ 时，最大动位移发生在第二阶段，动位移的最大值为

$$y_{\max} = 2y_{st}\sin\frac{\omega t_1}{2}$$

此时，动力系数为

$$\beta=2\sin\frac{\omega t_1}{2}=2\sin\frac{\pi t_1}{T} \tag{10.50}$$

由此可见，动力系数 β 的值与加载持续时间 t_1 有关，β 与 $\dfrac{t_1}{T}$ 间的关系曲线如图 10.31 所示。这种动力系数 β 与结构的周期 T 和动荷载时间参数 t_1 的关系曲线，称为动力系数反应谱。

(3) 线性渐增荷载。线性渐增荷载指在一定时间内由 0 线性渐增为 F_{p0}，然后保持不变作用于结构上的荷载，其荷载形式如图 10.32 所示，荷载表达式为

$$F_p(t)=\begin{cases}\dfrac{F_{p0}t}{t_1}, & 0\leqslant t\leqslant t_1\\ F_{p0}, & t>t_1\end{cases}$$

线性渐增荷载引起的动力反应可由式(10.45)杜阿梅尔积分得到

$$y(t)=\begin{cases}y_{st}\left(\dfrac{t}{t_1}-\dfrac{\sin\omega t}{\omega t_1}\right), & 0\leqslant t\leqslant t_1\\ y_{st}\left\{1-\dfrac{1}{\omega t_1}[\sin\omega t-\sin\omega(t-t_1)]\right\}, & t>t_1\end{cases} \tag{10.51}$$

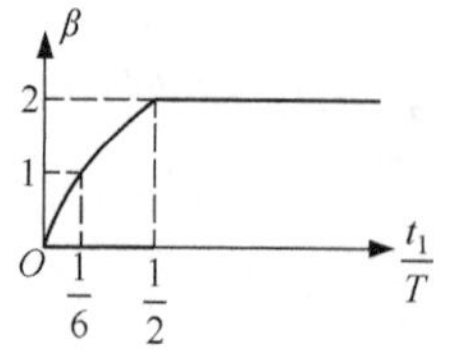

图 10.31 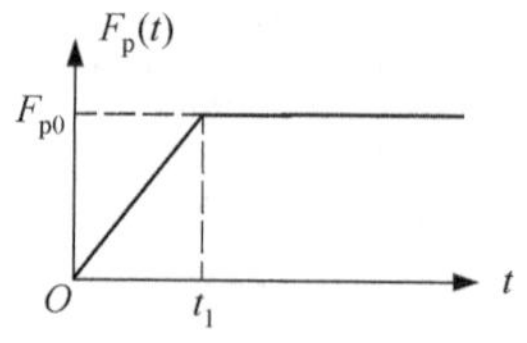　　　　　　　　　　　　图 10.32

对于这种线性渐增荷载，其动力反应与升载时间 t_1 的长短有很大的关系。动力系数

β 与升载时间和自振周期的比值 $\dfrac{t_1}{T}$ 有关，动力系数反应谱曲线如图 10.33 所示。由此图

可看出，动力系数 β 介于 1 与 2 之间。如果升载时间很短，当 $t_1 < \dfrac{T}{4}$ 时，动力系数 β 接

近于 2.0，即相当于突加荷载的情况。如果升载时间很长，当 $t_1 > 4T$ 时，动力系数 β 接

近于 1.0，即相当于静荷载的情况。在设计工作中，常以图 10.33 中外包虚线作为设计

依据。

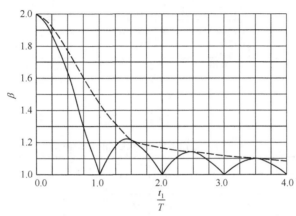

图 10.33

(4) 三角形冲击荷载。若动荷载 $F_p(t)$ 的作用时间较短(与自振周期 T 相比)而且荷载

值较大，则称为冲击荷载。工程中遇到的有些冲击

荷载，如爆炸冲击荷载[图 10.34(a)]，可以简化为三

角形冲击荷载[图 10.34(b)]，荷载表达式为

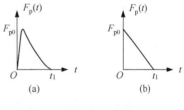

$$F_p(t) = \begin{cases} F_{p0}\left(1 - \dfrac{t}{t_1}\right), & 0 \leqslant t \leqslant t_1 \\ 0, & t > t_1 \end{cases}$$

图 10.34

在零初始条件时，三角形冲击荷载作用下单自

由度体系的位移响应可分为两个阶段，按式(10.45)杜阿梅尔积分求得，为

$$y(t) = \begin{cases} y_{st}\left[1 - \cos\omega t + \dfrac{1}{t_1}\left(\dfrac{\sin\omega t}{\omega} - t\right)\right], & 0 \leqslant t \leqslant t_1 \\ y_{st}\left\{\dfrac{1}{\omega t_1}\left[\sin\omega t - \sin\omega(t - t_1)\right] - \cos\omega t\right\}, & t > t_1 \end{cases} \tag{10.52}$$

式中，y_{st} 为将 F_{p0} 作为静力荷载作用时的静位移。

质点的最大动位移出现时间与 $\dfrac{t_1}{T}$ 的值有关。动力系数反应谱曲线如图 10.35 所示。

可以证明：当 $\dfrac{t_1}{T} \geqslant 0.371$ 时，最大位移响应发生在第一阶段($0 \leqslant t \leqslant t_1$)；当 $\dfrac{t_1}{T} < 0.371$ 时，

则发生在第二阶段($t>t_1$)的自由振动状态下。表 10.1 给出了三角形冲击荷载作用下不同 $\dfrac{t_1}{T}$ 值时的位移动力系数，当 $\dfrac{t_1}{T} \to \infty$ 时，$\beta \to 2$，即相当于突加荷载作用时的情况。

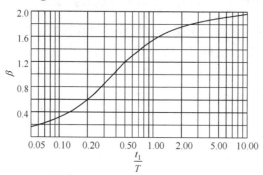

图 10.35

表 10.1　三角形冲击荷载下的动力系数

$\dfrac{t_1}{T}$	0.125	0.20	0.25	0.371	0.40	0.50	0.75	1.00	1.50	2.00	∞
β	0.39	0.60	0.73	1.00	1.05	1.20	1.42	1.55	1.69	1.76	2.00

10.5.3　有阻尼受迫振动

采用黏滞阻尼理论时，单自由度体系运动的一般方程如式(10.6)所示，即

$$m\ddot{y} + c\dot{y} + ky = F_{\mathrm{p}}(t)$$

可写为

$$\ddot{y} + 2\xi\omega\dot{y} + \omega^2 y = \frac{F_{\mathrm{p}}(t)}{m} \tag{10.53}$$

由常微分方程的理论可知，式(10.53)的通解是由相应齐次方程的通解与非齐次方程的特解之和构成的。下面分别讨论几种常见动力荷载作用下有阻尼振动体系的动力响应。

1) 简谐荷载

在式(10.53)中令 $F_{\mathrm{p}}(t) = F_{\mathrm{p0}} \sin\theta t$，即得简谐荷载作用下有阻尼单自由度体系的运动方程

$$\ddot{y} + 2\xi\omega\dot{y} + \omega^2 y = \frac{F_{\mathrm{p0}} \sin\theta t}{m} \tag{10.54}$$

对于 $\xi<1$，即低阻尼(小阻尼)情况，由 10.4.2 节可知其齐次方程的通解为

$$y(t) = \mathrm{e}^{-\xi\omega t}\left(C_1 \cos\omega_{\mathrm{r}}t + C_2 \sin\omega_{\mathrm{r}}t\right)$$

设方程的特解为

$$y(t) = B_1 \sin\theta t + B_2 \cos\theta t$$

代入式(10.54)整理可得

$$\begin{cases} B_1 = \dfrac{F_{p0}}{m} \cdot \dfrac{\omega^2 - \theta^2}{(\omega^2 - \theta^2)^2 + 4\xi^2\omega^2\theta^2} \\[4mm] B_2 = \dfrac{F_{p0}}{m} \cdot \dfrac{-2\xi\omega\theta}{(\omega^2 - \theta^2)^2 + 4\xi^2\omega^2\theta^2} \end{cases} \tag{10.55}$$

叠加运动方程式(10.54)的齐次解与特解，即其通解为

$$y(t) = \mathrm{e}^{-\xi\omega t}\left(C_1 \cos\omega_r t + C_2 \sin\omega_r t\right)$$

$$+ \frac{F_{p0}}{m} \cdot \frac{\omega^2 - \theta^2}{(\omega^2 - \theta^2)^2 + 4\xi^2\omega^2\theta^2} \sin\theta t + \frac{F_{p0}}{m} \cdot \frac{-2\xi\omega\theta}{(\omega^2 - \theta^2)^2 + 4\xi^2\omega^2\theta^2} \cos\theta t$$

式中，C_1、C_2 由初始条件确定。设 $t=0$ 时，$y(0) = y_0$，$\dot{y}(0) = v_0$，代入上式可求得

$$\begin{cases} C_1 = y_0 + \dfrac{F_{p0}}{m} \cdot \dfrac{2\xi\omega\theta}{(\omega^2 - \theta^2)^2 + 4\xi^2\omega^2\theta^2} \\[4mm] C_2 = \dfrac{v_0 + \xi\omega y_0}{\omega_r} + \dfrac{F_{p0}}{m} \cdot \dfrac{2\xi^2\omega^2 - (\omega^2 - \theta^2)}{(\omega^2 - \theta^2)^2 + 4\xi^2\omega^2\theta^2} \cdot \dfrac{\theta}{\omega_r} \end{cases} \tag{10.56}$$

故简谐荷载作用下，有阻尼单自由度体系运动的动位移为

$$y(t) = \mathrm{e}^{-\xi\omega t}\left(y_0 \cos\omega_r t + \frac{v_0 + \xi\omega y_0}{\omega_r} \sin\omega_r t \right)$$

$$+ \mathrm{e}^{-\xi\omega t} \frac{F_{p0}}{m} \cdot \frac{\theta}{(\omega^2 - \theta^2)^2 + 4\xi^2\omega^2\theta^2}\left[2\xi\omega \cos\omega_r t + \frac{2\xi^2\omega^2 - (\omega^2 - \theta^2)}{\omega_r} \sin\omega_r t \right] \tag{10.57}$$

$$+ \frac{F_{p0}}{m} \cdot \frac{1}{(\omega^2 - \theta^2)^2 + 4\xi^2\omega^2\theta^2}[(\omega^2 - \theta^2)\sin\theta t - 2\xi\omega\theta \cos\theta t]$$

由式(10.57)可知，振动由三部分组成，第一部分是由初始条件决定的自由振动；第二部分是与初始条件无关的伴生自由振动；第三部分为按动力荷载频率振动的有阻尼的稳态受迫振动。前两部分振动均含有衰减因子 $\mathrm{e}^{-\xi\omega t}$，随着时间的推移很快衰减掉。在实际问题中更关注有阻尼稳态受迫振动。

有阻尼稳态受迫振动的动位移为

$$y(t) = \frac{F_{p0}}{m} \cdot \frac{1}{(\omega^2 - \theta^2)^2 + 4\xi^2\omega^2\theta^2}[(\omega^2 - \theta^2)\sin\theta t - 2\xi\omega\theta \cos\theta t] \tag{10.58}$$

令

$$\begin{cases} \dfrac{F_{p0}}{m} \cdot \dfrac{\omega^2 - \theta^2}{(\omega^2 - \theta^2)^2 + 4\xi^2\omega^2\theta^2} = A\cos\alpha \\[4mm] \dfrac{F_{p0}}{m} \cdot \dfrac{-2\xi\omega\theta}{(\omega^2 - \theta^2)^2 + 4\xi^2\omega^2\theta^2} = -A\sin\alpha \end{cases} \tag{10.59}$$

将式(10.58)改写为

$$y(t) = A\sin(\theta t - \alpha) \tag{10.60}$$

式中，A 为有阻尼受迫振动的振幅；α 为位移与荷载之间的相位差。由式(10.59)可得

$$\begin{cases} A = \dfrac{1}{\sqrt{(\omega^2 - \theta^2)^2 + 4\xi^2\omega^2\theta^2}} \cdot \dfrac{F_{p0}}{m} \\[4mm] \alpha = \arctan\left(\dfrac{2\xi\omega\theta}{\omega^2 - \theta^2}\right) \end{cases} \tag{10.61}$$

若令频率比 $\gamma = \dfrac{\theta}{\omega}$，并将 $\omega^2 = \dfrac{k}{m}$ 代入式(10.61)，则振幅 A 可写为

$$A = \frac{1}{\sqrt{(1-\gamma^2)^2 + (2\xi\gamma)^2}} \cdot \frac{F_{p0}}{m\omega^2} = \beta y_{st} \tag{10.62}$$

式中，

$$\beta = \frac{1}{\sqrt{(1-\gamma^2)^2 + (2\xi\gamma)^2}} \tag{10.63}$$

由式(10.63)可见，动力系数 β 不仅与频率比 $\gamma = \dfrac{\theta}{\omega}$ 有关，还与阻尼比 ξ 有关。不同的阻尼比 ξ，对应的动力系数 β 与频率比 $\gamma = \dfrac{\theta}{\omega}$ 之间的关系曲线见图 10.36。相位差 α 与频率比 $\gamma = \dfrac{\theta}{\omega}$ 之间的关系曲线见图 10.37。

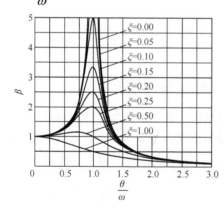

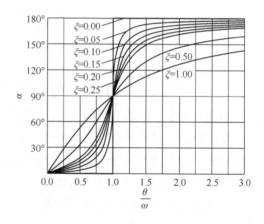

图 10.36　　　　　　　　　　　　　　　图 10.37

由以上分析可知，简谐荷载作用下有阻尼稳态振动具有以下主要特征：

(1) 阻尼对简谐荷载下的动力系数影响较大，由图 10.36 可见动力系数 β 随阻尼比 ξ 的增大而迅速减小，β 与 $\dfrac{\theta}{\omega}$ 的关系曲线渐趋平缓，特别是在 $\dfrac{\theta}{\omega} = 1$ 附近，β 的峰值下降最为显著。

(2) 在共振情况下频率比 $\gamma = \dfrac{\theta}{\omega} = 1$，代入式(10.63)可得动力系数为

$$\beta = \frac{1}{2\xi} \tag{10.64}$$

实际上，因阻尼的作用，共振时的动力系数 β 并不是最大的动力系数 $\beta_{\max}$。由式 (10.63)，利用极值条件可知，当 $\gamma=\sqrt{1-2\xi^2}$ 时，动力系数最大，为

$$\beta_{\max}=\frac{1}{2\xi\sqrt{1-\xi^2}} \tag{10.65}$$

但实际工程中 ξ 值一般很小，可以近似按式(10.64)计算 $\beta_{\max}$。

(3) 有阻尼时质点的动位移比动力荷载滞后一个相位角 α，可由式(10.61)求得。由图 10.37 可知，当 $\gamma\to 0$ 即 $\theta\ll\omega$ 时，$\alpha\to 0$，说明动位移 $y(t)$ 与简谐荷载 $F_p(t)$ 趋于同向，此时体系振动速度慢，惯性力和阻尼力很小，动荷载主要与弹性恢复力平衡。而且由图 10.36 可见，动力系数 β 趋于 1，表明可近似地将动荷载按静荷载计算。

当 $\gamma\to\infty$ 即 $\theta\gg\omega$ 时，$\alpha\to 180°$，说明动位移 $y(t)$ 与简谐荷载 $F_p(t)$ 趋于反向。此时由式(10.63)可知 $\beta\to 0$，故体系的动位移趋向于零，动内力也趋向于零。此时体系振动很快，惯性力很大，而弹性力和阻尼力较小，动荷载主要与惯性力平衡。

当 $\gamma\to 1$ 即 $\theta\approx\omega$ 时，$\alpha\to 90°$，说明动位移 $y(t)$ 与简谐荷载 $F_p(t)$ 的相位差接近 $90°$。由式(10.60)可知，此时动位移为

$$y(t)=\beta y_{st}\sin(\theta t-90°)=-\beta y_{st}\cos\theta t$$

与其相应的惯性力、弹性恢复力和阻尼力分别为

$$F_I(t)=-m\ddot{y}=-m\omega^2\beta y_{st}\cos\theta t=-k\beta y_{st}\cos\theta t$$
$$F_S(t)=-ky=k\beta y_{st}\cos\theta t$$
$$F_D(t)=-c\dot{y}=-2\xi\omega^2 m\beta y_{st}\sin\theta t=-F_p\sin\theta t$$

可见，体系共振时惯性力 $F_I(t)$ 与弹性恢复力 $F_S(t)$ 平衡，动力荷载 $F_p(t)$ 主要由阻尼力 $F_D(t)$ 平衡。

由图 10.36 可见，在 $0.75<\dfrac{\theta}{\omega}<1.25$ 共振区内，阻尼对体系的动力响应将起重要作用。当 $\theta\to\omega$ 时，因阻尼力的存在，β 值虽不等于无穷大，但还是很大的，特别是当阻尼作用较小时，共振仍是很危险的，可能导致结构的破坏。因此，在工程设计中应该注意通过调整结构的刚度和质量来控制结构的自振频率，使其不致与干扰力的频率接近，以避免产生共振。一般常使最低自振频率 ω 至少较动荷载频率 θ 大 25%~30%。

2) 一般动荷载

有阻尼体系(设 $\xi<1$)承受一般动力荷载 $F_p(t)$ 时，其动反应也表示为杜阿梅尔积分，与无阻尼体系的式(10.45)相似，推导方法也相似。

首先，由式(10.24)可知仅由初始速度 v_0 所引起的有阻尼的自由振动为

$$y(t)=e^{-\xi\omega t}\frac{v_0}{\omega_r}\sin\omega_r t$$

因此在 τ 时刻的瞬时冲量 $dS=F_p(\tau)d\tau$ 所引起的微分位移响应为

$$dy(t)=\frac{F_p(\tau)d\tau}{m\omega_r}e^{-\xi\omega(t-\tau)}\sin\omega_r(t-\tau)$$

任意荷载 $F_p(t)$ 的加载过程可看作由一系列瞬时冲量所组成。积分上式可得总的位移响应为

$$y(t) = \int_0^t \frac{F_p(\tau)}{m\omega_r} e^{-\xi\omega(t-\tau)} \sin\omega_r(t-\tau) d\tau \qquad (10.66)$$

式(10.66)即开始处于静止状态的单自由度体系在任意荷载 $F_p(t)$ 作用下所引起的有阻尼受迫振动的位移计算公式，也称为杜阿梅尔积分。

如体系还有初始位移 y_0 和初始速度 v_0，则总位移为

$$y(t) = e^{-\xi\omega t}\left(y_0\cos\omega_r t + \frac{v_0+\xi\omega y_0}{\omega_r}\sin\omega_r t \right) + \int_0^t \frac{F_p(\tau)}{m\omega_r} e^{-\xi\omega(t-\tau)} \sin\omega_r(t-\tau) d\tau \quad (10.67)$$

这就是运动微分方程式(10.53)的全解。由于阻尼的存在，式(10.67)中由初始条件引起的自由振动部分因含有衰减因子 $e^{-\xi\omega t}$，将随时间很快衰减乃至消失，最后只剩下有阻尼稳态受迫振动部分，即式(10.66)。下面具体讨论突加荷载作用下的有阻尼位移响应。

将作用于质点上的突加荷载 $F_p(t)=F_{p0}$ 代入式(10.66)，经积分可得

$$\begin{aligned} y(t) &= \frac{F_{p0}}{m\omega^2}\left[1 - e^{-\xi\omega t}\left(\cos\omega_r t + \frac{\xi\omega}{\omega_r}\sin\omega_r t \right) \right] \\ &= y_{st}\left[1 - e^{-\xi\omega t}\left(\cos\omega_r t + \frac{\xi\omega}{\omega_r}\sin\omega_r t \right) \right] \end{aligned} \qquad (10.68)$$

式(10.68)表明，质点的动位移是由荷载引起的静位移和以静力平衡位置为中心的含有简谐因子的衰减振动两部分组成的。若不考虑阻尼的影响，令阻尼比 $\xi=0$，则式(10.68)可退化为式(10.47)。

由式(10.68)可知，当 $t = \dfrac{\pi}{\omega_r}$ 时，质点的动位移最大，为

$$y_{max} = y_{st}\left(1 + e^{-\xi\omega\pi/\omega_r} \right)$$

于是，动力系数为

$$\beta = \frac{y_{max}}{y_{st}} = 1 + e^{-\xi\omega\pi/\omega_r} \qquad (10.69)$$

对于一般的建筑物，通常阻尼比 ξ 值很小，可近似取 $\omega_r \approx \omega$，因而式(10.69)可简化为

$$\beta = 1 + e^{-\xi\pi} \qquad (10.70)$$

3) 地震作用

结构的动响应除由动荷载作用引起外，也可以由结构支承点的运动而产生。地震引起的建筑物基础的运动，或者机械设备基础受邻近设备振动的影响等均属于这一类问题。地震作用的实质是地震引起的地面运动在结构中产生的惯性力，包括水平地震作用和竖向地震作用。

图10.38表示一单自由度体系在水平地震时的位移和变形示意图，其中 $y_g(t)$ 是地震引起的地面位移，为已知项；$y(t)$ 是质量为 m 的质点相对于地面的位移，是由弹性变形

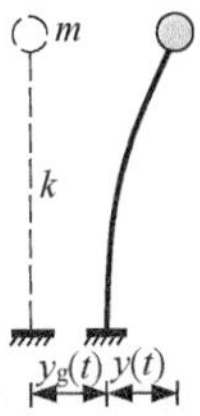

引起的未知项。质点的总水平位移(绝对位移)为 $y_g(t) + y(t)$ ，总加速度(绝对加速度)为 $\ddot{y}_g(t) + \ddot{y}(t)$ 。作用于质点上的惯性力是由绝对加速度所决定的，而弹性恢复力和阻尼力是由相对位移和相对速度决定的。根据动静法，由任一时刻的平衡条件可得质点的运动方程为

$$-m(\ddot{y} + \ddot{y}_g) - c\dot{y} - ky = 0$$

即

$$m\ddot{y} + c\dot{y} + ky = -m\ddot{y}_g \tag{10.71}$$

图 10.38

将式(10.71)与单自由度体系运动的一般方程式(10.6)比较可知，地震引起的地面运动对于体系的动力作用就相当于在质点上施加一动力荷载 $F_p(t) = -m\ddot{y}_g$ ，将其代入式(10.66)可得地震作用的位移反应为

$$y(t) = -\frac{1}{\omega_r}\int_0^t \ddot{y}_g(\tau)e^{-\xi\omega(t-\tau)}\sin\omega_r(t-\tau)\mathrm{d}\tau \tag{10.72}$$

将式(10.72)对时间求一次导数，可得

$$\dot{y}(t) = -\int_0^t \ddot{y}_g(\tau)e^{-\xi\omega(t-\tau)}\cos\omega_r(t-\tau)\mathrm{d}\tau + \frac{\xi\omega}{\omega_r}\int_0^t \ddot{y}_g(\tau)e^{-\xi\omega(t-\tau)}\sin\omega_r(t-\tau)\mathrm{d}\tau \tag{10.73}$$

考虑到 $\omega^2 = \dfrac{k}{m}$ 和 $\dfrac{c}{m} = 2\xi\omega$ ，式(10.71)可改写为

$$\ddot{y} + \ddot{y}_g = -2\xi\omega\dot{y} - \omega^2 y \tag{10.74}$$

将 $y(t)$ 与 $\dot{y}(t)$ 的表达式代入式(10.74)右端，可得总的加速度为

$$\ddot{y} + \ddot{y}_g = \int_0^t \ddot{y}_g(\tau)e^{-\xi\omega(t-\tau)}\left[2\xi\omega\cos\omega_r(t-\tau) + \frac{\omega^2(1-2\xi^2)}{\omega_r}\sin\omega_r(t-\tau)\right]\mathrm{d}\tau \tag{10.75}$$

最大值为

$$a_{max} = \left|\int_0^t \ddot{y}_g(\tau)e^{-\xi\omega(t-\tau)}\left[2\xi\omega\cos\omega_r(t-\tau) + \frac{\omega^2(1-2\xi^2)}{\omega_r}\sin\omega_r(t-\tau)\right]\mathrm{d}\tau\right|_{max} \tag{10.76}$$

在抗震设计中，有实用意义的是求地震引起的最大惯性力(即地震荷载) F_{Imax} ，为

$$F_{Imax} = ma_{max} = \frac{W}{g}a_{max} = \alpha W \tag{10.77}$$

式中，

$$\alpha = \frac{a_{max}}{g} \tag{10.78}$$

为地震影响系数，它表示单自由度体系在地震时以重力加速度 g 为单位的最大反应加速度，是抗震设计的重要参数。在求得地震荷载后，可按静力分析方法进行结构的内力和变形计算。当实际结构的阻尼比较小(如 $\xi < 0.1$ 时)，可以忽略有阻尼和无阻尼频率的差别，应用式(10.76)计算最大加速度 a_{max} 时，可取 $\omega_r \approx \omega$ 。

10.6　多自由度体系的自由振动

在实际工程中，很多振动问题可以简化为单自由度体系进行分析，但也有不少振动问题不能这样处理，而需简化为多自由度体系进行分析，如多层房屋的侧向振动、不等高排架的水平振动等。此外，有时为了满足计算精度方面的要求，也常需要将实际结构简化为多自由度体系，如分析烟囱或其他高耸构筑物的水平振动等。多自由度体系的振动分析按照建立运动方程的方法不同，也可分为柔度法和劲度法，两者各有其适用范围，可依照计算方便的原则选取。以下先分析两个自由度体系的自由振动问题，然后推广到 n 个自由度的体系。

10.6.1　柔度法

设两个自由度体系如图 10.39(a)所示，集中质量分别为 m_1 和 m_2，不计杆的质量。在振动中任一时刻各质点位移分别为 $y_1(t)$ 和 $y_2(t)$。

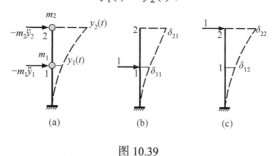

图 10.39

根据达朗贝尔原理，在自由振动过程中的任一瞬时，可将上述集中质量的动位移视为惯性力 $-m_1\ddot{y}_1$ 和 $-m_2\ddot{y}_2$ 共同作用下产生的静位移。对于线弹性体系来说，可应用叠加原理列出运动方程如下：

$$\begin{cases} y_1(t) = \delta_{11}[-m_1\ddot{y}_1(t)] + \delta_{12}[-m_2\ddot{y}_2(t)] \\ y_2(t) = \delta_{21}[-m_1\ddot{y}_1(t)] + \delta_{22}[-m_2\ddot{y}_2(t)] \end{cases} \tag{10.79}$$

式中，δ_{ij} 为柔度系数，其意义如图 10.39(b)、(c)所示。

运动微分方程式(10.79)的通解可表示为各特解之和。与单自由度体系自由振动一样，假设取特解为

$$\begin{cases} y_1(t) = Y_1 \sin(\omega t + \alpha) \\ y_2(t) = Y_2 \sin(\omega t + \alpha) \end{cases} \tag{10.80}$$

式中，Y_1、Y_2 分别为 m_1、m_2 位移的幅值；ω 为体系的自振频率。

式(10.80)表示两个质点的运动为简谐振动且具有以下特点：

(1) 在振动过程中，两质点具有相同的频率 ω 和相同的相位角 α；

(2) 在振动过程中，两质点的位移在数值上随时间而变化，但两者的比值保持不变，即

$$\frac{y_1(t)}{y_2(t)} = \frac{Y_1}{Y_2} = 常数$$

这种结构位移形状(位移模态)保持不变的振动形式称为主振型或振型。

将式(10.80)代入方程式(10.79)，消除公因子 $\sin(\omega t + \alpha)$ 后，得到

$$\begin{cases} \left(\delta_{11}m_1 - \dfrac{1}{\omega^2}\right)Y_1 + \delta_{12}m_2Y_2 = 0 \\ \delta_{21}m_1Y_1 + \left(\delta_{22}m_2 - \dfrac{1}{\omega^2}\right)Y_2 = 0 \end{cases} \tag{10.81}$$

式(10.81)为关于振幅 Y_1 和 Y_2 的齐次方程组，称为振型方程或特征向量方程。显然，$Y_1 = Y_2 = 0$ 是方程组的解，但其对应于体系处于静止状态，未发生振动。体系若发生振动，则 Y_1 和 Y_2 不全为零，即方程式(10.81)具有非零解，故其系数行列式必须为零，有

$$\begin{vmatrix} \delta_{11}m_1 - \dfrac{1}{\omega^2} & \delta_{12}m_2 \\ \delta_{21}m_1 & \delta_{22}m_2 - \dfrac{1}{\omega^2} \end{vmatrix} = 0 \tag{10.82}$$

式(10.82)称为体系的频率方程或特征方程，令 $\lambda = \dfrac{1}{\omega^2}$，代入此式并展开行列式可得

$$\lambda^2 - (\delta_{11}m_1 + \delta_{22}m_2)\lambda + (\delta_{11}\delta_{22} - \delta_{21}\delta_{12})m_1m_2 = 0 \tag{10.83}$$

式(10.83)为关于 λ 的一元二次方程，可证明此方程有两个正根，分别为

$$\lambda_{1,2} = \frac{(\delta_{11}m_1 + \delta_{22}m_2) \pm \sqrt{(\delta_{11}m_1 + \delta_{22}m_2)^2 - 4(\delta_{11}\delta_{22} - \delta_{12}\delta_{21})m_1m_2}}{2} \tag{10.84}$$

于是，可得两个自由度体系的两个自振频率分别为

$$\omega_1 = \frac{1}{\sqrt{\lambda_1}}, \qquad \omega_2 = \frac{1}{\sqrt{\lambda_2}} \tag{10.85}$$

其中较小的频率 ω_1 称为第一频率或基本频率，其对应的主振型称为第一振型或基本振型，ω_2 称为第二频率，其对应的振型称为第二振型。

由于系数行列式等于零，方程组(10.81)中的两个方程是线性相关的，只有一个独立的方程，由其中的任一方程可求得振幅 Y_1 与 Y_2 之间的比值。将第一频率 $\omega = \omega_1$ 代入式(10.81)中的第一式，记与 ω_1 相应的 m_1 和 m_2 的振幅分别为 Y_{11} 和 Y_{21}，则有

$$\frac{Y_{21}}{Y_{11}} = \frac{\dfrac{1}{\omega_1^2} - \delta_{11}m_1}{\delta_{12}m_2} = \frac{\lambda_1 - \delta_{11}m_1}{\delta_{12}m_2} \tag{10.86}$$

此时 m_1 和 m_2 的振动方程分别为

$$\begin{cases} y_1(t) = Y_{11}\sin(\omega_1 t + \alpha_1) \\ y_2(t) = Y_{21}\sin(\omega_1 t + \alpha_1) \end{cases} \tag{10.87}$$

式(10.87)为微分方程(10.79)的一个特解，其振型如图 10.40(a)所示。

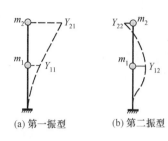

(a) 第一振型   (b) 第二振型

图 10.40

同样，将第二频率 $\omega=\omega_2$ 代入式(10.81)中的第一式，并记 m_1 和 m_2 的振幅分别为 Y_{12} 和 Y_{22} ，有

$$\frac{Y_{22}}{Y_{12}} = \frac{\dfrac{1}{\omega_2^2} - \delta_{11}m_1}{\delta_{12}m_2} = \frac{\lambda_2 - \delta_{11}m_1}{\delta_{12}m_2} \tag{10.88}$$

和

$$\begin{cases} y_1(t) = Y_{12}\sin(\omega_2 t + \alpha_2) \\ y_2(t) = Y_{22}\sin(\omega_2 t + \alpha_2) \end{cases} \tag{10.89}$$

式(10.89)为微分方程(10.79)的另一个特解，其振型如图 10.40(b)所示。

微分方程(10.79)的通解可由式(10.87)和式(10.89)表示的两个特解线性组合而成，即

$$\begin{cases} y_1(t) = Y_{11}\sin(\omega_1 t + \alpha_1) + Y_{12}\sin(\omega_2 t + \alpha_2) \\ y_2(t) = Y_{21}\sin(\omega_1 t + \alpha_1) + Y_{22}\sin(\omega_2 t + \alpha_2) \end{cases} \tag{10.90}$$

式(10.90)中四个未知常数 Y_{11} 、 Y_{12} (或 Y_{21} 、 Y_{22})和 α_1 、 α_2 可由两质量的初始位移和初速度共四个初始条件确定。

从上面的分析可归纳出多自由度体系自由振动的特点如下：

(1) 多自由度体系自振频率的个数与体系的自由度数相等，自振频率可由特征方程求出。

(2) 与单自由度体系相同，多自由度体系的自振频率及相应的主振型也是体系本身固有的动力特性，与外界因素无关。

(3) 多自由度体系的自由振动可以分解为按各自振频率下主振型进行的简谐振动，可看作不同自振频率对应的主振型的线性组合。但需注意的是，一般情况下主振型线性组合后，由式(10.90)表示的自由振动不再是简谐振动。体系能够按照某个主振型进行振动的条件是初始位移和初始速度与此主振型相一致。此时其振动形式保持不变，就如同一个单自由度体系按该主振型做简谐振动。

【例 10.8】 简支梁如图 10.41(a)所示，已知集中质量 $m_1 = m_2 = m$ ，试求其自振频率和主振型。

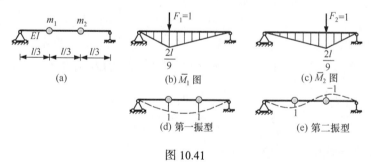

(a)   (b) $\overline{M}_1$ 图   (c) $\overline{M}_2$ 图   (d) 第一振型   (e) 第二振型

图 10.41

【解】 体系中 m_1 、 m_2 可以发生竖向振动，故具有两个振动自由度。

(1) 求柔度系数。

作出 $\overline{M}_1$ 、 $\overline{M}_2$ 图，如图 10.41(b)、(c)所示，由图乘法求得

$$\delta_{11} = \delta_{22} = \frac{4l^3}{243EI}, \qquad \delta_{12} = \delta_{21} = \frac{7l^3}{486EI}$$

(2) 求自振频率。

将柔度系数和质量代入式(10.84)得

$$\lambda_1 = (\delta_{11} + \delta_{12})m = \frac{15}{486}\frac{ml^3}{EI}, \qquad \lambda_2 = (\delta_{11} - \delta_{12})m = \frac{1}{486}\frac{ml^3}{EI}$$

则自振频率为

$$\omega_1 = \frac{1}{\sqrt{\lambda_1}} = 5.69\sqrt{\frac{EI}{ml^3}}, \qquad \omega_2 = \frac{1}{\sqrt{\lambda_2}} = 22.05\sqrt{\frac{EI}{ml^3}}$$

(3) 求主振型。

当 $\omega = \omega_1$ 时，由式(10.86)可得

$$\frac{Y_{21}}{Y_{11}} = \frac{\lambda_1 - \delta_{11}m_1}{\delta_{12}m_2} = \frac{1}{1}$$

第一振型如图 10.41(d)所示，为对称的振型。

当 $\omega = \omega_2$ 时，由式(10.88)可得

$$\frac{Y_{22}}{Y_{12}} = \frac{\lambda_2 - \delta_{11}m_1}{\delta_{12}m_2} = \frac{-1}{1}$$

第二振型如图 10.41(e)所示，为反对称的振型。

(4) 讨论。

由以上分析可知，当结构和质量分布均对称时，体系的振型必定是对称或反对称的，其中较低频率的振型对应的体系应变能较小。当体系的振型满足对称或反对称时，为简化计算，可以取半结构计算其相应的频率。

此例在求正对称第一振型的频率时，取半边结构如图 10.42(a)所示。这是一个单自由度体系，作出 $\bar{M}_1$ 图，如图 10.42(b)所示，由图乘法求得柔度系数为

$$\delta_{11} = \frac{5l^3}{162EI}$$

其自振频率为

$$\omega_1 = \sqrt{\frac{1}{m\delta_{11}}} = 5.69\sqrt{\frac{EI}{ml^3}}$$

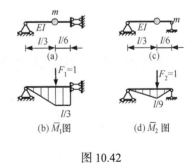

(a) (c)

(b) $\bar{M}_1$图   (d) $\bar{M}_2$图

图 10.42

在求反对称第二振型的频率时，取半边结构如图 10.42(c)所示。这也是一个单自由度体系，作出 $\bar{M}_2$ 图，如图 10.42(d)所示，由图乘法求得其柔度系数为

$$\delta_{22} = \frac{l^3}{486EI}$$

其自振频率为

$$\omega_2 = \sqrt{\frac{1}{m\delta_{22}}} = 22.05\sqrt{\frac{EI}{ml^3}}$$

【例 10.9】　试求图 10.43(a)所示体系的自振频率和主振型，已知集中质量 $m_1 = m$，$m_2 = 2m$。

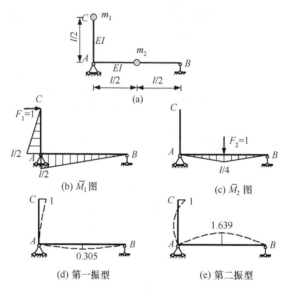

图 10.43

【解】　体系具有两个振动自由度，即 m_1 的水平振动和 m_2 的竖向振动。

(1) 求柔度系数。

作出 $\bar{M}_1$、$\bar{M}_2$ 图，如图 10.43(b)、(c)所示，由图乘法求得

$$\delta_{11} = \frac{l^3}{8EI}, \qquad \delta_{22} = \frac{l^3}{48EI}, \qquad \delta_{12} = \delta_{21} = \frac{l^3}{32EI}$$

(2) 求自振频率。

将柔度系数和质量代入式(10.84)得

$$\lambda_{1,2} = \frac{ml^3}{2EI}\left[\left(\frac{1}{8} + \frac{2}{48}\right) \pm \sqrt{\left(\frac{1}{8} + \frac{2}{48}\right)^2 - 4 \times \left(\frac{1}{8} \times \frac{1}{48} - \frac{1}{32} \times \frac{1}{32}\right) \times 2}\right]$$

即有

$$\lambda_1 = 0.1441\frac{ml^3}{EI}, \qquad \lambda_2 = 0.0226\frac{ml^3}{EI}$$

则自振频率为

$$\omega_1 = \frac{1}{\sqrt{\lambda_1}} = 2.635\sqrt{\frac{EI}{ml^3}}, \qquad \omega_2 = \frac{1}{\sqrt{\lambda_2}} = 6.653\sqrt{\frac{EI}{ml^3}}$$

(3) 求主振型。

当 $\omega = \omega_1$ 时，由式(10.86)可得

$$\frac{Y_{21}}{Y_{11}} = \frac{\lambda_1 - \delta_{11} m_1}{\delta_{12} m_2} = \frac{0.305}{1}$$

第一振型如图 10.43(d)所示。

当 $\omega = \omega_2$ 时，由式(10.88)可得

$$\frac{Y_{22}}{Y_{12}} = \frac{\lambda_2 - \delta_{11} m_1}{\delta_{12} m_2} = \frac{-1.639}{1}$$

第二振型如图 10.43(e)所示。

　　由两个自由度体系自由振动问题的分析，可以推广到 n 个自由度体系自由振动问题的分析。如图 10.44 所示的一般多自由度体系，设体系振动时任一集中质量 m_i 的位移为 y_i，则作用于该质量上的惯性力为 $F_{\mathrm{I}i} = -m_i \ddot{y}_i$。利用叠加原理列出体系自由振动的运动方程为

$$\begin{cases} y_1 = -m_1 \ddot{y}_1 \delta_{11} - m_2 \ddot{y}_2 \delta_{12} - \cdots - m_n \ddot{y}_n \delta_{1n} \\ y_2 = -m_1 \ddot{y}_1 \delta_{21} - m_2 \ddot{y}_2 \delta_{22} - \cdots - m_n \ddot{y}_n \delta_{2n} \\ \qquad\qquad\qquad \cdots\cdots \\ y_n = -m_1 \ddot{y}_1 \delta_{n1} - m_2 \ddot{y}_2 \delta_{n2} - \cdots - m_n \ddot{y}_n \delta_{nn} \end{cases} \tag{10.91}$$

式中，δ_{ij} 为柔度系数，式(10.91)可用矩阵形式表达为

$$\begin{pmatrix} y_1 \\ y_2 \\ \vdots \\ y_n \end{pmatrix} = - \begin{pmatrix} \delta_{11} & \delta_{12} & \cdots & \delta_{1n} \\ \delta_{21} & \delta_{22} & \cdots & \delta_{2n} \\ \vdots & \vdots & & \vdots \\ \delta_{n1} & \delta_{n2} & \cdots & \delta_{nn} \end{pmatrix} \begin{pmatrix} m_1 & & & \\ & m_2 & & \\ & & \ddots & \\ & & & m_n \end{pmatrix} \begin{pmatrix} \ddot{y}_1 \\ \ddot{y}_2 \\ \vdots \\ \ddot{y}_n \end{pmatrix} \tag{10.92}$$

或简写为

$$\boldsymbol{y} = -\boldsymbol{\delta M \ddot{y}} \tag{10.93}$$

式(10.93)中 $\boldsymbol{y}$ 和 $\boldsymbol{\ddot{y}}$ 分别为位移向量和加速度向量，有

$$\boldsymbol{y} = \begin{pmatrix} y_1 \\ y_2 \\ \vdots \\ y_n \end{pmatrix}, \qquad \boldsymbol{\ddot{y}} = \begin{pmatrix} \ddot{y}_1 \\ \ddot{y}_2 \\ \vdots \\ \ddot{y}_n \end{pmatrix}$$

$\boldsymbol{\delta}$ 和 $\boldsymbol{M}$ 分别为体系的柔度矩阵和质量矩阵，有

$$\boldsymbol{\delta} = \begin{pmatrix} \delta_{11} & \delta_{12} & \cdots & \delta_{1n} \\ \delta_{21} & \delta_{22} & \cdots & \delta_{2n} \\ \vdots & \vdots & & \vdots \\ \delta_{n1} & \delta_{n2} & \cdots & \delta_{nn} \end{pmatrix}, \qquad \boldsymbol{M} = \begin{pmatrix} m_1 & & & \\ & m_2 & & \\ & & \ddots & \\ & & & m_n \end{pmatrix}$$

式中，$\boldsymbol{\delta}$ 为 n 阶对称方阵；对于集中质量的体系，$\boldsymbol{M}$ 为对角矩阵。

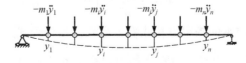

图 10.44

式(10.91)是一组齐次线性微分方程，它的通解可由其 n 个特解的线性组合得到。参照两个自由度的解法，设所有集中质量均按同一频率和同一相位做简谐振动，但振幅各不相同，即可设方程(10.91)的特解为

$$\boldsymbol{y} = \boldsymbol{Y} \sin(\omega t + \alpha) \tag{10.94}$$

式中，

$$\boldsymbol{Y} = \begin{pmatrix} Y_1 \\ Y_2 \\ \vdots \\ Y_n \end{pmatrix}$$

为位移幅值向量，称为振幅向量。

将式(10.94)代入方程式(10.91)，消除公因子 $\sin(\omega t + \alpha)$ 得到

$$\begin{cases} \left(\delta_{11} m_1 - \dfrac{1}{\omega^2} \right) Y_1 + \delta_{12} m_2 Y_2 + \cdots + \delta_{1n} m_n Y_n = 0 \\[2mm] \delta_{21} m_1 Y_1 + \left(\delta_{22} m_2 - \dfrac{1}{\omega^2} \right) Y_2 + \cdots + \delta_{2n} m_n Y_n = 0 \\[2mm] \qquad\qquad \cdots\cdots \\[2mm] \delta_{n1} m_1 Y_1 + \delta_{n2} m_2 Y_2 + \cdots + \left(\delta_{nn} m_n - \dfrac{1}{\omega^2} \right) Y_n = 0 \end{cases} \tag{10.95}$$

或写为

$$\left(\boldsymbol{\delta M} - \dfrac{1}{\omega^2} \boldsymbol{I} \right) \boldsymbol{Y} = \boldsymbol{0} \tag{10.96}$$

式(10.96)即 n 个自由度体系的振型方程，其中 $\boldsymbol{I}$ 为单位矩阵。

式(10.95)是关于振幅 $Y_1, Y_2, \cdots, Y_n$ 的一组齐次线性代数方程，其取得非零解的必要条件是方程的系数行列式等于零，即

$$\begin{vmatrix} \delta_{11} m_1 - \dfrac{1}{\omega^2} & \delta_{12} m_2 & \cdots & \delta_{1n} m_n \\[2mm] \delta_{21} m_1 & \delta_{22} m_2 - \dfrac{1}{\omega^2} & \cdots & \delta_{2n} m_n \\[1mm] \vdots & \vdots & & \vdots \\[1mm] \delta_{n1} m_1 & \delta_{n2} m_2 & \cdots & \delta_{nn} m_n - \dfrac{1}{\omega^2} \end{vmatrix} = 0 \tag{10.97}$$

或简写为

$$\left| \boldsymbol{\delta M} - \dfrac{1}{\omega^2} \boldsymbol{I} \right| = 0 \tag{10.98}$$

式(10.97)即 n 个自由度体系的频率方程或特征方程。将行列式展开可得到一个关于频率参数 $\dfrac{1}{\omega^2}$ 的 n 次代数方程，由其 n 个正实根可求得 n 个自振频率。根据工程中一般具有

较低自振频率的振型对于体系的动力响应影响较大的特点，将全部自振频率按照由小到大的顺序排列为向量 $\boldsymbol{\omega} = (\omega_1, \omega_2, \cdots, \omega_n)^{\mathrm{T}}$，称 $\boldsymbol{\omega}$ 为频率向量或频率谱，其中最小的频率，称为第一频率或基本频率(简称基频)。

由于方程式(10.95)的系数行列式为零，故不能求得振幅向量 $\boldsymbol{Y}$ 的确定值，但由其中的 $n-1$ 个方程解可得各质点振幅之间的一组比值，该组比值不随时间而变化，为体系按某一自振频率振动的主振型。将任一 ω_i 代入式(10.95)可得与 ω_i 相应的主振型向量

$$Y^{(i)} = \begin{pmatrix} Y_{1i} \\ Y_{2i} \\ \vdots \\ Y_{ni} \end{pmatrix}$$

n 个自由度体系有 n 个自振频率，相应地有 n 个主振型和主振动。这些主振动的线性组合，就构成振动微分方程式(10.91)的通解

$$y_i = Y_{1i} \sin(\omega_1 t + \alpha_1) + Y_{2i} \sin(\omega_2 t + \alpha_2) + \cdots + Y_{ni} \sin(\omega_n t + \alpha_n)$$

$$= \sum_{k=1}^{n} Y_{ki} \sin(\omega_k t + \alpha_k) \quad (i = 1, 2, \cdots, n) \tag{10.99}$$

式中有 $2n$ 个待定的常数，可由 n 个质点的初位移和初速度共 $2n$ 个初始条件确定。组合后的质点运动一般不再是简谐振动。

为了使主振型向量中的元素具有确定的值，可令其中某一个元素的值等于1(一般可规定第一个元素或最大的元素为1)，则其余元素的值可按照上述比值关系求得，这样求得的主振型称为标准化主振型。

10.6.2　劲度法

仍以与柔度法相同的两个自由度体系为例，如图 10.45(a)所示，介绍劲度法求解过程。

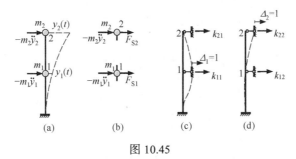

图 10.45

取体系的集中质量为隔离体，如图 10.45(b)所示，根据达朗贝尔原理可列出动力平衡方程：

$$\begin{cases} -m_1 \ddot{y}_1(t) + F_{S1} = 0 \\ -m_2 \ddot{y}_2(t) + F_{S2} = 0 \end{cases} \tag{10.100}$$

式中，F_{S1} 和 F_{S2} 分别为体系作用于质量 m_1 和 m_2 上的弹性力，与相应位移的方向相反。

对于线弹性体系，这种弹性力可按叠加原理表示为

$$\begin{cases} F_{S1} = -(k_{11}y_1 + k_{12}y_2) \\ F_{S2} = -(k_{21}y_1 + k_{22}y_2) \end{cases} \tag{10.101}$$

式中，k_{ij} 为体系的劲度系数，表示 j 处支座链杆发生单位位移时在 i 处支座链杆上产生的反力，如图 10.45(c)、(d)所示。

将式(10.101)代入式(10.100)可得

$$\begin{cases} m_1 \ddot{y}_1(t) + k_{11}y_1(t) + k_{12}y_2(t) = 0 \\ m_2 \ddot{y}_2(t) + k_{21}y_1(t) + k_{22}y_2(t) = 0 \end{cases} \tag{10.102}$$

式(10.102)即按劲度法建立的无阻尼自由振动的运动微分方程。

假设方程(10.102)的特解形式仍为

$$\begin{cases} y_1(t) = Y_1 \sin(\omega t + \alpha) \\ y_2(t) = Y_2 \sin(\omega t + \alpha) \end{cases} \tag{10.103}$$

将式(10.103)代入方程(10.102)，消去公因子 $\sin(\omega t + \alpha)$ 后得

$$\begin{cases} (k_{11} - \omega^2 m_1)Y_1 + k_{12}Y_2 = 0 \\ k_{21}Y_1 + (k_{22} - \omega^2 m_2)Y_2 = 0 \end{cases} \tag{10.104}$$

式(10.104)即用劲度法得到的振型方程或称特征向量方程，它仍是一组关于振幅 Y_1 和 Y_2 的齐次线性代数方程。方程取得非零解的必要条件是系数行列式等于零，即

$$\begin{vmatrix} k_{11} - \omega^2 m_1 & k_{12} \\ k_{21} & k_{22} - \omega^2 m_2 \end{vmatrix} = 0 \tag{10.105}$$

式(10.105)即劲度法的频率方程或特征方程。由此可求得体系的自振频率 ω_1 和 ω_2，将其代入振型方程(10.104)即可求得相应的振型，其结果与采用柔度法时相同。

对于一般多自由度体系，采用劲度法可得其自由振动的运动方程为

$$\begin{cases} m_1 \ddot{y}_1 + k_{11}y_1 + k_{12}y_2 + \cdots + k_{1n}y_n = 0 \\ m_2 \ddot{y}_2 + k_{21}y_1 + k_{22}y_2 + \cdots + k_{2n}y_n = 0 \\ \qquad\qquad \cdots\cdots \\ m_n \ddot{y}_n + k_{n1}y_1 + k_{n2}y_2 + \cdots + k_{nn}y_n = 0 \end{cases} \tag{10.106}$$

或写为

$$\boldsymbol{M}\ddot{\boldsymbol{y}} + \boldsymbol{K}\boldsymbol{y} = \boldsymbol{0} \tag{10.107}$$

式中，

$$\boldsymbol{K} = \begin{pmatrix} k_{11} & k_{12} & \cdots & k_{1n} \\ k_{21} & k_{22} & \cdots & k_{2n} \\ \vdots & \vdots & & \vdots \\ k_{n1} & k_{n2} & \cdots & k_{nn} \end{pmatrix}$$

为体系的劲度矩阵，是一个 n 阶对称方阵。

运动方程式(10.106)仍是一组齐次线性微分方程，它的通解可由其 n 个特解的线性

组合得到。

将特解 $y = Y\sin(\omega t + \alpha)$ 代入方程(10.106)并消除公因子 $\sin(\omega t + \alpha)$ 得到

$$\begin{cases} (k_{11} - m_1\omega^2)Y_1 + k_{12}m_2Y_2 + \cdots + k_{1n}m_nY_n = 0 \\ k_{21}m_1Y_1 + (k_{22} - m_2\omega^2)Y_2 + \cdots + k_{2n}m_nY_n = 0 \\ \cdots\cdots \\ k_{n1}m_1Y_1 + k_{n2}m_2Y_2 + \cdots + (k_{nn} - m_n\omega^2)Y_n = 0 \end{cases} \tag{10.108}$$

或写为

$$(\boldsymbol{K} - \omega^2\boldsymbol{M})\boldsymbol{Y} = \boldsymbol{0} \tag{10.109}$$

式(10.108)即 n 个自由度体系的劲度法振型方程。振幅向量 $\boldsymbol{Y}$ 取得非零解的必要条件是方程的系数行列式等于零，即

$$\begin{vmatrix} k_{11} - m_1\omega^2 & k_{12}m_2 & \cdots & k_{1n}m_n \\ k_{21}m_1 & (k_{22} - m_2\omega^2) & \cdots & k_{2n}m_n \\ \vdots & \vdots & & \vdots \\ k_{n1}m_1 & k_{n2}m_2 & \cdots & k_{nn} - m_n\omega^2 \end{vmatrix} = 0 \tag{10.110}$$

或简写为

$$\left| \boldsymbol{K} - \omega^2\boldsymbol{M} \right| = 0 \tag{10.111}$$

式(10.110)或式(10.111)即 n 个自由度体系的劲度法频率方程或特征方程。展开行列式，可得到一个关于参数 ω^2 的 n 次代数方程。与柔度法类似，由其 n 个正实根，可求得 n 个自振频率，并可确定其相应的 n 个主振型。

若利用柔度矩阵与劲度矩阵互为逆矩阵的关系，即

$$\boldsymbol{K} = \boldsymbol{\delta}^{-1} \tag{10.112}$$

将 $\boldsymbol{\delta}^{-1}$ 左乘以柔度法的振动方程式(10.93)，即可得到劲度法的振动方程式(10.107)。同样利用式(10.112)，可以方便地转换劲度法与柔度法中的振型方程和频率方程。

【例 10.10】 试用劲度法求图 10.46(a)所示三层对称刚架的自振频率和振型。设横梁为无限刚性，体系的质量全部集中在各横梁上。

【解】 此刚架振动时各横梁不能发生竖向移动和转动，只能做水平移动，故只有三个自由度。

(1) 求劲度系数。

图 10.46(b)～(d)所示为各层横梁分别发生单位侧移时，附加支座链杆上产生的反力。由此可求得结构的劲度系数分别为

$$k_{11} = \frac{144EI}{l^3} , \qquad k_{22} = \frac{72EI}{l^3} , \qquad k_{33} = \frac{24EI}{l^3}$$

$$k_{12} = k_{21} = -\frac{48EI}{l^3} , \qquad k_{23} = k_{32} = -\frac{24EI}{l^3} , \qquad k_{13} = k_{31} = 0$$

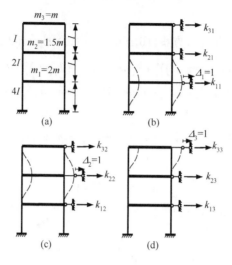

图 10.46

(2) 求自振频率。

体系的劲度矩阵和质量矩阵分别为

$$\boldsymbol{K} = \frac{24EI}{l^3}\begin{pmatrix} 6 & -2 & 0 \\ -2 & 3 & -1 \\ 0 & -1 & 1 \end{pmatrix}, \qquad \boldsymbol{M} = m\begin{pmatrix} 2 & 0 & 0 \\ 0 & 1.5 & 0 \\ 0 & 0 & 1 \end{pmatrix}$$

若令 $\eta = \dfrac{ml^3}{24EI}\omega^2$，则有

$$\boldsymbol{K} - \omega^2\boldsymbol{M} = \frac{24EI}{l^3}\begin{pmatrix} 6-2\eta & -2 & 0 \\ -2 & 3-1.5\eta & -1 \\ 0 & -1 & 1-\eta \end{pmatrix}$$

将上式代入式(10.109)可得体系的振型方程

$$\begin{pmatrix} 6-2\eta & -2 & 0 \\ -2 & 3-1.5\eta & -1 \\ 0 & -1 & 1-\eta \end{pmatrix}\begin{pmatrix} Y_1 \\ Y_2 \\ Y_3 \end{pmatrix} = \boldsymbol{0}$$

体系的频率方程为

$$\begin{vmatrix} 6-2\eta & -2 & 0 \\ -2 & 3-1.5\eta & -1 \\ 0 & -1 & 1-\eta \end{vmatrix} = 0$$

解得方程的三个根为

$$\eta_1 = 0.392, \qquad \eta_2 = 1.774, \qquad \eta_3 = 3.834$$

再由 $\eta = \dfrac{ml^3}{24EI}\omega^2$，可求得三个自振频率分别为

$$\omega_1 = 3.067\sqrt{\frac{EI}{ml^3}}\,, \qquad \omega_2 = 6.525\sqrt{\frac{EI}{ml^3}}\,, \qquad \omega_3 = 9.592\sqrt{\frac{EI}{ml^3}}$$

(3) 求主振型。

将 $\eta_1 = 0.392, \eta_2 = 1.774, \eta_3 = 3.834$ 分别代入振型方程的前两式，并假设 $Y_{1i} = 1$，可求得标准化主振型如下：

$$\boldsymbol{Y}^{(1)} = \begin{pmatrix} Y_{11} \\ Y_{21} \\ Y_{31} \end{pmatrix} = \begin{pmatrix} 1 \\ 2.608 \\ 4.290 \end{pmatrix}, \qquad \boldsymbol{Y}^{(2)} = \begin{pmatrix} Y_{12} \\ Y_{22} \\ Y_{32} \end{pmatrix} = \begin{pmatrix} 1 \\ 1.226 \\ -1.584 \end{pmatrix}, \qquad \boldsymbol{Y}^{(3)} = \begin{pmatrix} Y_{13} \\ Y_{23} \\ Y_{33} \end{pmatrix} = \begin{pmatrix} 1 \\ -0.834 \\ 0.294 \end{pmatrix}$$

(4) 讨论。

第一、二、三振型的形态分别如图 10.47(a)～(c)所示。由图可看出，一般频率越高，振型的形状也越复杂。通常，当某一个质点受外力作用而其余质点不受外力作用时，各质点的位移方向即第一振型中各质点位移方向。如图 10.47(a)所示，无论哪一个质点受到向右的水平力作用，三个质点的位移方向均向右。

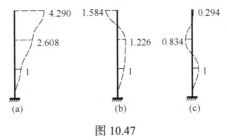

图 10.47

10.6.3　主振型的正交性

由多自由度体系的自由振动分析可知，n 个自由度的体系具有 n 个自振频率及 n 个主振型。记第 i、j 主振型向量分别为 $\boldsymbol{Y}^{(i)}$、$\boldsymbol{Y}^{(j)}$，自振频率分别为 ω_i、ω_j，由式(10.109)有

$$\boldsymbol{KY}^{(i)} = \omega_i^2 \boldsymbol{MY}^{(i)} \tag{10.113}$$

$$\boldsymbol{KY}^{(j)} = \omega_j^2 \boldsymbol{MY}^{(j)} \tag{10.114}$$

对式(10.113)两边左乘 $\left[\boldsymbol{Y}^{(j)}\right]^{\mathrm{T}}$，对式(10.114)两边左乘 $\left[\boldsymbol{Y}^{(i)}\right]^{\mathrm{T}}$，则有

$$\left[\boldsymbol{Y}^{(j)}\right]^{\mathrm{T}} \boldsymbol{KY}^{(i)} = \omega_i^2 \left[\boldsymbol{Y}^{(j)}\right]^{\mathrm{T}} \boldsymbol{MY}^{(i)} \tag{10.115}$$

$$\left[\boldsymbol{Y}^{(i)}\right]^{\mathrm{T}} \boldsymbol{KY}^{(j)} = \omega_j^2 \left[\boldsymbol{Y}^{(i)}\right]^{\mathrm{T}} \boldsymbol{MY}^{(j)} \tag{10.116}$$

由于 $\boldsymbol{K}$ 和 $\boldsymbol{M}$ 均为对称矩阵，故 $\boldsymbol{K}^{\mathrm{T}} = \boldsymbol{K}$，$\boldsymbol{M}^{\mathrm{T}} = \boldsymbol{M}$，将式(10.115)两边整体转置，有

$$\left[\boldsymbol{Y}^{(i)}\right]^{\mathrm{T}} \boldsymbol{KY}^{(j)} = \omega_i^2 \left[\boldsymbol{Y}^{(i)}\right]^{\mathrm{T}} \boldsymbol{MY}^{(j)} \tag{10.117}$$

将式(10.117)减去式(10.116)可得

$$\left(\omega_i^2 - \omega_j^2\right)\left[\boldsymbol{Y}^{(i)}\right]^{\mathrm{T}} \boldsymbol{MY}^{(j)} = 0$$

当 $i \neq j$ 时， $\omega_i \neq \omega_j$ ，则有

$$\left[\boldsymbol{Y}^{(i)}\right]^{\mathrm{T}} \boldsymbol{M} \boldsymbol{Y}^{(j)} = 0 \qquad (10.118)$$

这表明，对于质量矩阵 $\boldsymbol{M}$ ，不同频率的两个主振型是彼此正交的。这就是主振型之间的第一正交关系。将此关系代入式(10.116)可得

$$\left[\boldsymbol{Y}^{(i)}\right]^{\mathrm{T}} \boldsymbol{K} \boldsymbol{Y}^{(j)} = 0 \qquad (10.119)$$

可见，对于刚度矩阵 $\boldsymbol{K}$ ，不同频率的两个主振型也是彼此正交的，这是主振型之间的第二正交关系。对于只有集中质量的结构，由于质量矩阵 $\boldsymbol{M}$ 是对角矩阵，故式 (10.118)比式(10.119)要简单一些。主振型的正交性也是结构本身固有的特性，它不仅可以用来简化结构的动力计算，而且可以用来检验所求得的主振型是否正确。

【例 10.11】 试验算例 10.10 所得主振型的正交性。

【解】 (1) 确定主振型。

由例 10.10 求得的各标准化主振型为

$$\boldsymbol{Y}^{(1)} = \begin{pmatrix} Y_{11} \\ Y_{21} \\ Y_{31} \end{pmatrix} = \begin{pmatrix} 1 \\ 2.608 \\ 4.290 \end{pmatrix}, \qquad \boldsymbol{Y}^{(2)} = \begin{pmatrix} Y_{12} \\ Y_{22} \\ Y_{32} \end{pmatrix} = \begin{pmatrix} 1 \\ 1.226 \\ -1.584 \end{pmatrix}, \qquad \boldsymbol{Y}^{(3)} = \begin{pmatrix} Y_{13} \\ Y_{23} \\ Y_{33} \end{pmatrix} = \begin{pmatrix} 1 \\ -0.834 \\ 0.294 \end{pmatrix}$$

(2) 验证正交关系。

因为第二正交性可利用第一正交性推导得到，以下仅验算第一正交性。

体系的质量矩阵为

$$\boldsymbol{M} = m \begin{pmatrix} 2 & 0 & 0 \\ 0 & 1.5 & 0 \\ 0 & 0 & 1 \end{pmatrix}$$

于是

$$\left[\boldsymbol{Y}^{(1)}\right]^{\mathrm{T}} \boldsymbol{M} \boldsymbol{Y}^{(2)} = \begin{pmatrix} 1 & 2.608 & 4.290 \end{pmatrix} \begin{pmatrix} 2m & & \\ & 1.5m & \\ & & m \end{pmatrix} \begin{pmatrix} 1 \\ 1.226 \\ -1.584 \end{pmatrix}$$

$$= 1 \times 2m \times 1 + 2.608 \times 1.5m \times 1.226 - 4.290 \times m \times 1.584 = 0.000752m \approx 0$$

$$\left[\boldsymbol{Y}^{(1)}\right]^{\mathrm{T}} \boldsymbol{M} \boldsymbol{Y}^{(3)} = \begin{pmatrix} 1 & 2.608 & 4.290 \end{pmatrix} \begin{pmatrix} 2m & & \\ & 1.5m & \\ & & m \end{pmatrix} \begin{pmatrix} 1 \\ -0.834 \\ 0.294 \end{pmatrix}$$

$$= 1 \times 2m \times 1 - 2.608 \times 1.5m \times 0.834 + 4.290 \times m \times 0.294 = -0.001348m \approx 0$$

$$\left[\boldsymbol{Y}^{(2)}\right]^{\mathrm{T}} \boldsymbol{M} \boldsymbol{Y}^{(3)} = \begin{pmatrix} 1 & 1.226 & -1.584 \end{pmatrix} \begin{pmatrix} 2m & & \\ & 1.5m & \\ & & m \end{pmatrix} \begin{pmatrix} 1 \\ -0.834 \\ 0.294 \end{pmatrix}$$

$$= 1 \times 2m \times 1 - 1.226 \times 1.5m \times 0.834 - 1.584 \times m \times 0.294 = 0.000578m \approx 0$$

最后说明一下主振型正交性的物理意义。

体系按第 i 阶和第 j 阶主振型做简谐振动时的动位移可表示为

$$\boldsymbol{y}^{(i)} = \boldsymbol{Y}^{(i)} \sin(\omega_i t + \alpha_i)$$
$$\boldsymbol{y}^{(j)} = \boldsymbol{Y}^{(j)} \sin(\omega_j t + \alpha_j)$$

在任一时刻 t，相应于主振型 $\boldsymbol{Y}^{(j)}$ 做自由振动时各质点的惯性力为

$$F_{Ij} = -\omega_j^2 \boldsymbol{M} \boldsymbol{Y}^{(j)} \sin(\omega_j t + \alpha_j)$$

在从 t 时刻开始的时间微段 $\mathrm{d}t$ 内，相应于主振型 $\boldsymbol{Y}^{(i)}$ 做自由振动时各质点的动位移为

$$\mathrm{d}\boldsymbol{y}^{(i)} = \frac{\mathrm{d}\boldsymbol{y}^{(i)}}{\mathrm{d}t}\mathrm{d}t = \omega_i \boldsymbol{Y}^{(i)} \cos(\omega_i t + \alpha_i)\mathrm{d}t$$

因此在时间段 $\mathrm{d}t$ 内，第 j 主振型的惯性力在第 i 主振型的位移上所做的功为

$$\mathrm{d}W = -\omega_j^2 \omega_i \left[\boldsymbol{Y}^{(i)}\right]^{\mathrm{T}} \boldsymbol{M} \boldsymbol{Y}^{(j)} \sin(\omega_j t + \alpha_j)\cos(\omega_i t + \alpha_i)\mathrm{d}t$$

由第一正交关系式可知，$\mathrm{d}W = 0$。这表明在多自由度体系自由振动时，相应于某一主振型的惯性力不会在其他主振型上做功。这就是第一正交性的物理意义。同理，第二正交性的物理意义是相应于某一主振型的弹性力不会在其他主振型上做功。可见，相应某一主振型做简谐振动的能量不会转移到其他主振型上去。

10.7　多自由度体系的受迫振动

与单自由度体系一样，在动荷载作用下多自由度体系的受迫振动开始也存在一个过渡阶段，由于阻尼的存在，很快就进入平稳阶段，讨论平稳阶段的受迫振动对于工程实际更为重要。以下先讨论多自由度体系在简谐荷载作用下的无阻尼受迫振动问题，然后利用振型分解法讨论多自由度体系在任意动力荷载作用下的有阻尼受迫振动问题。

10.7.1　简谐荷载作用下的受迫振动

多自由度体系受迫振动时的运动方程仍可采用柔度法或劲度法建立。以下先介绍柔度法。

图 10.48(a)表示无分布质量的简支梁上有 n 个集中质量的振动体系，梁上任意位置受到 k 个同步的简谐荷载 $F_{\mathrm{p}1}^0 \sin\theta t$，$F_{\mathrm{p}2}^0 \sin\theta t, \cdots, F_{\mathrm{p}k}^0 \sin\theta t$ 作用。与自由振动不同的是结构除受到 n 个质点的惯性力作用外，还受到 k 个动力荷载的作用。

体系中任一质点的动位移 y_i 可根据叠加原理表示为

$$y_i = \sum_{j=1}^{n} \delta_{ij} F_{Ij} + \Delta_{iF}^0 \sin\theta t \quad (i = 1, 2, \cdots, n) \tag{10.120}$$

式中，δ_{ij} 为体系的柔度系数；$F_{Ij} = -m_j \ddot{y}_j$ 为作用于各质点上的惯性力；Δ_{iF}^0 为各动力荷载同时达到最大值时，即各简谐荷载的幅值同时作用时第 i 个质点的静位移，如图 10.48(b)所示，由叠加法可得

$$\varDelta_{iF}^0 = \sum_{j=1}^{k} \delta_{ij} F_{pj}^0$$

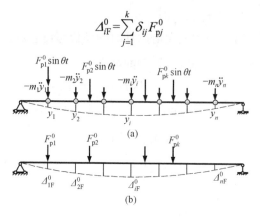

图 10.48

在式(10.120)中，将 $F_{Ij} = -m_j\ddot{y}_j$ 代入，可写出多自由度体系在简谐荷载作用下受迫振动的运动方程为

$$\begin{cases} m_1\ddot{y}_1\delta_{11} + m_2\ddot{y}_2\delta_{12} + \cdots + m_n\ddot{y}_n\delta_{1n} + y_1 = \varDelta_{1F}^0\sin\theta t \\ m_1\ddot{y}_1\delta_{21} + m_2\ddot{y}_2\delta_{22} + \cdots + m_n\ddot{y}_n\delta_{2n} + y_2 = \varDelta_{2F}^0\sin\theta t \\ \qquad\qquad\cdots\cdots \\ m_1\ddot{y}_1\delta_{n1} + m_2\ddot{y}_2\delta_{n2} + \cdots + m_n\ddot{y}_n\delta_{nn} + y_n = \varDelta_{nF}^0\sin\theta t \end{cases} \tag{10.121}$$

写成矩阵形式，有

$$\boldsymbol{\delta M}\ddot{\boldsymbol{y}} + \boldsymbol{y} = \varDelta_F^0\sin\theta t \tag{10.122}$$

式中，$\ddot{\boldsymbol{y}}$ 和 $\boldsymbol{y}$ 分别为位移向量和加速度向量；$\boldsymbol{\delta}$ 和 $\boldsymbol{M}$ 分别为体系的柔度矩阵和质量矩阵；$\varDelta_F^0$ 为简谐荷载幅值引起的静位移向量。

运动微分方程组(10.121)的通解由相应齐次方程的通解与非齐次方程的特解两部分构成。齐次解反映了体系的自由振动，由于实际阻尼的作用将很快衰减掉；非齐次特解反映了平稳阶段的纯受迫振动，对实际工程问题更为重要。

设在平稳阶段各质点均按干扰力的频率 θ 做同步简谐振动，即特解的形式为

$$y_i = Y_i\sin\theta t \quad (i = 1, 2, \cdots, n) \tag{10.123}$$

式中，Y_i 为质点的振幅。将式(10.123)及其对时间的二阶导数代入式(10.121)，并消去公因子 $\sin\theta t$，可得

$$\begin{cases} \left(\delta_{11}m_1 - \dfrac{1}{\theta^2}\right)Y_1 + \delta_{12}m_2Y_2 + \cdots + \delta_{1n}m_nY_n + \dfrac{\varDelta_{1F}^0}{\theta^2} = 0 \\ \delta_{11}m_1Y_1 + \left(\delta_{22}m_2 - \dfrac{1}{\theta^2}\right)Y_2 + \cdots + \delta_{2n}m_nY_n + \dfrac{\varDelta_{2F}^0}{\theta^2} = 0 \\ \qquad\qquad\cdots\cdots \\ \delta_{n1}m_nY_1 + \delta_{n2}m_2Y_2 + \cdots + \left(\delta_{nn}m_n - \dfrac{1}{\theta^2}\right)Y_n + \dfrac{\varDelta_{nF}^0}{\theta^2} = 0 \end{cases} \tag{10.124}$$

或写为

$$\left(\boldsymbol{\delta M}-\frac{1}{\theta^2}\boldsymbol{I}\right)\boldsymbol{Y}+\frac{1}{\theta^2}\boldsymbol{\Delta}_{\mathrm{F}}^0=\boldsymbol{0}\tag{10.125}$$

式中，$\boldsymbol{I}$ 为单位矩阵；$\boldsymbol{Y}$ 为振幅向量。

求解线性代数方程式(10.124)，即可得各质点在纯受迫振动中的动位移幅值。将求得的各动位移幅值代入式(10.123)，可得各质点的振动方程。

各质点的惯性力为

$$F_{\mathrm{I}i}=-m_i\ddot{y}_i=m_iY_i\theta^2\sin\theta t=F_{\mathrm{I}i}^0\sin\theta t\tag{10.126}$$

式中，

$$F_{\mathrm{I}i}^0=m_iY_i\theta^2\tag{10.127}$$

为质点的惯性力幅值。

由式(10.123)、式(10.126)及干扰力的表达式可见，质点的动位移、惯性力与干扰力都同时达到幅值。因此，可以将惯性力幅值及干扰力幅值作为静荷载同时作用于体系上，按照静力法计算体系最大动位移和内力幅值。

当 $\theta=\omega_i(i=1,2,\cdots,n)$，即干扰力的频率与某一个自振频率相等时，由式(10.97)可知，式(10.124)的系数行列式等于零，此时动位移、惯性力及内力的幅值均为无穷大，出现共振现象。实际上由于存在阻尼，振幅等量值不会为无穷大，但这对结构仍是很危险的，应注意避免。

将式(10.124)各项乘以 θ^2，并注意到式(10.127)的关系，得到关于各惯性力幅值的一组线性代数方程

$$\begin{cases}\left(\delta_{11}-\dfrac{1}{m_1\theta^2}\right)F_{\mathrm{I}1}^0+\delta_{12}F_{\mathrm{I}2}^0+\cdots+\delta_{1n}F_{\mathrm{I}n}^0+\Delta_{\mathrm{1F}}^0=0\\[2mm]\delta_{11}F_{\mathrm{I}1}^0+\left(\delta_{22}-\dfrac{1}{m_2\theta^2}\right)F_{\mathrm{I}2}^0+\cdots+\delta_{2n}F_{\mathrm{I}n}^0+\Delta_{\mathrm{2F}}^0=0\\[2mm]\qquad\qquad\qquad\cdots\cdots\\[2mm]\delta_{n1}F_{\mathrm{I}1}^0+\delta_{n2}F_{\mathrm{I}2}^0+\cdots+\left(\delta_{nn}-\dfrac{1}{m_n\theta^2}\right)F_{\mathrm{I}n}^0+\Delta_{n\mathrm{F}}^0=0\end{cases}\tag{10.128}$$

或写为

$$\left(\boldsymbol{\delta}-\frac{1}{\theta^2}\boldsymbol{M}^{-1}\right)\boldsymbol{F}_{\mathrm{I}}^0+\boldsymbol{\Delta}_{\mathrm{F}}^0=\boldsymbol{0}\tag{10.129}$$

解方程(10.128)可求得各质点在纯受迫振动中的惯性力幅值，并进而利用式(10.127)求得各质点的动位移幅值。

以上是按照柔度法求解，下面再给出按劲度法求解的有关公式。对于图 10.49 所示 n 个自由度的集中质量体系，干扰力均作用在质点上，各质点上作用的简谐荷载分别为 $F_{\mathrm{p}1}^0\sin\theta t,F_{\mathrm{p}2}^0\sin\theta t,\cdots,F_{\mathrm{p}n}^0\sin\theta t$，仿照自由振动时运动方程(10.106)的建立过程，可得体

系的动力平衡方程如下：

$$\begin{cases} m_1\ddot{y}_1 + k_{11}y_1 + k_{12}y_2 + \cdots + k_{1n}y_n = F_{p1}^0 \sin\theta t \\ m_2\ddot{y}_2 + k_{21}y_1 + k_{22}y_2 + \cdots + k_{2n}y_n = F_{p2}^0 \sin\theta t \\ \qquad\qquad\cdots\cdots \\ m_n\ddot{y}_n + k_{n1}y_1 + k_{n2}y_2 + \cdots + k_{nn}y_n = F_{pn}^0 \sin\theta t \end{cases} \tag{10.130}$$

写为矩阵形式为

$$M\ddot{y} + Ky = F_p^0 \sin\theta t \tag{10.131}$$

仍设方程(10.130)特解的形式为

$$y_i = Y_i \sin\theta t \quad (i = 1, 2, \cdots, n)$$

代入方程(10.130)并消去公因子 $\sin\theta t$，可得

$$\begin{cases} (k_{11} - m_1\theta^2)Y_1 + k_{12}Y_2 + \cdots + k_{1n}Y_n = F_{p1}^0 \\ k_{21}Y_1 + (k_{22} - m_2\theta^2)Y_2 + \cdots + k_{2n}Y_n = F_{p2}^0 \\ \qquad\qquad\cdots\cdots \\ k_{n1}Y_1 + k_{n2}Y_2 + \cdots + (k_{nn} - m_n\theta^2)Y_n = F_{pn}^0 \end{cases} \tag{10.132}$$

或写为矩阵形式

$$(K - \theta^2 M)Y = F \tag{10.133}$$

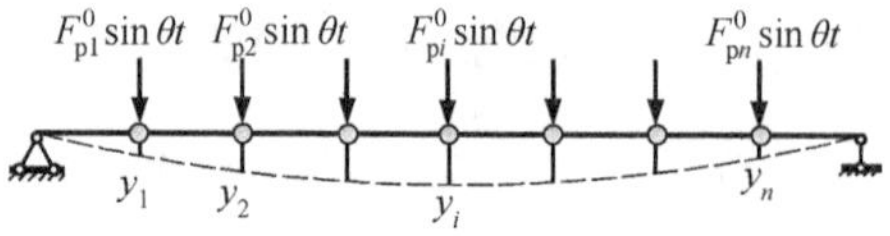

图 10.49

解方程式(10.132)即可求得各质点的动位移幅值，并可按式(10.127)求得相应的惯性力幅值。前已指出，由于位移、惯性力与干扰力同时达到最大值，故可将惯性力和干扰力幅值作为静荷载同时作用于体系上，以计算最大动位移和内力。

需要注意的式式(10.132)所示劲度法动位移幅值方程只适用于简谐集中荷载直接作用于质点上的情况。当有简谐集中荷载不是作用于质点上时，可假设简谐集中荷载作用处存在一质量为零的质点，然后再套用式(10.132)；当有简谐分布荷载作用时，则需先转化为作用于质点上的等效简谐集中荷载，或者是采用柔度法求解。

【例 10.12】   试求图 10.50(a)所示刚架的最大动力弯矩图及质点的最大动位移。设 $\theta = \sqrt{\dfrac{48EI}{ml^3}}$，刚架质量已集中于两质点处。

【解】   此刚架有 2 个动力自由度，即质点 1 的竖向振动和质点 2 的水平振动。由于简谐荷载不作用在质点上，宜采用柔度法求解。

(1) 求柔度系数。

在质点 1 和质点 2 处分别施加一单位力，用力矩分配法或位移法作出单位弯矩

图 $\bar{M}_1$ 和 $\bar{M}_2$ 图，如图 10.50(b)、(c)所示，同样可作出均布简谐荷载幅值 q 作用下的弯矩图 M_F^0 图，如图 10.50(d)所示。利用图乘法，得

$$\delta_{11}=\delta_{22}=\frac{11l^3}{1536EI},\qquad \delta_{21}=\delta_{12}=-\frac{l^3}{512EI},\qquad \Delta_{1F}^0=\frac{ql^4}{256EI},\qquad \Delta_{2F}^0=-\frac{ql^4}{768EI}$$

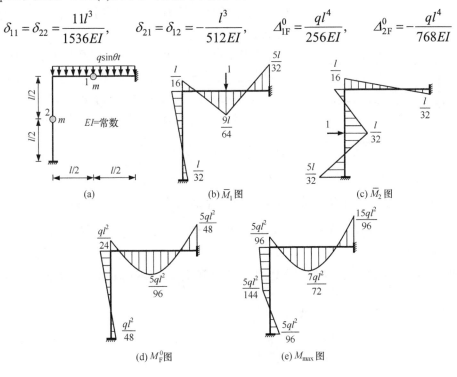

图 10.50

(2) 求惯性力幅值。

将上述系数及 $\dfrac{1}{m\theta^2}=\dfrac{l^3}{48EI}$ 代入式(10.128)，并消去公因子 $\dfrac{l^3}{EI}$ 后得

$$\begin{cases}\left(\dfrac{11}{1536}-\dfrac{1}{48}\right)F_{I1}^0-\dfrac{1}{512}F_{I2}^0+\dfrac{ql}{256}=0\\[3mm] -\dfrac{1}{512}F_{I1}^0+\left(\dfrac{11}{1536}-\dfrac{1}{48}\right)F_{I2}^0-\dfrac{ql}{768}=0\end{cases}$$

解得

$$F_{I1}^0=\frac{11ql}{36},\qquad F_{I2}^0=-\frac{5ql}{36}$$

(3) 求最大动弯矩与动位移。

将惯性力幅值与简谐荷载幅值按静荷载同时作用于刚架，利用叠加原理，由 $M_{\max}=\bar{M}_1F_{I1}^0+\bar{M}_2F_{I2}^0+M_F^0$ 可作出最大动力弯矩图 $M_{\max}$ 图，如图 10.50(e)所示。

质点处的最大动位移由式(10.127)可得

$$Y_1=\frac{F_{I1}^0}{m\theta^2}=\frac{11}{1728}\frac{ql^4}{EI},\qquad Y_2=\frac{F_{I2}^0}{m\theta^2}=-\frac{5}{1728}\frac{ql^4}{EI}$$

(4) 讨论。

当简谐荷载反向达到最大值(即 $\sin\theta = -1$)时，M_F^0 图反向，惯性力幅值 F_{I1}^0、F_{I2}^0 变号，各截面的最大动力弯矩均同时反号，质点处的最大动位移也反号。

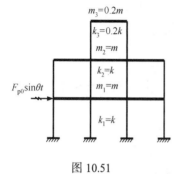

图 10.51

【例 10.13】　图 10.51 所示三层刚架各横梁为无限刚性，刚架的质量全部集中在横梁上，分别为 $m_1 = m_2 = m$，$m_3 = 0.2m$；各层间侧移劲度 $k_1 = k_2 = k$，$k_3 = 0.2k$。第一层横梁上作用有水平简谐荷载 $F_p(t) = F_{p0}\sin\theta t$。设 $\theta = \sqrt{\dfrac{k}{m}}$，试求各层横梁的振幅。

【解】　(1) 求劲度系数。

各层横梁分别发生单位侧移时体系的劲度系数可参照例 10.10 求得，分别为

$$k_{11} = 2k，\quad k_{22} = 1.2k，\quad k_{33} = 0.2k，\quad k_{12} = k_{21} = -k，\quad k_{23} = k_{32} = -0.2k，\quad k_{13} = k_{31} = 0$$

(2) 求振幅。

将以上劲度系数、各层横梁上的质量值和简谐荷载幅值代入动位移幅值方程 (10.132)，并考虑到 $\theta = \sqrt{\dfrac{k}{m}}$，可得

$$\begin{cases} \left(2k - m \cdot \dfrac{k}{m}\right)Y_1 - kY_2 = F_{p0} \\[2mm] -kY_1 + \left(1.2k - m \cdot \dfrac{k}{m}\right)Y_2 - 0.2kY_3 = 0 \\[2mm] -0.2kY_2 + \left(0.2k - 0.2m \cdot \dfrac{k}{m}\right)Y_3 = 0 \end{cases}$$

解此方程可得位移振幅为

$$Y_1 = \frac{F_{p0}}{k}，\qquad Y_2 = 0，\qquad Y_3 = -\frac{5F_{p0}}{k}$$

(3) 讨论。

从以上结果可见，刚架稳态振动时第三层横梁的振幅是第一层的 5 倍，而第二层横梁处于静止状态。第三层横梁的振幅较大，故第三层柱所承受的动弯矩和动剪力将远大于第一、二层柱。引起以上情况的原因是刚架在第二层横梁处层间侧移劲度发生了突变，上部结构的刚度显著变小。这种建筑物顶部的刚度突然减小使其在动力作用下的动位移、动内力的幅值成倍增大的现象称为鞭梢效应，在建筑物的抗震设计中应予以充分注意，并采取相应的措施。

另外，当 $\theta = \sqrt{\dfrac{k}{m}}$ 时，第二层横梁的振幅 $Y_2 = 0$，说明附加上部质量反而可以减小甚至消除以下一层横梁的振动，这就是动力吸振器或动力阻尼器的工作原理。

*10.7.2　一般动荷载作用下的受迫振动——振型分解法

对一般动荷载作用下的有阻尼受迫振动，其振动方程只需在式(10.131)的左边增加代表黏滞阻尼力作用的项 Cy，并将简谐荷载改为一般动荷载，即

$$M\ddot{y} + C\dot{y} + Ky = F_{\mathrm{p}}(t) \tag{10.134}$$

式中，$\dot{y} = (\dot{y}_1, \dot{y}_2, \cdots, \dot{y}_n)^{\mathrm{T}}$ 为质点运动的速度向量；C 为黏滞阻尼矩阵，有

$$C = \begin{pmatrix} C_{11} & C_{12} & \cdots & C_{1n} \\ C_{21} & C_{22} & \cdots & C_{2n} \\ \vdots & \vdots & & \vdots \\ C_{n1} & C_{n2} & \cdots & C_{nn} \end{pmatrix}$$

其中，元素 C_{ij} 称为黏滞阻尼系数，它表示第 j 个质点运动速度等于 1 时在第 i 个质点的位移方向所引起的阻尼力。

由于在通常情况下体系的弹性矩阵 K 或 δ 甚至质量矩阵 M 并不都是对角矩阵，所得的运动方程是一组相互耦联的微分方程。在求解一般动力荷载作用下或需考虑阻尼影响的动力响应时，求解联立微分方程组是十分困难的。为了使计算得到简化，可以采用坐标变换的手段来解除方程的耦联。

前面讨论多自由度体系的自由振动和受迫振动时，建立的多自由度体系振动微分方程中均以各质点的位移为基本未知量，其位移向量 $y = (y_1, y_2, \cdots, y_n)^{\mathrm{T}}$ 称为几何坐标。

根据线性代数中有关坐标变换的规则，以相互正交的主振型向量为基底，可将几何坐标表示为

$$y = Y\eta \tag{10.135}$$

式中，$\eta = (\eta_1, \eta_2, \cdots, \eta_n)^{\mathrm{T}}$ 为正则坐标；$Y = \left(Y^{(1)}, Y^{(2)}, \cdots, Y^{(n)}\right)$ 为以体系的 n 个主振型向量为列所构成的主振型矩阵，也是正则坐标与几何坐标之间的转换矩阵。

展开式(10.135)可得

$$y = Y^{(1)}\eta_1 + Y^{(2)}\eta_2 + \cdots + Y^{(n)}\eta_n \tag{10.136}$$

式(10.136)的意义就是将质点的动位移向量按主振型进行分解，而正则坐标 η 中的各元素则相当于其中各主振型的权系数。

为便于将运动方程解耦，在实际计算中通常采用瑞利(Rayleigh)阻尼假定，认为黏滞阻尼矩阵 C 是体系的质量矩阵 M 和劲度矩阵 K 的线性组合，即

$$C = aM + bK \tag{10.137}$$

式中，a 和 b 为两个特定的常数。这样，主振型与黏滞阻尼矩阵 C 之间也就具有了正交性。

将式(10.135)及其对时间的一阶和二阶导数代入式(10.134)表示的运动方程，可以得到以正则坐标 η 表示的运动方程

$$MY\ddot{\eta} + CY\dot{\eta} + KY\eta = F_p(t) \tag{10.138}$$

用 Y^T 左乘式(10.138)得

$$Y^T MY\ddot{\eta} + Y^T CY\dot{\eta} + Y^T KY\eta = Y^T F_p(t) \tag{10.139}$$

利用主振型的正交性，很容易证明式(10.139)中 $Y^T MY$ 和 $Y^T KY$ 均是对角矩阵。事实上，

$$Y^T MY = \begin{bmatrix} \left[Y^{(1)}\right]^T \\ \left[Y^{(2)}\right]^T \\ \vdots \\ \left[Y^{(n)}\right]^T \end{bmatrix} M \begin{pmatrix} Y^{(1)} & Y^{(2)} & \cdots & Y^{(n)} \end{pmatrix}$$

$$= \begin{pmatrix} \left[Y^{(1)}\right]^T MY^{(1)} & \left[Y^{(1)}\right]^T MY^{(2)} & \cdots & \left[Y^{(1)}\right]^T MY^{(n)} \\ \left[Y^{(2)}\right]^T MY^{(1)} & \left[Y^{(2)}\right]^T MY^{(2)} & \cdots & \left[Y^{(2)}\right]^T MY^{(n)} \\ \vdots & \vdots & & \vdots \\ \left[Y^{(n)}\right]^T MY^{(1)} & \left[Y^{(n)}\right]^T MY^{(2)} & \cdots & \left[Y^{(n)}\right]^T MY^{(n)} \end{pmatrix} \tag{10.140}$$

由第一正交关系即式(10.118)可知，式(10.140)右端矩阵中所有非对角线上的元素均为零，因而只剩下主对角线上的元素。令

$$\bar{M}_i = \left[Y^{(i)}\right]^T MY^{(i)}$$

为相应于第 i 个主振型的广义质量。于是式(10.140)可写为

$$Y^T MY = \begin{pmatrix} \bar{M}_1 & & & \\ & \bar{M}_2 & & \\ & & \ddots & \\ & & & \bar{M}_n \end{pmatrix} = \bar{M} \tag{10.141}$$

显然，$\bar{M}$ 是一个对角矩阵，称为广义质量矩阵。

同理，可证明 $Y^T KY$ 也是对角矩阵，并将其表示为

$$Y^T KY = \begin{pmatrix} \bar{K}_1 & & & \\ & \bar{K}_2 & & \\ & & \ddots & \\ & & & \bar{K}_n \end{pmatrix} = \bar{K} \tag{10.142}$$

其主对角线上任一元素为

$$\bar{K}_i = \left[Y^{(i)}\right]^T KY^{(i)}$$

称为相应于第 i 个主振型的广义劲度系数，对角矩阵 $\bar{K}$ 则称为广义劲度矩阵。

由式(10.137)可证明 $Y^T CY$ 也为对角矩阵，显然

$$Y^T CY = Y^T(aM + bK)Y = aY^T MY + bY^T KY = a\bar{M} + b\bar{K} = \bar{C}$$

故

$$\bar{C}=\begin{pmatrix}\bar{C}_1 & & & \\ & \bar{C}_2 & & \\ & & \ddots & \\ & & & \bar{C}_n\end{pmatrix}=\begin{pmatrix}a\bar{M}_1+b\bar{K}_1 & & & \\ & a\bar{M}_2+b\bar{K}_2 & & \\ & & \ddots & \\ & & & a\bar{M}_n+b\bar{K}_n\end{pmatrix} \quad (10.143)$$

其主对角线上任一元素为

$$\bar{C}_i=a\bar{M}_i+b\bar{K}_i \quad (10.144)$$

称为相应于第 i 个主振型的广义黏滞阻尼系数，对角矩阵 $\bar{C}$ 则称为广义黏滞阻尼矩阵。

最后将等式(10.139)的右端记为

$$\bar{F}_\mathrm{p}(t)=Y^\mathrm{T}F_\mathrm{p}(t)=\begin{pmatrix}Y_1^\mathrm{T}F_\mathrm{p}(t) \\ Y_2^\mathrm{T}F_\mathrm{p}(t) \\ \vdots \\ Y_n^\mathrm{T}F_\mathrm{p}(t)\end{pmatrix}=\begin{pmatrix}\bar{F}_{\mathrm{p}1}(t) \\ \bar{F}_{\mathrm{p}2}(t) \\ \vdots \\ \bar{F}_{\mathrm{p}n}(t)\end{pmatrix} \quad (10.145)$$

称为广义荷载向量，向量中的元素 $\bar{F}_{\mathrm{p}i}(t)$ 称为相应于第 i 个主振型的广义荷载。

将式(10.141)～式(10.143)及式(10.145)代入式(10.139)即得到 n 个用正则坐标表示的相互独立、无耦联关系的运动方程

$$\bar{M}_i\ddot{\eta}_i+\bar{C}_i\dot{\eta}_i+\bar{K}_i\eta_i=\bar{F}_{\mathrm{p}i}(t) \quad (i=1,2,\cdots,n) \quad (10.146)$$

这里每一个方程均与单自由度体系的运动方程具有相同的数学形式。于是，就可以按照与解决单自由度问题同样的方法求得关于各正则坐标的动力响应。将式(10.146)两边除以 $\bar{M}_i$，可得

$$\ddot{\eta}_i+2\xi_i\omega_i\dot{\eta}_i+\omega_i^2\eta_i=\frac{\bar{F}_{\mathrm{p}i}(t)}{\bar{M}_i} \quad (i=1,2,\cdots,n) \quad (10.147)$$

式中，

$$\omega_i^2=\frac{\bar{K}_i}{\bar{M}_i} \quad (i=1,2,\cdots,n) \quad (10.148)$$

$$\xi_i=\frac{\bar{C}_i}{2\bar{M}_i\omega_i} \quad (i=1,2,\cdots,n) \quad (10.149)$$

ω_i 和 ξ_i 分别称为第 i 个自振频率和与其相应的广义黏滞阻尼比。

与单自由度问题一样，方程(10.147)可用杜阿梅尔积分求得正则坐标 $\eta_i(t)$ 的响应。当初始条件为零时，有

$$\eta_i(t)=\frac{1}{\bar{M}_i\omega_{\mathrm{r}i}}\int_0^t\bar{F}_{\mathrm{p}i}(\tau)\mathrm{e}^{-\xi_i\omega_i(t-\tau)}\sin\omega_{\mathrm{r}i}(t-\tau)\mathrm{d}\tau \quad (i=1,2,\cdots,n) \quad (10.150)$$

式中，

$$\omega_{\mathrm{r}i}=\omega_i\sqrt{1-\xi_i^2} \quad (i=1,2,\cdots,n) \quad (10.151)$$

为按第 i 主振型分量做有阻尼自由振动时的角频率。当无阻尼存在时，则有

$$\eta_i(t) = \frac{1}{\bar{M}_i \omega_i} \int_0^t \bar{F}_{\mathrm{p}i}(\tau) \sin \omega_i(t - \tau) \mathrm{d}\tau \quad (i = 1, 2, \cdots, n) \tag{10.152}$$

在求得各正则坐标 $\eta_1(t), \eta_2(t), \cdots, \eta_n(t)$ 之后，即可按照式(10.135)求得体系的几何坐标，即各质点的动位移 $y_1(t), y_2(t), \cdots, y_n(t)$。

对于有阻尼受迫振动来说，将式(10.144)及式(10.148)代入式(10.149)可得

$$\xi_i = \frac{1}{2}\left(\frac{a}{\omega_i} + b\omega_i\right) \quad (i = 1, 2, \cdots, n) \tag{10.153}$$

为确定待定的两个常数 a 和 b，需建立两个独立的方程，因而需要已知两个振型的阻尼比。这通常通过试验测得，或参照经验数据估计，或由相关规范规程给定。一般是将第一和第二振型的阻尼比 ξ_1 和 ξ_2 及与之对应的频率 ω_1 和 ω_2 分别代入式(10.153)并联立求解，可得

$$\begin{cases} a = \dfrac{2\omega_1\omega_2(\xi_1\omega_2 - \xi_2\omega_1)}{\omega_2^2 - \omega_1^2} \\[3mm] b = \dfrac{2(\xi_2\omega_2 - \xi_1\omega_1)}{\omega_2^2 - \omega_1^2} \end{cases} \tag{10.154}$$

确定了 a、b 之后，就可以按式(10.153)计算其余振型的阻尼比。

上述以体系自由振动时的主振型为基底来描述质量的动位移，利用质量矩阵与刚度矩阵的正交性，将相互耦联的运动方程转变成 n 个相互独立的振动微分方程的方法，称为振型分解法。采用振型分解法求解多自由度体系动力响应的主要步骤如下。

(1) 求自振频率 ω_i 和振型 $\boldsymbol{Y}^{(i)}$ ($i = 1, 2, \cdots, n$)。当有阻尼时先确定 ξ_1 和 ξ_2，并按式(10.154)确定常数 a、b，再由式(10.153)确定其他各振型的阻尼比。

(2) 计算广义质量和广义荷载。

$$\begin{cases} \bar{M}_i = \left[\boldsymbol{Y}^{(i)}\right]^{\mathrm{T}} \boldsymbol{M} \boldsymbol{Y}^{(i)} \\[3mm] \bar{F}_{\mathrm{p}i}(t) = \left[\boldsymbol{Y}^{(i)}\right]^{\mathrm{T}} \boldsymbol{F}_{\mathrm{p}}(t) \end{cases} \quad (i = 1, 2, \cdots, n) \tag{10.155}$$

(3) 参照单自由度求解方法，求解正则坐标表示的振动微分方程。

$$\ddot{\eta} + 2\xi_i\omega_i\dot{\eta} + \omega_i^2\eta = \frac{\bar{F}_{\mathrm{p}i}(t)}{\bar{M}_i} \quad (i = 1, 2, \cdots, n) \tag{10.156}$$

(4) 计算几何坐标。由 $\boldsymbol{y} = \boldsymbol{Y}\boldsymbol{\eta}$ 求出各质量的位移 $y_1, y_2, \cdots, y_n$，然后即可计算其他的动力反应(如加速度、惯性力和动内力等)。

以上振型分解法的实质是将质点的动位移 $\boldsymbol{y}(t)$ 分解为以正则坐标为权系数的各主振型的叠加，故也称为振型叠加法或正则坐标法。因为这一方法是基于叠加原理的，所以对非线性振动体系不适用。

【例 10.14】 图 10.52 所示结构为例 10.10 中三层对称刚架在各横梁处受到水平方向的突加荷载

$$F_p(t) = \begin{cases} 0, & t < 0 \\ (4F_{p0}, \quad 2F_{p0}, \quad F_{p0})^T, & t \geqslant 0 \end{cases}$$

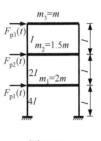

图 10.52

作用，试求各层柱顶位移。考虑阻尼影响，并已知 $\xi_1 = \xi_2 = 0.05$。

【解】　(1) 由例 10.10 可知自振频率和振型为

$$\omega_1 = 3.067\sqrt{\frac{EI}{ml^3}} , \quad \omega_2 = 6.525\sqrt{\frac{EI}{ml^3}} , \quad \omega_3 = 9.592\sqrt{\frac{EI}{ml^3}}$$

$$Y = \begin{pmatrix} 1 & 1 & 1 \\ 2.608 & 1.226 & -0.834 \\ 4.290 & -1.584 & 0.294 \end{pmatrix}$$

(2) 计算广义质量和广义荷载。

利用式(10.155)可得

$$\bar{M}_1 = \left[Y^{(1)} \right]^T M Y^{(1)} = m \begin{pmatrix} 1 \\ 2.608 \\ 4.290 \end{pmatrix}^T \begin{pmatrix} 2 & 0 & 0 \\ 0 & 1.5 & 0 \\ 0 & 0 & 1 \end{pmatrix} \begin{pmatrix} 1 \\ 2.608 \\ 4.290 \end{pmatrix} = 30.607m$$

$$\bar{F}_{p1}(t) = \left[Y^{(1)} \right]^T F_p(t) = F_{p0} \begin{pmatrix} 1 \\ 2.608 \\ 4.290 \end{pmatrix}^T \begin{pmatrix} 4 \\ 2 \\ 1 \end{pmatrix} = 13.506 F_{p0}$$

类似计算得

$$\bar{M}_2 = 6.764m , \qquad \bar{M}_3 = 3.130m$$

$$\bar{F}_{p2}(t) = 4.868F_{p0} , \qquad \bar{F}_{p3}(t) = 2.626F_{p0}$$

(3) 计算阻尼比。

先将已知的 ω_1、ω_2 和 ξ_1、ξ_2 代入式(10.154)求得

$$a = \frac{2 \times 3.067 \times 6.525 \times 0.05 \times (6.525 - 3.067)}{6.525^2 - 3.067^2} \sqrt{\frac{EI}{ml^3}} = 0.2086 \sqrt{\frac{EI}{ml^3}}$$

$$b = \frac{2 \times 0.05 \times (6.525 - 3.067)}{6.525^2 - 3.067^2} \sqrt{\frac{ml^3}{EI}} = 0.0104 \sqrt{\frac{ml^3}{EI}}$$

再将已知的 ω_3 和 a、b 代入式(10.153)求得

$$\xi_3 = \frac{1}{2}\left(\frac{a}{\omega_3} + b\omega_3 \right) = \frac{1}{2}\left(\frac{0.2086}{9.592} + 0.0104 \times 9.592 \right) = 0.061$$

(4) 求正则坐标。

正则坐标表示的振动微分方程为

$$\ddot{\eta} + 2\xi_i \omega_i \dot{\eta} + \omega_i^2 \eta = \frac{\bar{F}_{pi}(t)}{\bar{M}_i} \quad (i = 1, 2, 3)$$

参照式(10.68)，可得

$$\eta_1 = \frac{\bar{F}_{p1}(t)}{\bar{M}_1 \omega_1^2}\left[1 - e^{-\xi_1 \omega_1 t}\left(\cos \omega_{r1} t + \frac{\xi_1 \omega_1}{\omega_{r1}} \sin \omega_{r1} t \right) \right]$$

$$= \frac{13.506 F_{p0}}{30.607 m \omega_1^2}\left[1 - e^{-\xi_1 \omega_1 t}\left(\cos \omega_{r1} t + \frac{\xi_1 \omega_1}{\omega_{r1}} \sin \omega_{r1} t \right) \right]$$

$$= \frac{0.441 F_{p0}}{m \omega_1^2}\left[1 - e^{-\xi_1 \omega_1 t}\left(\cos \omega_{r1} t + \frac{\xi_1 \omega_1}{\omega_{r1}} \sin \omega_{r1} t \right) \right]$$

同理可得

$$\eta_2 = \frac{0.720 F_{p0}}{m \omega_2^2}\left[1 - e^{-\xi_2 \omega_2 t}\left(\cos \omega_{r2} t + \frac{\xi_2 \omega_2}{\omega_{r2}} \sin \omega_{r2} t \right) \right]$$

$$\eta_3 = \frac{0.839 F_{p0}}{m \omega_3^2}\left[1 - e^{-\xi_3 \omega_3 t}\left(\cos \omega_{r3} t + \frac{\xi_3 \omega_3}{\omega_{r3}} \sin \omega_{r3} t \right) \right]$$

以上各式中

$$\omega_{r1} = \omega_1 \sqrt{1 - \xi_1^2} = 3.067 \times \sqrt{1 - 0.05^2} = 3.063 \sqrt{\frac{EI}{ml^3}}$$

$$\omega_{r2} = \omega_2 \sqrt{1 - \xi_2^2} = 6.517 \sqrt{\frac{EI}{ml^3}}, \qquad \omega_{r3} = \omega_3 \sqrt{1 - \xi_3^2} = 9.574 \sqrt{\frac{EI}{ml^3}}$$

(5) 求各层柱顶位移。

利用式(10.135)有

$$\begin{pmatrix} y_1 \\ y_2 \\ y_3 \end{pmatrix} = \begin{pmatrix} 1 & 1 & 1 \\ 2.608 & 1.226 & -0.834 \\ 4.290 & -1.584 & 0.294 \end{pmatrix}\begin{pmatrix} \eta_1 \\ \eta_2 \\ \eta_3 \end{pmatrix}$$

*10.8　无限自由度体系的自由振动

实际结构一般都是质量连续分布的变形体,严格意义上属于无限自由度体系。为了解决实际问题,可通过各种途径将其简化为单自由度或有限自由度体系进行计算,以得出近似结果。但是,这种计算对于弹性体系在动力荷载作用下的描述是不完整的。较精确的计算是按无限自由度体系进行分析,并由此可以了解近似算法的应用范围和精确程度。此外,对某种类型的结构(如等截面直杆)来说,直接按无限自由度体系计算也有其方便之处。

在无限自由度体系的动力计算中,体系的运动方程除包含时间变量外,还需包含位置变量,因此体系的运动方程是偏微分方程。现以等截面直杆的弯曲振动为例,讨论无限自由度体系的振动方程及其特性。

图 10.53(a)所示等截面直杆受分布荷载 $q(x)$ 作用,由材料力学可知,其挠曲线近似微分方程为

$$EI\frac{d^2y}{dx^2}=-M(x) \tag{10.157}$$

弯矩 $M(x)$ 与荷载集度 $q(x)$ 之间的关系为

$$\frac{d^2M(x)}{dx^2}=-q(x) \tag{10.158}$$

对式(10.157)两边求二阶导数，并利用关系式(10.158)，有

$$EI\frac{d^4y}{dx^4}=q(x) \tag{10.159}$$

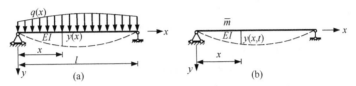

图 10.53

图 10.53(b)所示等截面直杆，设梁单位长度上的质量为 $\bar{m}$ 。当梁发生弯曲振动时，其弹性曲线上任一点的动位移 $y(x,t)$ 是横坐标 x 和时间 t 这两个独立变量的函数。在自由振动的情况下，梁上唯一的动力荷载就是惯性力，即

$$q(x,t)=-\bar{m}\frac{\partial^2y}{\partial t^2}$$

参照式(10.159)可写出等截面直杆弯曲自由振动时的运动方程为

$$EI\frac{\partial^4y}{\partial x^4}+\bar{m}\frac{\partial^2y}{\partial t^2}=0 \tag{10.160}$$

这是一个偏微分方程，可用分离变量法来求解。设挠度 $y(x)$ 的解是两个函数的乘积，其中一个只与变量 x 有关，另一个只与 t 有关，即设

$$y(x,t)=Y(x)T(t) \tag{10.161}$$

也就是说，这里所设的振动是一种单自由度的振动。在不同时刻 t ，弹性曲线的形状不变，只是幅度在变。这里 $Y(x)$ 表示曲线形状， $T(t)$ 表示位移幅度随时间变化的规律。将式(10.161)代入式(10.160)，即得

$$EI\frac{d^4Y(x)}{dx^4}T(t)+\bar{m}Y(x)\frac{d^2T(t)}{dt^2}=0$$

或写为

$$\frac{EI}{\bar{m}}\frac{d^4Y(x)}{dx^4}\cdot\frac{1}{Y(x)}=-\frac{d^2T(t)}{dt^2}\cdot\frac{1}{T(t)}$$

上式左边与 t 无关，右边与 x 无关，要使等式恒成立，它们必须等于同一常数。以 ω^2 表示该常数，则偏微分方程(10.160)可分解为两个常微分方程

$$\ddot{T}(t)+\omega^2T(t)=0 \tag{10.162}$$

$$\frac{\mathrm{d}^4 Y(x)}{\mathrm{d}x^4} - \lambda^4 Y(x) = 0 \qquad (10.163)$$

其中,

$$\lambda^4 = \frac{\overline{m}\omega^2}{EI}\left(\text{或}\ \omega = \lambda^2\sqrt{\frac{EI}{\overline{m}}}\right) \qquad (10.164)$$

式(10.162)的通解为

$$T(t) = C_1 \sin\omega t + C_2 \cos\omega t$$

或

$$T(t) = a\sin(\omega t + \alpha)$$

于是方程式(10.160)的解可表示为

$$y(x,t) = Y(x)\sin(\omega t + \alpha) \qquad (10.165)$$

这里,常数 a 已并入待定函数 $Y(x)$ 中。由式(10.165)可见,自由振动是以 ω 为频率的简谐振动,$Y(x)$ 是其振幅曲线,称为振型函数。

根据常微分方程理论,式(10.163)的通解可表示为

$$Y(x) = C_1 \cosh\lambda x + C_2 \sinh\lambda x + C_3 \cos\lambda x + C_4 \sin\lambda x \qquad (10.166)$$

利用边界条件,可以写出关于待定常数 $C_1 \sim C_4$ 的四个齐次线性代数方程。为了求得非零解,要求方程组的系数行列式为零,这就得到用以确定 λ 的特征方程。λ 确定后,由式(10.164)可求得自振频率 ω。对于无限自由度体系,特征方程为一超越方程,有无限多个根,因而有无限多个自振频率 $\omega_n(n=1,2,\cdots)$。对于每一个自振频率,可求出一组 $C_1 \sim C_4$ 的比值,于是由式(10.166)便得到相应的主振型 $Y_n(x)$。根据功的互等定理,上述无限自由度体系主振型的第一和第二正交条件可分别表示为

$$\int_0^l Y_i(x)Y_j(x)\mathrm{d}x = 0 \quad (i \neq j) \qquad (10.167)$$

和

$$\int_0^l \frac{\mathrm{d}^4 Y_j(x)}{\mathrm{d}x^4} Y_i(x)\mathrm{d}x = 0 \quad (i \neq j) \qquad (10.168)$$

方程(10.160)的全解为各特解的线性组合,可表示为

$$y(x,t) = \sum_{n=1}^{\infty} a_n Y_n(x)\sin(\omega_n t + \alpha_n) \qquad (10.169)$$

其中的待定常数 a_n 和 α_n 需由初始条件确定。

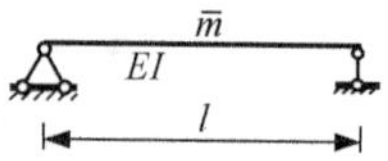

【例 10.15】　试求图 10.54 所示均质等截面直杆简支梁的自振频率和主振型。

图 10.54

【解】　左端的边界条件为

$$Y(0) = 0, \qquad Y''(0) = 0$$

代入式(10.166)可解得 $C_1 = C_3 = 0$。振幅曲线简化为

$$Y(x) = C_2 \sinh \lambda x + C_4 \sin \lambda x \qquad\qquad\text{(a)}$$

右端的边界条件为

$$Y(l) = 0, \qquad Y''(l) = 0$$

代入式(a)得

$$\begin{cases} C_2 \sinh \lambda l + C_4 \sin \lambda l = 0 \\ C_2 \sinh \lambda l - C_4 \sin \lambda l = 0 \end{cases} \qquad\qquad\text{(b)}$$

式(b)应有非零解，故其行列式等于零，即

$$\begin{vmatrix} \sinh \lambda l & \sin \lambda l \\ \sinh \lambda l & -\sin \lambda l \end{vmatrix} = 0$$

将行列式展开，得

$$\sinh \lambda l \cdot \sin \lambda l = 0$$

其中，$\sinh \lambda l = 0$ 的解为 $\lambda = 0$，对应着 $Y(x) = 0$，非所求解。故特征方程为

$$\sin \lambda l = 0 \qquad\qquad\text{(c)}$$

它有无限多个根

$$\lambda_n = \frac{n\pi}{l} \qquad (n = 1, 2, \cdots)$$

对应着无限多个自振频率

$$\omega_n = \frac{n^2 \pi^2}{l^2} \sqrt{\frac{EI}{\overline{m}}} \qquad (n = 1, 2, \cdots)$$

对每一个 ω_n 都有与之对应的主振型 $Y_n(x)$。将式(c)代入式(b)中的任一式可得 $C_2 = 0$，代回式(a)得

$$Y_n(x) = C_4 \sin \frac{n\pi x}{l} \qquad (n = 1, 2, \cdots)$$

10.9　近似法求自振频率

随着结构自由度的增多，计算自振频率的工作量也随之加大。但对于许多工程实际问题，较为重要的通常是结构前几个较低的自振频率。因为频率越高，振动速度越快，阻尼的影响也就越大，相应于高频率的振动也就越不易出现。故一般基频和较低频率所对应的主振型对结构动力响应的影响较大，更加受到工程上的关注。基于这种原因，用近似法计算结构的较低频率以简化计算就成为必要了。以下先介绍能量法，再介绍集中质量法。

10.9.1　能量法求第一频率——瑞利(Rayleigh)法

瑞利法是建立在能量守恒定律的基础上的。一个无阻尼的弹性体系在自由振动过程中的总能量(即应变能与动能之和)应保持不变。

以等截面梁的自由振动为例，由 10.8 节可知，其动位移可表示为

$$y(x,t) = Y(x)\sin(\omega t + \alpha) \tag{10.170}$$

梁上任一点运动速度可表示为

$$\dot{y}(x,t) = Y(x)\omega\cos(\omega t + \alpha) \tag{10.171}$$

梁在自由振动时的弯曲应变能为

$$V_\varepsilon = \frac{1}{2}\int_0^l EI\left(\frac{\partial^2 y}{\partial x^2}\right)^2 \mathrm{d}x = \frac{1}{2}\sin^2(\omega t + \alpha)\int_0^l EI[Y''(x)]^2 \mathrm{d}x \tag{10.172}$$

动能为

$$T = \frac{1}{2}\int_0^l \bar{m}(x)\big[\dot{y}(x,t)\big]^2 \mathrm{d}x = \frac{1}{2}\omega^2\cos^2(\omega t + \alpha)\int_0^l \bar{m}(x)Y^2(x)\mathrm{d}x \tag{10.173}$$

由式(10.170)～式(10.173)可知：当 $\sin(\omega t + \alpha) = 0$ 时，位移和应变能为零，速度和动能为最大值，体系的总能量即最大动能为

$$T_{\max} = \frac{1}{2}\omega^2\int_0^l \bar{m}(x)Y^2(x)\mathrm{d}x \tag{10.174}$$

当 $\cos(\omega t + \alpha) = 0$ 时，速度和动能为零，位移和应变能为最大值，体系的总能量即最大应变能为

$$V_{\varepsilon\max} = \frac{1}{2}\int_0^l EI[Y''(x)]^2 \mathrm{d}x \tag{10.175}$$

根据能量守恒定律可知

$$V_{\varepsilon\max} = T_{\max} \tag{10.176}$$

由此可得

$$\omega^2 = \frac{\displaystyle\int_0^l EI[Y''(x)]^2 \mathrm{d}x}{\displaystyle\int_0^l \bar{m}[Y(x)]^2 \mathrm{d}x} \tag{10.177}$$

式(10.177)就是瑞利法求等截面梁自振频率的公式。若梁上还有集中质量 m_i ($i = 1,2,\cdots$)，则在式(10.174)中应计入其相应的动能。此时，式(10.177)应改写为

$$\omega^2 = \frac{\displaystyle\int_0^l EI[Y''(x)]^2 \mathrm{d}x}{\displaystyle\int_0^l \bar{m}[Y(x)]^2 \mathrm{d}x + \sum_i m_i Y_i^2} \tag{10.178}$$

式中，Y_i 为集中质量 m_i 处的动位移幅值。

利用上述公式计算自振频率时，必须知道振型函数 $Y(x)$，如果将其恰好取为体系的某一振型，则可由式(10.177)或式(10.178)求得该振型所对应的自振频率的精确值。但一般情况下，振型函数 $Y(x)$ 是未知的，因此在计算自振频率时需先假设一个接近于振型函数的位移函数来代替它，这样求得的自振频率通常也是近似的。所设的位移函数必须满足位移边界条件，并应尽可能接近于振型的实际情况。假设位移函数相当于对体系

的变形增加了约束，体系的刚度会增大，所以瑞利法求得的自振频率一般大于其相应的精确值。

高频振型的假设较为困难，计算误差也较大，因此瑞利法主要是用于求第一频率的近似值。通常第一频率所对应振型的形态较易于估计，也易于用简单的函数表达。一般可将结构在某种静力荷载作用下的变形曲线作为 $Y(x)$ 的近似值。此时根据能量守恒，应变能最大值可用上述荷载所做的功来代替。当用分布荷载 $q(x)$ 作用下的变形曲线作为 $Y(x)$ 的近似值时，有

$$V_{\varepsilon\max}=\frac{1}{2}\int_0^l q(x)Y(x)\mathrm{d}x$$

此时，式(10.178)应改写为

$$\omega^2=\frac{\int_0^l q(x)Y(x)\mathrm{d}x}{\int_0^l \bar{m}[Y(x)]^2\mathrm{d}x+\sum_i m_iY_i^2} \tag{10.179}$$

当采用结构自重荷载作用下的变形曲线作为 $Y(x)$ 的近似表达式时(注意，若考虑水平振动，则重力应沿水平方向作用)，则式(10.178)应改写为

$$\omega^2=\frac{\int_0^l \bar{m}gY(x)\mathrm{d}x+\sum_i m_igY_i}{\int_0^l \bar{m}[Y(x)]^2\mathrm{d}x+\sum_i m_iY_i^2} \tag{10.180}$$

式中，g 为重力加速度。

【例 10.16】　试用瑞利法求例 10.15 中等截面简支梁的第一频率。

【解】　(1)假设振型函数 $Y(x)$ 为抛物线

$$Y(x)=\frac{4a}{l^2}x(l-x)$$

容易验证上述振型函数满足位移边界条件，即 $x=0$ 时，$Y(x)=0$；$x=l$ 时，$Y(x)=0$。故

$$Y''(x)=-\frac{8a}{l^2}, \qquad Y^2(x)=\frac{16a^2}{l^4}x^2(l-x)^2$$

代入式(10.177)可得

$$\omega^2=\frac{\int_0^l EI[Y''(x)]^2\mathrm{d}x}{\int_0^l \bar{m}(x)Y^2(x)\mathrm{d}x}=\frac{\dfrac{32EIa^2}{l^3}}{\dfrac{4}{15}\bar{m}a^2l}=\frac{120EI}{\bar{m}l^4}$$

$$\omega=\frac{10.9545}{l^2}\sqrt{\frac{EI}{\bar{m}}}$$

(2) 若取均布荷载 q 作用下的挠度曲线为 $Y(x)$，则

$$Y(x)=\frac{q}{24EI}(l^3x-2lx^3+x^4)$$

代入式(10.179)，可得

$$\omega^2 = \frac{\int_0^l qY(x)\mathrm{d}x}{\int_0^l \overline{m}[Y(x)]^2 \mathrm{d}x} = \frac{\dfrac{q^2 l^5}{120EI}}{\overline{m}\left(\dfrac{q}{24EI}\right)^2 \dfrac{31}{630} l^9} = \frac{3024EI}{31\overline{m}l^4}$$

$$\omega = \frac{9.8767}{l^2}\sqrt{\frac{EI}{\overline{m}}}$$

(3) 设振型函数 $Y(x)$ 为正弦函数

$$Y(x) = a\sin\frac{\pi x}{l}$$

则

$$Y''(x) = -\frac{\pi^2}{l^2} a\sin\frac{\pi x}{l}, \qquad Y^2(x) = a^2\sin^2\frac{\pi x}{l}$$

代入式(10.177)，可得

$$\omega^2 = \frac{\int_0^l EI[Y''(x)]^2 \mathrm{d}x}{\int_0^l \overline{m}[Y(x)]^2 \mathrm{d}x} = \frac{\dfrac{\pi^2 EI a^2}{2l^3}}{\dfrac{\overline{m} a^2 l}{2}} = \frac{\pi^4 EI}{\overline{m}l^4}$$

$$\omega = \frac{9.8696}{l^2}\sqrt{\frac{EI}{\overline{m}}}$$

由例 10.15 可知正弦曲线是第一主振型的精确解，故由此求得的 ω 是第一频率的精确解。也可看出根据均布荷载作用下的挠度曲线求得的第一频率具有很高的精度。

【例 10.17】　试用瑞利法求图 10.55(a)所示刚架的第一自振频率。

【解】　(1) 假设振型曲线。

该结构与例 10.10 相同，用瑞利法求第一自振频率时，将以刚架各层的自重 $W_i = m_i g$ 为水平力作用于

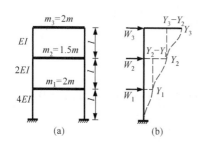

图 10.55

各楼层时的位移曲线作为振型曲线，如图 10.55(b)所示。

由例 10.10 不难求出各楼层层间侧移劲度为

$$k_1 = \frac{96EI}{l^3} = 4k, \qquad k_2 = \frac{48EI}{l^3} = 2k, \qquad k_3 = \frac{24EI}{l^3} = k$$

各楼层之间的相对水平位移应等于楼层剪力与层间侧移劲度的比值，故有

$$Y_1 = \frac{m_1 g + m_2 g + m_3 g}{k_1} = \frac{4.5mg}{k_1} = \frac{9mg}{8k}$$

$$Y_2 - Y_1 = \frac{m_2 g + m_3 g}{k_2} = \frac{2.5mg}{k_2} = \frac{5mg}{4k}$$

$$Y_3 - Y_2 = \frac{m_3 g}{k_3} = \frac{mg}{k_3} = \frac{mg}{k}$$

于是，各楼层位移分别为

$$Y_1 = \frac{9mg}{8k}, \qquad Y_2 = Y_1 + \frac{5mg}{4k} = \frac{19mg}{8k}, \qquad Y_3 = Y_2 + \frac{mg}{k} = \frac{27mg}{8k}$$

(2) 计算第一自振频率。

将上述各楼层的位移 $Y_i (i=1,2,3)$ 代入式(10.180)可得

$$\omega_1^2 = \frac{\sum_i m_i g Y_i}{\sum_i m_i Y_i^2} = \frac{2mg \times \frac{9mg}{8k} + 1.5mg \times \frac{19mg}{8k} + mg \times \frac{27mg}{8k}}{2m \times \left(\frac{9mg}{8k}\right)^2 + 1.5m \times \left(\frac{19mg}{8k}\right)^2 + m \times \left(\frac{27mg}{8k}\right)^2} = 0.410 \frac{k}{m} = 9.84 \frac{EI}{ml^3}$$

$$\omega_1 = 3.137 \sqrt{\frac{EI}{ml^3}}$$

与例 10.10 中第一自振频率的精确值 $\omega_1 = 3.067 \sqrt{\frac{EI}{ml^3}}$ 相比，近似值仅高 2.3%。

10.9.2 能量法求最初几个频率——瑞利-里茨(Rayleigh-Ritz)法

瑞利-里茨法是对上述瑞利法的改进，可以用来求体系的前若干个自振频率的近似值。其基本原理可由哈密顿原理导出。

对于体系的自由振动问题，哈密顿原理可表述为：在所有的可能运动状态中，真实运动轨迹使哈密顿作用量

$$S = \int_{t_0}^{t_1} (V_\varepsilon - T)\mathrm{d}t \tag{10.181}$$

取驻值。

若式(10.181)对时间 t 的积分范围取为一个周期，即取 $t_0 = 0$，$t_1 = \frac{2\pi}{\omega}$。将式(10.172)、式(10.173)代入式(10.181)，消除公因子后可得

$$S = \frac{1}{2}\int EI[Y''(x)]^2 \mathrm{d}x - \frac{\omega^2}{2}\int \bar{m}Y^2(x)\mathrm{d}x \tag{10.182}$$

下面利用哈密顿作用量的驻值条件来导出求频率近似值的瑞利-里茨法。

首先，将体系的自由度折减为 n 个自由度，取位移函数的形式为

$$Y(x) = \sum_{i=1}^{n} a_i \varphi_i(x) \tag{10.183}$$

式中，$\varphi_i(x)(i=1,2,\cdots,n)$ 为一组满足位移边界条件的已知位移函数，称为里茨基函数；$a_i(i=1,2,\cdots,n)$ 为待定参数，称为广义坐标。这样，原无限自由度的振动体系就转化为

以广义坐标为变量的 n 个自由度的振动体系。

将式(10.183)代入式(10.182)，可得

$$S=\frac{1}{2}\int EI\left(\sum_{i=1}^{n}a_i\varphi_i''\right)^2\mathrm{d}x-\frac{\omega^2}{2}\int\overline{m}\left(\sum_{i=1}^{n}a_i\varphi_i\right)^2\mathrm{d}x \tag{10.184}$$

令

$$k_{ij}=\int EI\varphi_i''\varphi_j''\mathrm{d}x \tag{10.185}$$

$$m_{ij}=\int\overline{m}\varphi_i\varphi_j\mathrm{d}x \tag{10.186}$$

分别称为广义劲度系数和广义质量，则

$$S=\frac{1}{2}\sum_{i=1}^{n}\sum_{j=1}^{n}(k_{ij}-\omega^2 m_{ij})a_i a_j \tag{10.187}$$

其驻值条件为

$$\delta S=\frac{\partial S}{\partial a_1}\delta a_1+\frac{\partial S}{\partial a_2}\delta a_2+\cdots+\frac{\partial S}{\partial a_n}\delta a_n=0$$

由于 $\delta a_1,\delta a_2,\cdots,\delta a_n$ 的任意性，故要求

$$\frac{\partial S}{\partial a_i}=0\ \ (i=1,2,\cdots,n)$$

即

$$\sum_{j=1}^{n}(k_{ij}-\omega^2 m_{ij})a_j=0\ \ (i=1,2,\cdots,n) \tag{10.188}$$

式(10.188)写成矩阵形式，有

$$(\boldsymbol{k}-\omega^2\boldsymbol{m})\boldsymbol{a}=\boldsymbol{0} \tag{10.189}$$

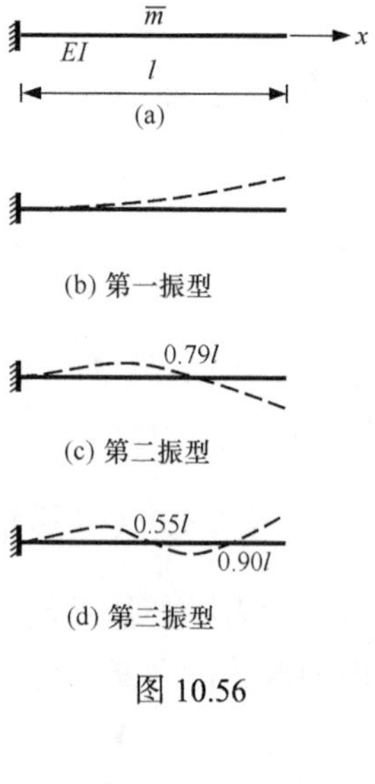

$\overline{m}$
EI
x
l
(a)
(b) 第一振型
0.79l
(c) 第二振型
0.55l
0.90l
(d) 第三振型

图 10.56

这是一组关于广义坐标 $a_i(i=1,2,\cdots,n)$ 的齐次线性代数方程，即关于广义坐标的振型方程，其存在非零解的必要条件是系数行列式等于零，即

$$\left|\boldsymbol{k}-\omega^2\boldsymbol{m}\right|=0 \tag{10.190}$$

将行列式展开可得到关于 ω^2 的 n 次代数方程，解之可得 n 个根 $\omega_1^2,\omega_2^2,\cdots,\omega_n^2$，由此可求得体系最初的 n 个自振频率的近似值 $\omega_1,\omega_2,\cdots,\omega_n$。

【例 10.18】　试用瑞利–里茨法求图 10.56(a)所示等截面悬臂梁的前三个自振频率和振型。

【解】　(1) 选择位移函数。

设位移函数为

$$Y(x)=a_1\left(\frac{x}{l}\right)^2 + a_2\left(\frac{x}{l}\right)^3 + a_3\left(\frac{x}{l}\right)^4$$

即

$$\varphi_1(x)=\left(\frac{x}{l}\right)^2, \qquad \varphi_2(x)=\left(\frac{x}{l}\right)^3, \qquad \varphi_3(x)=\left(\frac{x}{l}\right)^4$$

上述函数均满足 $Y(0)=0$，$Y'(0)=0$ 的位移边界条件。

(2) 求广义劲度矩阵和广义质量矩阵。

将 $\varphi_i\,(i=1,2,3)$ 代入式(10.185)和式(10.186)，可分别得到

$$\boldsymbol{k}=\frac{EI}{l^3}\begin{pmatrix}4&6&8\\6&12&18\\8&18&28.8\end{pmatrix}, \qquad \boldsymbol{m}=\bar{m}l\begin{pmatrix}\frac{1}{5}&\frac{1}{6}&\frac{1}{7}\\\frac{1}{6}&\frac{1}{7}&\frac{1}{8}\\\frac{1}{7}&\frac{1}{8}&\frac{1}{9}\end{pmatrix}$$

(3) 求自振频率。

将上述广义劲度矩阵和广义质量矩阵代入式(10.190)，有

$$\begin{vmatrix}\dfrac{\omega^2}{5}\cdot\dfrac{\bar{m}l^4}{EI}-4 & \dfrac{\omega^2}{6}\cdot\dfrac{\bar{m}l^4}{EI}-6 & \dfrac{\omega^2}{7}\cdot\dfrac{\bar{m}l^4}{EI}-8\\[2mm]\dfrac{\omega^2}{6}\cdot\dfrac{\bar{m}l^4}{EI}-6 & \dfrac{\omega^2}{7}\cdot\dfrac{\bar{m}l^4}{EI}-12 & \dfrac{\omega^2}{8}\cdot\dfrac{\bar{m}l^4}{EI}-18\\[2mm]\dfrac{\omega^2}{7}\cdot\dfrac{\bar{m}l^4}{EI}-8 & \dfrac{\omega^2}{8}\cdot\dfrac{\bar{m}l^4}{EI}-18 & \dfrac{\omega^2}{9}\cdot\dfrac{\bar{m}l^4}{EI}-28.8\end{vmatrix}=0$$

解得自振频率为

$$\omega_1=3.52\sqrt{\frac{EI}{\bar{m}l^4}}, \qquad \omega_2=22.23\sqrt{\frac{EI}{\bar{m}l^4}}, \qquad \omega_3=118.14\sqrt{\frac{EI}{\bar{m}l^4}}$$

(4) 求主振型。

将广义劲度矩阵和广义质量矩阵代入式(10.189)，得关于广义坐标 $a_i(i=1,2,3)$ 的振型方程为

$$\begin{cases}\left(\dfrac{\omega^2}{5}\cdot\dfrac{\bar{m}l^4}{EI}-4\right)a_1+\left(\dfrac{\omega^2}{6}\cdot\dfrac{\bar{m}l^4}{EI}-6\right)a_2+\left(\dfrac{\omega^2}{7}\cdot\dfrac{\bar{m}l^4}{EI}-8\right)a_3=0\\[2mm]\left(\dfrac{\omega^2}{6}\cdot\dfrac{\bar{m}l^4}{EI}-6\right)a_1+\left(\dfrac{\omega^2}{7}\cdot\dfrac{\bar{m}l^4}{EI}-12\right)a_2+\left(\dfrac{\omega^2}{8}\cdot\dfrac{\bar{m}l^4}{EI}-18\right)a_3=0\\[2mm]\left(\dfrac{\omega^2}{7}\cdot\dfrac{\bar{m}l^4}{EI}-8\right)a_1+\left(\dfrac{\omega^2}{8}\cdot\dfrac{\bar{m}l^4}{EI}-18\right)a_2+\left(\dfrac{\omega^2}{9}\cdot\dfrac{\bar{m}l^4}{EI}-28.8\right)a_3=0\end{cases}$$

将求得的自振频率代入振型方程中任意两个方程，可解得关于广义坐标的各标准

化主振型如下:

$$A_1 = \begin{pmatrix} 1 \\ -0.550 \\ 0.103 \end{pmatrix}, \qquad A_2 = \begin{pmatrix} 1 \\ -1.933 \\ 0.843 \end{pmatrix}, \qquad A_3 = \begin{pmatrix} 1 \\ -2.917 \\ 2.004 \end{pmatrix}$$

代入所设的位移函数, 即可绘制出该悬臂梁的前三个主振型, 如图 10.56(b)～(d)所示。

(5) 讨论。

本例中梁的前三个自振频率的精确解分别为

$$\omega_1 = 3.52\sqrt{\frac{EI}{\overline{m}l^4}}, \qquad \omega_2 = 22.00\sqrt{\frac{EI}{\overline{m}l^4}}, \qquad \omega_3 = 61.70\sqrt{\frac{EI}{\overline{m}l^4}}$$

由此可见瑞利-里茨法求得的前两个自振频率与精确解十分接近, 但第三个自振频率误差较大。一般地说, 若求体系的前 n 个自振频率, 应取 $n+1$ 个自由度来计算, 这样得到的前 n 个自振频率就有较好的精度。

10.9.3　集中质量法

此法是把结构的分布质量在一些适当的位置集中起来而转化为若干集中质量, 把无限自由度体系简化为有限自由度体系。显然, 集中质量的数目越多, 所得结果就越精确, 但相应计算工作量也越大。不过, 一般在求满足实用要求的低次频率时, 集中质量的数目无须太多, 即可得到满意的结果。

关于质量的集中方法有很多种, 最简单的是根据静力等效原则, 使集中后的重力与原来的重力互为静力等效。例如, 每段分布质量静力等效成位于两端的集中质量。这种方法的优点是简便灵活, 可用于求梁、拱、刚架、桁架等各类结构的最低频率或较高次频率与主振型。

【例 10.19】　试用集中质量法求图 10.57(a)等截面简支梁的自振频率。

【解】　将图 10.57(a)简支梁分别分为二等段、三等段、四等段, 每段质量集中于该段的两端, 如图 10.57(b)～(d)所示。

根据这三个计算简图, 由单自由度体系、两个自由度体系与多自由体系自振频率计算公式可分别求得第一频率、前两个频率与前三个频率。

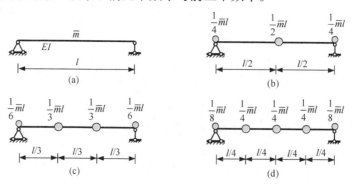

图 10.57

对图 10.57(b)，可得

$$\omega_1 = \frac{9.80}{l^2}\sqrt{\frac{EI}{\overline{m}}} \quad (-0.7\%)$$

对图 10.57(c)，可得

$$\omega_1 = \frac{9.86}{l^2}\sqrt{\frac{EI}{\overline{m}}} \quad (-0.1\%), \qquad \omega_2 = \frac{38.2}{l^2}\sqrt{\frac{EI}{\overline{m}}} \quad (-3.2\%)$$

对图 10.57(d)，可得

$$\omega_1 = \frac{9.865}{l^2}\sqrt{\frac{EI}{\overline{m}}} \quad (-0.05\%), \qquad \omega_2 = \frac{39.2}{l^2}\sqrt{\frac{EI}{\overline{m}}} \quad (-0.7\%), \qquad \omega_3 = \frac{84.6}{l^2}\sqrt{\frac{EI}{\overline{m}}} \quad (-4.8\%)$$

本例的精确解为 $\omega_1 = \dfrac{9.87}{l^2}\sqrt{\dfrac{EI}{\overline{m}}}$ ，$\omega_2 = \dfrac{39.48}{l^2}\sqrt{\dfrac{EI}{\overline{m}}}$ ，$\omega_3 = \dfrac{88.83}{l^2}\sqrt{\dfrac{EI}{\overline{m}}}$ 。图 10.57(b)～(d)三个计算简图求得的各阶频率近似值与精确解的误差如上面括号内数值所示。

　　可见，集中质量法能给出较好的近似结果，故在工程中常被采用。特别是对一些较为复杂的结构如桁架、刚架等，采用此法可简便地找出其最低频率。但在选择集中质量的位置时，必须注意结构的振动形式，将质量集中在振幅较大的地方，才能使所得的频率值较为准确。例如，本例中，与简支梁最低频率相应的振动形式是对称的，且跨中振幅最大，故应将质量集中在跨度中点。又如，图 10.58(a)所示刚架，当它做对称振动时，各结点无线位移，这时应将质量集中于杆件的中点；而在做反对称振动时，如图 10.58(b)所示，则应将质量集中在结点上。

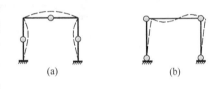

图 10.58

思考题

　　10.1　如何区分动力荷载与静力荷载？结构动力计算与静力计算的主要区别是什么？

　　10.2　结构的振动自由度与几何组成分析中的自由度有何异同？如何确定结构的振动自由度？

　　10.3　为什么说结构的自振频率和周期是结构的固有性质？它们与哪些因素有关？

　　10.4　什么是临界阻尼？什么是阻尼比？如何测量系统振动过程中的阻尼比？

　　10.5　什么是动力系数？简谐荷载下动力系数与哪些因素有关？在何种情况下位移动力系数与内力动力系数是相同的？

　　10.6　n 个自由度体系有多少个发生共振的可能性？为什么？

　　10.7　欲求多自由度体系的自振频率与振型，何时采用柔度法较方便？何时采用劲度法较方便？

　　10.8　什么是主振型？在何种特殊荷载作用下多自由度结构才按某一主振型做单一

振动？

10.9　什么是主振型的正交性？不同的振型对柔度矩阵是否也具有正交性？为什么？

10.10　在结构动力计算中，振型叠加法的应用条件是什么？

10.11　多自由度结构各质点的位移动力系数是否相等？它们与内力动力系数又是否相等？

10.12　在瑞利法和瑞利–里茨法中，所设的位移函数应满足什么条件？

10.13　利用瑞利法或瑞利–里茨法求得的频率是否总是不低于真实频率？

 习题

10.1　试确定图示体系的动力自由度。忽略弹性杆自身的质量与轴向变形，不考虑集中质量点的转动惯量。

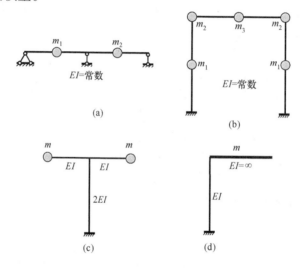

题 10.1 图

10.2　试列出图示结构的振动微分方程，不计阻尼。

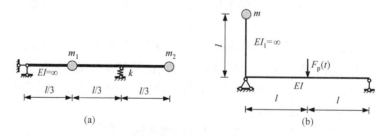

题 10.2 图

10.3　试求图示梁结构的自振频率。略去杆件自重及阻尼的影响。

10.4　试求图示刚架结构的自振频率。略去杆件自重及阻尼的影响。

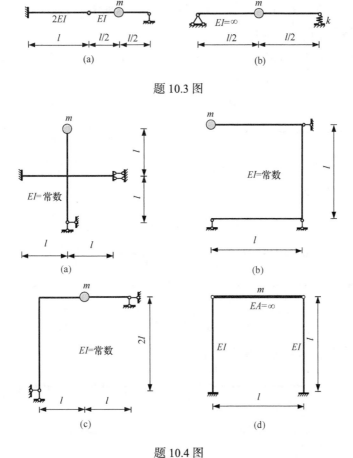

题 10.3 图

题 10.4 图

10.5　设已测得某单自由度结构在振动 10 周期后振幅由 1.88mm 减小至 0.060mm，试求该结构的阻尼比。

10.6　设有阻尼比 $\xi=0.2$ 的单自由度结构受简谐荷载 $F_\mathrm{p}(t)=F_{\mathrm{p}0}\sin\theta t$ 作用，且有 $\theta=0.75\omega$，若阻尼比降低至 $\xi=0.02$，试问要使动位移幅值不变，简谐荷载的幅值应调整到多大？

10.7　试求图示梁在简谐荷载作用下做无阻尼受迫振动时质点及动荷载作用点的动位移幅值，并作出最大动弯矩图。设 $\theta=\sqrt{\dfrac{6EI}{ml^3}}$。

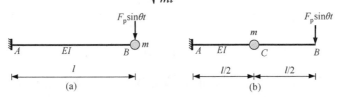

题 10.7 图

10.8 图示体系 $E=10^4\text{kN/cm}^2$，$\theta=20\text{s}^{-1}$，$F_p=5\text{kN}$，$W=20\text{kN}$，$I=4800\text{cm}^4$。求质点的最大动位移和梁的最大动弯矩。

10.9 图示体系 $EI=10^5\text{kN}\cdot\text{m}^2$，$\theta=20\text{s}^{-1}$，$k=300\text{kN/m}$，$F_p=5\text{kN}$，$W=10\text{kN}$，求质点的最大动位移和梁的最大动弯矩。

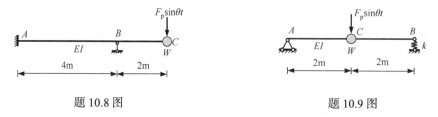

题 10.8 图　　　　　　　　　　题 10.9 图

10.10 试求图示均质等截面梁的自振频率和主振型。设各杆抗弯刚度为 EI。

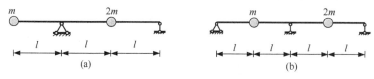

题 10.10 图

10.11 试求图示刚架的自振频率和主振型。

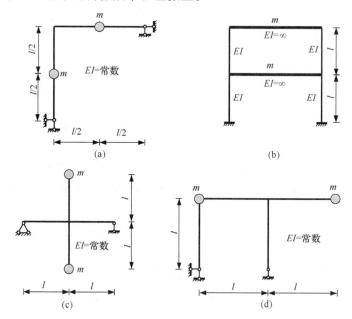

题 10.11 图

10.12 试求图示刚架中质点的最大动位移，并作最大动弯矩图。设 $m_1=m$，$m_2=2m$，$\theta=\sqrt{\dfrac{9EI}{ml^3}}$，刚架质量已集中于两质点处，各杆 EI=常数。

10.13 图示刚架各横梁的刚度为无穷大，试求各横梁处的位移幅值和柱端弯矩幅值。已知 $m = 10^5 \text{kg}$， $EI = 5 \times 10^5 \text{kN} \cdot \text{m}^2$， $l = 5\text{m}$，简谐荷载幅值 $F = 30\text{kN}$，每分钟振动 240 次。

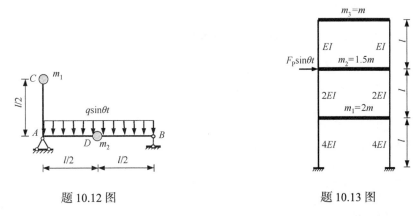

题 10.12 图　　　　　　　　题 10.13 图

10.14　试求图示结构在集中质量处的水平位移幅值和竖向位移幅值，并绘制最大动弯矩图。已知 $l = 2\text{m}$， $EI = 9 \times 10^3 \text{kN} \cdot \text{m}^2$， $\theta = \sqrt{\dfrac{EI}{ml^3}}$，简谐荷载幅值 $F_\text{p} = 1\text{kN}$，忽略阻尼的影响。

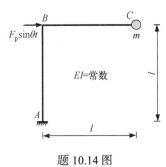

题 10.14 图

10.15　将题 10.13 中荷载改为突加荷载，大小与位置不变，考虑阻尼并已知 $\xi_1 = \xi_2 = 0.05$。试用振型分解法计算各横梁处的位移幅值和柱顶弯矩幅值。

10.16　试用瑞利法求图示梁的基本频率。

10.17　试求两端固定梁的前三个自振频率和主振型。

10.18　试求图示梁的前两个自振频率和主振型。

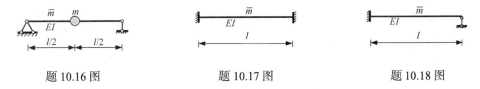

题 10.16 图　　　　　　　题 10.17 图　　　　　　　题 10.18 图

部分习题答案

第 2 章

2.1 (a) $W=0$，瞬变体系
   (b) $W=1$，几何可变体系
   (c) $W=0$，瞬变体系
   (d) $W=1$，几何可变体系
2.2 (a) 几何不变体系
   (b) 几何不变体系
   (c) 几何不变体系
   (d) 几何不变体系
   (e) 瞬变体系
   (f) 几何可变体系
   (g) 几何不变体系
   (h) 几何不变体系
   (i) 几何不变体系
   (j) 几何不变体系
2.3 (a) 几何不变体系
   (b) 瞬变体系
   (c) 瞬变体系
   (d) 几何不变体系
   (e) 瞬变体系
   (f) 几何不变体系
2.4 (a) 几何不变体系
   (b) 几何不变体系
   (c) 瞬变体系
   (d) 几何不变体系
2.5 (a) $W=6$
   (b) $W=4$
   (c) $W=1$
   (d) $W=-2$
   (e) $W=-2$
   (f) $W=-1$

第 3 章

3.1 (a) $M_A = 80\text{kN} \cdot \text{m}$ (上侧受拉)，$M_B = 40\text{kN} \cdot \text{m}$ (上侧受拉)，$M_C = 20\text{kN} \cdot \text{m}$ (下侧受拉)

(b) $M_A = 20\text{kN}\cdot\text{m}$ (上侧受拉)， $M_B = 40\text{kN}\cdot\text{m}$ (上侧受拉)， $M_{C左} = 30\text{kN}\cdot\text{m}$ (下侧受拉)，
　　$M_{C右} = 70\text{kN}\cdot\text{m}$ (下侧受拉)

3.2 (a) $M_B = 3.5\text{kN}\cdot\text{m}$ (上侧受拉)， $M_D = 12\text{kN}\cdot\text{m}$ (上侧受拉)

(b) $M_A = 20\text{kN}\cdot\text{m}$ (上侧受拉)， $M_B = 20\text{kN}\cdot\text{m}$ (下侧受拉)， $M_E = 40\text{kN}\cdot\text{m}$ (上侧受拉)

(c) $M_B = M_D = 20\text{kN}\cdot\text{m}$ (上侧受拉)

3.3 (a) $M_A = 1.2\text{kN}\cdot\text{m}$ (内侧受拉)， $M_B = 3.7\text{kN}\cdot\text{m}$ (上侧受拉)

(b) $M_B = 22\text{kN}\cdot\text{m}$ (内侧受拉)

(c) $M_{CA} = 12\text{kN}\cdot\text{m}$ (下侧受拉)， $M_{CB} = 28\text{kN}\cdot\text{m}$ (下侧受拉)， $M_{CD} = 16\text{kN}\cdot\text{m}$ (右侧受拉)

(d) $M_{BA} = 1.5F_\text{p}a$ (上侧受拉)， $M_{CB} = 0.5F_\text{p}a$ (右侧受拉)， $M_{CD} = 1.5F_\text{p}a$ (下侧受拉)，
　　$M_{CE} = 2F_\text{p}a$ (右侧受拉)

3.4 (a) $M_D = 13.5\text{kN}\cdot\text{m}$ (外侧受拉)， $M_{ED} = 4.25\text{kN}\cdot\text{m}$ (上侧受拉)， $M_{EF} = 22.75\text{kN}\cdot\text{m}$ (下侧受拉)，
　　$M_{EB} = 27\text{kN}\cdot\text{m}$ (右侧受拉)

(b) $M_C = 80\text{kN}\cdot\text{m}$ (内侧受拉)， $M_D = 0$

(c) $M_{DA} = 37.5\text{kN}\cdot\text{m}$ (左侧受拉)， $M_{DC} = 50\text{kN}\cdot\text{m}$ (上侧受拉)

(d) $M_D = 2.67\text{kN}\cdot\text{m}$ (内侧受拉)， $M_E = 5.33\text{kN}\cdot\text{m}$ (外侧受拉)

(e) $M_D = 24\text{kN}\cdot\text{m}$ (外侧受拉)， $M_{FB} = M_{FE} = 16\text{kN}\cdot\text{m}$ (内侧受拉)， $M_H = 8\text{kN}\cdot\text{m}$ (外侧受拉)

(f) $M_F = 80\text{kN}\cdot\text{m}$ (外侧受拉)， $M_{CG} = 160\text{kN}\cdot\text{m}$ (右侧受拉)， $M_{CD} = 180\text{kN}\cdot\text{m}$ (下侧受拉)，
　　$M_D = 0$

3.5 (a) $M_A = 7.5\text{kN}\cdot\text{m}$ (上侧受拉)， $M_D = 4\text{kN}\cdot\text{m}$ (下侧受拉)， $M_F = 8\text{kN}\cdot\text{m}$ (下侧受拉)

(b) $M_B = 4\text{kN}\cdot\text{m}$ (上侧受拉)， $M_C = 8\text{kN}\cdot\text{m}$ (下侧受拉)， $M_E = 8\text{kN}\cdot\text{m}$ (上侧受拉)

(c) $M_B = qa^2$ (内侧受拉)， $M_C = \dfrac{1}{2}qa^2$ (上侧受拉)

(d) $M_{BE} = M_{EB} = 16\text{kN}\cdot\text{m}$ (右侧受拉)

(e) $M_D = M$ (内侧受拉)

(f) $M_B = 2F_\text{p}a$ (上侧受拉)， $M_D = 0$， $M_F = 2F_\text{p}a$ (上侧受拉)

3.6 (a) $F_\text{H} = -10\text{kN}$， $M_{K左} = 50\text{kN}\cdot\text{m}$， $M_{K右} = -30\text{kN}\cdot\text{m}$， $F_{QK} = 8.94\text{kN}$， $F_{NK} = 6.71\text{kN}$

(b) $F_\text{H} = 135\text{kN}$， $M_K = -7.5\text{kN}\cdot\text{m}$， $F_{QK} = 2.15\text{kN}$， $F_{NK} = -158.20\text{kN}$

3.8 (a) $F_{NAB} = -60\text{kN}$， $F_{NBC} = F_{NCD} = -90\text{kN}$， $F_{NDE} = -100\text{kN}$， $F_{NAF} = 75\text{kN}$， $F_{NBF} = -30\text{kN}$，
　　$F_{NBG} = 42.43\text{kN}$， $F_{NCG} = -60\text{kN}$， $F_{NDG} = -14.14\text{kN}$， $F_{NDH} = -50\text{kN}$， $F_{NEH} = 125\text{kN}$，
　　$F_{NFG} = 61.85\text{kN}$， $F_{NGH} = 103.08\text{kN}$

(b) $F_{NGC} = F_{NGH} = F_{NDC} = F_{NDH} = -\dfrac{\sqrt{2}}{2}F_\text{p1}$， $F_{NCH} = F_\text{p1}$， $F_{NBF} = -F_\text{p2}$，其他均为零杆

(c) $F_{NGC} = -8.33\text{kN}$， $F_{NGE} = -1.67\text{kN}$， $F_{NGH} = -4\text{kN}$， $F_{NDC} = 5\text{kN}$， $F_{NDA} = F_{NAC} = -6.67\text{kN}$，
　　$F_{NDB} = 6.67\text{kN}$， $F_{NDE} = -3\text{kN}$， $F_{NAB} = -4\text{kN}$， $F_{NBE} = -1.33\text{kN}$，其他为零杆

(d) $F_{NAC} = -1.96F_\text{p}$， $F_{NAD} = 1.35F_\text{p}$， $F_{NCE} = 0.5F_\text{p}$， $F_{NCF} = -2.5F_\text{p}$， $F_{NEG} = -1.8F_\text{p}$， $F_{NEH} = 1.12F_\text{p}$

3.9 (a) 4 根(不含 1 根支座链杆)
(b) 6 根(不含 1 根支座链杆)
(c) 9 根(不含 1 根支座链杆)
(d) 12 根(不含 2 根支座链杆，利用局部平衡)
(e) 9 根(不含 1 根支座链杆，利用对称性)
(f) 7 根(不含 1 根支座链杆，利用对称性)

3.10 (a) $F_{N1} = 37.5\text{kN}$， $F_{N2} = 12.02\text{kN}$， $F_{N3} = 50\text{kN}$

(b) $F_{N1} = -3.75F_p$, $F_{N2} = 3.33F_p$, $F_{N3} = -0.5F_p$, $F_{N4} = 0.65F_p$

(c) $F_{N1} = -F_p$, $F_{N2} = \sqrt{2}F_p$

(d) $F_{N1} = 0$, $F_{N2} = 1.68F_p$

3.11　(a) $F_{N1} = 291.67\text{kN}$, $F_{N2} = -350\text{kN}$, $F_{N3} = 0$

　　　(b) $F_{N1} = -0.75F_p$, $F_{N2} = 0$, $F_{N3} = -0.25F_p$

　　　(c) $F_{N1} = -\dfrac{\sqrt{2}}{3}F_p$, $F_{N2} = -\dfrac{\sqrt{5}}{3}F_p$

　　　(d) $F_{N1} = -0.75F_p$, $F_{N2} = -1.65F_p$

　　　(e) $F_{N1} = -5.59\text{kN}$, $F_{N2} = 5\text{kN}$, $F_{N3} = 7.07\text{kN}$

3.12　(a) $F_{NDE} = F_{NDA} = 6\text{kN}$, $F_{NDF} = 0$, $M_F = 4.5\text{kN} \cdot \text{m}$ (下侧受拉)

　　　(b) $F_{NDF} = 108.17\text{kN}$, $F_{NDA} = -120\text{kN}$, $F_{NDC} = 67.08\text{kN}$, $M_{\max} = 45\text{kN} \cdot \text{m}$ (下侧受拉)

　　　(c) $F_{NAC} = -98.99\text{kN}$, $M_B = 105\text{kN} \cdot \text{m}$ (右侧受拉) , $M_C = 60\text{kN} \cdot \text{m}$ (上侧受拉)

　　　(d) $F_{NDF} = F_{NEF} = -7.07\text{kN}$, $M_D = 5\text{kN} \cdot \text{m}$ (下侧受拉) , $M_E = 5\text{kN} \cdot \text{m}$ (上侧受拉)

3.13　(a) 无多余约束的几何不变体系

　　　(b) 无多余约束的几何不变体系

第 4 章

4.1　(a) $F_{RB} = 17.5\text{kN}$, $M_B = 10\text{kN} \cdot \text{m}$, $F_{QB}^{左} = -12.5\text{kN}$, $F_{QB}^{右} = 5\text{kN}$

　　　(b) $F_{QD} = 7\text{kN}$, $M_D = 10\text{kN} \cdot \text{m}$ (上侧受拉)

4.3　(a) $\Delta_C^V = 0.0286\dfrac{ql^4}{EI}(\downarrow)$, $\theta_A = 0.0208\dfrac{ql^3}{EI}$ $(\widehat{}\widehat{})$

　　　(b) $\Delta_C^V = 0.0664\dfrac{ql^4}{EI}(\downarrow)$

　　　(c) $\Delta_A^V = \dfrac{ql^4}{2EI}(\downarrow)$

　　　(d) $\Delta_C^V = 1.688\dfrac{ql^4}{EI}(\downarrow)$, $\theta_C = 1.260\dfrac{ql^3}{EI}$ $(\curvearrowright)$

4.4　$\Delta_B^V = 7.68\text{mm}(\downarrow)$, $\Delta\theta_{\angle DBE} = 0.001\text{rad}$ (减小)

4.5　$\Delta_K^H = 4.828\dfrac{F_p a}{EA}(\rightarrow)$

4.6　(a) $\Delta_C^V = \dfrac{20.25}{EI}(\downarrow)$, $\theta_D = \dfrac{1.33}{EI}$ $(\curvearrowleft)$

　　　(b) $\Delta_D^V = \dfrac{2.5}{EI}(\downarrow)$

　　　(c) $\Delta_A^V = 1.167\dfrac{ql^4}{EI}(\downarrow)$

　　　(d) $\Delta_C^H = \dfrac{918.02}{EI}(\rightarrow)$

　　　(e) $\Delta_C^H = 0.187\dfrac{qa^4}{EI}(\rightarrow)$, $\Delta_C^V = 0.021\dfrac{qa^4}{EI}(\uparrow)$, $\theta_D = 0.0625\dfrac{ql^3}{EI}$ $(\curvearrowright)$

　　　(f) $\Delta_{CD} = 0.0589\dfrac{F_p a^3}{EI}$ (靠近) , $\Delta\theta_C = 0.167\dfrac{F_p a^2}{EI}$ $(\curvearrowright\!\curvearrowleft)$

(g) $\Delta_{CD}^{H} = 1.333 \dfrac{F_p l^3}{EI} + 4.000 \dfrac{F_p l}{EA}$ (靠近)

(h) $\Delta_E^{V} = 29 \dfrac{ql^4}{EI} + 93.75 \dfrac{ql^2}{EA}$ (↓)，$\Delta\theta_C = 5.83 \dfrac{ql^3}{EI} + 15.63 \dfrac{ql}{EA}$ （↷）

4.7　$\Delta_D^{V} = 1.667\text{cm}$ (↑)，$\Delta_D^{H} = 1\text{cm}$ (←)，$\theta_D = 1.667\text{rad}$ （↶）

4.8　$\Delta_C^{V} = 0.5\text{cm}$ (↓)，$\Delta_C^{H} = 0.375\text{cm}$ (→)，$\Delta\theta_C = 0$

4.9　$\Delta_C^{V} = 15\alpha l$ (↑)

4.10　$\Delta_{AB}^{H} = \alpha t l \left(-\dfrac{1}{2} + \dfrac{1}{h}\dfrac{2\sqrt{3}l}{27} \right)$ (→←)

4.11　$\Delta_G^{V} = 0.625\text{cm}$ (↑)

4.12　$F_X = \dfrac{27}{32}ql$ (↑)

4.14　$\Delta_C^{V} = \dfrac{5ql^4}{384EI}$ (↓)

第 5 章

5.1　(a) 2 次

　　　(b) 7 次

　　　(c) 4 次

　　　(d) 4 次

　　　(e) 7 次

　　　(f) 10 次

5.2　(a) $F_{RB} = 0.5F_p$，$M_A = -0.167F_p l$

　　　(b) $F_{RB} = 1.75F_p$，$M_A = 0.25F_p l$

　　　(c) $M_A = -\dfrac{1}{14}ql^2$，$M_B = -\dfrac{3}{28}ql^2$

　　　(d) $M_B = -175.24\text{kN}\cdot\text{m}$，$M_C = -58.88\text{kN}\cdot\text{m}$，$M_K = 182.94\text{kN}\cdot\text{m}$

5.3　(a) $F_{RC} = 133.8\text{kN}$，$M_{CB} = 90\text{kN}\cdot\text{m}$ (上侧受拉)，$M_{BC} = 7.2\text{kN}\cdot\text{m}$ (上侧受拉)，$M_{AB} = 7.2\text{kN}\cdot\text{m}$ (左侧受拉)

　　　(b) $F_{RC} = 13.58\text{kN}$，$M_{AB} = 22.89\text{kN}\cdot\text{m}$ (右侧受拉)，$M_{BA} = 31.42\text{kN}\cdot\text{m}$ (左侧受拉)，$F_{QBC} = 24.17\text{kN}$，$F_{QCB} = -4.29\text{kN}$，$F_{NBC} = -22.37\text{kN}$，$F_{NCB} = -12.88\text{kN}$

　　　(c) $F_{RD} = 25\text{kN}$，$M_{BA} = M_{BC} = 10\text{kN}\cdot\text{m}$ (上侧受拉)，$F_{QAB} = 17.5\text{kN}$，$F_{QBA} = -22.5\text{kN}$

　　　(d) $M_{CD} = 0.1ql^2$ (下侧受拉)，$M_{DC} = 0.4ql^2$ (上侧受拉)，$M_{DB} = 0.1ql^2$ (左侧受拉)，$M_{DE} = 0.5ql^2$ (上侧受拉)

5.4　(a) $M_{CA} = 30.87\text{kN}\cdot\text{m}$ (左侧受拉)，$M_{CD} = 62.12\text{kN}\cdot\text{m}$ (上侧受拉)

　　　(b) $M_{AB} = 49.04\text{kN}\cdot\text{m}$ (左侧受拉)，$M_{BA} = 16.80\text{kN}\cdot\text{m}$ (右侧受拉)，$M_{DE} = 2.69\text{kN}\cdot\text{m}$ (右侧受拉)，$M_{ED} = 11.45\text{kN}\cdot\text{m}$ (左侧受拉)

　　　(c) $M_{BA} = 4.5\text{kN}\cdot\text{m}$ (左侧受拉)，$M_{BC} = 4.5\text{kN}\cdot\text{m}$ (右侧受拉)，$M_{BD} = 9\text{kN}\cdot\text{m}$ (上侧受拉)

　　　(d) $M_E = 150\text{kN}\cdot\text{m}$ (上侧受拉)，$M_{CA} = 90\text{kN}\cdot\text{m}$ (下侧受拉)，$M_{CB} = 120\text{kN}\cdot\text{m}$ (下侧受拉)，$M_{CD} = 30\text{kN}\cdot\text{m}$ (左侧受拉)

5.5　(a) $F_{NAD} = -0.104F_p$ ，　$F_{NAC} = 0.146F_p$

　　　(b) $F_{NDE} = 0.172F_p$ ，　$F_{NDA} = -0.586F_p$ ，　$F_{NDB} = -0.828F_p$ ，　$F_{NAB} = 0.414F_p$

5.6　(a) $F_{NEF} = 4.238qa$ ，　$M_{CD} = 0.621qa^2$ (下侧受拉)，　$M_{DC} = 2.046qa^2$ (上侧受拉)

　　　(b) $F_{NFD} = 57.37\text{kN}$ ，　$F_{NFA} = -63.65\text{kN}$ ，　$F_{NFC} = 35.58\text{kN}$ ，　$M_{CA} = 5.472\text{kN}\cdot\text{m}$ (上侧受拉)

5.7　(a) $F_{NCD} = -1.29\text{kN}$

　　　(b) $F_{NDE} = -17.39\text{kN}$ ，　$F_{NFG} = -8.69\text{kN}$

5.8　$F_H = \dfrac{F_p}{\pi}$

5.9　$F_H = \dfrac{ql^2}{8f}\dfrac{1}{1+\dfrac{15}{8}\dfrac{EI}{E_1A_1f^2}}$

5.10　(a) $M_{AB} = \dfrac{510\alpha}{l}EI$ (左侧受拉)

　　　(b) $M_{CA} = 12.14\dfrac{\alpha EI}{l}$ (下侧受拉)，　$M_{CB} = 22.14\dfrac{\alpha EI}{l}$ (下侧受拉)，　$M_{CD} = 10\dfrac{\alpha EI}{l}$ (右侧受拉)

5.11　$M_{AB} = \dfrac{3EI}{l^2}$ (上侧受拉)

5.12　降低 0.0232m

5.13　$\Delta_K^V = \dfrac{746.47}{EI}$ (↓)，　$\theta_C = \dfrac{157}{EI}$ (↶)

5.14　$\Delta_D^V = \dfrac{94.5}{EI}$ (↑)，　$\Delta\theta_D = \dfrac{63}{EI}$ (↘↙)

5.15　$\theta_C = 0$

5.16　(a) $M_{AC} = 30.94\text{kN}\cdot\text{m}$ (左侧受拉)，　$M_{CA} = 34.25\text{kN}\cdot\text{m}$ (右侧受拉)

　　　(b) $M_{EB} = 0.156ql^2$ (右侧受拉)，　$M_{ED} = 0.390ql^2$ (上侧受拉)，　$M_{EF} = 0.234ql^2$ (上侧受拉)

　　　(c) $M_{EF} = 90\text{kN}\cdot\text{m}$ (上侧受拉)，　$M_{CA} = 150\text{kN}\cdot\text{m}$ (右侧受拉)，　$M_{CD} = 210\text{kN}\cdot\text{m}$ (下侧受拉)，
　　　　 $M_{CE} = 60\text{kN}\cdot\text{m}$ (左侧受拉)

　　　(d) $M_{AC} = \dfrac{3}{16}F_p a$ (左侧受拉)，　$M_{CA} = \dfrac{5}{32}F_p a$ (右侧受拉)

5.17　(1) 无弯矩

　　　(2) 有弯矩

5.18　$F_H = 31.58\text{kN}$ ，　$M_C = 3.23\text{kN}\cdot\text{m}$ (下侧受拉)，　$M_A = 16.42\text{kN}\cdot\text{m}$ (上侧受拉)，　$M_B = 35.54\text{kN}\cdot\text{m}$
　　　 (下侧受拉)

第 6 章

6.1　(a) 2 个角位移未知量

　　　(b) 2 个角位移未知量和 1 个线位移未知量

　　　(c) 3 个角位移未知量和 1 个线位移未知量(静定部分可不设未知量)

　　　(d) 2 个角位移未知量

　　　(e) 2 个角位移未知量和 1 个线位移未知量

　　　(f) 2 个角位移未知量和 3 个线位移未知量

　　　(g) 2 个线位移未知量(横梁及其两端均不能转动)

(h) 2 个角位移未知量

6.2　(a)　$M_{CA}=0.0625ql^2$ (左侧受拉)，　$M_{CB}=0.0156ql^2$ (上侧受拉)，　$M_{CD}=0.0781ql^2$ (上侧受拉)

　　　(b)　$M_{AC}=22.5{\rm kN\cdot m}$ (左侧受拉)，　$M_{CA}=4.5{\rm kN\cdot m}$ (右侧受拉)，　$M_{BD}=13.5{\rm kN\cdot m}$ (左侧受拉)，

　　　　　$M_{DB}=13.5{\rm kN\cdot m}$ (右侧受拉)

6.3　(a)　$M_{AC}=18.59{\rm kN\cdot m}$ (左侧受拉)，　$M_{DB}=12.72{\rm kN\cdot m}$ (右侧受拉)，　$M_{BD}=13.70{\rm kN\cdot m}$ (左侧

　　　　　受拉)

　　　(b)　$M_{AD}=0.2ql^2$ (左侧受拉)，　$M_{EB}=0.11ql^2$ (右侧受拉)，　$M_{ED}=0.05ql^2$ (上侧受拉)，

$M_{EF}=0.05ql^2$

　　　(下侧受拉)

　　　(c)　$M_{AC}=M_{EC}=0.22F_{\rm p}l$ (左侧受拉)，$M_{CA}=M_{CE}=0.22F_{\rm p}l$ (右侧受拉)，$M_{BD}=0.11F_{\rm p}l$ (左侧受拉)

　　　(d)　$M_{AD}=546.21{\rm kN\cdot m}$ (左侧受拉)，　$M_{DA}=173.79{\rm kN\cdot m}$ (左侧受拉)，　$M_{EF}=446.90{\rm kN\cdot m}$ (右侧

　　　　　受拉)，　$M_{FE}=446.90{\rm kN\cdot m}$ (左侧受拉)，　$M_{FB}=297.93{\rm kN\cdot m}$ (右侧受拉)，　$M_{FG}=744.83{\rm kN\cdot m}$

　　　　　(下侧受拉)，　$M_{GC}=148.97{\rm kN\cdot m}$ (右侧受拉)

　　　(e)　$M_{CA}=8.57{\rm kN\cdot m}$ (右侧受拉)，　$M_{CB}=20{\rm kN\cdot m}$ (上侧受拉)，　$M_{CD}=11.43{\rm kN\cdot m}$ (上侧受拉)

　　　(f)　$M_{AC}=52.37{\rm kN\cdot m}$ (左侧受拉)，　$M_{CA}=23.03{\rm kN\cdot m}$ (右侧受拉)，　$M_{CD}=43.03{\rm kN\cdot m}$ (下侧受拉)，

　　　　　$M_{BD}=29.61{\rm kN\cdot m}$ (左侧受拉)

6.4　(a)　$M_{CA}=5.22{\rm kN\cdot m}$ (右侧受拉)，$M_{CD}=5.22{\rm kN\cdot m}$ (上侧受拉)，$M_{CE}=10.43{\rm kN\cdot m}$ (右侧受拉)，

　　　　　$M_{EC}=28.70{\rm kN\cdot m}$ (左侧受拉)

　　　(b)　$M_{AC}=M_{EC}=0.21ql^2$ (左侧受拉)，　$M_{CA}=M_{CE}=0.04ql^2$ (右侧受拉)，　$M_{BD}=M_{FD}=0.12ql^2$

　　　　　(左侧受拉)，　$M_{DB}=M_{DF}=0.12ql^2$ (右侧受拉)

　　　(c)　$M_{AB}=M_{BA}=M_{BC}=M_{CB}=60.86{\rm kN\cdot m}$ (下侧受拉)，　$M_{DE}=M_{ED}=M_{EF}=M_{FE}=59.14{\rm kN\cdot m}$

　　　　　(上侧受拉)

　　　(d)　$M_{AB}=28.97{\rm kN\cdot m}$ (上侧受拉)，$M_{BA}=31.69{\rm kN\cdot m}$ (下侧受拉)，$M_{DE}=41.63{\rm kN\cdot m}$ (上侧受拉)，

　　　　　$M_{ED}=41.72{\rm kN\cdot m}$ (下侧受拉)

6.5　(a)　$M_B=93.7{\rm kN\cdot m}$ (上侧受拉)，　$M_C=140.1{\rm kN\cdot m}$ (下侧受拉)

　　　(b)　$M_{AB}=\dfrac{2EI}{l}\varphi$ (右侧受拉)，$M_{BA}=\dfrac{EI}{2l}\varphi$ (左侧受拉)，　$M_{CD}=\dfrac{3EI}{2l}\varphi$ (右侧受拉)，$M_{DC}=\dfrac{3EI}{2l}\varphi$

　　　　　(左侧受拉)

　　　(c)　$M_{AB}=62.5{\rm kN\cdot m}$ (右侧受拉)，　$M_{BA}=125{\rm kN\cdot m}$ (左侧受拉)

　　　(d)　$M_{AB}=0.35\dfrac{EI\varphi}{l}$ (下侧受拉)，　$M_{BA}=0.7\dfrac{EI\varphi}{l}$ (上侧受拉)，　$M_{BD}=1.3\dfrac{EI\varphi}{l}$ (右侧受拉)，$M_{DB}=$

　　　　　$3.65\dfrac{EI\varphi}{l}$ (左侧受拉)，　$M_{BC}=0.6\dfrac{EI\varphi}{l}$ (下侧受拉)，　$M_{CB}=0.15\dfrac{EI\varphi}{l}$ (右侧受拉)

6.6　(a)　$M_{AD}=13.55{\rm kN\cdot m}$ (右侧受拉)，　$M_{DA}=7.4{\rm kN\cdot m}$ (右侧受拉)，　$M_{ED}=11.97{\rm kN\cdot m}$ (下侧受拉)

　　　(b)　$M_A=M_B=M_C=M_D=10{\rm kN\cdot m}$ (下侧受拉)

6.7　　$M_{AC}=0.12ql^2$ (左侧受拉)，$M_{CA}=0.24ql^2$ (右侧受拉)，$M_{CB}=0.32ql^2$ (上侧受拉)，$M_{CD}=M_{DC}=$

　　　$0.08ql^2$ (左侧受拉)，　$M_{BC}=0.18ql^2$ (下侧受拉)

第 7 章

7.1　(a)　$M_{AB}=2.35{\rm kN\cdot m}$ (下侧受拉)，　$M_{BA}=24.71{\rm kN\cdot m}$ (上侧受拉)

　　　(b)　$M_{AB}=52{\rm kN\cdot m}$ (下侧受拉)，　$M_{BA}=104{\rm kN\cdot m}$ (上侧受拉)，　$M_{BC}=64{\rm kN\cdot m}$ (上侧受拉)，

$M_{CB} = 56 \text{kN} \cdot \text{m} \,(下侧受拉)$

7.2 (a) $M_{AB} = 49.66 \text{kN} \cdot \text{m} \,(下侧受拉)$，$M_{BA} = 99.31 \text{kN} \cdot \text{m} \,(上侧受拉)$，$M_{CD} = 176.90 \text{kN} \cdot \text{m} \,(上侧受拉)$

    (b) $M_{AB} = 53.07 \text{kN} \cdot \text{m} \,(上侧受拉)$，$M_{BA} = 43.86 \text{kN} \cdot \text{m} \,(上侧受拉)$，$M_{BC} = 36.14 \text{kN} \cdot \text{m} \,(下侧受拉)$，$M_{CB} = 96.82 \text{kN} \cdot \text{m} \,(上侧受拉)$，$M_{DC} = 63.18 \text{kN} \cdot \text{m} \,(下侧受拉)$

7.3 (a) $M_{AB} = 62 \text{kN} \cdot \text{m} \,(上侧受拉)$，$M_{BA} = 34 \text{kN} \cdot \text{m} \,(下侧受拉)$，$M_{BC} = 16 \text{kN} \cdot \text{m} \,(上侧受拉)$，$M_{CB} = 40 \text{kN} \cdot \text{m} \,(上侧受拉)$

    (b) $M_{AB} = 1.67 \text{kN} \cdot \text{m} \,(上侧受拉)$，$M_{BA} = 11.67 \text{kN} \cdot \text{m} \,(上侧受拉)$，$M_{CD} = 3.67 \text{kN} \cdot \text{m} \,(上侧受拉)$，$M_{DC} = 10 \text{kN} \cdot \text{m} \,(下侧受拉)$

7.4 $M_{AB} = 40.38 \text{kN} \cdot \text{m} \,(上侧受拉)$，$M_{BA} = 10.77 \text{kN} \cdot \text{m} \,(下侧受拉)$，$M_{CD} = 32.31 \text{kN} \cdot \text{m} \,(下侧受拉)$

7.5 $M_A = 11.13 \text{kN} \cdot \text{m} \,(下侧受拉)$，$M_B = 11.48 \text{kN} \cdot \text{m} \,(下侧受拉)$，$M_C = 10.44 \text{kN} \cdot \text{m} \,(下侧受拉)$，$M_D = 14.27 \text{kN} \cdot \text{m} \,(下侧受拉)$

7.6 (a) $M_{AD} = 1.09 \text{kN} \cdot \text{m} \,(下侧受拉)$，$M_{DA} = 7.91 \text{kN} \cdot \text{m} \,(上侧受拉)$，$M_{DC} = 9.82 \text{kN} \cdot \text{m} \,(上侧受拉)$，$M_{DB} = 1.91 \text{kN} \cdot \text{m} \,(左侧受拉)$，$M_{BD} = 0.95 \text{kN} \cdot \text{m} \,(右侧受拉)$

    (b) $M_{DA} = 48.75 \text{kN} \cdot \text{m} \,(上侧受拉)$，$M_{DB} = 3.75 \text{kN} \cdot \text{m} \,(右侧受拉)$，$M_{DC} = 65 \text{kN} \cdot \text{m} \,(上侧受拉)$，$M_{CD} = 42.5 \text{kN} \cdot \text{m} \,(上侧受拉)$

    (c) $M_{DA} = 141.82 \dfrac{\alpha EI}{l} \,(上侧受拉)$，$M_{DB} = 29.09 \dfrac{\alpha EI}{l} \,(左侧受拉)$，$M_{DC} = 170.91 \dfrac{\alpha EI}{l} \,(上侧受拉)$，$M_{CD} = 145.45 \dfrac{\alpha EI}{l} \,(下侧受拉)$，$M_{BD} = 14.55 \dfrac{\alpha EI}{l} \,(右侧受拉)$

    (d) $M_{AD} = 5.34 \dfrac{EI\Delta}{l^2} \,(右侧受拉)$，$M_{DA} = 4.68 \dfrac{EI\Delta}{l^2} \,(左侧受拉)$，$M_{ED} = 5.40 \dfrac{EI\Delta}{l^2} \,(下侧受拉)$，$M_{EB} = 1.47 \dfrac{EI\Delta}{l^2} \,(左侧受拉)$，$M_{EC} = 3.92 \dfrac{EI\Delta}{l^2} \,(下侧受拉)$

7.7 (a) $M_{ED} = 20 \text{kN} \cdot \text{m} \,(上侧受拉)$，$M_{EA} = 10.83 \text{kN} \cdot \text{m} \,(左侧受拉)$，$M_{AE} = 5.42 \text{kN} \cdot \text{m} \,(右侧受拉)$，$M_{EF} = 30.83 \text{kN} \cdot \text{m} \,(上侧受拉)$，$M_{FE} = 47.08 \text{kN} \cdot \text{m} \,(上侧受拉)$

    (b) $M_{DC} = 105.88 \text{kN} \cdot \text{m} \,(上侧受拉)$，$M_{DA} = 7.94 \text{kN} \cdot \text{m} \,(左侧受拉)$，$M_{DE} = 113.82 \text{kN} \cdot \text{m} \,(上侧受拉)$

7.8 (a) $M_{AC} = 91.93 \text{kN} \cdot \text{m} \,(左侧受拉)$，$M_{CA} = 68.07 \text{kN} \cdot \text{m} \,(右侧受拉)$，$M_{CD} = 143.20 \text{kN} \cdot \text{m} \,(下侧受拉)$，$M_{CE} = 75.14 \text{kN} \cdot \text{m} \,(左侧受拉)$，$M_{EC} = 84.86 \text{kN} \cdot \text{m} \,(右侧受拉)$

    (b) $M_{CB} = 20 \text{kN} \cdot \text{m} \,(上侧受拉)$，$M_{CA} = 22.71 \text{kN} \cdot \text{m} \,(左侧受拉)$，$M_{CD} = 33.22 \text{kN} \cdot \text{m} \,(上侧受拉)$，$M_{CE} = 9.49 \text{kN} \cdot \text{m} \,(左侧受拉)$

7.9 (a) $M_{ED} = 45 \text{kN} \cdot \text{m} \,(上侧受拉)$，$M_{EA} = 11.08 \text{kN} \cdot \text{m} \,(右侧受拉)$，$M_{EF} = 33.92 \text{kN} \cdot \text{m} \,(上侧受拉)$，$M_{FE} = 6.22 \text{kN} \cdot \text{m} \,(上侧受拉)$，$M_{FB} = 8.49 \text{kN} \cdot \text{m} \,(左侧受拉)$，$M_{FG} = 14.71 \text{kN} \cdot \text{m} \,(上侧受拉)$，$M_{GF} = 4.20 \text{kN} \cdot \text{m} \,(上侧受拉)$

    (b) $M_{CA} = 146.38 \text{kN} \cdot \text{m} \,(上侧受拉)$，$M_{CF} = 67.30 \text{kN} \cdot \text{m} \,(右侧受拉)$，$M_{CB} = 79.08 \text{kN} \cdot \text{m} \,(上侧受拉)$，$M_{BC} = 319.18 \text{kN} \cdot \text{m} \,(上侧受拉)$，$M_{FC} = 26.92 \text{kN} \cdot \text{m} \,(左侧受拉)$，$M_{FD} = 438.96 \text{kN} \cdot \text{m} \,(下侧受拉)$，$M_{FE} = 465.88 \text{kN} \cdot \text{m} \,(下侧受拉)$

第 8 章

8.5 (a) $M_D = 136 \text{kN} \cdot \text{m}$，$F_{QC} = 146 \text{kN}$

(b) $M_D = 0$, $F_{QF}^{L} = -30\text{kN}$, $F_{QF}^{R} = -70\text{kN}$, $F_{RC} = 190\text{kN}$

8.6 (a) $M_{C\max} = 242.5\text{kN}\cdot\text{m}$, $F_{QC\max} = 80.83\text{kN}$, $F_{QC\min} = -9.17\text{kN}$

 (b) $M_{C\max} = 1912.21\text{kN}\cdot\text{m}$, $F_{QC\max} = 637.40\text{kN}$, $F_{QC\min} = -81.13\text{kN}$

8.7 (a) $M_{\max} = 1051.2\text{kN}\cdot\text{m}$

 (b) $M_{\max} = 84.38\text{kN}\cdot\text{m}$

第 9 章

9.4 $\boldsymbol{F}_3^{E} = \begin{pmatrix} 2\text{kN} \\ -12\text{kN} \\ 2\text{kN}\cdot\text{m} \end{pmatrix}$

9.5 $M_{12} = 3.44\text{kN}\cdot\text{m}$ (右侧受拉)， $M_{21} = 8.61\text{kN}\cdot\text{m}$ (左侧受拉)， $M_{32} = 27.90\text{kN}\cdot\text{m}$ (上侧受拉)

9.6 $M_{12} = 10.84\text{kN}\cdot\text{m}$ (左侧受拉)， $M_{21} = 6.67\text{kN}\cdot\text{m}$ (左侧受拉)， $M_{34} = 21.19\text{kN}\cdot\text{m}$ (右侧受拉)，
 $M_{43} = 18.73\text{kN}\cdot\text{m}$ (左侧受拉)

9.7 $M_{21} = 0.22F_p l$ (上侧受拉)， $M_{32} = 0.26F_p l$ (上侧受拉)， $M_{43} = 0.25F_p l$ (上侧受拉)

9.8 各杆轴力为 $\begin{pmatrix} F_N^{①} \\ F_N^{②} \\ F_N^{③} \\ F_N^{④} \\ F_N^{⑤} \\ F_N^{⑥} \end{pmatrix} = \begin{pmatrix} 0.558 \\ -0.442 \\ 0 \\ -0.442 \\ -0.789 \\ -0.625 \end{pmatrix} F_p$

9.9 $M_{12} = 10.39\text{kN}\cdot\text{m}$ (上侧受拉)， $M_{21} = 18.59\text{kN}\cdot\text{m}$ (上侧受拉)， $M_{24} = 6.56\text{kN}\cdot\text{m}$ (左侧受拉)，
 $M_{42} = 3.28\text{kN}\cdot\text{m}$ (右侧受拉)， $M_{23} = 0.16\text{kN}\cdot\text{m}$ (上侧受拉)， $M_{32} = 8.36\text{kN}\cdot\text{m}$ (上侧受拉)

第 10 章

10.1 (a) 2
 (b) 6
 (c) 3
 (d) 2

10.3 (a) $\omega = 4\sqrt{\dfrac{EI}{ml^3}}$

 (b) $\omega = 1.92\sqrt{\dfrac{k}{m}}$

10.4 (a) $\omega = 1.477\sqrt{\dfrac{EI}{ml^3}}$

 (b) $\omega = \sqrt{\dfrac{3EI}{5ml^3}}$

 (c) $\omega = 2.889\sqrt{\dfrac{EI}{ml^3}}$

(d) $\omega = 2.45\sqrt{\dfrac{EI}{ml^3}}$

10.5 $\xi = 0.0548$

10.6 $0.827F_{p0}$

10.7   (a) $y_{B\max} = \dfrac{F_p l^3}{3EI}$

(b) $y_{C\max} = \dfrac{5F_p l^3}{36EI}$, $y_{B\max} = \dfrac{121F_p l^3}{288EI}$

10.8 $y_{\max} = 79.659\text{mm}$, $M_{\max} = 114.7\text{kN}\cdot\text{m}$

10.9 $y_{\max} = 0.006\text{m}$, $M_{\max} = 7.61\text{kN}\cdot\text{m}$

10.10   (a) $\omega_1 = 0.931\sqrt{\dfrac{EI}{ml^3}}$, $\omega_2 = 2.352\sqrt{\dfrac{EI}{ml^3}}$, $\boldsymbol{Y}^{(1)} = \begin{pmatrix} 1 \\ -0.305 \end{pmatrix}$, $\boldsymbol{Y}^{(2)} = \begin{pmatrix} 1 \\ 1.638 \end{pmatrix}$

(b) $\omega_1 = 1.928\sqrt{\dfrac{EI}{ml^3}}$, $\omega_2 = 3.327\sqrt{\dfrac{EI}{ml^3}}$, $\boldsymbol{Y}^{(1)} = \begin{pmatrix} 1 \\ -1.592 \end{pmatrix}$, $\boldsymbol{Y}^{(2)} = \begin{pmatrix} 1 \\ 0.314 \end{pmatrix}$

10.11   (a) $\omega_1 = 6.928\sqrt{\dfrac{EI}{ml^3}}$, $\omega_2 = 10.474\sqrt{\dfrac{EI}{ml^3}}$, $\boldsymbol{Y}^{(1)} = \begin{pmatrix} 1 \\ 1 \end{pmatrix}$, $\boldsymbol{Y}^{(2)} = \begin{pmatrix} 1 \\ -1 \end{pmatrix}$

(b) $\omega_1 = 3.028\sqrt{\dfrac{EI}{ml^3}}$, $\omega_2 = 7.927\sqrt{\dfrac{EI}{ml^3}}$, $\boldsymbol{Y}^{(1)} = \begin{pmatrix} 1 \\ 1.618 \end{pmatrix}$, $\boldsymbol{Y}^{(2)} = \begin{pmatrix} 1 \\ -0.618 \end{pmatrix}$

(c) $\omega_1 = \sqrt{\dfrac{3EI}{2ml^3}}$, $\omega_2 = \sqrt{\dfrac{3EI}{ml^3}}$, $\omega_3 = \sqrt{\dfrac{3EI}{ml^3}}$, $\boldsymbol{Y}^{(1)} = \begin{pmatrix} 1 \\ -1 \\ 0 \end{pmatrix}$, $\boldsymbol{Y}^{(2)} = \begin{pmatrix} 1 \\ 1 \\ 0 \end{pmatrix}$, $\boldsymbol{Y}^{(3)} = \begin{pmatrix} 0 \\ 0 \\ 1 \end{pmatrix}$

(d) $\omega_1 = 0.843\sqrt{\dfrac{EI}{ml^3}}$, $\omega_2 = 1.3\sqrt{\dfrac{EI}{ml^3}}$, $\boldsymbol{Y}^{(1)} = \begin{pmatrix} 1 \\ 1 \end{pmatrix}$, $\boldsymbol{Y}^{(2)} = \begin{pmatrix} 1 \\ -4.467 \end{pmatrix}$

10.12 $Y_1 = -\dfrac{0.086ql^4}{EI}$, $Y_2 = -\dfrac{0.018ql^4}{EI}$, $M_{AD\max} = 0.388ql^2$, $M_{D\max} = 0.149ql^2$

10.13   各横梁处位移幅值为 $\begin{pmatrix} Y_1 \\ Y_2 \\ Y_3 \end{pmatrix} = \begin{pmatrix} -0.076\text{mm} \\ -0.177\text{mm} \\ -0.518\text{mm} \end{pmatrix}$ ，各柱端弯矩幅值为 $\begin{pmatrix} M_1 \\ M_2 \\ M_3 \end{pmatrix} = \begin{pmatrix} 36.3\text{kN}\cdot\text{m} \\ 24.4\text{kN}\cdot\text{m} \\ 40.9\text{kN}\cdot\text{m} \end{pmatrix}$

10.14   水平位移幅值 $Y_1 = 0.261\text{mm}$ ，竖向位移幅值 $Y_2 = 0.941\text{mm}$ ， $M_{AB\max} = 0.706\text{kN}\cdot\text{m}$ ，$M_{BA\max} = 2.188\text{kN}\cdot\text{m}$

10.15   各横梁处位移幅值为 $\begin{pmatrix} Y_1 \\ Y_2 \\ Y_3 \end{pmatrix} = \begin{pmatrix} 0.146\text{mm} \\ 0.434\text{mm} \\ 0.435\text{mm} \end{pmatrix}$ ，各柱顶弯矩幅值为 $\begin{pmatrix} M_1 \\ M_2 \\ M_3 \end{pmatrix} = \begin{pmatrix} -69.9\text{kN}\cdot\text{m} \\ -69.3\text{kN}\cdot\text{m} \\ -0.1\text{kN}\cdot\text{m} \end{pmatrix}$

10.16 $\omega_1 = \dfrac{\pi^2}{l}\sqrt{\dfrac{EI}{\overline{m}l^2 + 2ml}}$

10.17 $\omega_1 = \dfrac{22.37}{l^2}\sqrt{\dfrac{EI}{\overline{m}}}$, $\omega_2 = \dfrac{61.67}{l^2}\sqrt{\dfrac{EI}{\overline{m}}}$, $\omega_3 = \dfrac{120.91}{l^2}\sqrt{\dfrac{EI}{\overline{m}}}$

10.18 $\omega_1 = \dfrac{15.419}{l^2}\sqrt{\dfrac{EI}{\overline{m}}}$, $\omega_2 = \dfrac{49.966}{l^2}\sqrt{\dfrac{EI}{\overline{m}}}$

附录 I 拱坝结构内力计算简介

I.1 拱坝结构概念与计算方法的演变

拱坝是水利工程中的重要坝型之一，以体形优美、结构合理而著称。它是复杂的空间壳体结构，通过拱和梁的作用将水压传递给两岸坝肩和坝底河床基岩。对拱坝的受力状态进行严格的理论分析是非常困难的。受不同时期的理论水平和计算能力的限制，人们对拱坝结构特点的认识及拱坝结构分析方法也经历了一个不断发展的过程。

拱坝的历史十分悠久，最早可追溯到古罗马时期。早期的拱坝建造都是凭借经验不断摸索进行的，直到 18 世纪欧洲工业革命以后，才在拱坝的建造中出现了结构的概念，开始通过力学分析来设计拱坝。最早形成的拱坝结构概念是圆筒概念，即不考虑上下层各拱圈之间的相互传力作用，把拱坝比拟成一系列独立而叠置的水平圆弧拱圈。在上游水压的作用下，每个拱圈相当于完整圆筒的一部分，其两端可看成滚轴支座[图 I.1(a)]。这样，拱圈内力只有轴力 F_N，由图 I.1(b)所示计算简图可得

$$F_N = -pR \tag{I.1}$$

式中，R 为圆拱的半径；p 为径向水压。

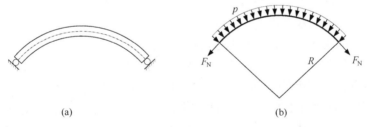

(a)   (b)

图 I.1

到 20 世纪初，人们认识到拱圈的两端基本上是固定在基岩上的，拱圈承受水荷载后，由于两端的固定约束作用，会在拱圈中产生剪力和弯矩。因此，采用固端拱模型[图 I.2(a)]比采用圆筒模型更合理。

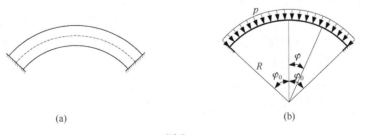

(a)   (b)

图 I.2

　　水压作用下等厚度圆弧固端拱的计算简图如图Ⅰ.2(b)所示，利用弹性中心法可求出其内力为

$$
\begin{cases}
M = F_N'\left(\dfrac{R\sin\varphi_0}{\varphi_0} - R\cos\varphi\right) \\[2mm]
F_Q = -F_N'\sin\varphi \\[2mm]
F_N = -pR - F_N'\cos\varphi
\end{cases}
\tag{Ⅰ.2}
$$

其中，

$$
F_N' = -\frac{\dfrac{2}{EA}pR\sin\varphi_0}{\dfrac{R^2}{EI}\left(\varphi_0 + \dfrac{\sin 2\varphi_0}{2} - \dfrac{2\sin^2\varphi_0}{\varphi_0}\right) + \dfrac{1}{EA}\left(\varphi_0 + \dfrac{\sin 2\varphi_0}{2}\right) + \dfrac{\lambda}{GA}\left(\varphi_0 - \dfrac{\sin 2\varphi_0}{2}\right)}
$$

式中，E、G 分别为材料的拉压弹性模量和剪切弹性模量；I、A 分别为拱截面的惯性矩和截面面积；λ 为切应力不均匀系数。

　　固端拱模型将拱坝结构分析模型从静定结构发展到超静定结构，1925 年沃伊特提出拱坝基础弹性变位的计算方法，拱圈的计算模型又发展为弹性固端拱。基于固端拱模型的拱坝结构分析方法通常称为纯拱法，其关于一般拱圈的内力、变形的计算方法可参见相关专业书籍[①]。

　　利用圆筒和固端拱的概念分析拱坝，不考虑上、下拱圈之间的传力作用，将拱坝划分为一系列互不相干的水平拱圈，按平面问题进行受力分析。这与拱坝的实际受力状态并不完全相符。20 世纪初，有人提出在拱冠处设置一悬臂梁(称为拱冠梁)来联系各层拱圈以反映其相互作用(图Ⅰ.3)，再根据梁和各层拱圈在交接点的水平径向位移相等的原则，将水荷载分配到拱和梁上。这就是拱冠梁法。

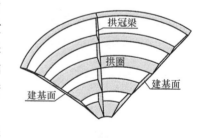

图Ⅰ.3

　　拱冠梁法提出了"拱梁分载"这一重要概念，后来又进一步发展到多拱多梁分载法，即在拱冠梁的两侧又增加了若干条悬臂梁参与荷载分配。多拱多梁分载法(简称多拱梁法)可以反映出水平拱圈上水荷载的不均匀分布，它的提出促进了拱圈形状从圆弧形向非圆弧形的发展，使拱圈厚度从等厚度改进成从拱冠向拱端逐渐增厚的变厚度。多拱梁法计算模型是空间刚架结构，一般来说，每个点有 3 个线位移和 3 个角位移。建立拱坝坐标系，取 z、r 和 s 分别沿铅直向、拱弧的径向和切向，3 个线位移分别是沿 z 轴的铅直位移 Δ_z、沿径向轴 r 的径向位移 Δ_r 和沿切向轴 s 的切向位移 Δ_s；3 个角位移分别是绕 z、r 和 s 轴转动的角位移 θ_z、θ_r 和 θ_s(图Ⅰ.4)。理论上来说，应该根据拱梁交点处

---

① 例如：朱伯芳，高季章，陈祖煜，等，2002. 拱坝设计与研究. 北京：中国水利水电出版社.

6 个位移的协调条件来确定拱梁之间荷载的分配。但是，拱坝是比较厚的空间壳体，坝体在坝面内的抗弯劲度极大，绕径向轴的角位移 θ_r 一般很小，可以忽略。因此，通常只考虑 Δ_z、Δ_r、Δ_s、θ_z 和 θ_s 这 5 个位移的协调条件来确定拱、梁的分配荷载，进而计算拱、梁的内力。这称为五向调整的多拱梁法，是目前拱坝结构分析中常用的结构力学方法。早期的拱梁分载法程序为了减小计算工作量，还有忽略竖向位移 Δ_z 的四向调整法与只考虑 Δ_r、Δ_s 和 θ_z 三个位移协调的三向调整法。现在由于计算机技术的高速发展，这两种方法已经使用越来越少了。

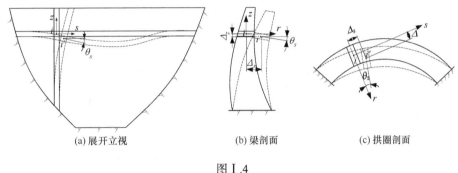

(a) 展开立视　　　　　　　　(b) 梁剖面　　　　　　　(c) 拱圈剖面

图 I.4

从 20 世纪 70 年代开始，有限单元法也越来越多地应用于拱坝结构分析。有限单元法是基于弹(塑)性力学等连续介质力学模型的分析方法，已经不属于传统的杆系结构力学的范畴，这里不再赘述。

I.2　拱冠梁法荷载分配计算

I.2.1　拱冠梁法的基本原理与位移协调方程

拱冠梁法是最基本的拱梁分载法，它通常在拱冠处截取一铅直的单位宽度悬臂梁，再将拱坝从上到下等间距截取 5～7 层单位高度的拱圈，按照拱冠梁和各拱圈在交点处的径向位移一致的原则进行拱梁荷载分配。如图 I.5 所示，设作用在 i 层水平截面处的总水平径向荷载强度为 p_i，通过拱梁荷载分配，拱冠梁在 i 结点分配到的水平径向荷载强度为 x_i，则 i 层拱圈分配到的水平径向荷载强度为 $p_i - x_i$。求得各层拱圈和拱冠梁各自承担的荷载后，即可分别按图 I.5(e)、(f)所示的计算简图计算拱圈和拱冠梁在水平径向荷载作用下的内力。因此，用拱冠梁法进行拱坝结构分析的关键是荷载的分配。

拱冠梁法只考虑径向位移，故参加拱梁分配的荷载是水压和泥沙压力等水平径向荷载；温度荷载引起的拱圈变形由拱圈单独承担，但该变形能影响水平荷载的分配；坝上游倾斜面上的水重等铅直荷载由梁单独承担，并通过其引起的梁的径向位移来影响水平荷载的分配；坝体自重对荷载分配的影响与施工方式有关，对分块浇筑的混凝土拱坝，自重由梁单独承担且不影响水平荷载的分配，对整体砌筑的浆砌石拱坝或边浇筑边封拱的混凝土拱坝，自重的影响与水重等铅直荷载相同。根据以上分析可知，拱圈的水平径向位移 Δ_{Ai} 是其分配到的水平径向荷载与温度荷载引起的位移之和，即

$$\Delta_{\mathrm{A}i} = (p_i - x_i)\delta_i + \Delta_{\mathrm{A}i}^{\mathrm{t}} \qquad (\mathrm{I}.3)$$

式中，δ_i 为 i 层拱圈在单位径向均布荷载作用下产生的拱冠处的径向位移，称为拱的单位径向位移系数；$\Delta_{\mathrm{A}i}^{\mathrm{t}}$ 为 i 层拱圈由温度荷载产生的拱冠处的径向位移。

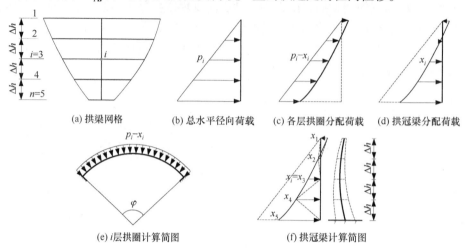

(a) 拱梁网格　　(b) 总水平径向荷载　　(c) 各层拱圈分配荷载　　(d) 拱冠梁分配荷载

(e) i 层拱圈计算简图　　　　　　　(f) 拱冠梁计算简图

图 I.5

拱冠梁的水平径向位移 $\Delta_{\mathrm{B}i}$ 是其分配到的水平径向荷载与铅直荷载引起的位移之和，利用叠加原理，可写为

$$\Delta_{\mathrm{B}i} = \sum_{j=1}^{n} a_{ij} x_j + \Delta_{\mathrm{B}i}^{\mathrm{w}} \qquad (\mathrm{I}.4)$$

式中，a_{ij} 为拱冠梁 j 点作用一个"单位三角形荷载"引起的 i 点的水平径向位移(图 I.6)，称为梁的单位径向位移系数；$\Delta_{\mathrm{B}i}^{\mathrm{w}}$ 为拱冠梁在竖向荷载作用下产生的 i 点的水平径向位移。

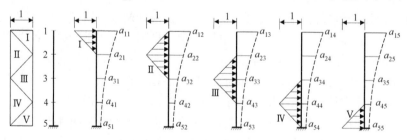

图 I.6

根据位移协调条件，在拱、梁交点处应有 $\Delta_{\mathrm{B}i} = \Delta_{\mathrm{A}i}$，即

$$\sum_{j=1}^{n} a_{ij} x_j + \Delta_{\mathrm{B}i}^{\mathrm{w}} = (p_i - x_i)\delta_i + \Delta_{\mathrm{A}i}^{\mathrm{t}} \quad (i = 1, 2, \cdots, n) \qquad (\mathrm{I}.5)$$

展开有

$$\begin{cases} a_{11}x_1 + a_{12}x_2 + \cdots + a_{1n}x_n + \Delta_{B1}^{w} = (p_1 - x_1)\delta_1 + \Delta_{A1}^{t} \\ a_{21}x_1 + a_{22}x_2 + \cdots + a_{2n}x_n + \Delta_{B2}^{w} = (p_2 - x_2)\delta_2 + \Delta_{A2}^{t} \\ \qquad \cdots\cdots \\ a_{n1}x_1 + a_{n2}x_2 + \cdots + a_{nn}x_n + \Delta_{Bn}^{w} = (p_n - x_n)\delta_n + \Delta_{An}^{t} \end{cases} \tag{I.6}$$

式(I.6)是关于 $x_i(i=1,2,\cdots,n)$ 的线性代数方程组，解之即可得梁和拱所分配到的水平径向荷载。

I.2.2 梁和拱的水平径向位移计算

计算梁 i 点的水平径向位移的一般公式为

$$\Delta_{ri} = \theta_f h_i + \Delta_{rf} + \int_0^{h_i} \frac{Mh}{EI} dh + \int_0^{h_i} \frac{\lambda F_Q}{GA} dh \tag{I.7}$$

式中，h 为以计算点为原点的竖向坐标，向下为正；h_i 为计算点到梁底的高度；EI、GA 分别为梁的抗弯刚度和抗剪刚度；M、F_Q 分别为梁的弯矩和剪力，在铅直荷载作用时有 $F_Q = 0$；θ_f、Δ_{rf} 分别为梁底的基础角位移和基础的径向位移，计算式为

$$\begin{cases} \theta_f = \dfrac{k_1}{E_f T_n^2} M_n \\ \Delta_{rf} = \dfrac{k_3}{E_f} F_{Qn} + \dfrac{k_5}{E_f T_n} M_n = \Delta_{rf}^{F_Q} + \Delta_{rf}^{M} \end{cases} \tag{I.8}$$

其中，M_n、F_{Qn} 分别为梁底的弯矩和剪力；E_f 为地基弹性模量；T_n 为梁底的厚度；k_1、k_3、k_5 为沃伊特地基系数，具体取值方法参见相关专业书籍。

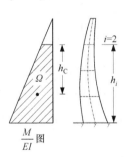

式(I.7)中的积分运算可采用图乘法或分段求和法计算。例如，采用图乘法计算 $\int_0^{h_i} \frac{Mh}{EI} dh$，即以梁在计算截面以下 $\frac{M}{EI}$ 图的面积 Ω 乘以 $\frac{M}{EI}$ 图形心至计算截面的距离 h_C，参见图 I.7。采用分段求和法计算时，式(I.7)改写为

$$\Delta_{ri} = \sum \left(\theta_f + \sum \frac{M}{EI} \Delta h \right) \Delta h + \Delta_{rf} + \sum \frac{\lambda F_Q}{GA} \Delta h \tag{I.9}$$

图 I.7

式中，Δh 为梁分段的高度；$\sum$ 表示对计算截面以下的分段求和；$\frac{M}{EI}$、$\frac{\lambda F_Q}{GA}$ 均取各分段内的平均值。

拱圈在拱冠处径向位移的计算，对于一般拱圈可参照纯拱法的基本公式进行，由于过于复杂，这里不再赘述，具体可参见相关专业书籍；对于对称等厚度圆弧拱圈，有些书中还提供了现成的数表供直接查算。

I.2.3 算例

某对称拱坝采用等厚度圆弧拱圈，坝体主要参数与荷载见表 I.1，坝体混凝土的弹

性模量 $E = 2.1 \times 10^4 \, \text{MPa}$，线膨胀系数 $\alpha = 0.8 \times 10^{-5} \, ℃^{-1}$，剪切弹性模量 $G = 0.4E$；地基弹性模量 $E_f = E$，沃伊特地基系数取值为 $k_1 = 5.50$，$k_3 = 2.51$，$k_5 = 0.66$。

表 I.1　某拱坝主要参数与荷载

拱圈层数	高程/m	拱圈厚度 T_i/m	平均半径 R_i/m	$\frac{T_i}{R_i}$	半中心角/(°)	水平荷载 p_i/MPa	均匀温降 T_{mi}/℃
1	346.00	8.00	151.07	0.053	55	0.00	4.126
2	318.00	13.50	127.08	0.107	51	0.22	2.783
3	290.00	19.00	110.50	0.172	44	0.50	2.099
4	262.00	24.50	87.12	0.281	36	0.82	1.685
5	234.00	30.00	46.82	0.641	27	1.27	1.408

拱圈的单位径向位移系数 δ_i 和均匀温降 T_{mi} 作用下的拱冠处径向位移 Δ_{Ai}^t 可利用《拱坝》(黎展眉，1982)中的数表按下式计算：

$$\begin{cases} \delta_i = 0.1 \times \bar{\delta}_i \times \dfrac{R_i}{E} \\ \Delta_{Ai}^t = 0.01 \times \bar{\delta}_i^t \times R_i \times \alpha \times T_{mi} \end{cases} \quad (I.10)$$

式中，$\bar{\delta}_i$、$\bar{\delta}_i^t$ 为从相应数表中查得的系数。δ_i 和 Δ_{Ai}^t 的计算结果汇总于表 I.2。

表 I.2　拱圈的单位径向位移系数 δ_i 和温降作用下的拱冠径向位移 Δ_{Ai}^t

拱圈层数 i	1	2	3	4	5
δ_i/(m/MPa)	0.2759	0.1171	0.0589	0.0219	0.0040
Δ_{Ai}^t/m	0.0114	0.0061	0.0032	0.0012	0.0002

由于坝体采用分块浇筑，且上游坝面倾斜度不大，故忽略拱冠梁在竖向荷载作用下产生的水平径向位移，即设式(I.6)中的 $\Delta_{Bi}^w = 0$。拱冠梁的单位径向位移系数 a_{ij} 可按式(I.9)采用分段求和法计算，为清楚起见，可列表进行，表 I.3 给出了单位三角形径向荷载 I 作用下 a_{i1} 的计算过程，其他系数可类似计算。

表 I.3　单位三角形径向荷载 I 所引起单位径向位移系数 a_{i1} 计算

截面序号 i	1	2	3	4	5
T_i/m	8.0000	13.5000	19.0000	24.5000	30.0000
A_i/m²	8.0000	13.5000	19.0000	24.5000	30.0000
I_i/m⁴	42.6667	205.0313	571.5833	1225.5104	2250.0000
Δh/m		28.0000	28.0000	28.0000	28.0000
M_i/m³	0.0000	261.0720	653.0720	1045.0720	1437.0720

续表

截面序号 i	1	2	3	4	5
$\dfrac{M_i}{I_i}$ /m^{-1}	0.0000	1.2733	1.1426	0.8528	0.6387
各分段 $\dfrac{M}{I}$ 平均值 $\overline{\left(\dfrac{M}{I}\right)}$ /m^{-1}		0.6367	1.2079	0.9977	0.7457
$\gamma_i = E\theta_i + \sum \overline{\left(\dfrac{M}{I}\right)}\Delta h$	109.2463	91.4198	57.5972	29.6626	8.7821
各分段 γ 平均值 $\overline{\gamma}$		100.3330	74.5085	43.6299	19.2224
$\Delta_{ri}^{M} = \sum \dfrac{\overline{\gamma}\Delta h}{E} + \Delta_{rt}^{M}$ /(m/MPa)	0.3184	0.1847	0.0853	0.0271	0.0015
F_{Qi} /m^2	0.0000	14.0000	14.0000	14.0000	14.0000
$\dfrac{F_{Qi}}{A_i}$	0.0000	1.0370	0.7368	0.5714	0.4667
各分段 $\dfrac{F_Q}{A}$ 的平均值 $\overline{\left(\dfrac{F_Q}{A}\right)}$		0.5185	0.8869	0.6541	0.5190
$\Delta_{ri}^{F_Q} = \sum \dfrac{\lambda}{G}\overline{\left(\dfrac{F_Q}{A}\right)}\Delta h + \Delta_{rt}^{F_Q}$ /(m/MPa)	0.0120	0.0099	0.0064	0.0037	0.0017
$a_{i1} = \Delta_{ri}^{M} + \Delta_{ri}^{F_Q}$ /(m/MPa)	0.3304	0.1946	0.0917	0.0309	0.0032

将各系数代入式(Ⅰ.6)，整理后得如下线性代数方程组：

$$\begin{cases} 0.6063x_1 + 0.5844x_2 + 0.2253x_3 + 0.0722x_4 + 0.0116x_5 = 0.0114 \\ 0.1946x_1 + 0.5432x_2 + 0.1617x_3 + 0.0541x_4 + 0.0092x_5 = 0.0319 \\ 0.0917x_1 + 0.1469x_2 + 0.1560x_3 + 0.0360x_4 + 0.0068x_5 = 0.0327 \\ 0.0309x_1 + 0.0522x_2 + 0.0386x_3 + 0.0399x_4 + 0.0045x_5 = 0.0192 \\ 0.0032x_1 + 0.0058x_2 + 0.0049x_3 + 0.0041x_4 + 0.0058x_5 = 0.0053 \end{cases}$$

解得

$$x_1 = -0.0927，\quad x_2 = 0.0011，\quad x_3 = 0.1613，\quad x_4 = 0.3283，\quad x_5 = 0.5954$$

求得的 x_i 即为梁所分配的荷载，进而可求出拱圈的水平分载，拱梁分载情况见表Ⅰ.4。

表Ⅰ.4 拱梁分载情况表 　　　　　(单位：MPa)

截面序号 i	1	2	3	4	5
总荷载 p_i	0.0000	0.2200	0.5000	0.8219	1.2695
梁分载 x_i	-0.0927	0.0022	0.1613	0.3283	0.5954
拱分载 $p_i - x_i$	0.0927	0.2178	0.3387	0.4936	0.6741

拱梁分载求出后，便可分别按悬臂梁和弹性固端拱计算拱、梁的内力，这里不再赘述。当然拱的内力仍可利用前述文献中的数表直接查算。

附录Ⅱ　平面刚架静力分析程序

Ⅱ.1　程序简介

平面刚架是具有代表性的平面杆系结构。这里介绍一个平面刚架静力分析程序FRAME，可以用于计算平面刚架与连续梁。程序的主要功能如下：

(1) 可以处理固定支座、固定铰支座及沿整体坐标 x 或 y 方向的链杆支座和滑移支座。

(2) 可以处理结点荷载、单元荷载(含温度变化)及沿 x、y 或转动方向的已知结点位移。对单元荷载需事先利用表9.2计算出单元的固端力。

(3) 结构中的结点可以是刚结点、铰结点、组合结点及沿 x 或 y 方向滑移的定向结点。

(4) 输出内容包括全部输入数据，求解得到的结点位移、单元杆端力及支座反力。

FRAME 程序按照矩阵位移法中先处理直接劲度法(第9.8节)的基本原理和分析过程编制，计算流程如图Ⅱ.1所示。程序由1个主程序和12个子程序构成，它们之间的调用关系如图Ⅱ.2所示。各程序单元的主要功能见表Ⅱ.1。程序中可动结点劲度矩阵采用一维变带宽存储，线性方程组采用Crout三角分解法求解，具体方法可参阅有关参考文献；对非零已知结点位移采用放大主元素法处理；对铰结点、组合结点及定向结点采用主从结点的方法处理，即在这类结点处增设结点，并令相等的位移具有相同的自由度编号，独立位移具有不同的自由度编号。实际上，基于主从结点方法，只需将每个桁杆单元两端均各自设置结点，并令联结在同一铰结点的各个结点具有相同的线位移及各自独立的角位移，本程序也可用来求解平面桁架与组合结构。

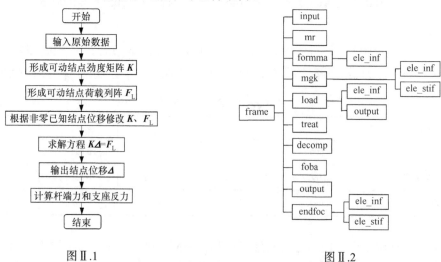

图Ⅱ.1　　　　　　　　　　　　　　图Ⅱ.2

表Ⅱ.1 程序单元功能汇总

程序单元名称	功能
frame	主程序,调用其他功能子程序
input	输入总控信息及结构的结点坐标、单元信息、材料参数、荷载等所有原始数据
mr	形成结点自由度序号矩阵
formma	形成可动结点劲度矩阵按一维存储所需的主元素指示矩阵
mgk	形成可动结点劲度矩阵 K 并按一维存储
load	形成可动结点荷载列阵 F_L
treat	当存在非零已知结点位移时,采用放大主元素法对 K 和 F_L 进行处理
decomp	可动结点劲度矩阵的分解运算
foba	前代、回代求出未知结点位移
output	输出结点位移或结点荷载
endfoc	计算并输出单元杆端力和支座反力
ele_inf	提取单元2个结点的整体编号和该单元的材料号,计算单元的长度和坐标转换矩阵等
ele_stif	计算整体坐标系中的单元劲度矩阵

在使用本程序时,需以文件的形式输入结构原始数据。各输入数据及相关变量的意义见表Ⅱ.2,正负号规定同第9章。同时,为了便于阅读完整的程序,表Ⅱ.3给出了其他主要变量与数组的意义。

表Ⅱ.2 输入数据及变量说明

输入次序	输入变量	变量意义	备注
1	np	结点总数	总控信息,共1条
	ne	单元总数	
	nm	材料类型总数	
	nr	约束结点总数	
	ns	从属结点总数	
	nlp	受荷载作用结点的数目	
	nle	受荷载作用单元的数目	
	nd	非零已知位移结点的数目	
2	im	材料序号	材料信息,共nm条
	ae(1:3, im)	依次为im号材料的弹性模量、截面积和惯性矩	
3	ip	结点号	坐标信息,共np条
	x(ip)	第ip结点的 x 坐标	
	y(ip)	第ip结点的 y 坐标	

续表

输入次序	输入变量	变量意义	备注
4	ie meo(1:3, ie)	单元号 依次为第 ie 单元始、末端结点的整体编码和材料类型号	单元信息，共 ne 条
5	jc(1:4, ir)	依次为第 ir 个约束结点的结点号及对该结点的 x、y 方向线位移和转角位移的约束情况，无位移时填 0，有位移时填 1	约束信息，共 nr 条
6	jc(1:4, nr+is)	依次为第 is 从属结点的结点号及与该结点的 x、y 方向线位移和转角位移相应的主结点号。当某位移为独立位移时，相应的主结点号填 0	从属结点信息，ns>0 时输入，共 ns 条，主结点号应小于从结点号
7	nf(ilp) fv(1:3, ilp)	第 ilp 个受荷载作用的结点号 依次为作用在第 ilp 个受荷结点的 x、y 方向集中力分量和集中力偶	结点荷载信息，nlp>0 时输入，共 nlp 条
8	nfe(ile) fg(1:6, ile)	第 ile 个受荷载作用的单元号 依次为第 ile 个受荷单元始端的固端轴力、剪力、弯矩和末端的固端轴力、剪力、弯矩	单元荷载信息，nle>0 时输入，共 nle 条
9	ndi(id) dv(1:3, id)	第 id 个存在非零已知位移的结点号 依次为第 id 个非零已知位移结点在 x、y 和转动方向的已知位移值，若某方向位移未知，则其相应分量填 0	非零已知位移信息，nd>0 时输入，共 nd 条

表 Ⅱ.3　主要变量与数组的意义

变量	意义
n	结构自由度总数
nh	按一维存储的可动结点劲度矩阵的总容量
nx	最大半带宽
sk(1:nh)	一维存储的可动结点劲度矩阵
r(1:n)	解方程之前为等效结点荷载列阵，解方程以后为结点位移列阵
ma(1:n)	劲度矩阵主元素自由度序号指标列阵
jr(1:3, 1:np)	结点自由度序号矩阵
me(1:2)	单元始、末端结点的整体编号列阵
ske(1:6, 1:6)	整体坐标系中的单元劲度矩阵
tmx(1:6, 1:6)	单元坐标转换矩阵
tmxt(1:6, 1:6)	单元坐标转换矩阵的转置矩阵
nn(1:6)	单元自由度指示列阵

Ⅱ.2　程序使用步骤与算例

程序 FRAME 采用 Fortran90 语言编制，将源程序文件 FRAME.f90 经计算机编译、连接得到可执行文件 FRAME.exe 后，便可应用此程序计算实际结构。具体使用步骤如下：

(1) 对结构的结点和单元进行编号，建立整体坐标系。

(2) 利用文本编辑软件按表Ⅱ.2 中规定的输入次序编辑输入数据文件，填写时应注意单位的统一。

(3) 运行 FRAME.exe 程序，按屏幕提示依次键入输入数据文件名称和输出数据文件名称。

(4) 利用文本编辑软件打开输出数据文件，查看计算结果。

(5) 根据输出结果绘制结构的内力图。

【例Ⅱ.1】　试用平面刚架分析程序 FRAME 计算图Ⅱ.3(a)所示刚架。已知材料的弹性模量 $E = 20 \times 10^6 \text{kPa}$，各立柱的横截面面积 $A_1 = 0.5\text{m}^2$，惯性矩 $I_1 = 0.04\text{m}^4$；横梁的横截面面积 $A_2 = 0.6\text{m}^2$，惯性矩 $I_2 = 0.08\text{m}^4$。

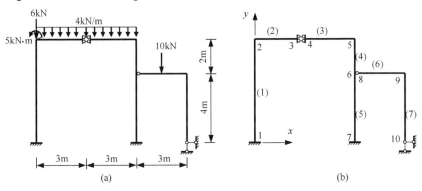

图Ⅱ.3

【解】　本题刚架中存在一个定向结点和一个组合结点，需采用主从结点法处理，结构的整体坐标系及结点和单元编号如图Ⅱ.3(b)所示。输入数据文件内容如下。

```
10   7   2   3   2   1   3   0
20e6   0.5   0.04
20e6   0.6   0.08
1   0.0   0.0
2   0.0   6.0
3   3.0   6.0
4   3.0   6.0
5   6.0   6.0
6   6.0   4.0
7   6.0   0.0
8   6.0   4.0
```

```
9  9.0  4.0
10  9.0  0.0
1  1  2  1
2  2  3  2
3  4  5  2
4  5  6  1
5  6  7  1
6  8  9  2
7  9  10  1
1  0  0  0
7  0  0  0
10  0  0  1
4  3  0  3
8  6  6  0
2  0.0  -6.0  5.0
2  0.0  6.0  3.0  0.0  6.0  -3.0
3  0.0  6.0  3.0  0.0  6.0  -3.0
6  0.0  5.0  3.75  0.0  5.0  -3.75
```

按以上原始数据运行程序后，输出文件内容如下。

```
********INPUT DATA********
np= 10 ne= 7 nm= 2 nr= 3 ns= 2 nlp= 1 nle= 3 nd= 0
```

MATERIAL MESSAGES

NO.MAT	E0	A0	I0
1	0.2000E+08	0.5000E+00	0.4000E-01
2	0.2000E+08	0.6000E+00	0.8000E-01

COORDINATE MESSAGES

NODE	X	Y
1	0.0000	0.0000
2	0.0000	6.0000
3	3.0000	6.0000
4	3.0000	6.0000
5	6.0000	6.0000
6	6.0000	4.0000
7	6.0000	0.0000
8	6.0000	4.0000
9	9.0000	4.0000
10	9.0000	0.0000

ELEMENT MESSAGES

ELEMENT	I-NODE	J-NODE	NO.MAT
1	1	2	1
2	2	3	2
3	4	5	2
4	5	6	1
5	6	7	1
6	8	9	2

7	9	10	1

CONSTRAINT MESSAGES

NODE	UX	UY	ROTATION
1	0	0	0
7	0	0	0
10	0	0	1

DEPENDENT DISPLACEMENTS

NODE	UX	UY	ROTATION
4	3	0	3
8	6	6	0

LUMPED-LOADS AT NODES

NODE	FX	FY	M
2	0.0000	-6.0000	5.0000

ELEMENT FIXED END FORCES

ELEMENT	I-FN	I-FQ	I-M	J-FN	J-FQ	J-M
2	0.0000	6.0000	3.0000	0.0000	6.0000	-3.0000
3	0.0000	6.0000	3.0000	0.0000	6.0000	-3.0000
6	0.0000	5.0000	3.7500	0.0000	5.0000	-3.7500

********RESULT DATA********

NODAL DISPLACEMENTS

NODE	UX	UY	ROTATION
1	0.00000	0.00000	0.00000
2	-0.00006	-0.00001	0.00001
3	-0.00006	0.00002	0.00002
4	-0.00006	-0.00009	0.00002
5	-0.00006	-0.00001	0.00003
6	-0.00002	-0.00001	0.00001
7	0.00000	0.00000	0.00000
8	-0.00002	-0.00001	0.00000
9	-0.00002	0.00000	0.00000
10	0.00000	0.00000	0.00000

MEMBER END FORCES

ELEMENT	NODE	FN	FQ	M
1	1	18.00000	-1.19830	-4.94626
	2	-18.00000	1.19830	-2.24352
2	2	1.19830	12.00000	7.24352
	3	-1.19830	0.00000	10.75648
3	4	1.19830	0.00000	-10.75648

	5	-1.19830	12.00000	-7.24352
4	5	12.00000	1.19830	7.24352
	6	-12.00000	-1.19830	-4.84693
5	6	16.91903	1.13757	4.84693
	7	-16.91903	-1.13757	-0.29666
6	8	0.06073	4.91903	0.00000
	9	-0.06073	5.08097	-0.24292
7	9	5.08097	0.06073	0.24292
	10	-5.08097	-0.06073	0.00000

SUPPORT REACTIONS

NODE	X-COMP.	Y-COMP.	M-COMP.
1	1.19830	18.00000	-4.94626
7	-1.13757	16.91903	-0.29666
10	-0.06073	5.08097	0.00000

利用上述结果文件中的杆端力数据,并考虑正负号的规定,可以作出刚架的弯矩、剪力和轴力图,分别如图Ⅱ.4(a)~(c)所示。

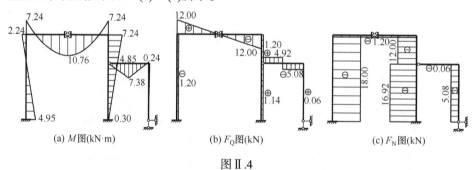

(a) M图(kN·m)　　　　(b) F_Q图(kN)　　　　(c) F_N图(kN)

图Ⅱ.4

【例Ⅱ.2】　试用平面刚架分析程序 FRAME 计算图Ⅱ.5(a)所示刚架在支座移动下的内力。已知立柱抗弯刚度 $EI_1 = 3 \times 10^5 \text{kN} \cdot \text{m}^2$,横梁的抗弯刚度 $EI_2 = 6 \times 10^5 \text{kN} \cdot \text{m}^2$,轴向变形不计。

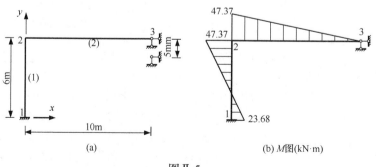

(a)　　　　　　　　(b) M图(kN·m)

图Ⅱ.5

【解】　建立结构的整体坐标系并将结点和单元编号,如图Ⅱ.5(a)所示。本例中分别给出了立柱和横梁的抗弯刚度,可取材料的弹性模量 $E=3\times10^5\,\text{kPa}$,则立柱截面的惯性矩 $I_1=1.0\,\text{m}^4$,横梁截面的惯性矩 $I_2=2.0\,\text{m}^4$,由于不考虑轴向变形,故应将截面面积取为一个充分大的数,这里取 $A_1=A_2=1.0\times10^4\,\text{m}^2$ 。另外还需注意的是:结点 3 有已知竖向位移,在输入位移约束信息时,该结点 y 方向应视为无约束。用 FRAME 程序计算本刚架的输入数据文件内容如下。

```
3 2 2 2 0 0 0 1
3.0e5  1.0e4  1.0
3.0e5  1.0e4  2.0
1  0.0  0.0
2  0.0  6.0
3  10.0  6.0
1  1  2  1
2  2  3  2
1  0  0  0
3  0  1  1
3  0  -0.005  0
```

按以上原始数据运行程序后,输出文件内容如下:

```
********INPUT DATA********
np= 3 ne= 2 nm= 2 nr= 2 ns= 0 nlp= 0 nle= 0 nd= 1

              MATERIAL MESSAGES
  NO.MAT        E0          A0          I0
    1      0.3000E+06  0.1000E+05  0.1000E+01
    2      0.3000E+06  0.1000E+05  0.2000E+01

              COORDINATE MESSAGES
   NODE        X           Y
    1        0.0000      0.0000
    2        0.0000      6.0000
    3       10.0000      6.0000

              ELEMENT MESSAGES
 ELEMENT  I-NODE  J-NODE    NO.MAT
    1        1       2        1
    2        2       3        2

              CONSTRAINT MESSAGES
   NODE   UX   UY  ROTATION
    1      0    0     0
    3      0    1     1

            SUPPORT DISPLACEMENTS
   NODE       UX          UY        ROTATION
    3      0.0000     -0.0050       0.0000

       ********RESULT DATA********
```

```
                   NODAL DISPLACEMENTS
      NODE         UX              UY            ROTATION
       1        0.00000        0.00000         0.00000

       2        0.00000        0.00000        -0.00024

       3        0.00000       -0.00500        -0.00063


                   MEMBER END FORCES
   ELEMENT       NODE         FN            FQ            M
      1           1        4.73674      -11.84168     -23.68271
                  2       -4.73674       11.84168     -47.36740
      2           2       11.84168       4.73674      47.36740
                  3      -11.84168      -4.73674       0.00000

                   SUPPORT REACTIONS
      NODE       X-COMP.        Y-COMP.        M-COMP.
       1        11.84168       4.73674       -23.68271
       3       -11.84168      -4.73674        0.00000
```

　　利用上述结果文件中的杆端力数据,可以作出刚架的弯矩图如图 II.5(b)所示,剪力图和轴力图读者可自行绘制。

II.3　源程序 FRAME.f90 清单

```fortran
module struc_def
    implicit real*8(a-h,o-z)
    integer:: np,ne,nm,nr,ns,nlp,nle,nd
    real*8,allocatable::x(:),y(:),ae(:,:),fv(:,:),fg(:,:),
    dv(:,:),fend(:,:),fr(:,:)
    integer,allocatable:: meo(:,:),jc(:,:),nf(:),nfe(:),ndi(:)
contains
    subroutine input
    read (15,*) np,ne,nm,nr,ns,nlp,nle,nd
    write (17,400)np,ne,nm,nr,ns,nlp,nle,nd
    allocate(x(np),y(np),meo(3,ne),ae(3,nm),jc(4,nr+ns),nf(nlp),&
            fv(3,nlp),nfe(nle),fg(6,nle),ndi(nd),dv(3,nd) )
    read (15,*) ((ae(i,j),i=1,3),j=1,nm)
    read (15,*) (ip,x(i),y(i),i=1,np)
    do ielem=1,ne
      read (15,*) ie,(meo(j,ie),j=1,3)
    enddo
    write(17,500) (j,(ae(i,j),i=1,3),j=1,nm)
    write(17,600) (i,x(i),y(i),i=1,np)
    write(17,650)(ielem,(meo(i,ielem),i=1,3),ielem=1,ne)
    if(nr.gt.0) then
      read (15,*) ((jc(j,i),j=1,4),i=1,nr)
      write(17,700) ((jc(j,i),j=1,4),i=1,nr)
```

```
      endif
      if(ns.gt.0) then
        read (15,*) ((jc(j,i+nr),j=1,4),i=1,ns)
        write(17,750) ((jc(j,i+nr),j=1,4),i=1,ns)
      endif
      if(nlp.gt.0) then
        read(15,*) (nf(i),(fv(j,i),j=1,3),i=1,nlp)
        write(17,850) (nf(i),(fv(j,i),j=1,3),i=1,nlp)
      endif
      if(nle.gt.0) then
        read(15,*) (nfe(i),(fg(j,i),j=1,6),i=1,nle)
        write(17,950) (nfe(i),(fg(j,i),j=1,6),i=1,nle)
      endif
      if(nd.gt.0) then
        read(15,*) (ndi(j),(dv(i,j),i=1,3),j=1,nd)
        write(17,900) (ndi(j),(dv(i,j),i=1,3),j=1,nd)
      endif
      return
400   format(30x,'********input data'********/  &
          /1x,'np=',i3,2x,'ne=',i3,2x,'nm=',i3, 2x,'nr=',i3,  &
          2x,'ns=',i3,2x,'nlp=',i3,2x,'nle=',i3,2x,'nd=',i3)
500   format(/30x,'MATERIAL MESSAGES' &
          /3x,'NO.MAT',10x,'E0',11x,'A0',11x,'I0'/(i7,1x,
          3e13.4))
600   format(/30x,'COORDINATE MESSAGES'/4x,'NODE',13x,'X',12x,'Y' &
          /(2x,i6,1x,2f13.4))
650   format(/30x,'ELEMENT MESSAGES' &
          /3x,'ELEMENT',3x,'I-NODE',3x,'J-NODE',3x,'NO.MAT' &
          /(5x,i5,3i9))
700   format(/30x,'CONSTRAINT MESSAGES' &
          /5x,'NODE',3x,'UX',3x,'UY',3x,'ROTATION'/(4x,4i5))
750   format(/30x,'DEPENDENT DISPLACEMENTS' &
          /5x,'NODE',3x,'UX',3x,'UY',3x,'ROTATION'/(4x,4i5))
850   format(/30x,'LUMPED-LOADS AT NODES'  &
          /4x,'NODE',10x,'FX',11x,'FY',12x,'M'/(i6,1x,3f13.4))
900   format(/30x,'SUPPORT DISPLACEMENTS' &
          /4x,'NODE',10x,'UX',11x,'UY',11x,' ROTATION '/(i6,1x,
          3f13.4))
950   format(/30x,'ELEMENT FIXED END FORCES' &
          /1x,'ELEMENT',8x,'I-FN',9x,'I-FQ',10x,'I-M',
          9x,'J-FN',    &
          9x,'J-FQ', 10x,'J-M'/(i6,1x,6f13.4))
    end subroutine input
end module struc_def
!-------------------------------------------------------------!
module element
    implicit real*8(a-h,o-z)
    real*8:: e0,a0,i0,l0,cc,ss
    real*8:: ske(6,6),tmx(6,6)
```

```fortran
        integer::me(2)
contains
        subroutine ele_inf (jj)
        use struc_def
        i=meo(1,jj)
        me(1)=i
        j=meo(2,jj)
        me(2)=j
        m=meo(3,jj)
        dx=x(j)-x(i)
        dy=y(j)-y(i)
        l0=sqrt(dx*dx+dy*dy)
        cc=dx/l0
        ss=dy/l0
        tmx=0.0
        tmx(1,1)=cc
        tmx(2,2)=cc
        tmx(3,3)=1.0
        tmx(1,2)=ss
        tmx(2,1)=-ss
        do i=1,3
          do j=1,3
            tmx(i+3,j+3)=tmx(i,j)
          enddo
        enddo
        e0=ae(1,m)
        a0=ae(2,m)
        i0=ae(3,m)
        return
        end subroutine ele_inf
!
        subroutine ele_stif
        use struc_def
        ske=0.0
        ske(1,1)=e0*a0/l0*cc*cc+12.0*e0*i0/l0**3*ss*ss
        ske(4,4)=ske(1,1)
        ske(1,2)=(e0*a0/l0-12.0*e0*i0/l0**3)*cc*ss
        ske(4,5)=ske(1,2)
        ske(2,2)=e0*a0/l0*ss*ss+12.0*e0*i0/l0**3*cc*cc
        ske(5,5)=ske(2,2)
        ske(1,3)=-(6.0*e0*i0/l0/l0)*ss
        ske(1,6)=ske(1,3)
        ske(2,3)=(6.0*e0*i0/l0/l0)*cc
        ske(2,6)=ske(2,3)
        ske(3,3)=4.0*e0*i0/l0
        ske(6,6)=ske(3,3)
        ske(2,5)=-ske(2,2)
        ske(1,4)=-ske(1,1)
        ske(2,4)=-ske(1,2)
```

```fortran
      ske(1,5)=-ske(1,2)
      ske(3,6)=ske(3,3)*0.5
      ske(3,4)=-ske(1,3)
      ske(4,6)=-ske(1,3)
      ske(5,6)=-ske(2,3)
      ske(3,5)=-ske(2,3)
      do i=1,6
        do j=1,i
          ske(i,j)=ske(j,i)
        enddo
      enddo
      return
      end subroutine ele_stif
end module element
!----------------------------------------------------------!
module form_eq
      implicit real*8(a-h,o-z)
      integer n,nh
      real*8,allocatable:: sk(:),r(:)
      integer,allocatable:: ma(:),jr(:,:)
contains
      subroutine mr
      use struc_def
      allocate( jr(3,np) )
      jr=1
      do i=1,nr
        j=jc(1,i)
        do k=1,3
          l=jc(k+1,i)
          jr(k,j)=l
        enddo
      enddo
      do i=1,ns
        j=jc(1,i+nr)
        do k=1,3
          l=jc(k+1,i+nr)
          if(l.gt.0)then
            jr(k,j)=0
          endif
        enddo
      enddo
      n=0
      do i=1,np
        do j=1,3
          if(jr(j,i).gt.0) then
            n=n+1
            jr(j,i)=n
          endif
        enddo
```

```
      enddo
      do i=1,ns
        j=jc(1,i+nr)
        do k=1,3
          l=jc(k+1,i+nr)
          if(l.gt.0)then
            jr(k,j)=jr(k,l)
          endif
        enddo
      enddo
      return
      end subroutine mr
!

      subroutine formma
      use struc_def
      use element
      dimension nn(6)
      allocate( ma(n))
      ma=0
      do ie=1,ne
        call ele_inf(ie)
        do i=1,2
          jb=me(i)
          do m=1,3
            jj=3*(i-1)+m
            nn(jj)=jr(m,jb)
          enddo
        enddo
        l=n
        do i=1,6
          if (nn(i).gt.0.and.nn(i).lt.l)  l=nn(i)
        enddo
        do m=1,6
          jp=nn(m)
          if (jp.gt.0) then
            if (jp-l+1.gt.ma(jp)) ma(jp)=jp-l+1
          endif
        enddo
      enddo
      mx=0
      ma(1)=1
      do i=2,n
        if (ma(i).gt.mx) mx=ma(i)
        ma(i)=ma(i)+ma(i-1)
      enddo
      nh=ma(n)
      return
      end  subroutine formma
!
```

```
subroutine load
use struc_def
use element
dimension f1(6),ft(6),tmxt(6,6)
allocate( r(n) )
r=0.0
if(nlp.gt.0) then
  do i=1,nlp
    jj=nf(i)
    do k=1,3
      j=jr(k,jj)
      if (j.gt.0) r(j)=r(j)+fv(k,i)
    enddo
  enddo
endif
if(nle.gt.0) then
  do i=1,nle
    ie=nfe(i)
    call ele_inf(ie)
    do j=1,6
      f1(j)=fg(j,i)
    enddo
    tmxt=transpose(tmx)
    ft=matmul(tmxt,f1)
    do ii=1,2
    jj=me(ii)
    do k=1,3
      j=jr(k,jj)
      m=k+3*(ii-1)
      if (j.gt.0) r(j)=r(j)-ft(m)
    enddo
    enddo
  enddo
endif
return
end subroutine load
!

subroutine mgk
use struc_def
use element
dimension nn(6)
allocate( sk(nh))
sk=0.0
do ie=1,ne
  call ele_inf(ie)
  call ele_stif
  do i=1,2
    j2=me(i)
    do j=1,3
```

```fortran
          j3=3*(i-1)+j
          nn(j3)=jr(j,j2)
        enddo
      enddo
      do i=1,6
        do j=1,6
          if(nn(j).ne.0.and.nn(i).ge.nn(j)) then
            jj=nn(i)
            jk=nn(j)
            jl=ma(jj)
            jm=jj-jk
            jn=jl-jm
            sk(jn)=sk(jn)+ske(i,j)
          endif
        enddo
      enddo
    enddo
    return
    end subroutine mgk
!

    subroutine treat
    use struc_def
    if (nd.le.0) return
    do i=1,nd
      do j=1,3
        if(dv(j,i).gt.0.or.dv(j,i).lt.0) then
          jj=ndi(i)
          l=jr(j,jj)
          jn=ma(l)
          sk(jn)=1e30
          r(l)=dv(j,i)*1e30
        endif
      enddo
    enddo
    return
    end subroutine treat
end module form_eq
!---------------------------------------------------------------!
module solve_eq
    implicit real*8(a-h,o-z)
contains
    subroutine decomp
    use form_eq
    do i=2,n
      l=i-ma(i)+ma(i-1)+1
      k=i-1
      l1=l+1
      if (l1.le.k) then
        do j=l1,k
```

```
          ij=ma(i)-i+j
          m=j-ma(j)+ma(j-1)+1
          if (l.gt.m) m=l
          mp=j-1
          if (m.le.mp) then
            do lp=m,mp
              ip=ma(i)-i+lp
              jp=ma(j)-j+lp
              sk(ij)=sk(ij)-sk(ip)*sk(jp)
            enddo
          endif
        enddo
      endif
      if (l.le.k) then
        do lp=l,k
          ip=ma(i)-i+lp
          lpp=ma(lp)
          sk(ip)=sk(ip)/sk(lpp)
          ii=ma(i)
          sk(ii)=sk(ii)-sk(ip)*sk(ip)*sk(lpp)
        enddo
      endif
    enddo
    return
    end subroutine decomp
!

    subroutine foba
    use form_eq
    do i=2,n
      l=i-ma(i)+ma(i-1)+1
      k=i-1
      if (l.le.k) then
        do lp=l,k
          ip=ma(i)-i+lp
          r(i)=r(i)-sk(ip)*r(lp)
        enddo
      endif
    enddo
    do i=1,n
      ii=ma(i)
      r(i)=r(i)/sk(ii)
    enddo
    do j1=2,n
      i=2+n-j1
      l=i-ma(i)+ma(i-1)+1
      k=i-1
      if (l.le.k) then
        do j=l,k
          ij=ma(i)-i+j
```

```
             r(j)=r(j)-sk(ij)*r(i)
          enddo
        endif
      enddo
      return
      end subroutine foba
end module solve_eq
!------------------------------------------------------------!
module result
      implicit real*8(a-h,o-z)
contains
      subroutine output
      use struc_def
      use form_eq
      implicit real*8(a-h,o-z)
      dimension s(3)
      write(17,650)
      do i=1,np
        s=0
        do j=1,3
          l=jr(j,i)
          if(l.gt.0) then
            s(j)=r(l)
          endif
        enddo
        write(17,500) i,s
      enddo
      return
500   format(5x,i5,3f20.5)
650   format(/30x,'********RESULT DATA********' &
           /30x,'NODAL DISPLACEMENTS'          &
           /8x,'NODE',16x,'UX',18x,'UY',13x,'ROTATION')
      end subroutine output
end module result
!
      subroutine endfoc
      use struc_def
      use element
      use form_eq
      implicit real*8(a-h,o-z)
      dimension d1(6),f_glb(6),f_loc(6),tmxt(6,6)
      allocate( fend(6,ne),fr(3,np) )
      write(17,700)
      fend=0
      do ie=1,ne
        d1=0
        call ele_inf(ie)
        do i=1,2
          jj=me(i)
```

```
    do k=1,3
      j=jr(k,jj)
      m=k+3*(i-1)
      if (j.gt.0) d1(m)=r(j)
    enddo
  enddo
  call ele_stif
  f_glb=matmul(ske,d1)
  f_loc=matmul(tmx,f_glb)
  do j=1,6
    fend(j,ie)=f_loc(j)
  enddo
enddo
if(nle.gt.0)then
  do i=1,nle
    ie=nfe(i)
    do j=1,6
      fend(j,ie)=fend(j,ie)+fg(j,i)
    enddo
  enddo
endif
fr=0
do i=1,nlp
  ip=nf(i)
  do j=1,3
    fr(j,ip)=-fv(j,i)
  enddo
enddo
do ie=1,ne
  do i=1,6
    f_loc(i)=fend(i,ie)
  enddo
  call ele_inf(ie)
write(17,500)ie, me(1),(fend(i,ie),i=1,3)
write(17,550)me(2),(fend(i,ie),i=4,6)
  tmxt=transpose(tmx)
  f_glb=matmul(tmxt,f_loc)
  do i=1,2
    jj=me(i)
    do k=1,3
      m=k+3*(i-1)
      fr(k,jj)=fr(k,jj)+f_glb(m)
    enddo
  enddo
enddo
write(17,600)
do ir=1,nr
  ip=jc(1,ir)
  write(17,650)ip,(fr(i,ip),i=1,3)
```

```
        enddo
    return
500     format(i6,9x,i5,3f13.4)
550     format(15x,i5,3f13.4)
600     format(/30x,'SUPPORT REACTIONS'   &
            /8x,'NODE',11x,'X-COMP.',13x,'Y-COMP.',13x,'M-COMP.')
650     format(5x,i5,3f20.5)
700     format(/30x,'MEMBER END FORCES'   &
            /1x,'ELEMENT',8x,'NODE',10x,'FN',11x,'FQ',12x,'M')
        end subroutine endfoc
!----------------------------------------------------------------!
!!!!!!!!!!!!!!!!!!!!!!!!!!!!!!!!!!!!!!!!!!!!!!!!!!!!!!!!!!!!!!!!!!!!
!            program for analysis of plane frame           !
!!!!!!!!!!!!!!!!!!!!!!!!!!!!!!!!!!!!!!!!!!!!!!!!!!!!!!!!!!!!!!!!!!!!
        program frame
        use struc_def
        use form_eq
        use solve_eq
        use result
        implicit real*8(a-h,o-z)
        character*12 ar,br
        write(*,300)
        read(*,400)ar
        write(*,301)
        read(*,400)br
        open (15,file=ar,status='old')
        open (17,file=br,status='unknown')
        call input
        call mr
        call formma
        call mgk
        call load
        call treat
        call decomp
        call foba
        call output
        call endfoc
        stop
300     format(///' name of input data file is:')
301     format(///' name of output data file is:')
400     format(a12)
        end
!*************************end*****************************!
```

主要参考文献

蔡新，孙文俊，2004. 结构静力学[M]. 南京：河海大学出版社.

黎展眉，1982. 拱坝[M]. 北京：水利电力出版社.

李廉锟，2016a. 结构力学(上册)[M]. 6版. 北京：高等教育出版社.

李廉锟，2016b. 结构力学(下册)[M]. 6版. 北京：高等教育出版社.

龙驭球，包世华，袁驷，2012a. 结构力学(Ⅰ)[M]. 3版. 北京：高等教育出版社.

龙驭球，包世华，袁驷，2012b. 结构力学(Ⅱ)[M]. 3版. 北京：高等教育出版社.

单建，吕令毅，2011. 结构力学[M]. 2版. 南京：东南大学出版社.

张宗尧，于德顺，王德信，2003. 结构力学[M]. 南京：河海大学出版社.

朱伯钦，周竞欧，许哲明，1993. 结构力学(上册)[M]. 上海：同济大学出版社.

朱伯钦，周竞欧，许哲明，1993. 结构力学(下册)[M]. 上海：同济大学出版社.

朱慈勉，张伟平，2016. 结构力学(上册)[M]. 3版. 北京：高等教育出版社.

朱慈勉，张伟平，2016. 结构力学(下册)[M]. 3版. 北京：高等教育出版社.